普通高等教育“十五”国家级规划教材

应用数理统计

（第三版）

孙荣恒　编著

科学出版社

北京

内 容 简 介

本书是为应用数学专业、数学专业、概率统计专业、信息与计算科学专业本科大学生和非数学专业的硕士生学习数理统计而编写的教材. 主要内容有：抽样分布、参数估计、假设检验、方差分析与正交试验设计、线性回归模型. 本书每章末附有习题，书后附有答案.

本书可供应用数学专业、数学专业、概率统计专业、信息与计算科学专业大学生和非数学专业的研究生，以及教师和科技工作者使用.

图书在版编目(CIP)数据

应用数理统计/孙荣恒编著. —3 版. —北京：科学出版社，2014. 1
普通高等教育“十五”国家级规划教材
ISBN 978-7-03-039201-5

Ⅰ. ①应…　Ⅱ. ①孙…　Ⅲ. ①数理统计-研究生-教材　Ⅳ. ①O212

中国版本图书馆 CIP 数据核字（2013）第 281372 号

责任编辑：张中兴/责任校对：包志虹
责任印制：张　伟/封面设计：陈　敬

科学出版社 出版
北京东黄城根北街 16 号
邮政编码：100717
http://www.sciencep.com
北京虎彩文化传播有限公司 印刷
科学出版社发行　各地新华书店经销
*
1998 年 9 月第 一 版　开本：B5（720×1000）
2003 年 5 月第 二 版　印张：18
2014 年 1 月第 三 版　字数：361 000
2023 年 11 月第二十八次印刷
定价：55.00 元
（如有印装质量问题，我社负责调换）

序

时代在不断进步，科技在不断发展，新的需求、新的东西在不断涌现．然而，人的寿命是有限的，一本书也是有时效性的．因此一本教材应该不断吐故纳新．根据这个思想，本教材在第一版中，简化了抽样分布定理 1.3.1 的证明；给出并证明了推论 2.2.1，不仅给出判断有效估计量存在唯一的充要条件，而且简化了有效估计量及其方差和相应的费歇信息量 $I(\theta)$ 的求法；理顺了上、下分位数之间的关系，并统一使用下侧分位数表；给出了求参数置信区间和拒绝域的待定实数法，并把此法推广到所有假设检验；简化了定理 2.5.1 的证明；还利用函数核概念，简化了很大一部分贝叶斯估计量的求法；还证明了在正态条件下，最小二乘法估计量也是有效估计量．在第二版中，利用定理 2.6.2，大大简化了截尾寿命试验中极大似然函数的求法，从而首次把截尾寿命试验引入教材；利用单位脉冲函数，首次给出求离散(两点)分布参数极大似然估计的一般方法(例 2.1.8)．在第三版中，利用定理 2.6.4，将给出截尾试验中几何分布参数的估计和泊松过程的检验与伯努利过程的检验；在第二版例 2.1.8 的基础上，用一个式子表达一般离散分布的概率函数，从而(才有可能)给出一般离散分布参数的贝叶斯估计和极大似然估计；还给出超几何分布的极大似然估计．

在第三版中所增加的新内容均来自参考文献[23]．由于定理 2.6.2 和定理 2.6.4是截尾试验和(两随机)过程检验的理论基础，所以比较重要．但是，这两定理的证明较长，故以附录的形式给出．还需说明的是，定理 2.6.4 最早是由参考文献[22]给出的，但是，那里的证明是错的．最早给出正确证明的是参考文献[23]．

在第三版中，还增加了附录四和几个习题．改正了个别笔误和印刷错误．内容增加了，但是，由于课程学时一般不会增加，故删去了§5.5、例 2.1.8 和式(2.5.6)与(2.5.7)的推导；还将一些较复杂的推导和证明加了“*”．如果学时紧张，这些加“*”的内容可以不介绍，留给学生自己阅读．

最后，由于作者水平所限，书中可能还有不少缺点和错误，再一次恳请读者批评指正．

孙荣恒

2013 年 6 月

第二版序

本书是 1998 年出版的《应用数理统计》的修改本.除改正了原书的一些印刷错误外,在第一章中,对“总体”和定义 1.1.1 补充了一些引入说明,对 χ^2 分布、t 分布和 F 分布补充了一些(显而易见的)性质,还增加了两个习题;在第二章中,增加了例 2.1.2、例 2.1.8,引入“均方误差最小估计量”的理由、2.6 和两个习题;在第三章中,增加了例 3.1.2 和 3.2.7 与 3.2.8 两小节;在第四章中,增加了例 4.3.1;在第五章中补充了引入“线性模型”的说明;其他基本照旧.所增补的内容不仅使本书更加完整,而且在实际中有重要的应用.

本书自 1992 年起就以讲义的形式在重庆大学使用.1998 年由科学出版社出版后曾被国内多所大学选用.2002 年被教育部选定为“普通高等教育‘十五’国家级规划教材”.对上述单位作者表示衷心感谢!

孙荣恒

2002 年 7 月

第一版序

数理统计起源于人口调查.早在公元前3000年古代的巴比伦、中国和埃及就已进行过人口调查,由此可知数理统计的历史源远流长.但是现代数理统计大规模发展始于19世纪末20世纪初.在1856年到1863年之间,孟德尔(Gregor Mendel)从一个科学实验中发现了遗传学的统计规律.1889年左右高尔登(F. Galton)受达尔文(Charle Darwin)的《物种起源》一书的刺激,研究了平均值的偏差问题与回归问题,对生物统计学做出重要的贡献.1890年卡·皮尔逊(Karl Pearson)受高尔登工作的激发,开始把数学与概率论应用于达尔文的进化论,从而开创了现代数理统计的时代.他一生致力于统计方法的研究,今天的描述性统计学的大部分内容是他整理出来的,大部分数理统计用语也是他命名的,这使得他赢得了"统计学之父"的称号.现代数理统计发展历史大致可分为两个阶段.第一阶段大致到第二次世界大战结束为止.在这一阶段中,对数理统计有重大影响的学者除卡·皮尔逊外,还有费希尔(R. A. Fisher)、奈曼(J. Neyman)、伊·皮尔逊(E. S. Pearson)等.他们从实际出发,推动了一些主要数理统计分支的建立,逐步为之建立了一套系统而严格的理论.第二个阶段是从第二次世界大战结束至今.在这个阶段中数理统计的研究向纵深发展,除把第一阶段中的不足和粗糙之处弥补外,还提出了许多新问题、新理论和新的研究方向.此外,数理统计在各个领域中的实际应用不仅加快了速度,而且也越来越普遍了,研究队伍也越来越壮大了.目前,我国几乎所有大学都有数理统计课,而且不少大学建立了统计系或统计专业.

本书是为应用数学专业、数学专业、概率统计专业、信息与计算科学专业本科大学生和非数学专业的硕士生学习数理统计而编写的教材,是在1992年第一次印刷的基础上经较大规模的修改而成的,并曾在重庆大学应用数学系使用过多次.本书主要介绍抽样分布、参数估计、假设检验、方差分析与正交试验设计、线性回归模型.内容系统丰富、推导简明严谨,强调应用是本书的另一特色.

本书共五章,每章后附有适量的习题,书末附有答案.经适当选择后,本书也可作为其他理工科本科大学生的教材.

初稿完成后,伊亨云教授审阅了全书,提出了许多宝贵意见.李幼英同志为初稿的打印付出了辛勤劳动,作者在此向他们表示衷心感谢!

由于作者水平所限,虽经多次使用和修改,书中一定还存在不少缺点和错误,恳请读者批评指正!

孙荣恒

1997年11月

第一版序

目　录

第一章　抽样分布

与概率论一样，数理统计也是研究随机现象统计规律性的一门数学学科. 概率论研究的基本内容是：在已知随机变量分布的情况下，着重讨论了随机变量的性质. 但是对一个具体的随机变量来说，如何判断它服从某种分布？如果知道它服从某种分布又该如何确定它的各个参数？对于这些问题在概率论中都没有涉及，它们都是数理统计所要研究的内容，并且这些问题的研究都直接或间接建立在试验的基础上. 数理统计学是利用概率论的理论对所要研究的随机现象进行多次的观察或试验，研究如何合理地获得数据，如何对所获得的数据进行整理、分析，如何对所关心的问题作出估计或判断的一门数学学科. 其内容非常丰富. 一般可分为两大类：一类是试验的设计与研究，一类是统计推断. 我们着重讨论统计推断.

本章首先介绍数理统计的基本概念，然后介绍多元正态分布与正态二次型，最后介绍有关抽样分布的几个定理，为以后各章作必要的准备.

§1.1　基本概念、顺序统计量与经验分布函数

1.1.1　基本概念

总体、个体、样本是数理统计学中三个最基本的概念. 我们称研究对象的全体为总体或母体. 称组成总体的每个单元为个体. 从总体中随机抽取 n 个个体，称这 n 个个体为容量是 n 的样本.

例如，为了研究某厂生产的一批灯泡质量的好坏，规定使用寿命低于 1000 小时的为次品. 则该批灯泡的全体就为总体，每个灯泡就是个体. 实际上，数理统计学中的总体是指与总体相联系的某个（或某几个）数量指标 ξ 取值的全体. 比如，该批灯泡的使用寿命 ξ 的取值全体就是研究对象的总体. 由于对不同的个体，ξ 取不同的值，且事先无法准确预言，所以 ξ 是随机变量，这时，我们就称 ξ 的概率分布或更简单地就称 ξ 为总体. 为了判断该批灯泡的次品率，最精确的办法是把每个灯泡的寿命都测出来. 然而，寿命试验是破坏性试验（即使试验是非破坏性的，由于试验要花费人力、物力和时间），我们只能从总体中抽取一部分，比如说，n 个个体进行试验. 试验结果可得一组数值 $(x_1, x_2, \cdots, x_n)$，其中每个 x_i 是一次抽样观察的结果. 由于我们要根据这些观察结果对总体进行推断，所以对每次抽取就有一定的要求，要求每次抽取必须是随机的、独立的，这样才能较好地反映总体情况. 所谓随机的是指每个个体被抽到的机会是均等的，这样抽到的个体才具有代表性. 所谓独立的

是指每次抽取之后不能改变总体的成分. 这就要求：如果试验是非破坏性的且总体是有限的，抽取应该是有放回的；如果试验是破坏性的总体应该是无限的或是很大的. 基于上述思想的抽样方法称为简单随机抽样. 用简单随机抽样方法抽取 n 个个体进行试验，其结果是确定的一组数值 $(x_1,\cdots,x_n)$，但是这组数值 $(x_1,\cdots,x_n)$ 是随着每次抽样而改变的. 因此 $(x_1,\cdots,x_n)$ 实际上是一个 n 维随机向量 $(\xi_1,\cdots,\xi_n)$ 的一次观察值 . 即在试验之前，$(x_1,x_2,\cdots,x_n)$ 实际上是随机向量 $(\xi_1,\cdots,\xi_n)$. 又因抽样是随机的、独立的，所以 $\xi_1,\cdots,\xi_n$ 是相互独立的 n 个随机变量，且每个都与总体 ξ 同分布 . 我们称 $(\xi_1,\cdots,\xi_n)$ 或 $\xi_1,\cdots,\xi_n$ 为总体 ξ 的容量为 n 的简单随机样本，简称为样本（如无特别说明我们今后只讨论简单随机样本），称每个 ξ_i 为样品. 样本 $(\xi_1,\cdots,\xi_n)$ 的所有可能的观察值组成的集合 $\mathscr{X}$ 称为样本空间. 它是 n 维空间或其一个子集. 这样样本 $(\xi_1,\cdots,\xi_n)$ 的一次观察值 $(x_1,\cdots,x_n)$ 就是样本空间 $\mathscr{X}$ 中的一个点，即 $(x_1,\cdots,x_n)\in\mathscr{X}$.

由于对总体进行统计推断的依据是样本提供的信息，然而样本是 n 维随机变量或 n 个随机变量，讨论起来很不方便. 人们自然会想到能否用样本的函数代替样本对总体进行统计推断. 当然，这个函数不能太任意了，最好是一个随机变量，这样使用起来才方便；同时这个函数中不能含有任何未知参数. 由此，我们引入如下定义.

定义 1.1.1　设 $(\xi_1,\cdots,\xi_n)$ 为总体 ξ 的样本，$T(x_1,\cdots,x_n)$ 为样本空间 $\mathscr{X}$ 上的实值（波雷尔可测）函数. 如果 $T(\xi_1,\cdots,\xi_n)$ 中不包含任何未知参数，则称 $T(\xi_1,\cdots,\xi_n)$ 为一个统计量.

例 1.1.1　设 $(\xi_1,\cdots,\xi_n)$ 为总体 ξ 的样本，记

$$\bar{\xi}=\frac{1}{n}\sum_{i=1}^{n}\xi_i,\qquad S^2=\frac{1}{n}\sum_{i=1}^{n}(\xi_i-\bar{\xi})^2,\tag{1.1.1}$$

则称 $\bar{\xi}$, S^2 与 S 分别为样本 $(\xi_1,\cdots,\xi_n)$ 的均值、方差与标准差. 它们都是统计量. 当 $D(\xi)$ 存在有限时，显然有

$$E(\bar{\xi})=E(\xi),\qquad D(\bar{\xi})=\frac{D(\xi)}{n},\qquad E(S^2)=\frac{n-1}{n}D(\xi),\tag{1.1.2}$$

因此可用 $\bar{\xi}$ 来估计 $E(\xi)$，用 S^2 估计 $D(\xi)$.

当 $(\xi_1,\xi_2,\cdots,\xi_n)$ 的观察值为 $(x_1,x_2,\cdots,x_n)$ 时，记 $\bar{\xi}$, S^2 的观察值分别为 $\bar{x}$, s^2，即

$$\bar{x}=\frac{1}{n}\sum_{i=1}^{n}x_i,\quad s^2=\frac{1}{n}\sum_{i=1}^{n}(x_i-\bar{x})^2.\tag{1.1.3}$$

注意：统计量中不能包含任何未知参数. 例如，设总体 $\xi\sim N(a,\sigma^2)$，其中 a,σ^2 都是未知参数. 设 (ξ_1,ξ_2) 为 ξ 的样本，则 $\frac{1}{2}(\xi_1+\xi_2)-a$ 与 $\frac{\xi_1}{\sigma}$ 都不是统计量，而 ξ_2

与 $\xi_1+\xi_2$ 都是统计量.

定义 1.1.2 设$(\xi_1,\cdots,\xi_n)$为总体 ξ 的样本,记

$$A_r=\frac{1}{n}\sum_{i=1}^{n}\xi_i^r,\qquad B_r=\frac{1}{n}\sum_{i=1}^{n}(\xi_i-\bar{\xi})^r,\tag{1.1.4}$$

则称 A_r,B_r 分别为样本$(\xi_1,\cdots,\xi_n)$的 r 阶原点矩与 r 阶中心矩. 显然 $A_1=\bar{\xi},B_2=S^2$,且 A_r,B_r 都是统计量.

定义 1.1.3 设$(\xi_1,\eta_1),(\xi_2,\eta_2),\cdots,(\xi_n,\eta_n)$为二维总体$(\xi,\eta)$的样本,记

$$\bar{\xi}=\frac{1}{n}\sum_{i=1}^{n}\xi_i,\qquad S_1^2=\frac{1}{n}\sum_{i=1}^{n}(\xi_i-\bar{\xi})^2,$$

$$\bar{\eta}=\frac{1}{n}\sum_{i=1}^{n}\eta_i,\qquad S_2^2=\frac{1}{n}\sum_{i=1}^{n}(\eta_i-\bar{\eta})^2,$$

$$S_{12}=\frac{1}{n}\sum_{i=1}^{n}(\xi_i-\bar{\xi})(\eta_i-\bar{\eta}),\tag{1.1.5}$$

$$R=\frac{S_{12}}{S_1S_2},\tag{1.1.6}$$

则称 S_{12},R 分别为二维样本的协方差与二维样本的相关系数.

显然有

$$S_{12}=\frac{1}{n}\sum_{i=1}^{n}\xi_i\eta_i-\bar{\xi}\,\bar{\eta}.\tag{1.1.7}$$

设 $\varphi_\xi(t)$为总体 ξ 的特征函数,$\xi_1,\cdots,\xi_n$ 为总体 ξ 的样本,则样本均值 $\bar{\xi}$ 的特征函数为

$$\varphi_{\bar{\xi}}(t)=E(\mathrm{e}^{\mathrm{j}t\bar{\xi}})=E(\mathrm{e}^{\mathrm{j}\frac{t}{n}\sum_{i=1}^{n}\xi_i})=\left\{\varphi_\xi\left(\frac{t}{n}\right)\right\}^n,\quad \mathrm{j}^2=-1.\tag{1.1.8}$$

利用上式与特征函数的唯一性定理,由总体 ξ 的分布,常可求得 $\bar{\xi}$ 的分布. 例如,设 $\xi_1,\cdots,\xi_n$ 为总体 $\xi\sim N(a,\sigma^2)$的样本,因为有

$$\varphi_\xi(t)=\mathrm{e}^{\mathrm{j}ta-\frac{1}{2}t^2\sigma^2},$$

从而样本均值 $\bar{\xi}$ 的特征函数为

$$\varphi_{\bar{\xi}}(t)=\left\{\varphi_\xi\left(\frac{t}{n}\right)\right\}^n=\mathrm{e}^{\mathrm{j}ta-\frac{1}{2}t^2\left(\frac{\sigma}{\sqrt{n}}\right)^2},$$

此为正态分布特征函数,由特征函数唯一性定理知

$$\bar{\xi}\sim N\left(a,\left(\frac{\sigma}{\sqrt{n}}\right)^2\right)=N\left(a,\frac{\sigma^2}{n}\right).$$

1.1.2 顺序统计量

定义 1.1.4 设 $\xi_1,\xi_2,\cdots,\xi_n$ 为总体 ξ 的样本,现由样本 $\xi_1,\xi_2,\cdots,\xi_n$ 建立 n 个

函数：

$$\xi_{(k)} = \xi_{(k)}(\xi_1, \xi_2, \cdots, \xi_n), \quad k = 1, 2, \cdots, n,$$

其中 $\xi_{(k)}$ 为这样的统计量，其观察值为 $x_{(k)}$，而 $x_{(k)}$ 为样本的观察值 $x_1, x_2, \cdots, x_n$ 按递增次序排列成

$$x_{(1)} \leqslant x_{(2)} \leqslant \cdots \leqslant x_{(k)} \leqslant \cdots \leqslant x_{(n)}$$

后的第 k 个数值. 则称 $\xi_{(1)}, \xi_{(2)}, \cdots, \xi_{(n)}$ 为样本 $\xi_1, \xi_2, \cdots, \xi_n$ 的顺序统计量或次序统计量. 称 $\xi_{(k)}$ 为样本 $\xi_1, \xi_2, \cdots, \xi_n$ 的第 k 个顺序统计量($1 \leqslant k \leqslant n$). 实际上 $\xi_{(k)}$ 是样本 $\xi_1, \xi_2, \cdots, \xi_n$ 中第 k 个最小的样品，$1 \leqslant k \leqslant n$. 显然有

$$\xi_{(1)} \leqslant \xi_{(2)} \leqslant \cdots \leqslant \xi_{(k)} \leqslant \cdots \leqslant \xi_{(n)}, \tag{1.1.9}$$

$$\xi_{(1)} = \min_{1 \leqslant k \leqslant n} \xi_{(k)}, \quad \xi_{(n)} = \max_{1 \leqslant k \leqslant n} \xi_{(k)}. \tag{1.1.10}$$

记

$$\bar{\xi} = \begin{cases} \xi_{(\frac{n+1}{2})}, & \text{当 } n \text{ 为奇数}, \\ \dfrac{1}{2}(\xi_{(\frac{n}{2})} + \xi_{(\frac{n}{2}+1)}), & \text{当 } n \text{ 为偶数}, \end{cases} \tag{1.1.11}$$

则称 $\bar{\xi}$ 为样本中位数(中值). 称 $R_n \equiv \xi_{(n)} - \xi_{(1)}$ 为样本极差. 样本中位数的基本思想是把样本分为两个相等的部分(大数部分与小数部分)，而样本中位数是分界线. 样本极差是样本中最大值与最小值之差，它反映样本观察值波动程度，它与样本标准差 S 一样反映观察值的离散程度.

设 $F(x)$ 为总体 ξ 的分布函数，由文献[21]中定理 2.7.6 的推论 1 知，$\xi_{(1)}, \xi_{(n)}$ 的分布函数分别为

$$F_{\xi_{(1)}}(x) = 1 - [1 - F(x)]^n,$$

$$F_{\xi_{(n)}}(x) = [F(x)]^n. \tag{1.1.12}$$

如果总体 ξ 为连续型随机变量，且有密度函数 $f(x)$，则 $\xi_{(1)}, \xi_{(n)}$ 为连续型随机变量，其密度函数分别为

$$f_{\xi_{(1)}}(x) = nf(x)[1 - F(x)]^{n-1},$$

$$f_{\xi_{(n)}}(x) = nf(x)[F(x)]^{n-1}. \tag{1.1.13}$$

由文献[21]中定理 2.7.7 知($\xi_{(1)}, \xi_{(n)}$)的联合分布函数为

$$F_{1,n}(x, y) = \begin{cases} [F(y)]^n - [F(y) - F(x)]^n, & x < y, \\ [F(y)]^n, & x \geqslant y. \end{cases} \tag{1.1.14}$$

如果总体 ξ 为连续型的且有密度 $f(x)$，则($\xi_{(1)}, \xi_{(n)}$)为二维连续型随机向量，其密度为

$$f_{1,n}(x, y) = \begin{cases} n(n-1)f(x)f(y)[F(y) - F(x)]^{n-2}, & x < y, \\ 0, & x \geqslant y. \end{cases} \tag{1.1.15}$$

从而极差 $R_n = \xi_{(n)} - \xi_{(1)}$ 有密度

$$f_{R_n}(z)=\begin{cases}n(n-1)\int_{-\infty}^{\infty}f(x)f(z+x)[F(z+x)-F(x)]^{n-2}\mathrm{d}x, & z>0,\\ 0, & z\leqslant 0.\end{cases} \tag{1.1.16}$$

当总体 $\xi'\sim N(0,1)$时，记 R'_n为相应样本极差，且记 $C_n=E(R'_n)$，$v_n^2=D(R'_n)$. 由式(1.1.16)可计算出 C_n 与 v_n^2 的值(见表 1.1.1). 当总体 $\xi\sim N(a,\sigma^2)$时，设 R_n 为其样本极差，令

$$\xi'=\frac{\xi-a}{\sigma},\quad \xi'_i=\frac{\xi_i-a}{\sigma},\quad i=1,2,\cdots,n,$$

表 1.1.1

n	C_n	$\frac{1}{C_n}$	v_n
1	1.12838	0.8862	0.853
3	1.69257	0.5908	0.888
4	2.05875	0.4857	0.880
5	2.32593	0.4299	0.864
6	2.53441	0.3946	0.848
7	2.70436	0.3698	0.833
8	2.84720	0.3512	0.820
9	2.97003	0.3367	0.808
10	3.07751	0.3249	0.797

则 $\xi'_1,\xi'_2,\cdots,\xi'_n$为总体 $\xi'\sim N(0,1)$的样本. 记 R'_n为样本 $\xi'_1,\xi'_2,\cdots,\xi'_n$的极差，则

$$R'_n=\xi'_{(n)}-\xi'_{(1)}=\max_{1\leqslant i\leqslant n}\left(\frac{\xi_i-a}{\sigma}\right)-\min_{1\leqslant i\leqslant n}\left(\frac{\xi_i-a}{\sigma}\right)=\frac{R_n}{\sigma},$$

故

$$C_n=E(R'_n)=\frac{1}{\sigma}E(R_n),$$

从而

$$\sigma=E\left(\frac{R_n}{C_n}\right),\quad D\left(\frac{R_n}{C_n}\right)=D\left(\frac{\sigma R'_n}{C_n}\right)=\frac{v_n^2}{C_n^2}\sigma^2.$$

所以，我们可用$\frac{R_n}{C_n}$来估计正态总体标准差σ. 将用$\frac{R_n}{C_n}$估计σ 与用 S 来估计σ 进行比较，当 $n\leqslant 10$ 时，其效率相当高；然而当 $n>10$ 时，其效率迅速下降. 为提高效率，当 $n>10$ 时，可随机地把样本观察值分成每组只有少数几个(最好 5 个)样品的若干组，然后由各组分别估计 σ，最后再取平均值.

1.1.3 经验分布函数

定义 1.1.5 设 $\xi_1,\xi_2,\cdots,\xi_n$ 为总体 ξ 的样本，$\xi_{(1)},\xi_{(2)},\cdots,\xi_{(n)}$ 为样本 $\xi_1,\xi_2,\cdots,\xi_n$ 的顺序统计量. 对任意实数 x，记

$$F_n(x)=\begin{cases}0, & x\leqslant \xi_{(1)},\\ \dfrac{k}{n}, & \xi_{(k)}<x\leqslant \xi_{(k+1)},k=1,2,\cdots,n-1,\\ 1, & x>\xi_{(n)},\end{cases} \tag{1.1.17}$$

则称 $F_n(x)$ 为总体 ξ 的经验分布函数. $F_n(x)$ 是分段函数不便于使用，为此引入单位阶跃函数：

$$\mu(x)=\begin{cases}1, & x>0,\\ 0, & x\leqslant 0,\end{cases} \tag{1.1.18}$$

则式(1.1.17)可改写为

$$F_n(x)=\frac{1}{n}\sum_{k=1}^{n}\mu(x-\xi_k),\quad x\in R, \tag{1.1.19}$$

$\sum\limits_{k=1}^{n}\mu(x-\xi_k)$ 表示小于 x 的那些样品 ξ_k 的个数. 因为对样本 $\xi_1,\xi_2,\cdots,\xi_n$ 的任一观察值 $x_1,x_2,\cdots,x_n$，$F_n(x)$ 是 x 的单调不减、左连续函数，且

$$0\leqslant F_n(x)\leqslant 1,\quad F_n(-\infty)=0,\quad F_n(+\infty)=1.$$

所以 $F_n(x)$ 是分布函数，其图形如图 1-1 所示.

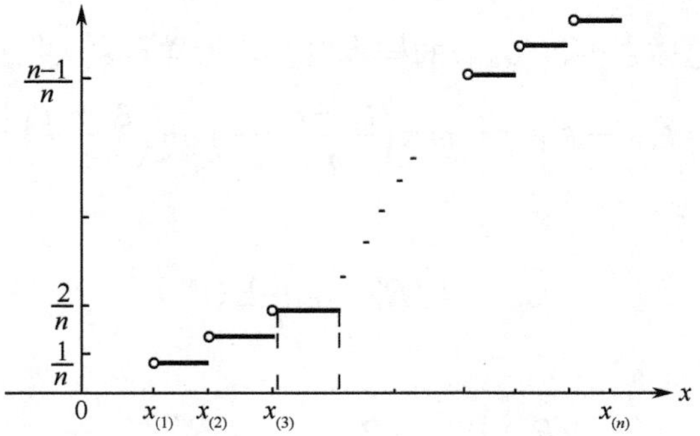

图 1-1

由式(1.1.19)知，对固定的 x，$F_n(x)$ 是样本 $\xi_1,\xi_2,\cdots,\xi_n$ 的函数. 又因 $\mu(x-\xi_1),\mu(x-\xi_2),\cdots,\mu(x-\xi_n)$ 独立同分布且

$$P\{\mu(x-\xi_1)=1\}=P\{x-\xi_1>0\}=F(x),$$
$$P\{\mu(x-\xi_1)=0\}=1-F(x),$$

其中 $F(x)$为总体 ξ 的分布函数. 所以 $\mu(x-\xi_k)$服从 0-1 分布

$$\mu(x-\xi_k) \sim B(1,F(x)),$$

从而

$$\sum_{k=1}^{n}\mu(x-\xi_k) \sim B(n,F(x)),$$

即

$$nF_n(x) \sim B(n,F(x)), \tag{1.1.20}$$

所以

$$E[F_n(x)] = \frac{1}{n}E[nF_n(x)] = \frac{1}{n}nF(x) = F(x), \tag{1.1.21}$$

$$\begin{aligned} D[F_n(x)] &= D[\frac{1}{n}nF_n(x)] = \frac{1}{n^2}D[nF_n(x)] \\ &= \frac{F(x)[1-F(x)]}{n}, \end{aligned} \tag{1.1.22}$$

从而

$$\lim_{n\to\infty} E \mid F_n(x) - F(x) \mid^2 = \lim_{n\to\infty}\frac{F(x)[1-F(x)]}{n} = 0. \tag{1.1.23}$$

即

$$F_n(x) \xrightarrow{2} F(x)(\text{当 } n\to\infty \text{ 时}), \tag{1.1.24}$$

故

$$F_n(x) \xrightarrow{P} F(x)(\text{当 } n\to\infty \text{ 时}), \tag{1.1.25}$$

记 $\eta_k=\mu(x-\xi_k)$,则对任意固定的 x,$\{\eta_k\}$为独立同服从 0−1 分布随机变量序列,且$E(\eta_k)=F(x)$. 由科尔莫戈罗夫(Kolmogorov)强大数定理知,$\{\eta_k\}$服从强大数定律,即

$$F_n(x) = \frac{1}{n}\sum_{k=1}^{n}\mu(x-\xi_k) = \frac{1}{n}\sum_{k=1}^{n}\eta_k \xrightarrow{\text{a. s.}} F(x), \tag{1.1.26}$$

格列汶科于 1933 年证明了比上式更深刻的结果:

$$\sup_{x\in R} \mid F_n(x) - F(x) \mid \xrightarrow{\text{a. s.}} 0. \tag{1.1.27}$$

因此当 n 充分大时经验分布函数是总体分布函数较好的近似.

由棣莫弗-拉普拉斯中心极限定理知,随机变量序列$\{\mu(x-\xi_k)\}$还服从中心极限定理,即

$$\frac{\sqrt{n}[F_n(x)-F(x)]}{\sqrt{F(x)[1-F(x)]}} \xrightarrow{L} \zeta \sim N(0,1) \quad (\text{当 } n\to\infty \text{ 时}),$$

所以当 n 充分大时有

$$F_n(x) \approx \frac{\sqrt{F(x)[1-F(x)]}}{\sqrt{n}}\zeta + F(x). \tag{1.1.28}$$

故渐近地有

$$F_n(x) \sim N\left(F(x), \frac{F(x)[1-F(x)]}{n}\right). \tag{1.1.29}$$

1.1.4 几个重要分布

一、Γ 分布

如果连续型随机变量 ξ 的密度函数为

$$f(x) = \begin{cases} \dfrac{\lambda^\alpha x^{\alpha-1}}{\Gamma(\alpha)} e^{-\lambda x}, & x > 0, \\ 0, & x \leqslant 0, \end{cases} \quad \alpha > 0, \lambda > 0,$$

其中 $\Gamma(\alpha) = \int_0^\infty x^{\alpha-1} e^{-x} dx$，称为 Γ 函数. 则称 ξ 服从参数为 α, λ 的 Γ 分布. 记为$\xi \sim \Gamma(\alpha, \lambda)$.

Γ 函数 $\Gamma(\alpha)$有如下公式:

$$\Gamma(\alpha+1) = \alpha\Gamma(\alpha), \Gamma(1) = 1, \Gamma\left(\frac{1}{2}\right) = \sqrt{\pi}, \tag{1.1.30}$$

$$\frac{\Gamma(p)\Gamma(q)}{\Gamma(p+q)} = B(p,q) \equiv \int_0^1 x^{p-1}(1-x)^{q-1} dx, \tag{1.1.31}$$

称 $B(p,q)$为 β(贝塔)函数.

定理 1.1.1 设 $\xi_i \sim \Gamma(\alpha_i, \lambda)$, $i=1,2,\cdots,N$, 且 $\xi_1, \xi_2, \cdots, \xi_N$ 相互独立, 则 $\sum_{i=1}^N \xi_i \sim \Gamma(\sum_{i=1}^N \alpha_i, \lambda)$.

证明 当 $N=2$ 时, $\xi_1 + \xi_2$ 的密度函数为[由式(1.1.31)可知]

$$\begin{aligned} f_{\xi_1+\xi_2}(z) &= \int_{-\infty}^\infty f_{\xi_1}(x) f_{\xi_2}(z-x) dx \\ &= \begin{cases} \dfrac{\lambda^{\alpha_1+\alpha_2}}{\Gamma(\alpha_1)\Gamma(\alpha_2)} e^{-\lambda z} \int_0^z x^{\alpha_1-1}(z-x)^{\alpha_2-1} dx, & z > 0, \\ 0, & z \leqslant 0, \end{cases} \\ &\xlongequal{\text{令 } x = zt} \begin{cases} \dfrac{\lambda^{\alpha_1+\alpha_2}}{\Gamma(\alpha_1)\Gamma(\alpha_2)} e^{-\lambda z} z^{\alpha_1+\alpha_2-1} B(\alpha_1, \alpha_2), & z > 0, \\ 0, & z \leqslant 0, \end{cases} \\ &= \begin{cases} \dfrac{\lambda^{\alpha_1+\alpha_2} z^{\alpha_1+\alpha_2-1}}{\Gamma(\alpha_1+\alpha_2)} e^{-\lambda z}, & z > 0, \\ 0, & z \leqslant 0. \end{cases} \end{aligned}$$

此示当 $N=2$ 时结论成立. 现设 $N=k$ 时结论成立, 往证 $N=k+1$ 时结论也成立. 因为 $\xi_1, \xi_2, \cdots, \xi_{k+1}$ 相互独立, 所以, $\sum_{i=1}^k \xi_i$ 与 ξ_{k+1} 独立, 由上证明与假设得

$$\sum_{i=1}^{k+1}\xi_i=\sum_{i=1}^{k}\xi_i+\xi_{k+1}\sim\Gamma\Big(\sum_{i=1}^{k}\alpha_i+\alpha_{k+1},\lambda\Big)=\Gamma\Big(\sum_{i=1}^{k+1}\alpha_i,\lambda\Big),\text{ 证毕.}$$

设 $\xi\sim\Gamma(\alpha,\lambda)$，则对任意正整数 k 有

$$\begin{aligned}E(\xi^k)&=\int_0^\infty x^k\frac{\lambda^\alpha x^{\alpha-1}}{\Gamma(\alpha)}\mathrm{e}^{-\lambda x}\mathrm{d}x\qquad(\text{令 }\lambda x=t)\\&=\int_0^\infty\frac{1}{\lambda^k\Gamma(\alpha)}t^{k+\alpha-1}\mathrm{e}^{-t}\mathrm{d}t=\frac{\Gamma(k+\alpha)}{\lambda^k\Gamma(\alpha)},\end{aligned}\tag{1.1.32}$$

所以

$$E(\xi)=\frac{\alpha}{\lambda},$$

$$D(\xi)=E(\xi^2)-[E(\xi)]^2=\frac{\alpha(\alpha+1)}{\lambda^2}-\frac{\alpha^2}{\lambda^2}=\frac{\alpha}{\lambda^2}.\tag{1.1.33}$$

二、χ^2 分布

定理 1.1.2 设 $\xi_i\sim N(0,1),i=1,2,\cdots,N$，且 $\xi_1,\xi_2,\cdots,\xi_N$ 相互独立，记 $\chi^2=\sum\limits_{i=1}^{N}\xi_i^2$，则 χ^2 有密度函数：

$$f_{\chi^2}(x)=\begin{cases}\dfrac{1}{2^{\frac{N}{2}}\Gamma\left(\frac{N}{2}\right)}x^{\frac{N}{2}-1}\mathrm{e}^{-\frac{x}{2}}, & x>0,\\[2ex] 0, & x\leqslant 0,\end{cases}$$

并称 χ^2 服从自由度为 N 的 χ^2 分布，记为 $\chi^2\sim\chi^2(N)$.

证明 易见 $\xi_i^2\sim\Gamma\left(\frac{1}{2},\frac{1}{2}\right),i=1,2,\cdots,N$，又因 $\xi_1,\xi_2,\cdots,\xi_N$ 相互独立，所以 $\xi_1^2,\xi_2^2,\cdots,\xi_N^2$ 相互独立，由定理 1.1.1 知 $\chi^2\sim\Gamma\left(\frac{N}{2},\frac{1}{2}\right)$，从而定理 1.1.2 得证.

因为

$$\chi^2\sim\chi^2(N)=\Gamma\left(\frac{N}{2},\frac{1}{2}\right),$$

所以

$$E(\chi^2)=N,D(\chi^2)=2N.\tag{1.1.34}$$

设 $\xi\sim\chi^2(n_1),\eta\sim\chi^2(n_2)$，且 ξ 与 η 独立. 易证

$$\xi+\eta\sim\chi^2(n_1+n_2).\tag{1.1.35}$$

设 $\xi\sim N(0,1)$，则 $\xi^2\sim\chi^2(1)$，所以，由式(1.1.34)得

$$E(\xi^4)=D(\xi^2)+[E(\xi^2)]^2=2+1=3.$$

三、t 分布

定理 1.1.3 设 $\xi\sim N(0,1),\eta\sim\chi^2(n)$，且 ξ 与 η 独立，记 $T=\dfrac{\xi}{\sqrt{\eta/n}}$，则 T 有

密度函数

$$f_T(x)=\frac{\Gamma\left(\frac{n+1}{2}\right)}{\sqrt{n\pi}\Gamma\left(\frac{n}{2}\right)}\left(1+\frac{x^2}{n}\right)^{-\frac{n+1}{2}},x\in R.$$

并称 T 服从自由度为 n 的 t 分布，记为 $T\sim t(n)$.

证明*　因为

$$f_{\chi^2/n}(x)=nf_{\chi^2}(nx)=\frac{\left(\frac{n}{2}\right)^{n/2}x^{\frac{n}{2}-1}}{\Gamma\left(\frac{n}{2}\right)}\mathrm{e}^{-\frac{n}{2}x},x>0,$$

所以

$$f_{\sqrt{\chi^2/n}}(x)=2xf_{\chi^2/n}(x^2)=\frac{2\left(\frac{n}{2}\right)^{n/2}}{\Gamma\left(\frac{n}{2}\right)}x^{n-1}\mathrm{e}^{-\frac{n}{2}x^2},x>0.$$

从而

$$\begin{aligned}f_T(x)&=f_{\xi/\sqrt{\chi^2/n}}(x)=\int_{-\infty}^{\infty}f_\xi(xy)f_{\sqrt{\chi^2/n}}(y)\mid y\mid\mathrm{d}y\\&=\int_0^{\infty}\frac{1}{\sqrt{2\pi}}\mathrm{e}^{-\frac{x^2y^2}{2}}\cdot\frac{2\left(\frac{n}{2}\right)^{n/2}}{\Gamma\left(\frac{n}{2}\right)}y^{n-1}\cdot\mid y\mid\mathrm{e}^{-\frac{n}{2}y^2}\mathrm{d}y\\&=\frac{2\left(\frac{n}{2}\right)^{n/2}}{\sqrt{2\pi}\Gamma\left(\frac{n}{2}\right)}\cdot\int_0^{\infty}y^n\mathrm{e}^{-y^2\frac{(x^2+n)}{2}}\mathrm{d}y\quad\left[令\ y^2\left(\frac{x^2+n}{2}\right)=t\right]\\&=\frac{n^{n/2}}{\sqrt{\pi}(x^2+n)^{\frac{n+1}{2}}\cdot\Gamma\left(\frac{n}{2}\right)}\int_0^{\infty}t^{\frac{n-1}{2}}\mathrm{e}^{-t}\mathrm{d}t\\&=\frac{n^{n/2}\Gamma\left(\frac{n+1}{2}\right)}{\sqrt{\pi}\Gamma\left(\frac{n}{2}\right)(x^2+n)^{\frac{n+1}{2}}}\\&=\frac{\Gamma\left(\frac{n+1}{2}\right)}{\sqrt{n\pi}\Gamma\left(\frac{n}{2}\right)}\left(\frac{x^2}{n}+1\right)^{-\frac{n+1}{2}}.\end{aligned}$$

证毕.

可证：当 $n>1$ 时，$E(T)=0$，当 $n>2$ 时，$D(T)=\frac{n}{n-2}$，当 $n\to\infty$时，$f_T(x)\to\frac{1}{\sqrt{2\pi}}\mathrm{e}^{-x^2/2}$.

四、F 分布

定理 1.1.4 设 $\xi\sim\chi^2(m)$，$\eta\sim\chi^2(n)$，且 ξ 与 η 独立，记 $F=\dfrac{\xi/m}{\eta/n}$，则 F 有密度函数：

$$f_F(x)=\begin{cases}\dfrac{\Gamma\left(\frac{m+n}{2}\right)}{\Gamma\left(\frac{m}{2}\right)\Gamma\left(\frac{n}{2}\right)}m^{m/2}n^{n/2}x^{\frac{m}{2}-1}(n+mx)^{-\frac{m+n}{2}}, & x>0,\\ 0, & x\leqslant 0.\end{cases}$$

并称 F 服从参数为 m 与 n 的 F 分布，记为 $F\sim F(m,n)$.

证明* $f_F(x)=f_{\frac{\xi}{m}/\frac{\eta}{n}}(x)=\displaystyle\int_{-\infty}^{\infty}f_{\xi/m}(xy)f_{\eta/n}(y)|y|\,\mathrm{d}y$

$$=\begin{cases}\dfrac{\left(\frac{m}{2}\right)^{m/2}\left(\frac{n}{2}\right)^{n/2}}{\Gamma\left(\frac{m}{2}\right)\Gamma\left(\frac{n}{2}\right)}x^{\frac{m}{2}-1}\cdot\displaystyle\int_0^{\infty}y^{\frac{m+n}{2}-1}\mathrm{e}^{-\left(\frac{n+mx}{2}\right)y}\cdot\mathrm{d}y, & x>0,\\ 0, & x\leqslant 0.\end{cases}$$

令 $\left(\dfrac{n+mx}{2}\right)y=t$，则

$$\int_0^{\infty}y^{\frac{m+n}{2}-1}\mathrm{e}^{-\frac{n+mx}{2}y}\mathrm{d}y=\left(\frac{2}{n+mx}\right)^{\frac{m+n}{2}}\int_0^{\infty}t^{\frac{m+n}{2}-1}\mathrm{e}^{-t}\mathrm{d}t$$
$$=\left(\frac{2}{n+mx}\right)^{\frac{m+n}{2}}\Gamma\left(\frac{m+n}{2}\right).$$

从而定理得证.

由定理 1.1.4 易知，如果 $F\sim F(m,n)$，则 $\dfrac{1}{F}\sim F(n,m)$.

如果 $T\sim t(n)$，易证：$T^2\sim F(1,n)$.

§1.2 多元正态分布与正态二次型

为了介绍抽样分布定理，也为了以后介绍线性回归模型以及进一步学习多元统计分析的需要，我们现在简要地对多元正态分布与正态二次型作一些介绍.

定义 1.2.1 如果随机向量 $\eta=(\eta_1,\cdots,\eta_n)'$ 有密度函数

$$f_\eta(y_1,\cdots,y_n)=\frac{1}{(2\pi)^{n/2}\,|\,\Sigma\,|^{\frac{1}{2}}}\exp\left\{-\frac{1}{2}(y-\theta)'\Sigma^{-1}(y-\theta)\right\},\tag{1.2.1}$$

其中 $\exp\{t\}=\mathrm{e}^t$，$y=(y_1,\cdots,y_n)'$，$\theta=(\theta_1,\cdots,\theta_n)'$，$\theta_i=E(\eta_i)$，$i=1,\cdots,n$，$\Sigma=$

$\mathrm{Var}(\eta)\triangleq E[(\eta-\theta)(\eta-\theta)']=[E(\eta_i-\theta_i)(\eta_j-\theta_j)]_{n\times n}$为 n 阶对称正定矩阵. $|\Sigma|$为 Σ 的行列式,Σ^{-1}为 Σ 的逆矩阵. 则称 η 服从均值向量 θ 协方差阵 Σ 的 n 维(n 元)正态分布,记为 $\eta\sim N_n(\theta,\Sigma)$.

现来证明* $\int_{-\infty}^{\infty}\cdots\int_{-\infty}^{\infty}f_\eta(y_1,\cdots,y_n)\mathrm{d}y_1\cdots\mathrm{d}y_n=1$. 因为 Σ 为对称阵,所以存在正交矩阵 $T(T'=T^{-1})$,使得 $T'\Sigma T=\Lambda$,其中 Λ 为对角阵,其对角线上的元素 $\lambda_1,\cdots,\lambda_n$ 是 Σ 的特征根,因为 Σ 是正定的,故 $\lambda_1,\cdots,\lambda_n$ 都是正的. 令 $y-\theta=Tx$,其中 $x=(x_1,\cdots,x_n)'$,则变换的雅可比行列式为 $J=|T|=\pm1$,故 $|J|=1$. 由 $T'=T^{-1}$,得

$$(T'\Sigma^{-1}T)^{-1}=T'\Sigma T=\Lambda,$$

从而

$$T'\Sigma^{-1}T=\Lambda^{-1}=\begin{bmatrix}\frac{1}{\lambda_1} & & 0\\ & \ddots & \\ 0 & & \frac{1}{\lambda_n}\end{bmatrix}.$$

故

$$\begin{aligned}&\int_{-\infty}^{\infty}\cdots\int_{-\infty}^{\infty}\exp\left\{-\frac{1}{2}(y-\theta)'\Sigma^{-1}(y-\theta)\right\}\mathrm{d}y_1\cdots\mathrm{d}y_n\\ =&\int_{-\infty}^{+\infty}\cdots\int_{-\infty}^{+\infty}\exp\left\{-\frac{1}{2}x'T'\Sigma^{-1}Tx\right\}\mathrm{d}x_1\cdots\mathrm{d}x_n\\ =&\int_{-\infty}^{+\infty}\cdots\int_{-\infty}^{+\infty}\exp\left\{-\frac{1}{2}\sum_{i=1}^{n}\frac{x_i^2}{\lambda_i}\right\}\mathrm{d}x_1\cdots\mathrm{d}x_n\\ =&\prod_{i=1}^{n}\int_{-\infty}^{+\infty}\mathrm{e}^{-x_i^2/2\lambda_i}\mathrm{d}x_i=\prod_{i=1}^{n}(2\pi\lambda_i)^{\frac{1}{2}}\\ =&(2\pi)^{n/2}(\lambda_1\lambda_2\cdots\lambda_n)^{\frac{1}{2}}\\ =&(2\pi)^{n/2}|\Lambda|^{\frac{1}{2}}=(2\pi)^{n/2}\mid T\Lambda T'\mid^{\frac{1}{2}}\\ =&(2\pi)^{n/2}|\Sigma|^{\frac{1}{2}}.\end{aligned}$$

所以

$$\int_{-\infty}^{+\infty}\cdots\int_{-\infty}^{+\infty}f_\eta(y_1,\cdots,y_n)\mathrm{d}y_1\cdots\mathrm{d}y_n=1.$$

引理 1.2.1　设 $\eta_1,\cdots,\eta_n$ 为相互独立同服从正态分布 $N(0,1)$的 n 个随机变量,T 为 n 阶正交矩阵,$\zeta=T'\eta$,其中 $\zeta=(\zeta_1,\cdots,\zeta_n)'$,$\eta=(\eta_1,\cdots,\eta_n)'$. 则 $\zeta_1,\cdots,\zeta_n$ 也为相互独立同服从正态分布 $N(0,1)$的 n 个随机变量,即 $\zeta\sim N_n(0,I_n)$,其中 I_n 为 n 阶单位矩阵.

证明 因为 $f_\eta(y_1,\cdots,y_n)=(2\pi)^{-\frac{n}{2}}\exp\left\{-\frac{1}{2}y'y\right\}$，其中 $y=(y_1,y_2,\cdots,y_n)'$. 设 $x=(x_1,x_2,\cdots,x_n)'$，又因为变换 $y=Tx$ 的雅可比行列式的绝对值为 $|J|=\|T\|=1$，且 $y'y=x'T'Tx=x'x$. 所以由文献[21]中定理 2.7.5 知，ζ 的密度函数为

$$\begin{aligned}f_\zeta(x_1,\cdots,x_n)&=(2\pi)^{-n/2}\exp\left\{-\frac{1}{2}x'TT'x\right\}|J|\\&=(2\pi)^{-n/2}\exp\left\{-\frac{1}{2}x'x\right\},\end{aligned}$$

故

$$\zeta\sim N_n(0,I_n).$$

推论 1.2.1 设 $\eta\sim N_n(\theta,\sigma^2I_n)$，$T$ 为 n 阶正交矩阵，则 $\xi\equiv T'\left(\frac{\eta-\theta}{\sigma}\right)\sim N_n(0,I_n)$.

推论 1.2.2 设 $\eta\sim N_n(\theta,\Sigma)$，则存在正交矩阵 T，使由变换 $\zeta=T'(\eta-\theta)$ 确定的随机向量 $\zeta\sim N_n(0,\Lambda)$，其中 Λ 为对角矩阵.

证明 因为 Σ 为对称矩阵，所以存在正交矩阵 T，使得 $T'\Sigma T=\Lambda$，又因为 η 的密度函数如式(1.2.1)所示，所以由文献[21]中定理 2.7.5 知，$\zeta=T'(\eta-\theta)$ 的密度函数为

$$\begin{aligned}f_\zeta(x_1,\cdots,x_n)&=(2\pi)^{-n/2}|\Sigma|^{-\frac{1}{2}}\exp\left\{-\frac{1}{2}x'T'\Sigma^{-1}Tx\right\}|J|\\&=(2\pi)^{-n/2}|\Lambda|^{-\frac{1}{2}}\exp\left\{-\frac{1}{2}x'\Lambda^{-1}x\right\},\end{aligned}$$

所以

$$\zeta\sim N_n(0,\Lambda).$$

此推论表明 n 个相关的正态随机变量可通过正交变换化为 n 个互不相关的正态随机变量. 从而(由引理 1.2.4)它们为 n 个相互独立的正态随机变量.

引理 1.2.2 设 $\eta\sim N_n(\theta,\Sigma)$，则 η 的特征函数为

$$\varphi_\eta(t)=\exp\left\{\mathrm{j}t'\theta-\frac{1}{2}t'\Sigma t\right\},$$

其中 $\mathrm{j}=\sqrt{-1}$，$t'=(t_1,\cdots,t_n)$.

证明* 令 $z=y-\theta$，$k=(2\pi)^{n/2}|\Sigma|^{\frac{1}{2}}$，则由特征函数定义得

$$\begin{aligned}\varphi_\eta(t)&=E(\mathrm{e}^{\mathrm{j}t'\eta})=k^{-1}\int_{-\infty}^{\infty}\cdots\int_{-\infty}^{\infty}\exp\left\{\mathrm{j}t'y-\frac{1}{2}(y-\theta)'\Sigma^{-1}(y-\theta)\right\}\mathrm{d}y_1\cdots\mathrm{d}y_n\\&=k^{-1}\int_{-\infty}^{\infty}\cdots\int_{-\infty}^{\infty}\exp\left\{\mathrm{j}t'(z+\theta)-\frac{1}{2}z'\Sigma^{-1}z\right\}\mathrm{d}z_1\cdots\mathrm{d}z_n\\&=k^{-1}\int_{-\infty}^{\infty}\cdots\int_{-\infty}^{\infty}\exp\left\{\mathrm{j}t'\theta-\frac{1}{2}t'\Sigma t-\frac{1}{2}(z-\mathrm{j}\Sigma t)'\Sigma^{-1}(z-\mathrm{j}\Sigma t)\right\}\mathrm{d}z_1\cdots\mathrm{d}z_n\end{aligned}$$

$$=\exp\left\{\mathrm{j}t'\theta-\frac{1}{2}t'\Sigma t\right\}k^{-1}\int_{-\infty}^{\infty}\cdots\int_{-\infty}^{\infty}\exp\left\{-\frac{1}{2}(z-\mathrm{j}\Sigma t)'\Sigma^{-1}(z-\mathrm{j}\Sigma t)\right\}\mathrm{d}z_1\cdots\mathrm{d}z_n$$

$$=\exp\left\{\mathrm{j}t\theta-\frac{1}{2}t'\Sigma t\right\}.$$

引理 1.2.3　设 $\eta\sim N_n(\theta,\Sigma)$，$A$ 为一个秩是 m 的 $m\times n$ 阶常数矩阵，a 是 m 维常数列向量，$\xi=A\eta+a$，则 m 维随机向量 $\xi\sim N_m(A\theta+a,A\Sigma A')$.

证明　$\varphi_\xi(t)=E(\mathrm{e}^{\mathrm{j}t'\xi})=E[\mathrm{e}^{\mathrm{j}t'(A\eta+a)}]=\mathrm{e}^{\mathrm{j}t'a}\varphi_\eta(A't)$

$$=\mathrm{e}^{\mathrm{j}t'a+\mathrm{j}(A't)'\theta-\frac{1}{2}(A't)'\Sigma(A't)}$$

$$=\exp\left\{\mathrm{j}t'(A\theta+a)-\frac{1}{2}t'(A\Sigma A')t\right\}.$$

由多元特征函数的唯一性定理知，$\xi\sim N_m(A\theta+a,A\Sigma A')$.

推论 1.2.3　正态随机向量 η 的任一子向量仍是正态随机向量.

引理 1.2.4　设 $\eta\sim N_n(\theta,\Sigma)$，$\eta'=(\eta_1,\cdots,\eta_n)$，则 $\eta_1,\cdots,\eta_n$ 相互独立的充要条件是它们两两不相关.

证明　必要性是显然的，现往证充分性. 设 $\eta_1,\cdots,\eta_n$ 两两不相关，则对 $i\neq k$ 有 $\mathrm{Cov}(\eta_i,\eta_k)=0$，$i,k=1,2,\cdots,n$，所以 Σ 为对角矩阵，从而 η 的特征函数为

$$\varphi_\eta(t)=\exp\left\{\mathrm{j}t'\theta-\frac{1}{2}t'\Sigma t\right\}$$

$$=\exp\left\{\sum_{k=1}^{n}\left(\mathrm{j}t_k\theta_k-\frac{1}{2}t_k^2\sigma_k^2\right)\right\}\qquad(\text{其中 }\sigma_k^2=D(\eta_k))$$

$$=\prod_{k=1}^{n}\exp\left\{\mathrm{j}t_k\theta_k-\frac{1}{2}t_k^2\sigma_k^2\right\}=\prod_{k=1}^{n}\varphi_{\eta_k}(t_k).$$

由多元特征函数的性质知，$\eta_1,\cdots,\eta_k$ 相互独立.

记 I_n 为 n 阶单位矩阵，Λ_n 为 n 阶对角矩阵，$\eta'=(\eta_1,\cdots,\eta_n)$，则由引理1.2.4知，如果 $\eta\sim N_n(\theta,\Lambda_n)$，那么，$\eta_1,\cdots,\eta_n$ 相互独立. 如果 $\eta\sim N_n(0,\sigma^2 I_n)$，那么 $\eta_1,\cdots,\eta_n$ 是相互独立同服从正态分布 $N(0,\sigma^2)$ 的随机变量.

定理 1.2.1　设 $\eta\sim N_n(0,I_n)$，A 为 n 阶对称幂等(即 $A^2=A$)矩阵. 则

$$\eta'A\eta\sim\chi^2(\mathrm{tr}(A)),$$

即 $\eta'A\eta$ 服从自由度为 $\mathrm{tr}(A)$ 的卡方分布，其中 $\mathrm{tr}(A)$ 表示 A 的迹.

证明*　因为 $A'=A$，所以存在正交矩阵 T，使得 $T'AT=\Lambda$，其中 Λ 为对角矩阵，且对角线上的元素为 A 的特征根. 又因 $A^2=A$，所以对任意非零 n 维列向量 α，由 $A\alpha=\lambda\alpha$，得 $\lambda\alpha'=\alpha'A$，从而 $\lambda\alpha'\alpha=\alpha'A\alpha=\alpha'A^2\alpha=(A\alpha)'(A\alpha)=\lambda^2\alpha'\alpha$，故$\lambda=\lambda^2$，因此 A 的特征根不是零就是 1，从而对角矩阵 Λ 的对角线上元素非 0 即 1，且

$$\mathrm{tr}(\Lambda)=\mathrm{tr}(T'AT)=\mathrm{tr}(ATT')=\mathrm{tr}(A).$$

令 $\zeta=T'\eta$，其中 $\zeta'=(\zeta_1,\cdots,\zeta_n)$，由引理 1.2.1 知，$\zeta\sim N_n(0,I_n)$，所以 $\zeta_1,\cdots,\zeta_n$ 相互独立同服从标准正态分布 $N(0,1)$，由 χ^2 分布定义知

$$\eta' A\eta = \zeta' T' AT\zeta = \zeta'\Lambda\zeta = \sum_{i=1}^{\mathrm{tr}(\Lambda)} \zeta_i^2 = \sum_{i=1}^{\mathrm{tr}(A)} \zeta_i^2 \sim \chi^2(\mathrm{tr}(A)).$$

推论 1.2.4 设$\xi \sim N_n(\theta, \sigma^2 I_n)$，$A$ 为 n 阶对称幂等矩阵，则

$$\frac{(\xi-\theta)' A(\xi-\theta)}{\sigma^2} \sim \chi^2(\mathrm{tr}(A)).$$

定理 1.2.2 设$\eta' = (\eta_1, \cdots, \eta_n)$，$E(\eta) = \theta$，$\theta' = (\theta_1, \cdots, \theta_n)$，$\mathrm{Var}(\eta) = \sigma^2 I_n$，且 $A = [a_{ij}]$为 n 阶对称矩阵，则

(1)$E(\eta' A\eta) = \sigma^2 \mathrm{tr}(A) + \theta' A\theta$.

(2)如果 $\eta \sim N_n(0, \sigma^2 I_n)$，则 $\mathrm{Var}(\eta' A\eta) = 2\sigma^4 \mathrm{tr}(A^2)$.

证明* (1)

$$\begin{aligned} E(\eta' A\eta) &= E[(\eta-\theta+\theta)' A(\eta-\theta+\theta)] \\ &= E[(\eta-\theta)' A(\eta-\theta)] + \theta' A\theta \\ &= \sum_{i,j=1}^n a_{ij} E[(\eta_i-\theta_i)(\eta_j-\theta_j)] + \theta' A\theta \\ &= \sum_{i=1}^n \sigma^2 a_{ii} + \theta' A\theta = \sigma^2 \mathrm{tr}(A) + \theta' A\theta. \end{aligned}$$

(2) 因为 $\eta' A\eta = \sum_{i,j=1}^n a_{ij}\eta_i\eta_j$，所以

$$(\eta' A\eta)^2 = \sum_{i,j=1}^n \sum_{s,t=1}^n a_{ij} a_{st} \eta_i\eta_j\eta_s\eta_t.$$

又因 $\eta_1, \cdots, \eta_n$ 相互独立同服从正态分布 $N(0, \sigma^2)$，由文献[21]中例 4.1.10 知

$$E(\eta_i^n) = \begin{cases} \sigma^{2k} \cdot (2k-1)!!, & n = 2k, \\ 0, & n = 2k-1, \end{cases} \quad k = 1, 2, \cdots.$$

于是得

$$E(\eta_i\eta_j\eta_s\eta_t) = \begin{cases} 3\sigma^4, & i = j = s = t, \\ \sigma^4, & i = j, s = t \text{ 或 } i = s, j = t \text{ 或 } j = s, i = t, \\ 0, & \text{其他}. \end{cases}$$

故

$$\begin{aligned} E(\eta' A\eta)^2 &= 3\sum_{i=1}^n a_{ii}^2 \sigma^4 + \sigma^4 \Big(\sum_{\substack{s,t=1 \\ s\neq t}}^n a_{ss} a_{tt} + \sum_{\substack{s,t=1 \\ s\neq t}}^n a_{st}^2 + \sum_{\substack{s,t=1 \\ s\neq t}}^n a_{st} a_{ts} \Big) \\ &= 3\sigma^4 \sum_{i=1}^n a_{ii}^2 + \sigma^4 \sum_{\substack{s,t=1 \\ s\neq t}}^n (a_{ss} a_{tt} + 2a_{st}^2) (\text{因为 } a_{st} = a_{ts}) \\ &= \sigma^4 \Big(\sum_{i=1}^n a_{ii}^2 + \sum_{\substack{s,t=1 \\ s\neq t}}^n a_{ss} a_{tt} \Big) + 2\sigma^4 \Big(\sum_{i=1}^n a_{ii}^2 + \sum_{\substack{s,t=1 \\ s\neq t}}^n a_{st}^2 \Big) \\ &= \sigma^4 \Big(\sum_{i=1}^n a_{ii} \Big)^2 + 2\sigma^4 \sum_{s,t=1}^n a_{st}^2 \end{aligned}$$

$$=\sigma^4(\mathrm{tr}(A))^2+2\sigma^4\mathrm{tr}(A^2).\qquad (因为 A'=A)$$

所以

$$\begin{aligned}\mathrm{Var}(\eta'A\eta)&=E[\eta'A\eta]^2-[E(\eta'A\eta)]^2\\&=\sigma^4[\mathrm{tr}(A)]^2+2\sigma^4\mathrm{tr}(A^2)-\sigma^4[\mathrm{tr}(A)]^2\\&=2\sigma^4\mathrm{tr}(A^2).\end{aligned}$$

定理 1.2.3　设 A 为 n 阶对称矩阵，B 为 $m\times n$ 阶矩阵，且 $BA=0$，$\eta\sim N_n(\theta,\sigma^2I_n)$，则 $B\eta$ 与 $\eta'A\eta$ 相互独立.

证明*　因为 $A'=A$，所以存在正交矩阵 T，使得 $T'AT=\Lambda$，其中 Λ 为对角矩阵，其对角线元素为 A 的特征根，令 $\zeta=T'\eta$，则由引理 1.2.3，$\zeta\sim N_n(T'\theta,\sigma^2I_n)$. 如果

$$\Lambda=\begin{bmatrix}\Lambda_r & 0\\ 0 & 0\end{bmatrix},\quad \Lambda_r=\begin{bmatrix}\lambda_1 & & & 0\\ & \lambda_2 & & \\ & & \ddots & \\ 0 & & & \lambda_r\end{bmatrix},$$

即 $r_{ank}(A)=r\leqslant n$，则将 ζ 相应分块为

$$\zeta=\begin{bmatrix}V_1\\V_2\end{bmatrix}\begin{matrix}\}r\\ \}n-r\end{matrix},$$

从而

$$\eta'A\eta=\zeta'T'AT\zeta=\zeta'\begin{bmatrix}\Lambda_r & 0\\ 0 & 0\end{bmatrix}\zeta=V_1'\Lambda_rV_1.$$

令 $BT=C$，把 C 相应分块为 $C=[\underbrace{C_1}_{r},\underbrace{C_2}_{n-r}]$. 由于　$BA=0$，所以 $C(T'AT)=BTT'AT=BAT=0$，即 $[C_1,C_2]\begin{bmatrix}\Lambda_r & 0\\ 0 & 0\end{bmatrix}=0$，从而知 $C_1=0$，于是 $C=[0,C_2]$，故 $B\eta=BTT'\eta=C\zeta=C_2V_2$，因此 $B\eta$ 仅依赖于 V_2，而 $\eta'A\eta$ 仅依赖于 V_1，因为 V_1 与 V_2 相互独立，所以 $B\eta$ 与 $\eta'A\eta$ 相互独立.

定理 1.2.4　设 A,B 均为 n 阶对称矩阵，$BA=0$，且 $\eta\sim N_n(\theta,\sigma^2I_n)$，则 $\eta'B\eta$ 与 $\eta'A\eta$ 相互独立.

证明*　因 $BA=0$ 且 A,B 均为对称阵，所以存在正交阵 T 同时使得

$$T'AT=\begin{bmatrix}\lambda_1 & & 0\\ & \ddots & \\ 0 & & \lambda_n\end{bmatrix},T'BT=\begin{bmatrix}\mu_r & & 0\\ & \ddots & \\ 0 & & \mu_n\end{bmatrix}.$$

事实上，不失一般性，不妨设正交矩阵 P，使得

$$P'AP=\begin{bmatrix}\lambda_1I_p & & 0\\ & \lambda_2I_q & \\ 0 & & \lambda_3I_r\end{bmatrix},(\lambda_1\neq\lambda_2\neq\lambda_3\neq\lambda_1),p+q+r=n.$$

即 A 只有 3 个不同的特征根. 这时设

$$P'BP=\begin{bmatrix}\widetilde{B}_{11} & \widetilde{B}_{12} & \widetilde{B}_{13}\\ \widetilde{B}_{21} & \widetilde{B}_{22} & \widetilde{B}_{23}\\ \widetilde{B}_{31} & \widetilde{B}_{32} & \widetilde{B}_{33}\end{bmatrix},$$

因为 $AB=BA$，则 $P'APP'BP=P'BPP'AP$，从而

$$\begin{bmatrix}\lambda_1\widetilde{B}_{11} & \lambda_1\widetilde{B}_{12} & \lambda_1\widetilde{B}_{13}\\ \lambda_2\widetilde{B}_{21} & \lambda_2\widetilde{B}_{22} & \lambda_2\widetilde{B}_{23}\\ \lambda_3\widetilde{B}_{31} & \lambda_3\widetilde{B}_{32} & \lambda_3\widetilde{B}_{33}\end{bmatrix}=\begin{bmatrix}\lambda_1\widetilde{B}_{11} & \lambda_2\widetilde{B}_{12} & \lambda_3\widetilde{B}_{13}\\ \lambda_1\widetilde{B}_{21} & \lambda_2\widetilde{B}_{22} & \lambda_3\widetilde{B}_{23}\\ \lambda_1\widetilde{B}_{31} & \lambda_2\widetilde{B}_{32} & \lambda_3\widetilde{B}_{33}\end{bmatrix},$$

故

$$\lambda_1\widetilde{B}_{12}=\lambda_2\widetilde{B}_{12},\lambda_1\widetilde{B}_{13}=\lambda_3\widetilde{B}_{13},\lambda_2\widetilde{B}_{23}=\lambda_3\widetilde{B}_{23}.$$

从而 $\widetilde{B}_{12}=\widetilde{B}_{13}=\widetilde{B}_{23}=0$，于是

$$P'BP=\begin{bmatrix}\widetilde{B}_{11} & & 0\\ & \widetilde{B}_{22} & \\ 0 & & \widetilde{B}_{33}\end{bmatrix}$$

为对角块. 因为 $\widetilde{B}_{11},\widetilde{B}_{22},\widetilde{B}_{33}$ 均是对称阵，所以分别存在正交阵 $\widetilde{P}_1,\widetilde{P}_2,\widetilde{P}_3$ 使得 $\widetilde{P}'_1\widetilde{B}_{11}\widetilde{P}_1,\widetilde{P}'_2\widetilde{B}_{22}\widetilde{P}_2,\widetilde{P}_3\widetilde{B}_{33}\widetilde{P}_3$ 均为对角阵. 令

$$T=P\begin{bmatrix}\widetilde{P}_1 & & 0\\ & \widetilde{P}_2 & \\ 0 & & \widetilde{P}_3\end{bmatrix},$$

则 T 使 $T'AT,T'BT$ 均为对角阵，且 T 也是正交阵.

因为

$$0=AB=T\begin{bmatrix}\lambda_1\mu_1 & & 0\\ & \ddots & \\ 0 & & \lambda_n\mu_n\end{bmatrix}T',$$

故 $\lambda_i\mu_i=0,i=1,\cdots,n$.

令 $G_1=\{j:\lambda_j\neq 0\},G_2=\{j:\mu_j\neq 0\}$，则 $G_1G_2=\varnothing$. 令 $\zeta=T'\eta,\zeta=(\zeta_1,\zeta_2,\cdots,\zeta_n)'$，则 $\zeta\sim N_n(T'\theta,\sigma^2I_n)$，所以 $\zeta_1,\zeta_2,\cdots,\zeta_n$ 相互独立.

$$\eta'A\eta=\eta'T\begin{bmatrix}\lambda_1 & & 0\\ & \ddots & \\ 0 & & \lambda_n\end{bmatrix}T'\eta=\zeta'\begin{bmatrix}\lambda_1 & & 0\\ & \ddots & \\ 0 & & \lambda_n\end{bmatrix}\zeta$$

$$=\sum_{i=1}^{n}\zeta_i^2\lambda_i=\sum_{i\in G_1}\lambda_i\zeta_i^2.$$

同理

$$\eta' B\eta=\sum_{i\in G_2}\mu_i\zeta_i^2.$$

因为 G_1 与 G_2 不相交，且 $\zeta_1,\cdots,\zeta_n$ 相互独立，所以 $\eta' A\eta$ 与 $\eta' B\eta$ 相互独立.

定理 1.2.5 设 $Q_i\sim\chi^2(r_i),i=1,2,r_1>r_2$ 且 Q_1-Q_2 与 Q_2 独立，则

$$Q_1-Q_2\sim\chi^2(r_1-r_2).$$

证明 因 Q_1 的特征函数为

$$\varphi_{Q_1}(t)=(1-2\mathrm{j}t)^{-\frac{r_1}{2}}=E[\mathrm{e}^{\mathrm{j}t(Q_1-Q_2+Q_2)}]$$
$$=E[\mathrm{e}^{\mathrm{j}t(Q_1-Q_2)}](1-2\mathrm{j}t)^{-\frac{r_2}{2}}\qquad(\mathrm{j}=\sqrt{-1}),$$

所以 Q_1-Q_2 的特征函数为 $E[\mathrm{e}^{\mathrm{j}t(Q_1-Q_2)}]=(1-2\mathrm{j}t)^{-\frac{r_1-r_2}{2}}$，从而 $Q_1-Q_2\sim\chi^2(r_1-r_2)$.

定理 1.2.6 设 $\eta\sim N_n(\theta,\Sigma)$，则 $(\eta-\theta)'\Sigma^{-1}(\eta-\theta)\sim\chi^2(n)$.

证明 因为 $\eta-\theta\sim N_n(0,\Sigma)$，$\Sigma'=\Sigma$，故存在正交阵 T 使得 $T'\Sigma T=\Lambda=\Lambda^{\frac{1}{2}}\Lambda^{\frac{1}{2}}$，又因 $(T'\Sigma^{-1}T)^{-1}=\Lambda$，所以 $\Sigma^{-1}=T\Lambda^{-\frac{1}{2}}\Lambda^{-\frac{1}{2}}T'$，从而有

$$(\eta-\theta)'\Sigma^{-1}(\eta-\theta)=[\Lambda^{-\frac{1}{2}}T'(\eta-\theta)]'[\Lambda^{-\frac{1}{2}}T'(\eta-\theta)].$$

由引理 1.2.3 知

$$\Lambda^{-\frac{1}{2}}T'(\eta-\theta)\sim N_n(0,\Lambda^{-\frac{1}{2}}T'\Sigma T\Lambda^{-\frac{1}{2}})=N_n(0,I_n).$$

再由 χ^2 分布定义知 $(\eta-\theta)'\Sigma^{-1}(\eta-\theta)\sim\chi^2(n)$.

§1.3 抽样分布定理

统计量是我们对总体 ξ 的分布或数字特征进行估计与推断的重要的基本概念. 求出统计量的分布函数是数理统计学的基本问题之一. 统计量的分布称为抽样分布.

设总体 ξ 的分布函数已知，如果对任意容量为 n 的样本 $\xi_1,\xi_2,\cdots,\xi_n$ 能求出给定的统计量 $T(\xi_1,\cdots,\xi_n)$ 的分布函数，则称这个分布函数为 $T(\xi_1,\cdots,\xi_n)$ 的精确分布. 求出统计量的精确分布，对于数理统计学中的所谓小样问题(即在样本容量 n 比较小的情况下所讨论的各种问题)的研究是很重要的. 但是，一般来说要确定一个统计量的分布是比较困难的. 现在几乎只对正态总体，求出了其样本的几个函数的精确分布. 如果统计量的分布函数求不出来，或者虽能求出来但是其表达式很复杂不便于应用，如果这时能求出当 $n\to\infty$ 时的统计量极限分布，这个统计量的极限

分布对于数理统计学中的所谓大样问题(即在样本容量 n 比较大的情况下所讨论的各种问题)的研究是非常有用的.不过何为大样何为小样却没有一定的标准,这要由具体问题来确定.

现在,我们来介绍在以后各章中要用到的几个抽样分布定理.

定理 1.3.1 设总体 $\xi\sim N(a,\sigma^2)$,$\xi_1,\cdots,\xi_n$ 为总体 ξ 的样本,则

(1) $\bar{\xi}\sim N\left(a,\dfrac{\sigma^2}{n}\right)$;

(2) $\bar{\xi}$ 与 S^2 相互独立;

(3) $\dfrac{nS^2}{\sigma^2}\sim\chi^2(n-1)$.

证明 设 $\boldsymbol{\xi}=(\xi_1,\cdots,\xi_n)'$,$B=\left(\dfrac{1}{n},\dfrac{1}{n},\cdots,\dfrac{1}{n}\right)$,$D=\left[\left(\delta_{ij}-\dfrac{1}{n}\right)\right]_{n\times n}$,$\theta'=(a,a,\cdots,a)$,其中 $\delta_{ij}=\begin{cases}1,i=j,\\0,i\neq j.\end{cases}$

则

$$\boldsymbol{\xi}\sim N_n(\theta,\sigma^2 I_n),\bar{\xi}=B\boldsymbol{\xi},nS^2=\boldsymbol{\xi}'D\boldsymbol{\xi}.$$

(1) 由引理 1.2.3 知 $\bar{\xi}\sim N(B\theta,B\sigma^2 I_n B')=N\left(a,\dfrac{\sigma^2}{n}\right)$;

(2) 因为 $BD=0$ 且 $D'=D$,由定理 1.2.3 知,$\bar{\xi}$ 与 nS^2 独立,从而 $\bar{\xi}$ 与 S^2 独立;

(3) 因为

$$\begin{aligned}nS^2=\boldsymbol{\xi}'D\boldsymbol{\xi}&=\sum_{i=1}^{n}(\xi_i-\bar{\xi})^2=\sum_{i=1}^{n}[(\xi_i-a)-(\bar{\xi}-a)]^2\\&=(\boldsymbol{\xi}-\theta)'D(\boldsymbol{\xi}-\theta)\quad(\text{又因为 }D^2=D),\end{aligned}$$

由推论 1.2.4 知,$\dfrac{nS^2}{\sigma^2}=\dfrac{(\boldsymbol{\xi}-\theta)'D(\boldsymbol{\xi}-\theta)}{\sigma^2}\sim\chi^2(\mathrm{tr}(D))=\chi^2(n-1)$,定理证毕.

由式(1.1.34)知,$E\left(\dfrac{nS^2}{\sigma^2}\right)=n-1$,$D\left(\dfrac{nS^2}{\sigma^2}\right)=2(n-1)$,所以

$$E(S^2)=\frac{n-1}{n}\sigma^2,D(S^2)=\frac{2(n-1)\sigma^4}{n^2}. \tag{1.3.1}$$

推论 1.3.1 设总体 $\xi\sim N(a,\sigma^2)$,$\xi_1,\cdots,\xi_n$ 为 ξ 的样本,则

$$T\triangleq\frac{\bar{\xi}-a}{S/\sqrt{n-1}}\sim t(n-1).$$

证明 由定理 1.3.1 知,$\dfrac{\bar{\xi}-a}{\sigma/\sqrt{n}}$ 与 $\dfrac{nS^2}{\sigma^2}$ 独立,且 $\dfrac{\bar{\xi}-a}{\sigma/\sqrt{n}}\sim N(0,1)$,$\dfrac{nS^2}{\sigma^2}\sim\chi^2(n-1)$,由 t 分布定义知

$$T=\frac{\bar{\xi}-a}{\sigma/\sqrt{n}}\Bigg/\sqrt{\frac{nS^2}{\sigma^2(n-1)}}\sim t(n-1). \tag{1.3.2}$$

推论 1.3.2　设 $\xi_1,\cdots,\xi_k$ 为 $k(k\geqslant 2)$ 个相互独立的随机变量，且 $\xi_i\sim N(0,1)$，$i=1,2,\cdots,k$. 从这 k 个相互独立的总体中分别抽取容量为 n_i 的样本 $\xi_{i1},\cdots,\xi_{in_i}$，$i=1,2,\cdots,k$，且这 k 个样本相互独立，记

$$\bar{\xi}_i=\frac{1}{n_i}\sum_{j=1}^{n_i}\xi_{ij},\quad S_i^2=\frac{1}{n_i}\sum_{j=1}^{n_i}(\xi_{ij}-\bar{\xi}_i)^2,i=1,2,\cdots,k.$$

$$n=\sum_{i=1}^{k}n_i,\quad \bar{\xi}=\frac{1}{n}\sum_{n=1}^{k}\sum_{j=1}^{n_i}\xi_{ij}.$$

则　(1)

$$S_{总}^2\triangleq\sum_{i=1}^{k}\sum_{j=1}^{n_i}(\xi_{ij}-\bar{\xi})^2=Q+U,$$

其中

$$Q=\sum_{i=1}^{k}n_iS_i^2,\quad U=\sum_{i=1}^{k}n_i(\bar{\xi}_i-\bar{\xi})^2.$$

(2)　$\dfrac{U/(k-1)}{Q/(n-k)}\sim F(k-1,n-k)$.

证明　(1)　称式(1)为离差平方和的分解式.

$$\begin{aligned}S_{总}^2&=\sum_{i=1}^{k}\sum_{j=1}^{n_i}(\xi_{ij}-\bar{\xi})^2=\sum_{i=1}^{k}\sum_{j=1}^{n_i}(\xi_{ij}-\bar{\xi}_i+\bar{\xi}_i-\bar{\xi})^2\\&=\sum_{i=1}^{k}\sum_{j=1}^{n_i}(\xi_{ij}-\bar{\xi})^2+\sum_{i=1}^{k}\sum_{j=1}^{n_i}(\xi_{\xi i}-\bar{\xi})^2\\&=\sum_{i=1}^{k}n_iS_i^2+\sum_{i=1}^{k}n_i(\bar{\xi}_i-\bar{\xi})^2=Q+U,\end{aligned}$$

其中

$$\begin{aligned}&2\sum_{i=1}^{k}\sum_{j=1}^{n_i}(\xi_{ij}-\bar{\xi}_i)(\bar{\xi}_i-\bar{\xi})\\&=2\sum_{i=1}^{k}(\bar{\xi}_i-\bar{\xi})\sum_{j=1}^{n_i}(\xi_{ij}-\bar{\xi}_i)\\&=2\sum_{i=1}^{k}(\bar{\xi}_i-\bar{\xi})(n_i\bar{\xi}_i-n_i\bar{\xi}_i)=0.\end{aligned}$$

(2)　由定理 1.3.1 知 $S_{总}^2\sim\chi^2(n-1)$，$n_iS_i^2\sim\chi^2(n_i-1)$，$i=1,\cdots,k$，因为 $n_1S_1^2,n_2S_2^2,\cdots,n_kS_k^2$ 相互独立，由定理 1.1.1 知 $Q\sim\chi^2(n-k)$，因 Q 只是 S_1^2，$S_2^2,\cdots,S_k^2$ 的函数，$U=\sum\limits_{n=1}^{k}n_i\left(\bar{\xi}_i-\frac{1}{n}\sum\limits_{n=1}^{k}n_i\bar{\xi}_i\right)^2$ 只是 $\bar{\xi}_1,\cdots,\bar{\xi}_k$ 的函数，由定理

1.3.1 与独立性假设知，$\bar{\xi}_1,\cdots,\bar{\xi}_k,S_1^2,\cdots,S_k^2$ 相互独立，从而 $U=S_{总}^2-Q$ 与 Q 独立. 又因 $n-1>n-k$，由定理 1.2.5 知 $U\sim\chi^2(k-1)$. 由 F 分布定义知，$\dfrac{U/(k-1)}{Q/(n-k)}\sim F(k-1,n-k)$.

定理 1.3.2　设总体 $\xi\sim N(a_1,\sigma_1^2)$，总体 $\eta\sim N(a_2,\sigma_2^2)$，$\xi_1,\cdots,\xi_m$ 为 ξ 的样本，$\eta_1,\cdots,\eta_n$ 为 η 的样本，且这两个样本相互独立. 记

$$\bar{\xi}=\frac{1}{m}\sum_{i=1}^{m}\xi_i,S_1^2=\frac{1}{m}\sum_{i=1}^{m}(\xi_i-\bar{\xi})^2,$$

$$\bar{\eta}=\frac{1}{n}\sum_{i=1}^{n}\eta_i,S_2^2=\frac{1}{n}\sum_{i=1}^{n}(\eta_i-\bar{\eta})^2.$$

则

(i) $$F\triangleq\frac{(n-1)mS_1^2}{(m-1)nS_2^2}\cdot\frac{\sigma_2^2}{\sigma_1^2}\sim F(m-1,n-1).\tag{1.3.3}$$

特别当 $\sigma_1=\sigma_2=\sigma$ 时，

$$F=\frac{(n-1)mS_1^2}{(m-1)nS_2^2}\sim F(m-1,n-1).$$

(ii) 当 $\sigma_1=\sigma_2=\sigma$ 时，

$$T\triangleq\frac{\bar{\xi}-\bar{\eta}-(a_1-a_2)}{\sqrt{mS_1^2+nS_2^2}}\sqrt{\frac{mn(m+n-2)}{m+n}}\sim t(m+n-2).\tag{1.3.4}$$

证明　(i) 因为 $\dfrac{mS_1^2}{\sigma_1^2}\sim\chi^2(m-1)$，$\dfrac{nS_2^2}{\sigma_2^2}\sim\chi^2(n-1)$，且 $\dfrac{mS_1^2}{\sigma_1^2}$ 与 $\dfrac{mS_2^2}{\sigma_2^2}$ 独立，由 F 分布定义知

$$F=\frac{mS_1^2}{\sigma_1^2(m-1)}\Big/\frac{nS_2^2}{\sigma_2^2(n-1)}\sim F(m-1,n-1).$$

(ii) 因为 $\zeta\triangleq[(\bar{\xi}-\bar{\eta})-(a_1-a_2)]\Big/\sigma\sqrt{\dfrac{1}{m}+\dfrac{1}{n}}\sim N(0,1)$，由定理 1.1.1 知

$$Q\triangleq\frac{mS_1^2+nS_2^2}{\sigma^2}\sim\chi^2(m+n-2).$$

又因 ζ 与 Q 相互独立，由 t 分布定义知

$$T=\frac{\zeta}{\sqrt{Q/(m+n-2)}}\sim t(m+n-2).$$

§1.4　分　位　数

定义 1.4.1　设 ξ 为一个随机变量，α 为满足 $0<\alpha<1$ 的实数. 如果 x_α 使得 $P\{\xi\leqslant x_\alpha\}=\alpha$，则称 x_α 为 ξ 的下侧 α 分位数. 如果 y_α 使得 $P\{\xi>y_\alpha\}=\alpha$，则称 y_α 为

ξ 的上侧 α 分位数. 分位数也叫分位点或临界值.

分位数有下列性质:

(1)　$x_\alpha=y_{1-\alpha}, y_\alpha=x_{1-\alpha}$. (1.4.1)

(2)　对于正态分布 $N(0,1)$ 与 t 分布 $t(n)$ 有

$$y_{1-\alpha}=-y_\alpha, x_{1-\alpha}=-x_\alpha, \tag{1.4.2}$$

即

$$y_{1-\alpha}=-y_\alpha=x_\alpha=-x_{1-\alpha}. \tag{1.4.3}$$

(3)　设 $F_\alpha(m,n)$ 为 $F\sim F(m,n)$ 的下侧 α 分位数,则

$$F_\alpha(m,n)=\frac{1}{F_{1-\alpha}(n,m)}. \tag{1.4.4}$$

证明　(1)　因为 $\alpha=P\{\xi\leqslant x_\alpha\}=1-P\{\xi>x_\alpha\}$,所以有

$$P\{\xi>x_\alpha\}=1-\alpha=P\{\xi>y_{1-\alpha}\},$$

故 $x_\alpha=y_{1-\alpha}$,同理可证 $y_\alpha=x_{1-\alpha}$.

(2)　设 $\xi\sim N(0,1)$,由于标准正态分布密度函数图形关于 y 轴对称,所以有

$$\begin{aligned}P\{\xi>y_{1-\alpha}\}&=1-\alpha=1-P\{\xi>y_\alpha\}=P\{\xi\leqslant y_\alpha\}\\&=P\{\xi\geqslant -y_\alpha\}=P\{\xi>-y_\alpha\}.\end{aligned}$$

所以得 $y_{1-\alpha}=-y_\alpha$,类似可证 $x_{1-\alpha}=-x_\alpha$.

当 $\xi\sim t(n)$ 时,同理可证 $y_{1-\alpha}=-y_\alpha$, $x_{1-\alpha}=-x_\alpha$. 再由式(1.4.1)可得式(1.4.3).

(3)　设 $F\sim F(m,n)$,则有

$$P\{F\leqslant F_\alpha(m,n)\}=\alpha, \tag{1.4.5}$$

又因 $\frac{1}{F}\sim F(n,m)$,所以

$$\begin{aligned}1-\alpha&=P\left\{\frac{1}{F}\leqslant F_{1-\alpha}(n,m)\right\}=P\left\{F\geqslant\frac{1}{F_{1-\alpha}(n,m)}\right\}\\&=1-P\left\{F<\frac{1}{F_{1-\alpha}(n,m)}\right\},\end{aligned}$$

从而有

$$P\left\{F\leqslant\frac{1}{F_{1-\alpha}(n,m)}\right\}=\alpha. \tag{1.4.6}$$

比较式(1.4.5)与式(1.4.6),得式(1.4.4).

注意　(1)　如无特别说明本书以后所提到的 α 分位数均为下侧 α 分位数,并用如下符号表示.

当 $\xi\sim N(0,1)$ 时,用 u_α 表示 ξ 的下侧 α 分位数,即 u_α 满足

$$P\{\xi\leqslant u_\alpha\}=\alpha.$$

当 $\xi\sim\chi^2(n)$ 时,用 $\chi_\alpha^2(n)$ 表示 ξ 的下侧 α 分位数,即 $\chi_\alpha^2(n)$ 满足

$$P\{\xi \leqslant \chi_\alpha^2(n)\} = \alpha.$$

当 $\xi \sim t(n)$ 时,用 $t_\alpha(n)$ 表示 ξ 的下侧 α 分位数,即 $t_\alpha(n)$ 满足

$$P\{\xi \leqslant t_\alpha(n)\} = \alpha.$$

当 $\xi \sim F(m,n)$ 时,用 $F_\alpha(m,n)$ 表示 ξ 的下侧 α 分位数,即 $F_\alpha(m,n)$ 满足

$$P\{\xi \leqslant F_\alpha(m,n)\} = \alpha.$$

(2) 如果 $\chi^2 \sim \chi^2(n)$ 且 $n>45$,一般没有表查 χ^2 的下侧 α 分位数 $\chi_\alpha^2(n)$,弗雷歇曾证明,当 n 充分大时,有近似公式

$$\chi_\alpha^2(n) \approx \frac{1}{2}(u_\alpha + \sqrt{2n-1})^2. \tag{1.4.7}$$

其中 u_α 为标准正态分布的下侧 α 分位数.

(3) 如果 $t \sim t(n)$,且 $n>45$,一般没有表查 t 分布的下侧 α 分位数 $t_\alpha(n)$,但是当 n 充分大时,$t(n)$ 近似服从标准正态分布 $N(0,1)$,所以这时有近似公式

$$t_\alpha(n) \approx u_\alpha, \tag{1.4.8}$$

其中 u_α 为标准正态分布的下侧 α 分位数.

习 题 一

1. 设总体 $\xi \sim N(a,0.5)$,如果要以 0.997 的概率保证偏差 $|\bar{\xi}-a|<0.1$,试问样本容量 n 应取多大?

2. 设总体 ξ 的方差为 $\sigma^2=4$,均值为 a,$\bar{\xi}$ 为容量是 100 的样本均值,试分别用切比雪夫不等式与中心极限定理求出一个最小界限,使得 $\bar{\xi}-a$ 落在这个界限之内的概率为 0.90.

3. 设 $\xi_1,\xi_2,\cdots,\xi_n$ 为总体 $\xi \sim N(a,4)$ 的一个样本,$\bar{\xi}$ 为样本均值,试问样本容量 n 至少应取多大才能使:

(1) $E[|\bar{\xi}-a|^2] \leqslant 0.1$; (2) $E[|\bar{\xi}-a|] \leqslant 0.1$;

(3) $P\{|\bar{\xi}-a| \leqslant 0.1\} \geqslant 0.95$.

4. 设总体 $\xi \sim N(12,4)$,$\xi_1,\xi_2,\cdots,\xi_5$ 为 ξ 的一个样本,试求概率:

(1) $P\{\bar{\xi}>13\}$; (2) $P\{\xi_{(1)}<10\}$; (3) $P\{\xi_{(5)}>15\}$.

5. 设电子元件寿命(时数)ξ 服从参数为 $\lambda=0.0015$ 的指数分布,今测 6 个元件并记录下它们的失效时间,试问:

(1) 至 800 小时时没有一个元件失效的概率是多少?

(2) 至 3000 小时时所有元件都失效的概率是多少?

6. 设总体 ξ 服从几何分布,即 $P\{\xi=k\}=pq^{k-1}$,$k=1,2,\cdots$,其中 $0<p<1$,$q=1-p$,$\xi_1,\xi_2,\cdots,\xi_n$ 为 ξ 的样本. 求 $M \triangleq \max\{\xi_1,\cdots,\xi_n\}$,$K \triangleq \min\{\xi_1,\cdots,\xi_n\}$ 的概率分布.

7. 设总体 $\xi \sim P(\lambda)$，问其样本均值 $\bar{\xi}$ 的渐近分布是什么？

8. 设总体 $\xi \sim N(20,3)$，今从中抽取容量分别为 10 与 15 的两个独立样本，试问这两个样本均值之差的绝对值大于 0.3 的概率是多少？

9. 设总体 ξ 的数学期望 $E(\xi)=a$，方差 $D(\xi)=\sigma^2$ 都存在，求样本均值 $\bar{\xi}$ 的渐近分布.

10. 在习题 9 中，如果 $E(\xi^{2k})=a_{2k}$ 存在，求样本 k 阶原点矩 A_k 的渐近分布.

11. 设 $\xi_1,\cdots,\xi_n$ 为总体 ξ 的一个样本，$E(\xi)=a$，$D(\xi)=\sigma^2$ 都存在，求

$$Q=(\xi_1-\xi_2)^2+(\xi_2-\xi_3)^2+\cdots+(\xi_{n-1}-\xi_n)^2$$

的数学期望.

12. 设 A 为 n 阶对称矩阵，ξ 为 n 维列随机向量，证明

$$E(\xi' A\xi)=\mathrm{tr}[AE(\xi\xi')].$$

13. 设 $\xi_1,\cdots,\xi_n$ 是相互独立的 n 个随机变量，且 $E(\xi_i)=a$，$D(\xi_i)=\sigma_i^2$，$i=1,2,\cdots,n$，证明

$$E\left[\frac{1}{n(n-1)}\sum_{i=1}^{n}(\xi_i-\bar{\xi})^2\right]=D(\bar{\xi}),$$

其中 $\bar{\xi}=\dfrac{1}{n}\sum\limits_{i=1}^{n}\xi_i$.

14. 设总体 $\xi \sim N(0,\sigma^2)$，$(\xi_1,\cdots,\xi_n)$ 为 ξ 的样本，$S^2=\dfrac{1}{n}\sum\limits_{i=1}^{n}(\xi_i-\bar{\xi})^2$，求 $E(S^2)$ 与 $D(S^2)$，并证明当 n 增大时，

$$E(S^2)=\sigma^2+o\left(\frac{1}{n}\right),D(S^2)=\frac{2\sigma^4}{n}+o\left(\frac{1}{n^2}\right).$$

15. 设 $\xi'=(\xi_1,\xi_2,\xi_3)$ 且

$$\mathrm{Var}(\xi)=\begin{pmatrix}5&2&3\\2&3&0\\3&0&2\end{pmatrix}.$$

(1)　求 $\xi_1-2\xi_3+\xi_3$ 的方差.

(2)　求 $\eta=(\eta_1,\eta_2)'$ 的协方差阵，其中 $\eta_1=\xi_1+\xi_2$，$\eta_2=\xi_1+\xi_1+\xi_3$.

16. 计算积分 $\int_{-\infty}^{\infty}\int_{-\infty}^{\infty}\exp[-(x_1^2+2x_1x_2+4x_2^2)]\mathrm{d}x_1\mathrm{d}x_2$.

17. 设 $\xi=(\xi_1,\xi_2,\xi_3)'\sim N_3(\theta,\Sigma)$，其中

$$\theta'=(2,1,2),\qquad \Sigma=\begin{bmatrix}2&1&1\\1&3&0\\1&0&1\end{bmatrix},$$

求 $\eta_1=\xi_1+\xi_2+\xi_3$ 与 $\eta_2=\xi_1-\xi_2$ 的联合分布.

18. 设 $\xi \sim N_3(\theta,\Sigma)$，其中 $\Sigma=\begin{bmatrix}1 & \rho & 0\\ \rho & 1 & \rho\\ 0 & \rho & 1\end{bmatrix}$，试问 ρ 取什么值时，$\xi_1+\xi_2+\xi_3$ 与 $\xi_1-\xi_2-\xi_3$ 相互独立？

19. 设 $\eta\sim N_n(0,I_n)$，A 为秩是 r 的 $n\times n$ 阶矩阵. 如果

$$Q\triangleq \eta' A\eta \sim \chi^2(r),$$

证明：$A'=A$ 且 $A^2=A$.

20. 计算积分 $\int_{-\infty}^{\infty}\int_{-\infty}^{\infty}(x^2+xy+3y^2)\exp[-(x^2+2xy+2y^2)]\mathrm{d}x\mathrm{d}y$.

21. 设 $\xi_1,\cdots,\xi_n$ 独立同分布，且 $\xi_1\sim N(0,\sigma^2)$，又 A 和 B 是任意 n 阶方阵，记 $\zeta=(\xi_1,\cdots,\xi_n)'$，证明

$$\mathrm{Cov}[\zeta' A\zeta,\zeta' B\zeta]=2\sigma^4\mathrm{tr}(AB).$$

22. 设 η 是二元正态随机向量，具有密度函数

$$f(y_1,y_2)=k^{-1}\exp\left(-\frac{1}{2}Q\right),$$

其中 $Q=y_1^2+2y_2^2-y_1y_2-3y_1-2y_2+4$，试确定 η 的均值向量 θ 与协方差阵 Σ.

23. 设 $\xi_1,\cdots,\xi_n,\xi_{n+1}$ 是总体 $\xi\sim N(a,\sigma^2)$ 的一个样本，

$$\bar{\xi}=\frac{1}{n}\sum_{i=1}^{n}\xi_i,S^2=\frac{1}{n}\sum_{i=1}^{n}(\xi_i-\bar{\xi})^2.$$

试证：$T\triangleq\dfrac{\xi_{n+1}-\bar{\xi}}{S}\sqrt{\dfrac{n-1}{n+1}}\sim t(n-1)$.

24. 设 $\xi_1,\cdots,\xi_n$ 相互独立，且 $\xi_i\sim N(a,\sigma_i^2)$，$i=1,2,\cdots,n$. 试证：

$$\eta\triangleq\sum_{i=1}^{n}\frac{\xi_i}{\sigma_i}\Big/\sum_{i=1}^{n}\frac{1}{\sigma_i} \text{ 与 } \zeta\triangleq\sum_{i=1}^{n}\left[\frac{\xi_i-a}{\sigma_i}-\frac{\eta-a}{n}\sum_{i=1}^{n}\left(\frac{1}{\sigma_i}\right)\right]^2$$

相互独立，且 η 服从正态分布，$\zeta\sim\chi^2(n-1)$.

25. 设 $\xi_1,\cdots,\xi_n$ 相互独立，且 $\xi_i\sim N(a,\sigma_i^2)$，$i=1,\cdots,n$. 试证：

$$\eta\triangleq\sum_{i=1}^{n}\frac{\xi_i}{\sigma_2^2}\Big/\sum_{i=1}^{n}\frac{1}{\sigma_i^2} \text{ 与 } \zeta\triangleq\sum_{i=1}^{n}\left(\frac{\xi_i-\eta}{\sigma_i}\right)^2$$

相互独立，且 η 服从正态分布 $N\left(a,\dfrac{1}{\sum\limits_{i=1}^{n}\dfrac{1}{\sigma_i^2}}\right)$，$\zeta\sim\chi^2(n-1)$.

26. 设总体 $\xi\sim U\left(\theta-\frac{1}{2},\theta+\frac{1}{2}\right)$，$\xi_1,\cdots,\xi_n$ 为 ξ 的样本，$\xi_{(1)},\cdots,\xi_{(n)}$ 为样本的顺序统计量. 试求 $\xi_{(1)},\xi_{(n)}$ 及 $(\xi_{(1)},\xi_{(n)})$ 的分布.

27. 设 $\xi_1,\cdots,\xi_n$ 为总体 $\xi\sim N(a,\sigma^2)$ 的样本，$E(\xi)=a$，$D(\xi)=\sigma^2$，定义

$$d=\frac{1}{n}\sum_{i=1}^{n}|\xi_i-a|.$$

试证：$E(d)=\sigma\sqrt{\frac{2}{\pi}}, D(d)=\left(1-\frac{2}{\pi}\right)\frac{\sigma^2}{n}$.

28*. 设总体 $\xi\sim N(a_1,\sigma_1^2)$，总体 $\eta\sim N(a_2,\sigma_2^2)$，$\bar{\xi},\bar{\eta},S_1^2,S_2^2$ 分别为 ξ,η 的样本均值与方差，这两个样本的相关系数为

$$R=\frac{S_{12}}{S_1S_2}.$$

试证：当 $(\xi_1,\xi_2),\cdots,(\xi_n,\eta_n)$ 为总体 (ξ,η) 的样本时，有

$$\sqrt{n-1}\,\frac{(\bar{\xi}-\bar{\eta})-(a_1-a_2)}{\sqrt{S_1^2+S_2^2-2RS_1S_2}}\sim t(n-1).$$

29*. 设 $\xi_1,\cdots,\xi_{n_1}$ 为总体 ξ 的样本，$\eta_1,\cdots,\eta_{n_2}$ 为总体 η 的样本，且 $E(\xi)=a_1$，$D(\xi)=\sigma_1^2, E(\eta)=a_2, D(\eta)=\sigma_2^2$，$\bar{\xi},\bar{\eta},S_1^2,S_2^2$ 分别为样本的均值与方差，试证：当 ξ 与 η 均服从正态分布且两样本独立时，有

$$\frac{(\bar{\xi}-\bar{\eta})-(a_1-a_2)}{\sqrt{S_1^2/n_2+S_2^2/n_1}}\xrightarrow{L}\zeta\sim N(0,1),(\text{当}n_1\to\infty,n_2\to\infty\text{时}).$$

30*. 设 $\eta\sim N_n(0,I_n)$，$Q_i=\eta' A_i\eta, i=1,2$，且 Q_1 与 Q_2 均服从 χ^2 分布，证明：

$$A_1A_2=0\Leftrightarrow Q_1 \text{ 与 } Q_2 \text{ 相互独立}.$$

31. 设 $\xi_1,\cdots,\xi_n,\xi_{n+1}$ 为总体 $\xi\sim N(a,\sigma^2)$ 的样本，A,B 分别为 $m\times n$ 阶与 $q\times n$ 阶矩阵，α,β 分别为 m 维与 q 维列向量，记 $Y=(\xi_1,\cdots,\xi_n)'$，$\bar{Y}=\frac{1}{n}\sum_{i=1}^{n}\xi_i$，$\theta=(a,a,\cdots,a)'$ 为 n 维列向量.

(1) 如果 $AB'=0$，证明 $AY+\alpha$ 与 $BY+\beta$ 独立；

(2) 证明 $\bar{Y}$ 与 $\xi_i-\bar{Y}$ 独立，$i=1,2,\cdots,n$；

(3) 分别求 $\xi_{n+1}-\bar{Y}, \xi_n-\bar{Y}$ 的分布.

32*. 设总体 ξ 为连续型随机变量，且有密度函数 $f(x)$，$\xi_1,\cdots,\xi_n$ 为 ξ 的样本，$\xi_{(1)},\cdots,\xi_{(n)}$ 为样本的顺序统计量，则 $\xi^*\triangleq(\xi_{(1)},\cdots,\xi_{(n)})$ 的联合密度函数为

$$f_{\xi^*}(x_1^*,\cdots,x_n^*)=\begin{cases}n!\left[\prod_{i=1}^{n}f(x_i^*)\right], & x_1^*<x_2^*<\cdots<x_n^*,\\ 0, & \text{其他},\end{cases}$$

从而有

$$f_{\xi_{(k)}}(x_k^*)=nc_{n-1}^{k-1}f(x_k^*)[F(x_k^*)]^{k-1}[1-F(x_k^*)]^{n-k}.$$

$(\xi_{(i)},\xi_{(j)})$ 的联合密度函数 $(1\leqslant i<j\leqslant n)$ 为

$$f_{\xi_{(i)},\xi_{(j)}}(x_i^*,x_j^*)$$

$$=\begin{cases}\dfrac{n!f(x_i^*)f(x_j^*)}{(n-j)!(j-i-1)!(i-1)!}[1-F(x_i^*)]^{n-j}[F(x_j^*)\\ \quad -F(x_i^*)]^{j-i-1}[F(x_i^*)]^{i-1}, & x_i^*<x_j^*,\\ \quad 0, & x_i^*\geqslant x_j^*,\end{cases}$$

其中 $F(x)$ 为总体 ξ 的分布函数.

33. 设 $\xi_1,\xi_2,\cdots,\xi_{10}$ 为总体 $\xi\sim N(0,0.3^2)$ 的样本. 求:

(1) $P\left\{\sum\limits_{i=0}^{10}(\xi_i-\bar{\xi})^2<0.18\right\}$;(2) $P\left\{\dfrac{\bar{\xi}}{\widetilde{S}}<0.9\right\}$;

(3) $P\left\{\dfrac{(\xi_1+\xi_2)^2}{(\xi_1-\xi_2)^2}<40\right\}$;　　(4) $P\left\{\dfrac{\xi_4^2}{(\xi_1-\overline{\xi}_3)^2}<10.73\right\}$.

其中 $\widetilde{S}^2=\dfrac{1}{9}\sum\limits_{i=1}^{10}(\xi_i-\overline{\xi})^2$, $\overline{\xi}_3=\dfrac{1}{3}\sum\limits_{i=1}^{3}\xi_i$.

34. 设 $\xi_1,\xi_2,\cdots,\xi_n,\xi_{n+1},\cdots,\xi_{n+m}$ 为总体 $\xi\sim N(0,\sigma^2)$ 的样本.

(1) 确定 a 与 b,使 $a\left(\sum\limits_{i=1}^{n}\xi_i\right)^2+b\left(\sum\limits_{i=n+1}^{n+m}\xi_i\right)^2$ 服从 χ^2 分布;

(2) 确定 c,使 $c\sum\limits_{i=1}^{n}\xi_i\Big/\sqrt{\sum\limits_{i=n+1}^{n+m}\xi_i^2}$ 服从 t 分布;

(3) 确定 d,使 $d\sum\limits_{i=1}^{n}\xi_i^2\Big/\sum\limits_{i=n+1}^{n+m}\xi_i^2$ 服从 F 分布.

第二章　参数估计

从本章起,我们开始介绍统计推断,它是数理统计的一个重要组成部分. 所谓统计推断就是利用样本(子样)提供的信息对总体的某些统计特性进行估计或判断,从而认识总体. 统计推断分为两大类,一类是参数估计,另一类是假设检验. 本章介绍参数估计.

设总体 ξ 的分布函数的类型已知,但是其中有一个或多个参数未知. 设 ξ_1, $\xi_2,\cdots,\xi_n$ 为总体 ξ 的容量为 n 的样本. 参数估计就是讨论如何由样本 $\xi_1,\xi_2,\cdots,\xi_n$ 提供的信息对未知参数作出估计,以及讨论如何建立一些准则对所作出的估计进行评价. 一般是建立适当的统计量 $\hat{\theta}(\xi_1,\xi_2,\cdots,\xi_n)$,当样本观察值为 $x_1,x_2,\cdots,x_n$ 时,如果以 $\hat{\theta}(x_1,x_2,\cdots,x_n)$作为总体分布中未知参数 θ 的估计值,这样的估计方法叫做点估计. 并称 $\hat{\theta}(\xi_1,\xi_2,\cdots,\xi_n)$为 θ 的估计量. 如果总体分布函数中有 t 个未知参数,则要建立 t 个统计量作为 t 个未知参数的估计量.

点估计方法很多,本章介绍最常见的矩法与极大似然法.

§2.1　点估计常用方法

2.1.1　矩法

由辛钦大数定律与科尔莫戈罗夫强大数定理知,如果总体 ξ 的 t 阶原点矩 $E(\xi^t)$存在,则样本的 t 阶原点矩 $A_t=\dfrac{1}{n}\sum\limits_{i=1}^{n}\xi_i^t\xrightarrow[P]{\text{a. s.}}E(\xi^t)$,且 $E(A_t)=E(\xi^t)$,这就启发我们可以用样本原点矩作为总体原点矩的估计量,即可以用 A_k 作为$E(\xi^k)$的估计量,$k=1,2,\cdots,t$.

定义 2.1.1　设 $\xi_1,\xi_2,\cdots,\xi_n$ 为总体 ξ 的样本,$F(x;\theta_1,\theta_2,\cdots,\theta_t)$为总体 ξ 的分布函数,其中 $\theta_1,\theta_2,\cdots,\theta_t$ 为其 t 个未知参数. 如果 $E(\xi^t)$存在,因为 $E(\xi^t)$是 θ_1, $\theta_2,\cdots,\theta_t$ 的函数,记$\gamma_k(\theta_1,\theta_2,\cdots,\theta_t)=E(\xi^k)$,$k=1,2,\cdots,t$,建立 t 个方程:

$$\gamma_k(\theta_1,\theta_2,\cdots,\theta_t)=A_k,k=1,2,\cdots,t. \tag{2.1.1}$$

解此 t 个方程,如得 $\theta_1,\theta_2,\cdots,\theta_t$ 的解$\hat{\theta}_1,\hat{\theta}_2,\cdots,\hat{\theta}_t$,并用$\hat{\theta}_k$ 作为θ_k 的估计量(因为$\hat{\theta}_k$ 是 $\xi_1,\xi_2,\cdots,\xi_n$ 的函数),则称 $\hat{\theta}_k$ 为未知参数 θ_k 的矩法估计量,$k=1,2,\cdots,t$.

由上定义知,无论总体 ξ 服从什么分布,只要 $E(\xi)=a,D(\xi)=\sigma^2$ 均存在,由式(2.1.1)的前两个方程得

$$\begin{cases}\gamma_1(a,\sigma^2)=\bar{\xi},\\ \gamma_2(a,\sigma^2)=A_2.\end{cases}\tag{2.1.2}$$

因为 $a=\gamma_1(a,\sigma^2),\sigma^2=E(\xi^2)-E^2(\xi)=A_2-[\gamma_1(a,\sigma^2)]^2$，所以由式(2.1.2)得

$$\hat{a}=\bar{\xi},$$

$$\hat{\sigma}^2=A_2-\bar{\xi}^2=\frac{1}{n}\sum_{i=1}^{n}\xi_i^2-\bar{\xi}^2=S^2,$$

即

$$\hat{a}=\bar{\xi},\quad \hat{\sigma}^2=S^2.\tag{2.1.3}$$

此示样本均值 $\bar{\xi}$ 与样本方差 S^2 分别为总体均值 a 与总体方差 σ^2 的矩法估计量.

设 $\xi_1,\xi_2,\cdots,\xi_n$ 为总体 ξ 的样本. 由式(2.1.3)可得：

(1) 如果总体 $\xi\sim B(1,p)$，则未知参数 p 的矩法估计量为 $\hat{p}=\bar{\xi}$.

(2) 如果总体 $\xi\sim B(N,p)$，N,p 为未知参数，因为 $E(\xi)=Np$，$D(\xi)=Np(1-p)$，由方程组 $\begin{cases}Np=\bar{\xi}\\ Np(1-p)=S^2\end{cases}$，解得 N,p 的矩法估计量为 $\begin{cases}\hat{N}=\dfrac{\bar{\xi}^2}{\bar{\xi}-S^2},\\ \hat{p}=1-\dfrac{S^2}{\bar{\xi}}.\end{cases}$

(3) 如果总体 $\xi\sim P(\lambda)$，λ 为未知参数，因为 $E(\xi)=\lambda$，$D(\xi)=\lambda$，所以 λ 的矩法估计量为

$$\hat{\lambda}=\bar{\xi}\quad 或\quad \hat{\lambda}=S^2.$$

(4) 如果总体 ξ 服从几何分布：$P\{\xi=k\}=p(1-p)^{k-1}$，$k=1,2,3,\cdots$，p 为未知参数，则因为 $E(\xi)=\dfrac{1}{p}$，所以由方程 $\dfrac{1}{p}=\bar{\xi}$，解得 p 的矩法估计量为 $\hat{p}=\dfrac{1}{\bar{\xi}}$.

(5) 如果总体 $\xi\sim U(\theta_1,\theta_2)$，$\theta_1,\theta_2$ 均为未知参数，因为

$$E(\xi)=\frac{\theta_1+\theta_2}{2},\quad D(\xi)=\frac{(\theta_2-\theta_1)^2}{12}.$$

所以由方程组

$$\frac{\theta_1+\theta_2}{2}=\bar{\xi},\qquad \frac{(\theta_2-\theta_1)}{12}=S^2$$

解得 θ_1,θ_2 的矩法估计量分别为

$$\hat{\theta}_1=\bar{\xi}-\sqrt{3}S,\quad \hat{\theta}_2=\bar{\xi}+\sqrt{3}S.$$

(6) 如果总体 $\xi\sim N(a,\sigma^2)$，a,σ^2 为未知参数，因为 $E(\xi)=a$，$D(\xi)=\sigma^2$，所以 a,σ^2 的矩法估计量分别为 $\hat{a}=\bar{\xi}$，$\hat{\sigma}^2=S^2$.

(7) 如果总体 $\xi\sim\Gamma(\alpha,\lambda)$，$\alpha,\lambda$ 均为未知参数. 因为 $E(\xi)=\dfrac{\alpha}{\lambda}$，$D(\xi)=\dfrac{\alpha}{\lambda^2}$，所以由方程组

$$\frac{\alpha}{\lambda}=\bar{\xi},\quad \frac{\alpha}{\lambda^2}=S^2$$

解得 α,λ 的矩法估计量分别为

$$\hat{\alpha}=\frac{\bar{\xi}^2}{S^2},\quad \hat{\lambda}=\frac{\bar{\xi}}{S^2}.$$

例 2.1.1 设$(\xi_1,\eta_1),(\xi_2,\eta_2),\cdots,(\xi_n,\eta_n)$为总体$(\xi,\eta)$的样本,求 ξ 与 η 的相关系数 $\rho(\xi,\eta)$的矩法估计量.

解 记

$$\bar{\xi}=\frac{1}{n}\sum_{i=1}^{n}\xi_i,\quad S_1^2=\frac{1}{n}\sum_{i=1}^{n}(\xi_i-\bar{\xi})^2,\quad \bar{\eta}=\frac{1}{n}\sum_{i=1}^{n}\eta_i,$$

$$S_2^2=\frac{1}{n}\sum_{i=1}^{n}(\eta_i-\bar{\eta})^2,$$

$$S_{12}=\frac{1}{n}\sum_{i=1}^{n}(\xi_i-\bar{\xi})(\eta_i-\bar{\eta})=\frac{1}{n}\sum_{i=1}^{n}\xi_i\eta_i-\bar{\xi}\bar{\eta}.$$

因为

$$\rho(\xi,\eta)=\frac{\mathrm{Cov}(\xi,\eta)}{\sqrt{D(\xi)D(\eta)}}=\frac{E(\xi\eta)-E(\xi)E(\eta)}{\sqrt{D(\xi)D(\eta)}},$$

$$E\left(\frac{1}{n}\sum_{i=1}^{n}\xi_i\eta_i\right)=E(\xi\eta)$$

且

$$\frac{1}{n}\sum_{i=1}^{n}\xi_i\eta_i\xrightarrow{\text{a. s.}}E(\xi\eta)\ (\text{当 } n\to\infty \text{ 时}),$$

所以 $\frac{1}{n}\sum_{i=1}^{n}\xi_i\eta_i$ 可作为$E(\xi\eta)$的矩法估计量,又因 $\bar{\xi},\bar{\eta},S_1^2,S_2^2$ 分别为 $E(\xi),E(\eta)$,$D(\xi),D(\eta)$的矩法估计量,所以 $\mathrm{Cov}(\xi,\eta)$,$\rho(\xi,\eta)$的矩法估计量分别为

$$\hat{\mathrm{Cov}}(\xi,\eta)=S_{12},\quad \hat{\rho}(\xi,\eta)=\frac{S_{12}}{S_1S_2}=R. \tag{2.1.4}$$

点估计的矩法是由皮尔逊(Pearson)提出的,它直观、简便,特别对总体数学期望和方差进行估计时不需要知道总体的分布. 但是它要求总体原点矩存在,而有些随机变量(如柯西分布)的原点矩不存在,因此就不能用此法进行参数估计. 此外,矩法估计有时不唯一(如泊松分布中参数 λ 的矩法估计),有时不合理(如离散均匀分布中参数 N 的矩法估计$2\bar{\xi}-1$不一定为正整数);再者,它常常没有利用总体分布函数所提供的信息,因此很难保证它有优良的性质.

2.1.2 极大似然法

如果一事件发生的概率为 p,且 p 只能取 0.01 或 0.9. 现在在连续两次试验中该事件都发生了,显然认为 $p=0.9$ 是合理的. 两人向同一目标各打一枪,一人击中目标,另一人没击中目标,认为击中目标者比没击中目标者的射击技术好也是合

理的，这些都是极大似然法的基本思想. 即**使样本获得最大概率的参数值作为未知参数的估计值**.

设总体 ξ 的概率分布为 $p(x;\theta)$[当 ξ 为连续型时，$p(x;\theta)$ 为 ξ 的密度函数；当 ξ 为离散时，$p(x;\theta)$ 为 ξ 的概率函数，即 $p(x;\theta)=P_\theta\{\xi=x\}$]，$\theta\in\Theta$，$\theta$ 为未知参数，Θ 为 θ 的取值范围，称为参数空间. θ 可以为向量. 又设 $\xi_1,\cdots,\xi_n$ 为 ξ 的样本，样本的联合概率分布为 $\prod\limits_{i=1}^{n}p(x_i;\theta)$. 称 $\prod\limits_{i=1}^{n}p(\xi_i;\theta)$ 或 $\prod\limits_{i=1}^{n}p(x_i;\theta)$ 为 θ 的似然函数，记为 $L(\theta)$，即

$$L(\theta)=\prod_{i=1}^{n}p(\xi_i;\theta). \tag{2.1.5}$$

如果总体 ξ 为连续型随机变量，且具有密度函数 $f(x;\theta)$，$(x_1,\cdots,x_n)$ 为其样本 $(\xi_1,\cdots,\xi_n)$ 的一个观察值，则 $(\xi_1,\cdots,\xi_n)$ 落在 $(x_1,\cdots,x_n)$ 的邻域内的概率近似为 $\prod\limits_{i=1}^{n}f(x_i;\theta)\mathrm{d}x_i$. 由于诸 $\mathrm{d}x_i$ 的任意性，此概率值的大小取决于 $\prod\limits_{i=1}^{n}f(x_i;\theta)=L(\theta)$. 当总体 ξ 为离散型时，其样本 $(\xi_1,\cdots,\xi_n)$ 取值 $(x_1,\cdots,x_n)$ 的概率为

$$\begin{aligned}&P_\theta\{\xi_1=x_1,\cdots,\xi_n=x_n\}\\&=P_\theta\{\xi_1=x_1\}P_\theta\{\xi_2=x_2\}\cdots P_\theta\{\xi_n=x_n\}=L(\theta),\end{aligned}$$

而 $L(\theta)$ 是 θ 的函数，极大似然法估计就是固定样本观察值 $(x_1,\cdots,x_n)$，在 θ 的取值范围 Θ 内挑选使 $L(\theta)$ 达到最大的参数值 $\hat\theta$ 作为参数 θ 的估计值.

定义 2.1.2 如果有 $\hat\theta\triangleq\hat\theta(x_1,\cdots,x_n)$ 使得

$$L(\hat\theta)=\sup_{\theta\in\Theta}\{L(\theta)\}, \tag{2.1.6}$$

则称 $\hat\theta(\xi_1,\cdots,\xi_n)$ 为 θ 的极大似然估计量，或最大似然估计量.

由于 $L(\theta)$ 与 $\ln L(\theta)$ 在 Θ 上有相同的最大值点，所以求 $L(\theta)$ 的最大值点可以改为求 $\ln L(\theta)$ 的最大值点.

当 $\ln L(\theta)$ 关于 θ 可微时，$\hat\theta$ 必满足如下的似然方程：

$$\frac{\partial\ln L(\theta)}{\partial\theta}=0. \tag{2.1.7}$$

如果 $\theta=(\theta_1,\theta_2,\cdots,\theta_t)'$，则上方程为方程组：

$$\frac{\partial\ln L(\theta)}{\partial\theta_k}=0,\quad k=1,2,\cdots,t. \tag{2.1.8}$$

例 2.1.2 设总体 $\xi\sim B(1,p)$. 求 p 的极大似然估计量.

解 因为 $P\{\xi=k\}=p^k(1-p)^{1-k}$. $k=0,1$. 所以，p 的似然函数为

$$L(p)=\prod_{i=1}^{n}p^{\xi_i}(1-p)^{1-\xi_i}=p^{n\bar\xi}(1-p)^{n-n\bar\xi}.$$

从而似然方程为

$$\frac{\partial \ln L(p)}{\partial p}=\frac{n\bar{\xi}}{p}-\frac{n-n\bar{\xi}}{1-p}=0.$$

解之,得 p 的极大似然估计量 $\hat{p}=\bar{\xi}$.

例 2.1.3 设总体 $\xi\sim N(a,\sigma^2)$,试求 a 与 σ^2 的极大似然估计量.

解 因为 a 与 σ^2 的似然函数为

$$\begin{aligned}L(a,\sigma^2)&=\prod_{i=1}^{n}\left[\frac{1}{\sqrt{2\pi}\sigma}\exp\left\{-\frac{1}{2\sigma^2}(\xi_i-a)^2\right\}\right]\\&=\frac{1}{(\sqrt{2\pi}\sigma)^n}\exp\left\{-\frac{1}{2\sigma^2}\sum_{i=1}^{n}(\xi_i-a)^2\right\},\end{aligned}$$

所以似然方程为

$$\begin{cases}\dfrac{\partial \ln L(a,\sigma^2)}{\partial a}=\dfrac{1}{\sigma^2}\displaystyle\sum_{i=1}^{n}(\xi_i-a)=0,\\\dfrac{\partial \ln L(a,\sigma^2)}{\partial \sigma^2}=\dfrac{1}{2\sigma^4}\displaystyle\sum_{i=1}^{n}(\xi_i-a)^2-\dfrac{n}{2\sigma^2}=0.\end{cases}$$

解之得

$$\begin{cases}\hat{a}=\bar{\xi},\\\hat{\sigma}^2=S^2.\end{cases}$$

易验证 $\hat{a},\hat{\sigma}^2$ 满足式(2.1.6),所以 $\bar{\xi}$ 与 S^2 分别是 a 与 σ^2 的极大似然估计量.

例 2.1.4 设总体 $\xi\sim P(\lambda)$,求参数 λ 的极大似然估计量.

解 因为

$$L(\lambda)=\prod_{i=1}^{n}p(\xi_i;\lambda)=\prod_{i=1}^{n}\left[\mathrm{e}^{-\lambda}\frac{\lambda^{\xi_i}}{\xi_i!}\right]=\mathrm{e}^{-n\lambda}\lambda^{n\bar{\xi}}/\prod_{i=1}^{n}(\xi_i!),$$

所以

$$\ln L(\lambda)=-n\lambda+n\bar{\xi}\ln\lambda-\ln\left[\prod_{i=1}^{n}(\xi_i!)\right].$$

故似然方程为

$$\frac{\partial \ln L(\lambda)}{\partial \lambda}=-n+\frac{n\bar{\xi}}{\lambda}=0.$$

解之得 $\hat{\lambda}=\bar{\xi}$,所以 $\bar{\xi}$ 为 λ 的极大似然估计量.

例 2.1.5 设总体 $\xi\sim U[\theta_1,\theta_2]$,求参数 θ_1 与 θ_2 的极大似然估计量.

解 因为

$$L(\theta_1,\theta_2)=\begin{cases}\dfrac{1}{(\theta_2-\theta_1)^n}, & \theta_1\leqslant\xi_i\leqslant\theta_2,i=1,2,\cdots,n,\\0, & \text{其他}.\end{cases}$$

所以 $\ln L(\theta_1,\theta_2)=-n\ln(\theta_2-\theta_1)$,从而似然方程为

$$\begin{cases}\dfrac{\partial \ln L(\theta_1,\theta_2)}{\partial\theta_1}=\dfrac{n}{\theta_2-\theta_1}=0,\\ \dfrac{\ln L(\theta_1,\theta_2)}{\partial\theta_2}=-\dfrac{n}{(\theta_2-\theta_1)}=0.\end{cases}$$

显然由此方程组解不出 θ_1 与 θ_2. 现用定义 2.1.2 求 θ_1 与 θ_2 的极大似然估计量. 因为

$$L(\theta_1,\theta_2)=\begin{cases}\dfrac{1}{(\theta_2-\theta_1)^n}, & \theta_1\leqslant\xi_1,\xi_2,\cdots,\xi_n\leqslant\theta_2, \text{其他}\\ 0, & \text{其他}\end{cases}$$

$$=\begin{cases}\dfrac{1}{(\theta_2-\theta_1)^n}, & \theta_1\leqslant\xi_{(1)}\leqslant\xi_{(n)}\leqslant\theta_2,\\ 0, & \text{其他},\end{cases}$$

又因为 $\dfrac{1}{(\theta_2-\theta_1)^n}\leqslant\dfrac{1}{(\xi_{(n)}-\xi_{(1)})^n}$, 即 $L(\theta_1,\theta_2)\leqslant L(\xi_{(1)},\xi_{(n)})$, 所以 θ_1,θ_2 的极大似然估计量分别为 $\xi_{(1)},\xi_{(n)}$, 即 $\hat\theta_1=\xi_{(1)},\hat\theta_2=\xi_{(n)}$.

极大似然法克服了矩法的一些缺点,它利用总体的样本和分布函数表达形式所提供的信息建立未知参数的估计量,同时它也不要求总体原点矩存在,因此极大似然法估计量有比较良好的性质. 但是求极大似然估计量一般要解似然方程,而有时解似然方程很困难,只能用数值方法求似然方程的近似解.

现在,我们给出极大似然原理两个应用的例子.

例 2.1.6 一袋中有一些黑球和白球,只知两种球数的比为1∶3,但不知黑球多还是白球多,现有放回从袋中摸 3 个球,发现其中有 k 个黑球,试判断袋中黑球所占比例 p 是$\frac{1}{4}$还是$\frac{3}{4}$($k=0,1,2,3$).

解 因为在摸球之前 k 为随机变量,且 $k\sim B(3,p)$,根据 p 为$\frac{1}{4}$或$\frac{3}{4}$以及 k 的具体数值,可得表 2.1.1.

表 2.1.1

k	0	1	2	3
$P\left(k;\frac{3}{4}\right)$	$\frac{1}{64}$	$\frac{9}{64}$	$\frac{27}{64}$	$\frac{27}{64}$
$P\left(k;\frac{1}{4}\right)$	$\frac{27}{64}$	$\frac{27}{64}$	$\frac{9}{64}$	$\frac{1}{64}$

即当 $p=\frac{3}{4}$时,$k=0,1,2,3$ 的概率分别为$\frac{1}{64},\frac{9}{64},\frac{27}{64},\frac{27}{64}$;当 $p=\frac{1}{4}$时,$k=0,1,2,3$ 的概率分别为$\frac{27}{64},\frac{27}{64},\frac{9}{64},\frac{1}{64}$. 由极大似然原理,如果 $k=0$ 或 1 均判定 $p=\frac{1}{4}$;如果

$k=2$ 或 3,则应判定 $p=\frac{3}{4}$,即

$$\hat{p}(k)=\begin{cases}\frac{1}{4}, 当\ k=0,1\ 时,\\ \frac{3}{4}, 当\ k=2,3\ 时.\end{cases}$$

例 2.1.7　为估计湖中鱼数 N,同时自湖中捕出 r 条鱼,做上记号后都放回湖中,经一段时间后再自湖中同时捕出 s 条鱼,结果发现有 x 条标有记号,试根据此信息估计 N 的值.

解　设捕出的 s 条鱼中有记号的鱼数为 ξ,因事前无法确定它将取哪个确定的数值,所以 ξ 是随机变量,且它服从超几何分布:

$$p\{\xi=x\}=\frac{C_r^x C_{N-r}^{s-x}}{C_N^s},\ \max\{0,s-(N-r)\}\leqslant x\leqslant \min\{r,s\}\ 且\ x\ 为整数.$$

令 $L(N)=\frac{C_r^x C_{N-r}^{s-x}}{C_N^s}$,由极大似然原理,应选取使 $L(N)$ 达到最大值的 $\hat{N}$ 作为 N 的估计值. 因为直接对 $L(N)$ 求导很困难,现考虑比值

$$\begin{aligned}\frac{L(N)}{L(N-1)}&=\frac{N-r}{N}\cdot\frac{N-s}{(N-r)-(s-x)}\\&=\frac{N^2-(r+s)N+rs}{N^2-(r+s)N+xN}.\end{aligned}$$

所以,当 $rs>xN$,即 $N<\frac{rs}{x}$ 时,$L(N)>L(N-1)$;当 $rs<xN$,即 $N>\frac{rs}{x}$ 时,$L(N)<L(N-1)$. 因此 $L(N)$ 在 $N=\frac{rs}{x}$ 时取得极大值,再考虑到 N 为整数,故取 $\hat{N}=\left[\frac{rs}{x}\right]$ 为 N 的极大似然估计值.

§2.2　评价估计量好坏的标准

由 2.1 节,我们知道总体参数的矩法估计量与极大似然法估计量一般是不同的,我们自然会问哪个估计量比较好呢? 这里首先要回答"好"的标准是什么?

我们注意到参数 θ 的估计量 $T(\xi_1,\cdots,\xi_n)$ 是随机变量,如果 $E_\theta(T)=\theta$,而且 $D_\theta(T)$ 很小或为零,用 $T(\xi_1,\cdots,\xi_n)$ 作为 θ 的估计量人们自然会感到满意,由此,我们引进估计量的无偏性、有效性,用以评价估计量的好坏.

2.2.1　无偏性与有效性

定义 2.2.1　如果参数 θ 的估计量 $T(\xi_1,\cdots,\xi_n)$ 对一切 n 及任意 $\theta\in\Theta$,有

$$E_\theta[T(\xi_1,\cdots,\xi_n)]=\theta, \tag{2.2.1}$$

则称 $T(\xi_1,\cdots,\xi_n)$ 为 θ 的无偏估计量.

记

$$E_\theta[T(\xi_1,\cdots,\xi_n)]-\theta=b_n, \tag{2.2.2}$$

称 b_n 为估计量 $T(\xi_1,\cdots,\xi_n)$ 的偏差，如果 $b_n\neq 0$，则称 T 为 θ 的有偏估计量. 如果

$$\lim_{n\to\infty} b_n=0, \tag{2.2.3}$$

则称 T 为 θ 的渐近无偏估计量.

对参数 θ 的任一实函数 $g(\theta)$，如果 $g(\theta)$ 的无偏估计量存在，即存在估计量 $T=T(\xi_1,\cdots,\xi_n)$，使得 $E_\theta(T)=g(\theta)$，则称 $g(\theta)$ 为可估计函数.

由式(2.1.3)知，总体 ξ 的数学期望 a 与方差 σ^2 的矩法估计量分别为

$$\hat{a}=\bar{\xi},\quad \hat{\sigma}^2=S^2. \tag{2.2.4}$$

显然，有

$$E(\hat{a})=E(\bar{\xi})=E\left(\frac{1}{n}\sum_{i=1}^n \xi_i\right)=\frac{1}{n}\sum_{i=1}^n a=a,$$

即 $\bar{\xi}$ 是 a 的无偏估计量. 当总体 ξ 的 k 阶原点矩存在时，样本 k 阶原点矩 $\frac{1}{n}\sum_{i=1}^n \xi_i^k$ 也是总体 k 阶原点矩 $E(\xi^k)$ 的无偏估计量. 但是样本二阶中心矩 S^2 不是总体二阶中心矩 σ^2 的无偏估计量，因为 $E(S^2)=\frac{n-1}{n}\sigma^2$，所以 S^2 不是 σ^2 的无偏估计量，不过 S^2 是 σ^2 的渐近无偏估计量. 如果取

$$\widetilde{S}^2 \triangleq \frac{1}{n-1}\sum_{i=1}^n(\xi_i-\bar{\xi})=\frac{n}{n-1}S^2 \tag{2.2.5}$$

作为总体方差 σ^2 的估计量，易知 $\widetilde{S}^2$ 为 σ^2 的无偏估计量. 我们称 $\widetilde{S}^2$ 为修正样本方差.

一般地，样本中心矩不是总体相应各阶中心矩的无偏估计. 更一般地，如果 $T(\xi_1,\cdots,\xi_n)$ 是参数 θ 的无偏估计量，除了 g 是线性函数外，推不出 $g(T)$ 也是 $g(\theta)$ 的无偏估计量. 例如，设 $D(\xi)$ 存在，且 $D(\xi)\neq 0$，则 $\bar{\xi}$ 是总体 ξ 的数学期望 $E(\xi)=a$ 的无偏估计量，然而 $\bar{\xi}^2$ 不是 a^2 的无偏估计量. 这是因为

$$E(\bar{\xi}^2)=D(\bar{\xi})+E^2(\bar{\xi})=D(\bar{\xi})+a^2\neq a^2. \tag{2.2.6}$$

此外，需要注意的是：有时候无偏估计量可以不存在；有时候对同一个参数可以有很多无偏估计量；有时无偏估计量可以有明显的弊病. 例如，设总体 $\xi\sim B(1,p)$，ξ_1 为总体 ξ 的容量为 1 的样本，则参数 p^2 的无偏估计量不存在. 又如设总体 $\xi\sim P(\lambda)$，$\xi_1,\cdots,\xi_n$ 为 ξ 的容量为 n 的样本，由上述知 $\bar{\xi}$ 与 $\widetilde{S}^2$ 都是未知参数 λ 的无偏估计量，因此对任意 $\alpha\in(0,1)$，则

$$\alpha\bar{\xi}+(1-\alpha)\widetilde{S}^2 \tag{2.2.7}$$

也是 λ 的无偏估计量. 此示 λ 的无偏估计量有无穷多个. 又因为

$$E[(-2)^{\xi_1}]=\sum_{k=0}^{\infty}(-2)^k\frac{\lambda^k}{k!}\mathrm{e}^{-\lambda}=\mathrm{e}^{-3\lambda}.$$

所以 $(-2)^{\xi_1}$ 是可估计函数 $g(\lambda)=\mathrm{e}^{-3\lambda}$ 的无偏估计量，但是这个无偏估计量是有明显弊病的，因为当 ξ_1 为奇数时 $(-2)^{\xi_1}<0$，然而 $g(\lambda)=\mathrm{e}^{-3\lambda}$ 恒为正数.

由此可知仅要求估计量具有无偏性是不够的. 无偏性仅反映估计量在参数 θ 真值的周围波动，而没有反映出“集中”的程度. 然而，一个好的估计量不仅应该是待估计参数 θ 的无偏估计量，而且应该有尽可能小的方差.

定义 2.2.2　如 $\hat{\theta}_1$ 与 $\hat{\theta}_2$ 均为参数 θ 的无偏估计量，而且对一切 $\theta\in\Theta$，均有 $D_\theta(\hat{\theta}_1)\leqslant D_\theta(\hat{\theta}_2)$，则说估计量 $\hat{\theta}_1$ 比估计量 $\hat{\theta}_2$ 有效.

例 2.2.1　设总体 $\xi\sim N(a,\sigma^2)$，a 为已知，$\xi_1,\cdots,\xi_n$ 为 ξ 的样本，问下列 4 个统计量：

$$S_1^2=\widetilde{S}^2,\quad S_2^2=S^2,$$

$$S_3^2=\frac{1}{n+1}\sum_{i=1}^{n}(\xi_i-\bar{\xi})^2,\quad S_4^2=\frac{1}{n}\sum_{i=1}^{n}(\xi_i-a)^2$$

中哪个是 σ^2 的无偏估计量？哪个对 σ^2 的均方误差 $E(S_i^2-\sigma^2)^2$ 最小？哪个方差最小？哪个比较有效？

解　因为 $\dfrac{(n-1)S_1^2}{\sigma^2}=\dfrac{nS_2^2}{\sigma^2}=\dfrac{(n+1)S_3^2}{\sigma^2}\sim\chi^2(n-1)$，所以

$$E\left[\frac{(n-1)S_1^2}{\sigma^2}\right]=E\left[\frac{nS_2^2}{\sigma^2}\right]=E\left[\frac{(n+1)S_3^2}{\sigma^2}\right]=n-1.$$

于是得

$$E(S_1^2)=\sigma^2,E(S_2^2)=\frac{n-1}{n}\sigma^2,E(S_3^2)=\frac{n-1}{n+1}\sigma^2.$$

又易见 $E(S_4^2)=\sigma^2$，所以，S_1^2 与 S_4^2 均为 σ^2 的无偏估计量. 因为

$$D\left[\frac{(n-1)S_1^2}{\sigma^2}\right]=D\left[\frac{nS_2^2}{\sigma^2}\right]=D\left[\frac{(n+1)S_3^2}{\sigma^2}\right]=2(n-1).$$

故

$$E[S_1^2-\sigma^2]^2=D(S_1^2)=\frac{2\sigma^4}{n-1},$$

$$D(S_2^2)=\frac{2(n-1)\sigma^4}{n^2},\quad D(S_3^2)=\frac{2(n-1)\sigma^4}{(n+1)^2}.$$

又

$$\begin{aligned}E[S_2^2-\sigma^2]^2&=E\left[\frac{\sigma^2}{n}\cdot\frac{nS_2^2}{\sigma^2}-\frac{\sigma^2}{n}\cdot n\right]^2\\&=\frac{\sigma^4}{n^2}E\left[\frac{nS_2^2}{\sigma^2}-(n-1)-1\right]^2\end{aligned}$$

$$=\frac{\sigma^4}{n^2}\left[D\left(\frac{nS_2^2}{\sigma^2}\right)+1\right]$$

$$=\frac{\sigma^4}{n^2}[2(n-1)+1]=\frac{(2n-1)\sigma^4}{n^2},$$

$$E[S_3^2-\sigma^2]^2=E\left[\frac{\sigma^2}{n+1}\cdot\frac{(n+1)S_2^2}{\sigma^2}-\frac{\sigma^2}{n+1}(n+1)\right]^2$$

$$=\frac{\sigma^4}{(n+1)^2}E\left[\frac{(n+1)S_2^2}{\sigma^2}-(n-1)-2\right]^2$$

$$=\frac{\sigma^4}{(n+1)^2}\left[D[\frac{(n+1)S_3^2}{\sigma^2}]+4\right]$$

$$=\frac{\sigma^4}{(n+1)^2}[2(n-1)+4]=\frac{2\sigma^4}{(n+1)^2},$$

而 $\frac{nS_4^2}{\sigma^2}=\sum_{i=1}^{n}\left(\frac{\xi_i-a}{\sigma}\right)^2\sim\chi^2(n)$，故 $E\left(\frac{nS_4^2}{\sigma^2}\right)=n, D\left(\frac{nS_4^2}{\sigma^2}\right)=2n$，即 $E(S_4^2)=\sigma^2$. 且

$$E[(S_4^2-\sigma^2)]^2=D(S_4^2)=\frac{2\sigma^4}{n}.$$

由上可知，S_1^2 与 S_4^2 均为 σ^2 的无偏估计量，S_3^2 对 σ^2 的均方误差最小. S_3^2 的方差也最小. 由于 $D(S_4^2)<D(S_1^2)$，所以 S_4^2 比 S_1^2 有效.

在可估计函数的无偏估计量中，我们自然希望估计量的方差尽可能地小. 我们现问估计量的方差能够小到什么样的程度？有没有下界？如果有，如何去求它？下面的 Rao-Cramer 不等式就回答了这些问题.

定理 2.2.1 (Rao-Cramer 不等式)　设总体 ξ 为具有密度函数 $f(x;\theta)$ 的连续型随机变量，θ 为未知参数，$\theta\in\Theta$，$\xi_1,\cdots,\xi_n$ 为 ξ 的样本，$T(\xi_1,\cdots,\xi_n)$ 为可估计函数 $g(\theta)$ 的无偏估计量. 如果

(1)　Θ 为实数域 R 中的开区间且集合 $\{x: f(x;\theta)>0\}$ 与 θ 无关；

(2)　$\frac{\partial}{\partial\theta}f(x;\theta)$ 存在，且 $I(\theta)\equiv E_\theta[\frac{\partial}{\partial\theta}\ln f(\xi;\theta)]^2>0$；

(3)　$g'(\theta)$ 存在，且

$$g'(\theta)=\int_{-\infty}^{\infty}\cdots\int_{-\infty}^{\infty}T(x_1,x_2,\cdots,x_n)\frac{\partial}{\partial\theta}\left[\prod_{i=1}^{n}f(x_i;\theta)\right]\mathrm{d}x_1\cdots\mathrm{d}x_n$$

$$\frac{\partial}{\partial\theta}\int_{-\infty}^{\infty}\cdots\int_{-\infty}^{\infty}\left[\prod_{i=1}^{n}f(x_i;\theta)\right]\mathrm{d}x_1\cdots\mathrm{d}x_n=\int_{-\infty}^{\infty}\cdots\int_{-\infty}^{\infty}\frac{\partial}{\partial\theta}\left[\prod_{i=1}^{n}f(x_i;\theta)\right]\mathrm{d}x_1\cdots\mathrm{d}x_n,$$

则

$$D_\theta(T)\geqslant\frac{[g'(\theta)]^2}{nI(\theta)}，对一切\ \theta\in\Theta \tag{2.2.8}$$

且等号成立的充要条件是几乎处处成立关系式：

$$\frac{\partial}{\partial\theta}\Big[\ln\prod_{i=1}^{n} f(\xi_i;\theta)\Big]=C(\theta)[T-g(\theta)], \tag{2.2.9}$$

其中 $C(\theta)\neq 0$ 是与样本无关的数. 特别，当 $g(\theta)=\theta$ 时有

$$D_\theta(T)\geqslant\frac{1}{nI(\theta)}. \tag{2.2.10}$$

称式(2.2.8)的右端为 $g(\theta)$ 的 R-C 下界.

证明 如果 $I(\theta)=+\infty$ 或 $D_\theta(T)=+\infty$，则结论显然成立. 因此假设 $I(\theta)<\infty$ 且 $D_\theta(T)<\infty$. 因为

$$1=\int_{-\infty}^{\infty}f(x_i;\theta)\mathrm{d}x_i,\quad i=1,2,\cdots,n.$$

所以

$$\begin{aligned}0&=\int_{-\infty}^{\infty}\frac{\partial}{\partial\theta}f(x_i;\theta)\mathrm{d}x_i\\&=\int_{-\infty}^{\infty}\frac{\partial}{\partial\theta}[\ln f(x_i;\theta)]f(x_i;\theta)\mathrm{d}x_i\\&=E_\theta\Big[\frac{\partial}{\partial\theta}\ln f(\xi_i;\theta)\Big],\quad i=1,2,\cdots,n.\end{aligned}$$

由于

$$g(\theta)=E(T)=\int_{-\infty}^{\infty}\cdots\int_{-\infty}^{\infty}T(x_1,x_2,\cdots,x_n)\cdot\prod_{i=1}^{n}f(x_i;\theta)\mathrm{d}x_1\cdots\mathrm{d}x_n,$$

故由(3)中

$$\begin{aligned}g'(\theta)=&\int_{-\infty}^{\infty}\cdots\int_{-\infty}^{\infty}T(x_1,x_2,\cdots,x_n)\frac{\partial}{\partial\theta}\Big[\ln\prod_{i=1}^{n}f(x_i;\theta)\Big]\\&\cdot\prod_{i=1}^{n}f(x_i;\theta)\mathrm{d}x_1\cdots\mathrm{d}x_n=E_\theta(TZ),\end{aligned}$$

其中

$$Z=\frac{\partial}{\partial\theta}\ln\prod_{i=1}^{n}f(\xi_i;\theta)=\sum_{i=1}^{n}\frac{\partial}{\partial\theta}\ln f(\xi_i;\theta). \tag{2.2.11}$$

因为 $E_\theta(Z)=0$，所以由柯西-施瓦茨不等式[21]得

$$\begin{aligned}[g'(\theta)]^2&=[E_\theta(TZ)]^2=\{E_\theta[(T-g(\theta))Z]\}^2\\&\leqslant E_\theta[T-g(\theta)]^2\cdot E_\theta(Z^2)=D_\theta(T)D_\theta(Z).\end{aligned}$$

由文献[21]中数学期望性质(10)，作者证明，上式等号成立的充要条件是 $P\{Z=C(\theta)[T-g(\theta)]\}=1$，即 $Z=C(\theta)[T-g(\theta)]$，a. s.，$C(\theta)\neq 0$ 是与样本无关的数. 又因

$$D_\theta(Z)=\sum_{i=1}^{n}D_\theta\Big[\frac{\partial}{\partial\theta}\ln f(\xi_i;\theta)\Big]$$

$$=\sum_{i=1}^{n}E_{\theta}\left[\frac{\partial}{\partial\theta}\ln f(\xi;\theta)\right]^{2}=nI(\theta)>0,$$

故

$$D_{\theta}(T)\geqslant\frac{[g'(\theta)]^{2}}{nI(\theta)}.\qquad 证毕.$$

注 1 因为

$$0=\int_{-\infty}^{\infty}\frac{\partial}{\partial\theta}f(x;\theta)\mathrm{d}x=\int_{-\infty}^{\infty}f(x;\theta)\frac{\partial}{\partial\theta}[\ln f(x;\theta)]\mathrm{d}x,$$

对上式两边关于 θ 求导数,得

$$\begin{aligned}0&=\int_{-\infty}^{\infty}f(x;\theta)\left[\frac{\partial}{\partial\theta}\ln f(x;\theta)\right]^{2}\mathrm{d}x\\&\quad+\int_{-\infty}^{\infty}f(x;\theta)\frac{\partial^{2}}{\partial\theta^{2}}[\ln f(x;\theta)]\mathrm{d}x\\&=E_{\theta}\left[\frac{\partial}{\partial\theta}\ln f(\xi;\theta)\right]^{2}+E_{\theta}\left[\frac{\partial^{2}}{\partial\theta^{2}}\ln f(\xi;\theta)\right]\\&=I(\theta)+E_{\theta}\left[\frac{\partial^{2}}{\partial\theta^{2}}\ln f(\xi;\theta)\right],\end{aligned}$$

即

$$I(\theta)=-E_{\theta}\left[\frac{\partial^{2}}{\partial\theta^{2}}\ln f(\xi;\theta)\right].$$

从而式(2.2.8)等价于

$$D_{\theta}(T)\geqslant-\frac{[g'(\theta)]^{2}}{nE_{\theta}\left[\frac{\partial^{2}}{\partial\theta^{2}}\ln f(\xi;\theta)\right]},对一切\ \theta\in\Theta.\tag{2.2.12}$$

注 2 如果总体 ξ 为离散型随机变量,其概率函数 $p(x;\theta)$ 满足定理 2.2.1 中 $f(x;\theta)$ 满足的条件,则定理 2.2.1 结论成立,即有

$$D_{\theta}(T)\geqslant\frac{[g'(\theta)]^{2}}{nE_{\theta}\left[\frac{\partial}{\partial\theta}\ln p(\xi;\theta)\right]^{2}},\tag{2.2.13}$$

定义 2.2.3 如果式(2.2.8)中的等号成立,则称 $T(\xi_1,\xi_2,\cdots,\xi_n)$ 为 $g(\theta)$ 的有效估计量.

有效估计量是否存在? 如果存在,又是否唯一? 如果存在唯一,又该如何求它(用定理 2.2.1 求有效估计量显然不是件简单的事情)? 为解决这些问题,现介绍如下新方法.

推论 2.2.1 在定理2.2.1的条件下,我们有

(1) 可估计函数 $g(\theta)$ 的有效估计量存在且为 $T(\xi_1,\cdots,\xi_n)$ 的充要条件是 $\frac{\partial}{\partial\theta}\ln L(\theta)$ 可化为形式 $C(\theta)[T-g(\theta)]$,即

$$\frac{\partial}{\partial\theta}\ln L(\theta) = C(\theta)[T - g(\theta)], \text{a. s.}, \tag{2.2.14}$$

其中 $C(\theta)\neq 0$ 是与样本无关的数，且 $E_\theta(T)=g(\theta)$.

(2) 如果式(2.2.14)成立，则

$$D_\theta(T) = \frac{[g'(\theta)]^2}{nI(\theta)} = \frac{g'(\theta)}{C(\theta)}.$$

从而

$$I(\theta) = \frac{C(\theta)g'(\theta)}{n}. \tag{2.2.15}$$

特别当 $g(\theta)=\theta$ 时，有 $D_\theta(T)=\dfrac{1}{nI(\theta)}=\dfrac{1}{C(\theta)}$,　$I(\theta)=\dfrac{C(\theta)}{n}$.

(3) 可估计函数的有效估计量是唯一的.

(4) 可估计函数 $g(\theta)$ 的有效估计量一定是 $g(\theta)$ 的唯一极大似然估计量.

证明　(1) 由定义 2.2.3, $g(\theta)$ 的有效估计量存在且为 $T(\xi_1,\cdots,\xi_n)$

$$\Leftrightarrow D_\theta(T) = \frac{[g'(\theta)]^2}{nI(\theta)} \Leftrightarrow \text{式(2.2.9)成立}$$

$$\Leftrightarrow \frac{\partial}{\partial\theta}\ln L(\theta) = C(\theta)[T - g(\theta)], \text{a. s.},$$

其中 $C(\theta)\neq 0$ 是与样本无关的数且 $T(\xi_1,\xi_2,\cdots,\xi_n)$ 为 $g(\theta)$ 的无偏估计量.

(2) 由式(2.2.14)与(1)知，有 $D_\theta(T)=\dfrac{[g'(\theta)]^2}{nI(\theta)}$，又因

$$Z=\frac{\partial}{\partial\theta}\ln L(\theta),$$

$$E_\theta(Z)=0, E_\theta(Z^2)=D_\theta(Z)=nI(\theta),$$

$$Z^2=C(\theta)[T-g(\theta)]Z,$$

所以

$$\begin{aligned}[nI(\theta)]^2 &= [E_\theta(Z^2)]^2 = C^2(\theta)(E_\theta\{[T-g(\theta)]Z\})^2 \\ &= C^2(\theta)E_\theta(Z^2)D_\theta(T) \\ &= C^2(\theta)nI(\theta)\cdot\frac{[g'(\theta)]^2}{nI(\theta)} \\ &= C^2(\theta)[g'(\theta)]^2.\end{aligned}$$

因为 $I(\theta)>0$，所以 $C(\theta)$ 与 $g'(\theta)$ 符号相同. 两边开平方. 从而得

$$\frac{1}{C(\theta)} = \frac{g'(\theta)}{nI(\theta)}.$$

于是得

$$\frac{[g'(\theta)]^2}{nI(\theta)} = \frac{g'(\theta)}{C(\theta)}.$$

(3) 设 $T_1(\xi_1,\cdots,\xi_n)$，$T_2(\xi_1,\xi_2,\cdots,\xi_n)$ 均为 $g(\theta)$ 的有效估计量，则由(1)与(2)，有

$$Z=\frac{nI(\theta)}{g'(\theta)}[T_1-g(\theta)],\quad Z=\frac{nI(\theta)}{g'(\theta)}[T_2-g(\theta)],$$

所以得 $T_1=T_2$，a. s..

证(4) 因为 $\frac{\partial}{\partial\theta}\ln L(\theta)$ 是似然方程的左端，再由(1)立证(4).

例 2.2.2 设总体 $\xi\sim B(1,p)$，求未知参数 p 的有效估计量.

解 因为 $\frac{\partial}{\partial p}\ln L(p)=\frac{n\bar{\xi}}{p}-\frac{n-n\bar{\xi}}{1-p}=\frac{n}{p(1-p)}(\bar{\xi}-p)$，又因 $E(\bar{\xi})=p$，故 $\hat{p}=\bar{\xi}$ 是 p 的有效估计量，且 $C(p)=\frac{n}{p(1-p)}$，故 p 的 R-C 下界为 $\frac{1}{nI(p)}=\frac{p(1-p)}{n}$，信息量 $I(p)=\frac{1}{p(1-p)}$.

例 2.2.3 设总体 $\xi\sim P(\lambda)$，求未知参数 λ 的有效估计量.

解 因为 $\frac{\partial}{\partial\lambda}\ln L(\lambda)=-n+\frac{n\bar{\xi}}{\lambda}=\frac{n}{\lambda}(\bar{\xi}-\lambda)$，且 $E(\bar{\xi})=\lambda$，所以 $\hat{\lambda}=\bar{\xi}$ 为 λ 的有效估计量，且 $C(\lambda)=\frac{n}{\lambda}$，故 λ 的 R-C 下界为 $\frac{1}{nI(\lambda)}=\frac{\lambda}{n}$.

例 2.2.4 设总体 $\xi\sim N(a,\sigma^2)$，试讨论未知参数 a,σ^2 的有效估计量.

解 因为 $\frac{\partial}{\partial a}\ln L(a,\sigma^2)=\frac{1}{\sigma^2}\sum_{i=1}^{n}(\xi_i-a)=\frac{n}{\sigma^2}(\bar{\xi}-a)$，且 $E(\bar{\xi})=a$，所以 $\hat{a}=\bar{\xi}$ 为 a 的有效估计量，且 a 的 R-C 下界为

$$\frac{1}{nI(a)}=\frac{\sigma^2}{n}.$$

又因

$$\frac{\partial}{\partial\sigma^2}\ln L(a,\sigma^2)=\frac{n}{2\sigma^4}\left[\frac{1}{n}\sum_{i=1}^{n}(\xi_i-a)^2-\sigma^2\right].$$

虽然 $E\left[\frac{1}{n}\sum_{i=1}^{n}(\xi_i-a)^2\right]=\sigma^2$，但是 $\frac{1}{n}\sum_{i=1}^{n}(\xi_i-a)^2$ 不是统计量，因其中含有未知参数 a. 所以 σ^2 的有效估计量不存在. 当 a 为已知时 $\hat{\sigma}^2=\frac{1}{n}\sum_{i=1}^{n}(\xi_i-a)^2$ 是 σ^2 的有效估计量，且 σ^2 的 R-C 下界为 $\frac{1}{nI(\sigma^2)}=\frac{2\sigma^4}{n}$.

例 2.2.5 设总体 $\xi\sim\Gamma(1,\lambda)$，求可估计函数 $g(\lambda)=\frac{1}{\lambda}$ 的有效估计量.

解 因为 $\frac{\partial}{\partial\lambda}\ln L(\lambda)=\frac{n}{\lambda}-n\bar{\xi}=-n\left(\bar{\xi}-\frac{1}{\lambda}\right)$，又因 $E(\bar{\xi})=\frac{1}{\lambda}$，所以 $g(\lambda)$ 的有效

估计量为 $\hat{g}(\lambda)=\bar{\xi}$,且 $g(\lambda)$ 的 R-C 下界为

$$\frac{[g'(\lambda)]^2}{nI(\lambda)}=\frac{g'(\lambda)}{C(\lambda)}=\frac{1}{n\lambda^2}.$$

例 2.2.6 设总体 $\xi\sim U[0,\theta]$,试讨论未知参数 $\theta(>0)$的有效估计量.

解 因为$\frac{\partial}{\partial\theta}\ln L(\theta)=\frac{\partial}{\partial\theta}\ln\left(\frac{1}{\theta^n}\right)=-\frac{n}{\theta}\neq C(\theta)[T-\theta]$,所以 θ 的有效估计量不存在. 显然,$\hat{\theta}=2\bar{\xi}$ 为 θ 的无偏估计量,且 $D_\theta(\hat{\theta})=\frac{\theta^2}{3n}$. 但是

$$\frac{1}{nI(\theta)}=\frac{1}{nE_\theta[\frac{\partial}{\partial\theta}\ln f(\xi;\theta)]^2}=\frac{\theta^2}{n}>\frac{\theta^2}{3n}=D_\theta(\hat{\theta}),$$

所以定理 2.2.1 结论对此例不成立. 这是因为定理 2.2.1 的条件(1)不满足,即集合

$$\{x: f(x;\theta)\neq 0\}=[0,\theta]$$

与 θ 有关.

定义 2.2.4 设 $T(\xi_1,\xi_2,\cdots,\xi_n)$为可估计函数 $g(\theta)$的任一无偏估计量,记

$$e_n(T)=\frac{[g'(\theta)]^2}{nI(\theta)}\bigg/D_\theta(T),\tag{2.2.16}$$

则称 $e_n(T)$为 $T(\xi_1,\xi_2,\cdots,\xi_n)$的(有)效率.

如果 $\lim\limits_{n\to\infty}e_n(T)=1$,则称 $T(\xi_1,\xi_2,\cdots,\xi_n)$为 $g(\theta)$的渐近有效估计量.

当无偏估计量 T 满足定理 2.2.1 的条件时,有 $0\leqslant e_n(T)\leqslant 1$. 在例 2.2.1 中,$S_1^2=\widehat{S}^2$是 σ^2 的渐近有效估计量.

2.2.2 一致最小方差无偏估计量

定义 2.2.5 设 $T(\xi_1,\cdots,\xi_n)$为可估计函数 $g(\theta)$的无偏估计量. 如果对$g(\theta)$的任一无偏估计量 $T_1(\xi_1,\xi_2,\cdots,\xi_n)$均有

$$D_\theta(T)\leqslant D_\theta(T_1),\quad 对一切\ \theta\in\Theta,\tag{2.2.17}$$

则称 $T(\xi_1,\xi_2,\cdots,\xi_n)$为 $g(\theta)$的一致最小方差无偏估计量(UMVUE),简称为最优无偏估计量. 记

$$U=\{T: E_\theta(T)=\theta, D_\theta(T)<\infty, 对一切\ \theta\in\Theta\},\tag{2.2.18}$$

$$U_0=\{T_0: E_\theta(T_0)=0, D_\theta(T_0)<\infty, 对一切\ \theta\in\Theta\},\tag{2.2.19}$$

即 U 为未知参数 θ 的方差有限的无偏估计量集,U_0 为 θ 的方差有限数学期望为零的估计量集.

定理 2.2.2 设 U 非空,$T(\xi_1,\xi_2,\cdots,\xi_n)\in U$,则 $T\triangleq T(\xi_1,\xi_2,\cdots,\xi_n)$为未知参数 θ 的最优无偏估计量的充要条件是对每个 $T_0\in U_0$ 有

$$E_\theta(TT_0)=0,\quad 对一切\ \theta\in\Theta. \tag{2.2.20}$$

证明 **必要性** 用反证法证之. 设 $T\in U$ 为 θ 的一致最小方差无偏估计. 如果存在 $T_0\in U_0$,与 $\theta_0\in\Theta$ 使得 $E_{\theta_0}(TT_0)\neq 0$,则因为对一切$\theta\in\Theta$,有 $E_\theta(T_0)=0$,所以对任意实数 C 有 $T-CT_0\in U$,于是

$$E_{\theta_0}(T-CT_0)^2=E_{\theta_0}(T^2)+C^2E_{\theta_0}(T_0^2)-2CE_{\theta_0}(TT_0).$$

由于 $E_{\theta_0}(TT_0)\neq 0$,令 $C=\dfrac{E_{\theta_0}(TT_0)}{E_{\theta_0}(T_0^2)}$,则

$$E_{\theta_0}(T-CT_0)^2=E_{\theta_0}(T^2)-[E_{\theta_0}(TT_0)]^2/E_{\theta_0}(T_0^2)<E_{\theta_0}(T^2),$$

所以

$$\begin{aligned}D_{\theta_0}(T-CT_0)&=E_{\theta_0}(T-CT_0)^2-[E_{\theta_0}(T-CT_0)]^2\\&=E_{\theta_0}(T-CT_0)^2-[E_{\theta_0}(T)]^2\\&<E_{\theta_0}(T^2)-[E_{\theta_0}(T)]^2=D_{\theta_0}(T),\end{aligned}$$

这与 T 为 θ 的一致最小方差无偏估计矛盾,从而必要性得证.

充分性 设有某个 $T\in U$,使得对每个 $T_0\in U_0$ 和一切$\theta\in\Theta$均有$E_\theta(TT_0)=0$,则对任一 $T_1\in U$ 有 $T-T_1\in U_0$,因此对一切 $\theta\in\Theta$,有

$$E_\theta[T(T-T_1)]=0,\quad 即\ E_\theta(T^2)=E_\theta(TT_1).$$

由柯西-施瓦茨不等式,对一切 $\theta\in\Theta$,有

$$E_\theta(T^2)=E_\theta(TT_1)\leqslant\sqrt{E_\theta(T^2)E_\theta(T_1^2)},$$

即

$$E_\theta(T^2)\leqslant E_\theta(T_1^2),$$

又因 $E_\theta(T)=E_\theta(T_1)=\theta$,故有 $D_\theta(T)\leqslant D_\theta(T_1)$.

即 T 为 θ 的一致最小方差无偏估计.

推论 2.2.2 设 T_1 和 T_2 分别为可估计函数 $g_1(\theta)$和 $g_2(\theta)$的一致最小方差无偏估计,则 $b_1T_1+b_2T_2$ 是 $b_1g_1(\theta)+b_2g_2(\theta)$的一致最小方差无偏估计,其中 b_1, b_2 均为常数.

证明 记 $T=b_1T_1+b_2T_2$,因 $E_\theta(T)=b_1g_1(\theta)+b_2g_2(\theta)$,且 $D_\theta(T_1)<\infty$, $D_\theta(T_2)<\infty$,所以

$$|\operatorname{Cov}_\theta(T_1,T_2)|\leqslant\sqrt{D_\theta(T_1)D_\theta(T_2)}<\infty,$$

从而

$$T\in U=\{T:E_\theta(T)=b_1g_1(\theta)+b_2g_2(\theta),D_\theta(T)<\infty,对一切\ \theta\in\Theta\}.$$

对任一

$$T_0\in U_0=\{T_0:E_\theta(T_0)=0,D_\theta(T_0)<\infty,对一切\ \theta\in\Theta\},$$

由 $E_\theta(T_1T_0)=0=E_\theta(T_2T_0)$得 $E_\theta(TT_0)=0$,由定理 2.2.2 知 T 为 $b_1g_1(\theta)+b_2g_2(\theta)$的一致最小方差无偏估计.

定理 2.2.3　设 U 是由式(2.2.18)定义的非空集，则对未知参数 θ（在概率为1意义下）至多存在一个一致最小方差无偏估计.

证明　设 T,T_1 均为 θ 的一致最小方差无偏估计，则对一切 $\theta\in\Theta$，有

$$E_\theta(T_1)=E_\theta(T)=\theta \quad 且 \quad D_\theta(T)=D_\theta(T_1),$$

所以 $T-T_1\in U_0$. 由定理 2.2.2 知，对一切 $\theta\in\Theta$，有

$$E_\theta[T(T-T_1)]=0,\quad E_\theta[T_1(T-T_1)]=0.$$

故

$$E_\theta(T-T_1)^2=E_\theta[T(T-T_1)]-E_\theta[T_1(T-T_1)]=0,$$

即 $D_\theta(T-T_1)=0$，由此得 $P\{T-T_1=E(T-T_1)\}=1$，即 $P\{T=T_1\}=1$. 证毕.

例 2.2.7　设总体 $\xi\sim N(a,\sigma^2)$，求未知参数 a 与 σ^2 的一致最小方差无偏估计.

解　设 $\theta=(a,\sigma^2)$，因为 $E_\theta(\bar{\xi})=a, E_\theta(\widehat{S}^2)=\sigma^2$. 设 $T_0\in U_0$，则 $E_\theta(T_0)=0$，即

$$\int_{-\infty}^{\infty}\cdots\int_{-\infty}^{\infty}T_0(x_1,x_2,\cdots,x_n)\left(\frac{1}{\sqrt{2\pi}\sigma}\right)^n \cdot\exp\left\{-\frac{1}{2\sigma^2}\sum_{i=1}^n(x_i-a)^2\right\}\mathrm{d}x_1\cdots\mathrm{d}x_n=0, \tag{2.2.21}$$

对上式两边关于 a 求导数，得

$$\int_{-\infty}^{\infty}\cdots\int_{-\infty}^{\infty}T_0\frac{1}{\sigma^2}\sum_{i=1}^n(x_i-a)\left(\frac{1}{\sqrt{2\pi}\sigma}\right)^n \cdot\exp\left\{-\frac{1}{2\sigma^2}\sum_{i=1}^n(x_i-a)^2\right\}\mathrm{d}x_1\cdots\mathrm{d}x_n=0,$$

即 $\frac{n}{\sigma^2}E_0[T_0(\bar{\xi}-a)]=0$，所以 $E_\theta(T_0\bar{\xi})=0$，由定理 2.2.2 知 $\bar{\xi}$ 是 a 的一致最小方差无偏估计.

由式(2.2.21)得

$$\int_{-\infty}^{\infty}\cdots\int_{-\infty}^{\infty}T_0\exp\left\{-\frac{1}{2\sigma^2}\sum_{i=1}^n(\xi_i-a)^2\right\}\mathrm{d}x_1\cdots\mathrm{d}x_n=0. \tag{2.2.22}$$

对上式再关于 σ^2 求导数，可得

$$E_\theta\left[T_0\frac{1}{n}\sum_{i=1}^n(\xi_i-a)^2\right]=0. \tag{2.2.23}$$

当 a 为已知时，由定理 2.2.2 知，$\frac{1}{n}\sum_{i=1}^n(\xi_i-a)^2$ 是 σ^2 的一致最小方差无偏估计；当 a 未知时，因为

$$E_\theta\left[T_0\frac{1}{n}\sum_{i=1}^n(\xi_i-a)^2\right]$$

$$= E\left[\left(\frac{n-1}{n}\widetilde{S}^2 + \bar{\xi}^2 - 2a\bar{\xi} + a^2\right)T_0\right] = 0$$

且 $E_\theta(T_0\bar{\xi})=0, E_\theta(T_0)=0$,所以为证 $E_\theta(T_0\widetilde{S}^2)=0$,只需证 $E_\theta(T_0\bar{\xi}^2)=0$,为此对 $E_\theta(T_0\bar{\xi})=0$ 的积分表达式两边关于 a 求导数,得

$$E_\theta[T_0\bar{\xi}\frac{1}{\sigma^2}\sum_{i=1}^{n}(\xi_i - a)] = 0,$$

即 $E_\theta[T_0\bar{\xi}^2 - aT_0\bar{\xi}]=0$. 因为 $E_\theta(T_0\bar{\xi})=0$,所以 $E_\theta(T_0\bar{\xi}^2)=0$,故 $\widetilde{S}^2$ 是 σ^2 的一致最小方差无偏估计.

由例 2.2.7 知,如果总体 $\xi\sim N(a,\sigma^2)$,且 a,σ^2 均为未知参数,则 $\widetilde{S}^2$ 是 σ^2 的最优无偏估计量. 如果 a 已知,则 $\frac{1}{n}\sum_{i=1}^{n}(\xi_i - a)^2$ 是 σ^2 的最优无偏估计量,且由例 2.2.4 知 $\frac{1}{n}\sum_{i=1}^{n}(\xi_i - a)^2$ 也是 σ^2 的有效估计量. 这说明有效估计量如果存在一定也是一致最小方差无偏估计. 最优无偏估计量的方差不一定能达到未知参数的 R-C 不等式下界.

由前述可知,仅要求估计量无偏是不够的. 反之,只要求估计量方差最小,而不考虑偏差性也是无意义的,因为任意常数的方差都是零. 因此在选取参数的估计量时,既要求它是无偏的又要求它的方差尽可能地小. 无偏与有偏反映了估计量数学期望是否等于待估计参数,而方差大小则反映估计量的观察值以真参数值为中心的离散程度. 由于有关系式 $E_\theta(\hat{\theta}-\theta)^2=D_\theta(\hat{\theta})+b_n^2$,因此人们希望在偏差性与离散性两者兼顾的原则下来选择估计量. 由此我们引进均方误差最小准则.

定义2.2.6 设 $\hat{\theta}_1(\xi_1,\xi_2,\cdots,\xi_n)$ 与 $\hat{\theta}_2(\xi_1,\xi_2,\cdots,\xi_n)$ 均为参数 θ 的估计量,如果对一切 $\theta\in\Theta$ 均有

$$E_\theta(\hat{\theta}_1 - \theta)^2 \leqslant E_\theta(\hat{\theta}_2 - \theta)^2, \tag{2.2.24}$$

则说 $\hat{\theta}_1(\xi_1,\xi_2,\cdots,\xi_n)$ 不比 $\hat{\theta}_2(\xi_1,\xi_2,\cdots,\xi_n)$ 差. 如果对 θ 的任一估计量 $\hat{\theta}(\xi_1,\xi_2,\cdots,\xi_n)$ 均有

$$E_\theta(\hat{\theta}_1 - \theta)^2 \leqslant E_\theta(\hat{\theta} - \theta)^2, \forall\theta\in\Theta, \tag{2.2.25}$$

则称 $\hat{\theta}_1(\xi_1,\xi_2,\cdots,\xi_n)$ 为 θ 的均方误差最小估计量.

在例 2.2.1 中,因 S_1^2,S_2^2,S_3^2,S_4^2 中 S_3^2 的均方误差最小,所以在这 4 个统计量中 S_3^2 为 σ^2 的均方误差最小的估计量.

2.2.3 一致性(相合性)

对估计量来说,除了要求它无偏、方差较小或均方误差较小外,还要求它当样本容量 n 增大时,它将越来越接近被估计参数的真值. 这个要求是很自然的,因为当 n 越大时得到关于总体的信息也就越多.

定义 2.2.7　设 $T(\xi_1,\cdots,\xi_n)$ 为可估计函数 $g(\theta)$ 的估计量. 如果对任意正数 ε,有

$$\lim_{n\to\infty} P\{\mid T(\xi_1,\cdots,\xi_n)-g(\theta)\mid \geqslant \varepsilon\}=0,$$

$$\text{即 } T(\xi_1,\cdots,\xi_n)\xrightarrow{P} g(\theta),$$

则称 $T(\xi_1,\cdots,\xi_n)$ 为 $g(\theta)$ 的弱一致(弱相合)估计量. 弱一致估计量也叫做一致估计量.

如果 $P\{\lim\limits_{n\to\infty} T(\xi_1,\cdots,\xi_n)=g(\theta)\}=1$,即 $T(\xi_1,\cdots,\xi_n)\xrightarrow{\text{a.s.}} g(\theta)$,则称 $T(\xi_1,\cdots,\xi_n)$ 为 $g(\theta)$ 的强一致估计量.

如果 $\lim\limits_{n\to\infty} E[T(\xi_1,\cdots,\xi_n)-g(\theta)]^2=0$,即 $T(\xi_1,\cdots,\xi_n)\xrightarrow{2} g(\theta)$,则称 $T(\xi_1,\cdots,\xi_n)$ 为 $g(\theta)$ 的均方一致估计量.

由概率论知,如果 $T(\xi_1,\cdots,\xi_n)$ 是 $g(\theta)$ 的强一致估计量,则 $T(\xi_1,\cdots,\xi_n)$ 也是 $g(\theta)$ 的一致估计量. 如果 $T(\xi_1,\cdots,\xi_n)$ 是 $g(\theta)$ 的均方一致估计量,则 $T(\xi_1,\cdots,\xi_n)$ 也是 $g(\theta)$ 的一致估计量. 易知,对 $g(\theta)$ 的任何估计量 $T(\xi_1,\cdots,\xi_n)$ 均有 $E[T(\xi_1,\cdots,\xi_n)-g(\theta)]^2=D(T)+b_n^2$,所以,如果当 $n\to\infty$ 时,$D_\theta(T)\to 0$ 且 $b_n^2\to 0$,则 $T(\xi_1,\cdots,\xi_n)$ 是 $g(\theta)$ 的均方一致估计量,从而也是一致估计量. 易见,在例 2.2.2、例 2.2.3、例 2.2.4、例 2.2.5 中,ξ 分别是 $\beta,\lambda,\alpha,1\backslash\lambda$ 的均方一致估计量,在例 2.2.1 中,S_1^2,S_2^2,S_3^2,S_4^2 都是 σ^2 的均方一致估计量. 但是 S_1^2,S_2^2,S_3^2 都不是 σ^2 的有效估计量. 此示,均方一致估计量未必是有效估计量,以及无偏均方一致估计量也未必是有效估计量. 对任意总体 ξ,因为样本 k 阶原点矩 A_k 是总体 k 阶原点矩 $E(\xi^k)$(如果存在)的一致估计量,所以

$$B_k=\frac{1}{n}\sum_{i=1}^{n}(\xi_i-\bar{\xi})^k=\sum_{m=0}^{k}C_k^m A_m(-A_1)^{k-m}$$

$$\xrightarrow{P}\sum_{m=0}^{k}C_k^m E(\xi^m)[-E(\xi)]^{k-m}=E[\xi-E(\xi)]^k$$

(当 $n\to\infty$ 时),即 B_k 是 $E[\xi-E(\xi)]^k$ 的一致估计量.

§2.3*　充分性与完备性

我们知道估计量是样本的函数,用它来估计未知参数时,我们自然会问,这个函数有没有损失了样本所提供的"信息"? 如果估计量 $\hat{\theta}(\xi_1,\cdots,\xi_n)$ 包含了样本 $\xi_1,\cdots,\xi_n$ 关于参数 θ 的全部信息,我们宁肯用 $\hat{\theta}(\xi_1,\cdots,\xi_n)$ 而不用 n 个随机变量 $\xi_1,\xi_2,\cdots,\xi_n$,因为一个随机变量总比 n 个随机变量容易处理.

2.3.1 充分性

定义 2.3.1 设总体 ξ 的分布函数为 $F(x;\theta)$，θ 为未知参数，$\theta\in\Theta$，Θ 为参数空间，$\xi_1,\cdots,\xi_n$ 为 ξ 的样本，$\hat{\theta}(\xi_1,\cdots,\xi_n)$ 为一统计量. 如果给定统计量 $\hat{\theta}(\xi_1,\cdots,\xi_n)=t$，$\xi_1,\cdots,\xi_n$ 的条件分布函数 $F(x_1,\cdots,x_n|t)$ 与 θ 无关，则称 $\hat{\theta}(\xi_1,\cdots,\xi_n)$ 为 θ 的充分统计量.

设 $\hat{\theta}(\xi_1,\cdots,\xi_n)$ 为 θ 的充分统计量，$\hat{\theta}_1(\xi_1,\cdots,\xi_n)$ 为任一统计量，由上面的定义知，当已知 $\hat{\theta}$ 时，$\hat{\theta}_1$ 的条件分布不包含 θ，即当 $\hat{\theta}$ 已知时，$\hat{\theta}_1$ 不能为我们提供关于 θ 的更多的信息. 充分统计量是由费希尔(R. A. Fisher)提出来的，奈曼(J. Neyman)发现了一个统计量为充分统计量的准则.

定理 2.3.1 (Fisher-Neyman) 设 $\xi_1,\cdots,\xi_n$ 为总体 ξ 的样本，$f(x;\theta)$ 为 ξ 的密度函数，θ 为未知参数，则统计量 $T(\xi_1,\cdots,\xi_n)$ 为 θ 的充分统计量的充要条件是

$$\prod_{i=1}^{n} f(x_i;\theta) = K(t,\theta)h(x_1,\cdots,x_n), \tag{2.3.1}$$

其中 h 是 $x_1,\cdots,x_n$ 的非负函数且与 θ 无关，K 仅通过 $T(x_1,\cdots,x_n)$ 依赖于 $x_1,\cdots,x_n$.

当总体 ξ 为离散型时，只需用概率函数 $p(x_i;\theta)$ 替换 $f(x_i;\theta)$.

这个定理给了我们一个比较容易的方法判断一个统计量是否为充分统计量.

例 2.3.1 设总体 $\xi\sim B(1,p)$，$0<p<1$，$\xi_1,\cdots,\xi_n$ 为 ξ 的样本，则其联合概率函数为

$$\prod_{i=1}^{n} p\{\xi_i = x_i\} = \prod_{i=1}^{n} p^{x_i}(1-p)^{1-x_i} = p^{\sum\limits_{i=1}^{n}x_i}(1-p)^{n-\sum\limits_{i=1}^{n}x_i}.$$

令

$$\begin{aligned} &T(x_i,\cdots,x_n) = \frac{1}{n}\sum_{i=1}^{n}x_i, \\ &h(x_1,\cdots,x_n) = 1, \\ &K(T,p) = (1-p)^n\left(\frac{p}{1-p}\right)^{nT}, \end{aligned}$$

则

$$\begin{aligned} \prod_{i=1}^{n} p\{\xi_i = x_i\} &= (1-p)^n\left(\frac{p}{1-p}\right)^{nT} \\ &= K(T,p)h(x_1,\cdots,x_n). \end{aligned}$$

由定理 2.3.1，$T(\xi_1,\cdots,\xi_n)$ 是 p 的充分统计量.

例 2.3.2 设总体 $\xi\sim U[0,\theta]$，$\xi_1,\cdots,\xi_n$ 为 ξ 的样本，求参数 θ 的充分统计量.

解 因为 $\xi_1,\cdots,\xi_n$ 的联合密度函数为

$$\prod_{i=1}^{n} f(x_i;\theta)=\begin{cases}\dfrac{1}{\theta^n}, & 0\leqslant x_{(1)}\leqslant x_{(n)}\leqslant\theta,\\ 0, & \text{其他},\end{cases}\quad(\theta>0)$$

$$=\frac{1}{\theta^n}I_{\{x_{(n)}\leqslant\theta\}}I_{\{x_{(1)}\geqslant 0\}}=K(T,\theta)h(x_1,\cdots,x_n),$$

其中 $I_{\{x_{(n)}\leqslant\theta\}}$，$I_{\{x_{(1)}\geqslant 0\}}$ 分别为 $\{x_{(n)}\leqslant\theta\}$ 与 $\{x_{(1)}\leqslant 0\}$ 的示性函数，$x_{(n)}=\max\limits_{1\leqslant i\leqslant n}(x_i)$，$x_{(1)}=\min\limits_{1\leqslant i\leqslant n}(x_i)$；令 $T(x_1,\cdots,x_n)=x_{(n)}$，$K(T,\theta)=\dfrac{1}{\theta^n}I_{\{x_{(n)}\leqslant\theta\}}$，$h(x_1,\cdots,x_n)=I_{\{x_{(1)}\geqslant 0\}}$，由定理 2.3.1 知 $\xi_{(n)}$ 为 θ 的充分统计量.

例 2.3.3　设总体 $\xi\sim N(a,\sigma^2)$，$\xi_1,\cdots,\xi_n$ 为 ξ 的样本，求参数 $\theta=(a,\sigma^2)$ 的充分统计量.

解　因为 $\xi_1,\cdots,\xi_n$ 的联合密度为

$$\prod_{i=1}^{n} f(x_i;\theta)=\frac{1}{\sqrt{2\pi\sigma^2}^{\,n}}\exp\left\{-\frac{1}{2\sigma^2}\sum_{i=1}^{n}(x_i-a)^2\right\}$$

$$=\frac{1}{\sqrt{2\pi\sigma^2}^{\,n}}\exp\left\{-\frac{1}{2\sigma^2}\sum_{i=1}^{n}x_i^2+\frac{na\bar{x}}{\sigma^2}-\frac{na^2}{2\sigma^2}\right\}.$$

令

$$T(\xi_1,\cdots,\xi_n)=(\bar{\xi},\sum_{i=1}^{n}\xi_i^2),$$

$$K(T,\theta)=K\left[(\bar{\xi},\sum_{i=1}^{n}\xi_i^2),(a,\sigma^2)\right]$$

$$=\left(\frac{1}{\sqrt{2\pi\sigma^2}}\right)^n\exp\left\{-\frac{1}{2\sigma^2}\sum_{i=1}^{n}\xi_i^2+\frac{na\bar{\xi}}{\sigma^2}-\frac{na^2}{2\sigma^2}\right\},$$

$$h(x_1,\cdots,x_n)=1.$$

由定理 2.3.1 知 $T(\xi_1,\cdots,\xi_n)=(\bar{\xi},\sum\limits_{i=1}^{n}\xi_i^2)$ 为 $\theta=(a,\sigma^2)$ 的充分统计量.

定理 2.3.2　设 $T(\xi_1,\cdots,\xi_n)$ 为未知参数 θ 的充分统计量，$\psi(t)$ 是 t 的单值可逆函数，则 $\psi[T(\xi_1,\cdots,\xi_n)]$ 也是 θ 的充分统计量.

证明　设 $U=\psi(T)$，则

$$\prod_{i=1}^{n} f(x_i;\theta)=K[\psi^{-1}(u),\theta]h(x_1,\cdots,x_n)$$

$$=K_1(u,\theta)h(x_1,\cdots,x_n).$$

用参数 θ 的充分统计量 $T(\xi_1,\cdots,\xi_n)$ 作为 θ 的估计量，则称 $T(\xi_1,\cdots,\xi_n)$ 为 θ 的充分估计量.

定理 2.3.3　设总体 ξ 的分布函数 $F(x;\theta)$ 中只有一个未知参数 θ，如果 θ 的

充分估计量存在,且为 $T(\xi_1,\cdots,\xi_n)$,则似然方程

$$\frac{\partial}{\partial\theta}[\ln L(\xi_1,\cdots,\xi_n,\theta)]=0 \tag{2.3.2}$$

的解一定是 $T(\xi_1,\cdots,\xi_n)$的函数.

证明 如果 T 是 θ 的充分估计量,则由 Fisher-Neyman 定理知

$$L(\xi_1,\cdots,\xi_n,\theta)=K(T,\theta)h(\xi_1,\cdots,\xi_n),$$

且似然方程为

$$\frac{\partial}{\partial\theta}\ln L(\xi_1,\cdots,\xi_n,\theta)=0,\text{即}\frac{\partial}{\partial\theta}\ln K(T,\theta)=0.$$

所以关于 θ 的解一定是 $T(\xi_1,\cdots,\xi_n)$的函数.

这个定理表明,如果参数 θ 的充分估计量存在,且似然方程有解以及此解为 θ 的极大似然估计量,则这个极大似然估计量是充分估计量的函数,由定理 2.3.2 知,它常具有充分估计量的优良性质.

例如,设总体 ξ 服从参数为 λ 的指数分布,$\xi_1,\cdots,\xi_n$ 为 ξ 的样本,由似然方程可解得 λ 的极大似然估计量:$\hat{\lambda}=\frac{1}{\bar{\xi}}$,又因

$$L(\xi_1,\cdots,\xi_n,\lambda)=\lambda^n e^{-\lambda\sum\limits_{i=1}^{n}\xi_i}=K(T,\lambda)h(\xi_1,\cdots,\xi_n),$$

其中 $T=\sum\limits_{i=1}^{n}\xi_i$,$K(T,\lambda)=\lambda^n e^{-\lambda T}$,$h(\xi_1,\cdots,\xi_n)=1$,由定理 2.3.1 知 $T=\sum\limits_{i=1}^{n}\xi_i$ 为 λ 的充分估计量,显然 $\hat{\lambda}=\frac{n}{T}$是 T 的函数.

定理 2.3.4 设总体 ξ 的分布函数为 $F(x;\theta)$,θ 为未知参数,$\theta\in\Theta$,$\xi_1,\cdots,\xi$ 为 ξ 的样本,如果

(1) $\hat{\theta}$ 是 θ 的无偏估计量,且方差有限,即对一切 $\theta\in\Theta$,

$$E_\theta[\hat{\theta}]=\theta,D_\theta(\hat{\theta})<\infty.$$

(2) T 是 θ 的充分统计量,记 $\hat{\theta}^*=E_\theta(\hat{\theta}|T)$.

则 ① $\hat{\theta}^*$ 是 θ 的无偏估计量,即对一切 $\theta\in\Theta$,有

$$E_\theta(\hat{\theta}^*)=\theta.$$

② $D_\theta(\hat{\theta}^*)\leqslant D_\theta(\hat{\theta})$,且当且仅当 $P_\theta[\hat{\theta}=\hat{\theta}^*]=1$ 时等号成立.

证明 因为 $\hat{\theta}$ 是统计量,所以 $\hat{\theta}$ 中不含有 θ. 又因为 T 是 θ 的充分统计量,所以 $\hat{\theta}^*=E_\theta(\hat{\theta}|T)$中不含有 θ. 由条件数学期望的性质知

$$E_\theta[\hat{\theta}^*]=E_\theta\{E_\theta(\hat{\theta}\mid T)\}=E(\hat{\theta})=\theta,$$

又因

$$\begin{aligned}D_\theta(\hat{\theta})&=E_\theta[\hat{\theta}-\theta]^2=E_\theta[(\hat{\theta})-\hat{\theta}^*)+(\hat{\theta}^*-\theta)]^2\\&=E_\theta(\hat{\theta}-\hat{\theta}^*)^2+D_\theta(\hat{\theta}^*)+2E_\theta[(\hat{\theta}-\hat{\theta}^*)(\hat{\theta}^*-\theta)],\end{aligned}$$

而

$$\begin{aligned}E_\theta[(\hat{\theta}-\hat{\theta}^*)(\hat{\theta}^*-\theta)] &= E_\theta\{E_\theta[(\hat{\theta}-\hat{\theta}^*)(\hat{\theta}^*-\theta)\mid T]\}\\ &= E_\theta\{(\hat{\theta}^*-\theta)E_\theta[(\hat{\theta}-\hat{\theta}^*)\mid T]\}\\ &= E_\theta\{(\hat{\theta}^*-\theta)[E(\hat{\theta}\mid T)-\hat{\theta}^*]\}=0.\end{aligned}$$

所以

$$D_\theta(\hat{\theta})=E_\theta(\hat{\theta}-\hat{\theta}^*)^2+D_\theta(\hat{\theta}^*)\geqslant D_\theta(\hat{\theta}^*).$$

且上式等号成立当且仅当 $P_\theta\{\hat{\theta}=\hat{\theta}^*\}=1$. 证毕.

此定理表明最优无偏估计量只需在这样的无偏估计量中去寻找，这些无偏估计量都是充分统计量的函数. 不过这个定理并没有告诉我们这些无偏估计量中哪一个有最小的方差. 但是，如果只有一个无偏估计量依赖于充分统计量，则它就是最优无偏估计量.

定理 2.3.5　参数 θ 的无偏估计量 $T(\xi_1,\cdots,\xi_n)$ 是有效估计量的必要条件是：T 是 θ 的充分统计量.

证明　因为 T 是 θ 的有效估计量，所以由定理 2.2.1 有

$$Z=\frac{\partial}{\partial\theta}\ln L(\xi_1,\cdots,\xi_n;\theta)=C(\theta)(T-\theta),\text{a. s.}$$

在区间 (θ_0,θ) 上关于 θ 积分得

$$L(\xi_1,\cdots,\xi_n;\theta)=\mathrm{e}^{T\varphi_1(\theta)-\varphi_2(\theta)}=K(T,\theta)\cdot 1,$$

其中

$$\varphi_1(\theta)=\int_{\theta_0}^{\theta}C(\theta)\mathrm{d}\theta,\quad \varphi_2(\theta)=\int_{\theta_0}^{\theta}\theta C(\theta)\mathrm{d}\theta,$$

由定理 2.3.1 知 T 为 θ 的充分统计量.

2.3.2　完备性

定义 2.3.2　设总体 ξ 的分布函数为 $F(x;\theta)$，$\theta\in\Theta$，$g(\xi)$ 为任一随机变量. 如果对一切 $\theta\in\Theta$，$E_\theta[g(\xi)]=0$ 成立，则意味着

$$P_\theta\{g(\xi)=0\}=1,\quad \text{对一切 }\theta\in\Theta. \tag{2.3.3}$$

我们就称 $F(x;\theta)$ 是完备的. 设 $\xi_1,\cdots,\xi_n$ 为 ξ 的样本，如果统计量 $T(\xi_1,\cdots,\xi_n)$ 的分布函数是完备的，则称 $T(\xi_1,\cdots,\xi_n)$ 是完备的.

定理 2.3.6　设总体 ξ 的分布函数为 $F(x;\theta)$，$\theta\in\Theta$，$\xi_1,\cdots,\xi_n$ 为 ξ 的样本，$T(\xi_1,\cdots,\xi_n)$ 是 θ 的充分完备统计量，如果 θ 的无偏估计量存在，记为 $\hat{\theta}$，则 $\hat{\theta}^*\triangleq E_\theta(\hat{\theta}|T)$ 是唯一的一致最小方差无偏估计量.

证明　设 $\hat{\theta}_1,\hat{\theta}_2$ 为 θ 的任意两个无偏估计量. 由定理 2.3.4 知 $E(\hat{\theta}_1|T)$，$E(\hat{\theta}_2|T)$ 也是 θ 的无偏估计量，且对一切 $\theta\in\Theta$，有

$$E_\theta[E(\hat{\theta}_1\mid T)]=E_\theta[E(\hat{\theta}_2\mid T)]=\theta$$

和

$$D_\theta[E(\hat{\theta}_1 \mid T)] \leqslant D_\theta(\hat{\theta}_1), \quad D_\theta[E(\hat{\theta}_2 \mid T)] \leqslant D_\theta(\hat{\theta}_2).$$

故对一切 $\theta \in \Theta$，$E_\theta[E(\hat{\theta}_1 | T) - E_\theta(\hat{\theta}_2 | T)] = 0$. 则因 T 为完备统计量，由完备性定义，对一切 $\theta \in \Theta$，有

$$P\{E(\hat{\theta}_1 \mid T) - E(\hat{\theta}_2 \mid T) = 0\} = 1,$$

即

$$P\{E(\hat{\theta}_1 \mid T) = E(\hat{\theta}_2 \mid T)\} = 1.$$

此示，对参数 θ 的任意两个无偏估计量 $\hat{\theta}_1$ 与 $\hat{\theta}_2$，均有 $E(\hat{\theta}_1 | T) = E(\hat{\theta}_2 | T)$，a. s.，由定理 2.3.4 知，$\hat{\theta}^* \triangleq E(\hat{\theta}_1 | T)$ 是 θ 的一致最小方差无偏估计量.

至此，求参数 θ 的一致最小方差无偏估计量可归结为

(1) 寻找 θ 的充分完备统计量 T；

(2) 寻找 θ 的无偏估计量 $\hat{\theta}$；

(3) 计算统计量 $E(\hat{\theta} | T)$.

推论 2.3.1 如果 $T(\xi_1, \cdots, \xi_n)$ 为参数 θ 的充分完备统计量，$g(T)$ 是 θ 的无偏估计量，则 $g(T)$ 是 θ 的唯一最优无偏估计量.

证明 由定理 2.3.6 知 $E[g(T) | T]$ 为 θ 的唯一的一致最小方差无偏估计量，而由条件数学期望性质知 $E[g(T) | T] = g(T)$. 证毕.

由此推论，当 T 是 θ 的无偏估计量，又是 θ 的充分完备统计量时，T 就是 θ 的最优无偏估计量.

例 2.3.4 设总体 $\xi \sim B(1, p)$，$0 < p < 1$，$\xi_1, \cdots, \xi_n$ 为 ξ 的样本，则 $\bar{\xi} = \frac{1}{n}\sum_{i=1}^{n} \xi_i$ 是未知参数 p 的一致最小方差无偏估计量.

证明 由例 2.3.1 知 $\bar{\xi}$ 是 p 的充分统计量，又 $E(\bar{\xi}) = p$，由推论 2.3.1 知，只需证明 $\bar{\xi}$ 是完备的. 假定 $g(n\bar{\xi})$ 使得 $E_p[g(n\bar{\xi})] = 0$，对一切 $p \in (0,1)$ 成立，则有

$$\sum_{k=0}^{n} g(k) C_n^k p^k (1-p)^{n-k} = 0,$$

即

$$\sum_{k=0}^{n} g(k) C_n^k \left(\frac{p}{1-p}\right)^k = 0,$$

所以多项式的系数均为零，即

$$g(k) C_n^k = 0, k = 0, 1, \cdots, n,$$

也即

$$g(k) = 0, k = 0, 1, \cdots, n.$$

由定义 2.3.2 知 $\bar{\xi}$ 是完备的，从而结论得证.

此示寻找与验证完备统计量是很麻烦的，但是对于下面的指数族分布寻找充

分完备统计量是方便的.

定义 2.3.3　如果随机变量 ξ 的密度函数(或概率函数) $f(x;\theta)$, $\theta\in\Theta$, 能表示为如下形式：

$$f(x;\theta)=\exp\left\{\sum_{i=1}^{k}b_i(\theta)T_i(x)\right\}C(\theta)h(x), \qquad (2.3.4)$$

其中 θ 是 k 维未知参数向量 $\theta=(\theta_1,\cdots,\theta_k)$, $C(\theta)$, $b_i(\theta)$ 只与 θ 有关而与 x 无关, $T_i(x)$, $h(x)$ 不含 θ, 则称 $f(x;\theta)$ 为 k 个参数指数族分布.

定理 2.3.7　设总体 ξ 的密度函数(或概率函数) $f(x;\theta)$ 为 k 个参数指数族分布, $\xi_1,\cdots,\xi_n$ 为 ξ 的样本, 样本的联合密度函数(或联合概率函数)具有如下形式：

$$f(X;\theta)=C(\theta)\exp\left\{\sum_{i=1}^{k}b_i(\theta)T_i(X)\right\}h(X), \qquad (2.3.5)$$

其中 $\theta=(\theta_1,\cdots,\theta_k)$, $X=(x_1,\cdots,x_n)$, $\theta\in\Theta$, 如果 Θ 中包含有一个 k 维矩形, 而且 $B=(b_1,\cdots,b_k)$ 的值域有一个 k 维开集, 则

$$T(\xi_1,\cdots,\xi_n)=[T_1(\xi_1,\cdots,\xi_n),\cdots,T_k(\xi_1,\cdots,\xi_n)]$$

为 k 维参数向量 θ 的充分完备统计量.

例 2.3.5　设总体 $\xi\sim P(x;\lambda)$, $\lambda>0$, 即

$$p(x;\lambda)=\mathrm{e}^{-\lambda}\frac{\lambda^x}{x!}, x=0,1,2,\cdots,$$

$\xi_1,\cdots,\xi_n$ 为 ξ 的样本, 其联合概率函数为

$$\begin{aligned}P\{\xi_1=x_1,\cdots,\xi_n=x_n;\lambda\}&=\mathrm{e}^{-n\lambda}\lambda^{n\bar{x}}\Big/\left[\prod_{i=1}^{n}(x_i!)\right]\\&=\mathrm{e}^{-n\lambda}\mathrm{e}^{n\bar{x}\ln\lambda}\frac{1}{\prod\limits_{i=1}^{n}(x_i!)},\end{aligned}$$

与式(2.3.5)比较有

$$C(\lambda)=\mathrm{e}^{-n\lambda}, h(X)=\frac{1}{\prod\limits_{i=1}^{n}(x_i!)},$$

$$T(X)=\bar{x},\quad b(\lambda)=n\ln\lambda.$$

由定理 2.3.7 知, $T(\xi_1,\cdots,\xi_n)=\bar{\xi}$ 是未知参数 λ 的充分完备统计量. 又因 $\bar{\xi}$ 是 λ 的无偏估计量, 由推论 2.3.1 知 $\bar{\xi}$ 是 λ 的一致最小方差无偏估计量.

注意　在上例中, 因为 $\bar{\xi}$ 是 λ 的充分完备统计量, ξ_1 显然是 λ 的无偏估计量, 由定理 2.3.6 知, 应有 $E(\xi_1|\bar{\xi})=\bar{\xi}$, 事实上, 因为

$$P\{n\bar{\xi}=k\}=\mathrm{e}^{-n\lambda}\frac{(n\lambda)^k}{k!}, k=0,1,2,\cdots,$$

即

$$P\left\{\bar{\xi}=\frac{k}{n}\right\}=\mathrm{e}^{-n\lambda}\frac{(n\lambda)^k}{k!},k=0,1,2,\cdots,$$

又 $\xi_2+\xi_3+\cdots+\xi_n\sim p(x;(n-1)\lambda)$，所以

$$\begin{aligned}P\{\xi_1=j\mid\bar{\xi}=\frac{k}{n}\}&=\frac{P\{\xi_1=j,n\bar{\xi}=k\}}{p\{n\bar{\xi}=k\}}\\&=\frac{P\{\xi_1=j\}P\{\xi_2+\cdots+\xi_n=k-j\}}{P\{n\bar{\xi}=k\}}\\&=\mathrm{C}_k^j\left(\frac{1}{n}\right)^j\left(1-\frac{1}{n}\right)^{k-j},j=0,1,2,\cdots,k,k=0,1,2,\cdots,\end{aligned}$$

即在 $\bar{\xi}=\frac{k}{n}$ 下，$\xi_1\sim B(k,\frac{1}{n})$，故

$$E(\xi_1\mid\bar{\xi}=\frac{k}{n})=k\cdot\frac{1}{n}=\frac{k}{n},$$

从而得 $E(\xi_1|\bar{\xi})=\bar{\xi}$.

在例 2.3.5 中，也可取 $T(X)=\sum_{i=1}^n x_i,b(\lambda)=\ln\lambda,C(\lambda)=\mathrm{e}^{-n\lambda},h(X)=\frac{1}{\prod_{i=1}^n(x_i!)}$，由定理 2.3.7 知 $T(\xi_1,\cdots,\xi_n)=\sum_{i=1}^n\xi_i$ 也为参数λ 的充分完备统计量.

由定理 2.3.6 知，$E(\xi_1|T)=\bar{\xi}$.

例 2.3.6 设总体 $\xi\sim U[0,\theta]$，未知参数 $\theta\in(0,\infty)$，在例 2.3.2 中已知 $\xi_{(n)}$ 为 θ 的充分统计量，现证明 $\xi_{(n)}$ 也是 θ 的完备统计量.

因为 $\xi_{(n)}$ 的密度为

$$f_{\xi_{(n)}}(x;\theta)=nf(x;\theta)[F(x;\theta)]^{n-1}=\begin{cases}\dfrac{nx^{n-1}}{\theta^n},0\leqslant x\leqslant\theta,\\0\quad,\qquad\text{其他}.\end{cases}$$

如果有函数 $g(x)$，使得对一切 $0<\theta$，有

$$E_\theta[g(\xi_{(n)})]=0,$$

即

$$0\equiv\int_0^\theta g(x)f_{\xi_{(n)}}(x;\theta)\mathrm{d}x=\frac{n}{\theta^n}\int_0^\theta g(x)x^{n-1}\mathrm{d}x,$$

故

$$\int_0^\theta g(x)x^{n-1}\mathrm{d}x\equiv0.$$

对上式两边关于 θ 求导数得

$$g(\theta)\theta^{n-1}\equiv0,$$

从而知对一切 $\theta>0, g(\theta)\equiv 0$，即 $g(\xi_{(n)})=0$，由定义 2.3.2 知 $\xi_{(n)}$ 是完备统计量.

又因为 $E(\xi_{(n)})=\int_0^\theta x\frac{nx^{n-1}}{\theta^n}\mathrm{d}x=\frac{n\theta}{n+1}$，所以 $\frac{(n+1)\xi_{(n)}}{n}$ 为 θ 的无偏估计量. 由定理 2.3.6 知

$$E\left(\frac{n+1}{n}\xi_{(n)}\,\middle|\,\xi_{(n)}\right)=\frac{n+1}{n}\xi_{(n)}$$

是 θ 的一致最小方差无偏估计量.

例 2.3.7　设总体 $\xi\sim N(a,\sigma^2)$，$\xi_1,\cdots,\xi_n$ 为 ξ 的样本，因为其联合密度函数为

$$\begin{aligned}f(x_1,\cdots,x_n;a,\sigma^2)&=\left(\frac{1}{\sqrt{2\pi\sigma^2}}\right)^n\exp\left\{-\frac{1}{2\sigma^2}\sum_{i=1}^n(x_i-a)^2\right\}\\&=\left(\frac{1}{\sqrt{2\pi\sigma^2}}\right)^n\mathrm{e}^{-\frac{na^2}{2\sigma^2}}\exp\left\{(\bar{x},\sum_{i=1}^n x_i^2)\begin{pmatrix}\frac{na}{\sigma^2}\\-\frac{1}{2\sigma^2}\end{pmatrix}\right\},\end{aligned}$$

所以

$$C(a,\sigma^2)=\left(\frac{1}{\sqrt{2\pi\sigma^2}}\right)^n\mathrm{e}^{-\frac{na^2}{2\sigma^2}},h(X)=1,$$

$$T(X)=(\bar{x},\sum_{i=1}^n x_i^2),\quad b(a,\sigma^2)=\left(\frac{na}{\sigma^2},-\frac{1}{2\sigma^2}\right)'.$$

由定理 2.3.7 知

$$T(\xi_1,\cdots,\xi_n)=(\bar{\xi},\sum_{i=1}^n\xi_i^2)$$

为 $\theta=(a,\sigma^2)$ 的充分完备统计量. 又我们知道 $(\bar{\xi},\widetilde{S}^2)$ 是 (a,σ^2) 的无偏估计量，且

$$\begin{aligned}&E(\bar{\xi}\mid\bar{\xi},\sum_{i=1}^n\xi_i^2)=\bar{\xi},\\&E(\widetilde{S}^2\mid\bar{\xi},\sum_{i=1}^n\xi_i^2)=E\left[\frac{1}{n-1}\sum_{i=1}^n\xi_i^2-\frac{n}{n-1}\bar{\xi}^2\mid\bar{\xi},\sum_{i=1}^n\xi_i^2\right]\\&\qquad=\frac{1}{n-1}\sum_{i=1}^n\xi_i^2-n\bar{\xi}^2/(n-1)=\widetilde{S}^2.\end{aligned}$$

由定理 2.3.6 知 $(\bar{\xi},\widetilde{S}^2)$ 为 (a,σ^2) 的一致最小方差无偏估计量.

§2.4　区间估计

对未知参数来说，我们除了关心它的点估计外，往往还希望估计出它的一个范围，以及这个范围覆盖参数真值的可靠程度. 这种范围通常用区间的形式给出，这种区间称为参数的置信区间.

定义 2.4.1 设 $F(x;\theta)$ 为总体 ξ 的分布函数，$\theta\in\Theta$，θ 为未知参数，Θ 为参数空间，$\xi_1,\xi_2,\cdots,\xi_n$ 为 ξ 的样本. 如果对给定的常数 $\alpha(0<\alpha<1)$，统计量 $\underline{\theta}=\underline{\theta}(\xi_1,\xi_2,\cdots,\xi_n)$ 与 $\bar{\theta}=\bar{\theta}(\xi_1,\xi_2,\cdots,\xi_n)$ 满足

$$P\{\underline{\theta}<\theta<\bar{\theta}\}=1-\alpha, \tag{2.4.1}$$

则称 $(\underline{\theta},\bar{\theta})$ 为 θ 的置信度为 $1-\alpha$ 的置信区间，称 $\bar{\theta},\underline{\theta}$ 分别为上、下置信限. 称 α 为置信水平. 这种估计 θ 的方法叫做区间估计.

式(2.4.1)表明随机区间 $(\underline{\theta},\bar{\theta})$ 覆盖 θ 的概率为 $1-\alpha$，$1-\alpha$ 也就是 $(\underline{\theta},\bar{\theta})$ 覆盖 θ 的可靠程度.

如何构造 $\underline{\theta}$ 与 $\bar{\theta}$ 呢？这与评价区间估计的标准有关. 评价一个置信区间的好与坏有两个标准，一是精度，即 $\bar{\theta}-\underline{\theta}$，越小精度越高，也就越好. 另一个是置信度，即 $P\{\underline{\theta}<\theta<\bar{\theta}\}$，越大越好. 我们当然希望 $\bar{\theta}-\underline{\theta}$ 尽可能地小，同时希望 $P\{\underline{\theta}<\theta<\bar{\theta}\}$ 尽可能地大. 但是当样本容量 n 固定时，精度与置信度不可能同时提高. 因为当精度提高时即 $\bar{\theta}-\underline{\theta}$ 变小时，$(\underline{\theta},\bar{\theta})$ 覆盖 θ 的可能性也变小，从而降低了置信度. 相反，当置信度增大时，$\bar{\theta}-\underline{\theta}$ 必然也增大，从而降低了精度. 在实际问题中，一般是根据实际问题的需要，先选定置信度为 $1-\alpha$，然后再通过增加样本容量 n 提高精度.

下面我们通过讨论正态总体均值与方差的区间估计来介绍求置信区间的思想与方法.

2.4.1 一个正态总体的情况

设总体 $\xi\sim N(a,\sigma^2)$，$\xi_1,\xi_2,\cdots,\xi_n$ 为 ξ 的样本，现讨论 a,σ^2 的区间估计.

一、a 的区间估计

求 a 的区间估计，就是要求 a 的置信度为 $1-\alpha$ 的精度最高的置信区间.

因为 $\bar{\xi}$ 是 a 的最小方差无偏估计量，所以通常 $\bar{\xi}$ 与 a 很接近，即通常 $|\bar{\xi}-a|$ 较小，也就是存在正数 c，通常有

$$|\bar{\xi}-a|<c,$$

从而

$$\bar{\xi}-c<a<\bar{\xi}+c,$$

即 a 的置信区间应为

$$(\bar{\xi}-c,\bar{\xi}+c). \tag{2.4.2}$$

一般简记为 $(\bar{\xi}\pm c)$，其中正数 c 依赖于置信度 $1-\alpha$. 当 $1-\alpha$ 选定后，现分两种情况来确定 c. 在文献[23]中称其为待定实数法.（注意：c 未必是常数.）

(i) 当 σ^2 已知时，因为 $U\triangleq\dfrac{\bar{\xi}-a}{\sigma/\sqrt{n}}\sim N(0,1)$，所以由 $1-\alpha$ 的定义有

$$1-\alpha=P\{\bar{\xi}-c<a<\bar{\xi}+c\}=P\{|\bar{\xi}-a|<c\}$$

$$=P\left\{|U|<\frac{c}{\sigma/\sqrt{n}}\right\}$$

$$=\Phi\left(\frac{c}{\sigma/\sqrt{n}}\right)-\Phi\left(-\frac{c}{\sigma/\sqrt{n}}\right)=2\Phi\left(\frac{c}{\sigma/\sqrt{n}}\right)-1,$$

即

$$\Phi\left(\frac{c}{\sigma/\sqrt{n}}\right)=1-\alpha/2.$$

查标准正态表得 $u_{1-\alpha/2}$，使得 $\Phi(u_{1-\alpha/2})=1-\alpha/2$，故 $\frac{c}{\sigma/\sqrt{n}}=u_{1-\alpha/2}$，即 $c=\frac{\sigma}{\sqrt{n}}u_{1-\alpha/2}$，由式(2.4.2)，$a$ 的(置信度为)$1-\alpha$ 的置信区间为

$$\left(\bar{\xi}\pm\frac{\sigma}{\sqrt{n}}u_{1-\alpha/2}\right). \tag{2.4.3}$$

(ii)　当 σ^2 未知时，因为 $\widetilde{S}^2$ 是 σ^2 的最优无偏估计量，所以我们用 $\widetilde{S}$ 替换 $\frac{\bar{\xi}-a}{\sigma/\sqrt{n}}$ 中的 σ，由于

$$\frac{\bar{\xi}-a}{\widetilde{S}/\sqrt{n}}=\frac{\bar{\xi}-a}{S/\sqrt{n-1}}\sim t(n-1),$$

所以我们还应把式(2.4.3)中的 $u_{1-\alpha/2}$ 换成 $t_{1-\alpha/2}(n-1)$，即 a 的(置信度为)$1-\alpha$ 的置信区间为

$$\left(\bar{\xi}\pm\frac{\widetilde{S}t_{1-\alpha/2}(n-1)}{\sqrt{n}}\right)=\left(\bar{\xi}\pm\frac{St_{1-\alpha/2}(n-1)}{\sqrt{n-1}}\right), \tag{2.4.4}$$

其中 $t_{1-\alpha/2}(n-1)$ 为 t 分布 $t(n-1)$ 的下侧 $1-\alpha/2$ 分位数.

二、σ^2 的区间估计

我们这里只讨论 a 为未知时 σ^2 的区间估计，对 a 为已知情况讨论类似.

因为 $\widetilde{S}^2$ 是 σ^2 的最优无偏估计量，所以 $\frac{\widetilde{S}^2}{\sigma^2}$ 通常应接近 1(为什么不用 $|\widetilde{S}^2-\sigma^2|$ 较小?)，即通常 $\frac{\widetilde{S}^2}{\sigma^2}$ 既不太大也不太小，应位于某两个数 $k_1,k_2(k_1<k_2)$ 之间，即

$$k_1<\frac{\widetilde{S}^2}{\sigma^2}<k_2,$$

从而

$$\frac{\widetilde{S}^2}{k_2}<\sigma^2<\frac{\widetilde{S}^2}{k_1},$$

所以 σ^2 的置信区间应为

$$\left(\frac{\widetilde{S}^2}{k_2},\frac{\widetilde{S}^2}{k_1}\right), \tag{2.4.5}$$

其中数 k_1,k_2 由置信度 $1-\alpha$ 确定.

当 $1-\alpha$ 给定后,因为 $\chi^2 \triangleq \frac{(n-1)\widetilde{S}^2}{\sigma^2} \sim \chi^2(n-1)$,所以由$1-\alpha$定义,有

$$1-\alpha = P\left\{\frac{\widetilde{S}^2}{k_2} < \sigma^2 < \frac{\widetilde{S}^2}{k_1}\right\} = P\left\{k_1 < \frac{\widetilde{S}^2}{\sigma^2} < k_2\right\}$$
$$= P\{(n-1)k_1 < \chi^2 < (n-1)k_2\},$$

即

$$\alpha = P\{\chi^2 \geqslant (n-1)k_2\} + P\{\chi^2 \leqslant (n-1)k_1\}.$$

因为通常我们不知道上式右边两个概率哪个大些,所以取 k_1,k_2 满足

$$\frac{\alpha}{2} = P\{\chi^2 \leqslant (n-1)k_1\}$$

与

$$\frac{\alpha}{2} = P\{\chi^2 \geqslant (n-1)k_2\} = 1 - P\{\chi^2 < (n-1)k_2\},$$

即

$$1 - \frac{\alpha}{2} = P\{\chi^2 < (n-1)k_2\}.$$

查 χ^2 分布表得下侧分位数 $\chi^2_{\alpha/2}(n-1)$ 与 $\chi^2_{1-\alpha/2}(n-1)$,使得

$$\frac{\alpha}{2} = P\{\chi^2 < \chi^2_{\alpha/2}(n-1)\},$$

$$1 - \frac{\alpha}{2} = P\{\chi^2 < \chi^2_{1-\alpha/2}(n-1)\}.$$

所以

$$(n-1)k_1 = \chi^2_{\alpha/2}(n-1),(n-1)k_2 = \chi^2_{1-\alpha/2}(n-1),$$

从而

$$k_1 = \frac{1}{n-1}\chi^2_{\alpha/2}(n-1),k_2 = \frac{1}{n-1}\chi^2_{1-\alpha/2}(n-1).$$

于是 σ^2 的 $1-\alpha$ 的置信区间为

$$\left(\frac{(n-1)\widetilde{S}^2}{\chi^2_{1-\alpha/2}(n-1)},\frac{(n-1)\widetilde{S}^2}{\chi^2_{\alpha/2}(n-1)}\right)$$
$$= \left(\frac{\sum_{i=1}^{n}(\xi_i-\bar{\xi})^2}{\chi^2_{1-\alpha/2}(n-1)},\frac{\sum_{i=1}^{n}(\xi_i-\bar{\xi})^2}{\chi^2_{\alpha/2}(n-1)}\right). \tag{2.4.6}$$

例2.4.1 某厂生产的零件重量 $\xi \sim N(a,\sigma^2)$,今从这批零件中随机抽取 9 个,测得其重量(单位:克)为

21.1,21.3,21.4,21.5,21.3,21.7,21.4,21.3,21.6,

试在置信度 0.95 下,求 a,σ^2 的区间估计.

解　因为 $\bar{x}=21.4, S^2=0.0289, n=9, \sum_{i=1}^{n}(x_i-\bar{x})^2=0.2601, \alpha=0.05$, $t_{0.975}(8)=2.306$，由式(2.4.4)

$$\bar{x}-\frac{S}{\sqrt{n-1}}t_{1-\alpha/2}(n-1)=21.4-\frac{0.17}{\sqrt{8}}\times 2.306=21.261,$$

$$\bar{x}+\frac{S}{\sqrt{n-1}}t_{1-\alpha/2}(n-1)=21.539.$$

所以 a 的 0.95 置信区间为

$$(21.261, 21.539),$$

由式(2.4.6)，σ^2 的 0.95 置信区间为

$$\left(\sum_{i=1}^{n}(x_i-\bar{x})^2/\chi^2_{1-\alpha/2}(n-1), \sum_{i=1}^{n}(x_i-\bar{x})^2/\chi^2_{\alpha/2}(n-1)\right)$$

$$=\left(\frac{0.2601}{17.535}, \frac{0.260}{2.18}\right)=(0.0148, 0.1193),$$

而 σ 的 0.95 置信区间为

$$(\sqrt{0.0148}, \sqrt{0.1193})=(0.1217, 0.3454).$$

2.4.2　两个正态总体的情况

设总体 $\xi\sim N(a_1,\sigma_1^2)$，总体 $\eta\sim N(a_2,\sigma_2^2)$，$\xi_1,\cdots,\xi_{n_1}$ 为 ξ 的样本，$\eta_1,\cdots,\eta_{n_2}$ 为 η 的样本，

$$\bar{\xi}=\frac{1}{n_1}\sum_{i=1}^{n_1}\xi_i,$$

$$S_1^2=\frac{1}{n_1}\sum_{i=1}^{n_1}(\xi_i-\bar{\xi})^2,$$

$$\widetilde{S}_1^2=\frac{1}{n_1-1}\sum_{i=1}^{n_1}(\xi_i-\bar{\xi})^2,$$

$$\bar{\eta}=\frac{1}{n_2}\sum_{i=1}^{n_2}\eta_i,$$

$$S_2^2=\frac{1}{n_2}\sum_{i=1}^{n_2}(\eta_i-\bar{\eta})^2,$$

$$\widetilde{S}_2^2=\frac{1}{n_2-1}\sum_{i=1}^{n_2}(\eta_i-\bar{\eta})^2,$$

且两样本相互独立. 现来讨论 a_1-a_2，$\dfrac{\sigma_1^2}{\sigma_2^2}$ 的区间估计.

一、a_1-a_2 的区间估计

因为 $\bar{\xi}-\bar{\eta}$ 是 a_1-a_2 的最优无偏估计量，所以通常 $|(\bar{\xi}-\bar{\eta})-(a_1-a_2)|$ 应很小，即存在正数 c，通常有 $|(\bar{\xi}-\bar{\eta})-(a_1-a_2)|<c$，即

$$\bar{\xi}-\bar{\eta}-c<a_1-a_2<\bar{\xi}-\bar{\eta}+c,$$

故 a_1-a_2 的置信区间应为

$$(\bar{\xi}-\bar{\eta}\pm c), \tag{2.4.7}$$

其中正数 c 由置信度 $1-\alpha$ 确定. 当 $1-\alpha$ 给定后，现分如下几种情况来确定 c.

(i) 当 σ_1^2, σ_2^2 均已知时，因为 $\bar{\xi}-\bar{\eta}\sim N\left(a_1-a_2\ \dfrac{\sigma_1^2}{n_1}+\dfrac{\sigma_2^2}{n_2}\right)$，所以 $\dfrac{(\bar{\xi}-\bar{\eta})-(a_1-a_2)}{\sqrt{\dfrac{\sigma_1^2}{n_1}+\dfrac{\sigma_2^2}{n_2}}}\sim N(0,1)$，类似于式(2.4.3)的推导，$a_1-a_2$ 的$1-\alpha$置信区间为

$$\left(\bar{\xi}-\bar{\eta}\pm u_{1-\alpha/2}\sqrt{\frac{\sigma_1^2}{n_1}+\frac{\sigma_2^2}{n_2}}\right). \tag{2.4.8}$$

(ii) 当 $\sigma_1^2=\sigma_2^2=\sigma^2$，但 σ^2 未知时，由定理 1.3.2 的(ii)知，

$$T\triangleq\frac{\bar{\xi}-\bar{\eta}-(a_1-a_2)}{\sqrt{n_1S_1^2+n_2S_2^2}}\sqrt{\frac{n_1n_2(n_1+n_2-2)}{n_1+n_2}}\sim t(n_1+n_2-2),$$

类似于式(2.4.3)的推导，a_1-a_2 的 $1-\alpha$ 置信区间为

$$\left(\bar{\xi}-\bar{\eta}\pm t_{1-\frac{\alpha}{2}}(n_1+n_2-2)\sqrt{n_1S_1^2+n_2S_2^2}\cdot\sqrt{\frac{n_1+n_2}{n_1n_2(n_1+n_2-2)}}\right). \tag{2.4.9}$$

(iii) 当 σ_1^2,σ_2^2 均未知，但 $n_1=n_2=n$ 时，记

$$\zeta_i=\xi_i-\eta_i,$$

则

$$\zeta_i\sim N(a_1-a_2,\sigma_1^2+\sigma_2^2),\quad i=1,2,\cdots,n,$$

且 $\zeta_1,\zeta_2,\cdots,\zeta_n$ 独立同分布，所以 $\zeta_1,\zeta_2,\cdots,\zeta_n$ 可视为总体 $\zeta\sim N(a_1-a_2,\sigma_1^2+\sigma_2^2)$ 的样本且

$$\bar{\zeta}=\bar{\xi}-\bar{\eta}, S_\zeta^2=\frac{1}{n}\sum_{i=1}^{n}(\zeta_i-\bar{\zeta})^2, \frac{\bar{\zeta}-(a_1-a_2)}{S_\zeta/\sqrt{n-1}}\sim t(n-1).$$

类似于式(2.4.3)的推导，a_1-a_2 的 $1-\alpha$ 置信区间为

$$\left(\bar{\xi}-\bar{\eta}\pm\frac{S_\zeta}{\sqrt{n-1}}t_{1-\frac{\alpha}{2}}(n-1)\right). \tag{2.4.10}$$

(iv) 当 σ_1^2,σ_2^2 均未知，且 $n_1\neq n_2$ 时，不妨设 $n_1<n_2$，令

$$\zeta_i=\xi_i-\sqrt{\frac{n_1}{n_2}}\eta_i+\frac{1}{\sqrt{n_1n_2}}\sum_{i=1}^{n_1}\eta_i-\overline{\eta},i=1,2,\cdots,n_1,$$

则

$$E(\zeta_i)=a_1-a_2,\quad D(\zeta_i)=\sigma_1^2+\frac{n_1}{n_2}\sigma_2^2,$$

且可证:当 $i\neq j$ 时,有

$\mathrm{Cov}(\zeta_i,\zeta_j)=0$,所以 $\zeta_1,\zeta_2,\cdots,\zeta_{n_1}$ 独立同服从正态分布$N\left(a_1-a_2,\sigma_1^2+\frac{n_1}{n_2}\sigma_2^2\right)$,从而 $\zeta_1,\zeta_2,\cdots,\zeta_{n_1}$ 可视为总体 $\zeta\sim N\left(a_1-a_2,\sigma_1+\frac{n_1}{n_2}\sigma_2^2\right)$的样本. 类似于式(2.4.3)的推导,$a_1-a_2$ 的 $1-\alpha$ 置信区间为

$$\left(\overline{\zeta}\pm\frac{S_\zeta}{\sqrt{n_1-1}}t_{1-\frac{\alpha}{2}}(n_1-1)\right),\tag{2.4.11}$$

其中 $\overline{\zeta}=\frac{1}{n_1}\sum_{i=1}^{n_1}\zeta_i,S_\zeta^2=\frac{1}{n_1}\sum_{i=1}^{n_1}(\zeta_i-\overline{\zeta})^2$.

二、$\frac{\sigma_1^2}{\sigma_2^2}$的区间估计

这里只讨论 $a_1,a_2,\sigma_1^2,\sigma_2^2$ 均未知时$\frac{\sigma_1^2}{\sigma_2^2}$的区间估计. 对于 a_1,a_2 为已知时$\frac{\sigma_1^2}{\sigma_2^2}$的区间估计是简单的,读者可自己去完成.

因为$\frac{\widetilde{S}_1^2}{\sigma_1^2},\frac{\widetilde{S}_2^2}{\sigma_2^2}$通常都接近 1,所以$\frac{\widetilde{S}_1^2}{\sigma_1^2}\Big/\frac{\widetilde{S}_2^2}{\sigma_2^2}=\frac{\sigma_2^2\widetilde{S}_1^2}{\sigma_1^2\widetilde{S}_2^2}$通常也接近 1,既不太大,也不太小,即通常$\frac{\sigma_2^2\widetilde{S}_1^2}{\sigma_1^2\widetilde{S}_2^2}$位于两个数 $k_1,k_2(k_1<k_2)$之间,即

$$k_1<\frac{\sigma_2^2\widetilde{S}_1^2}{\sigma_1^2\widetilde{S}_2^2}<k_2,$$

从而

$$\frac{\widetilde{S}_1^2}{k_2\widetilde{S}_2^2}<\frac{\sigma_1^2}{\sigma_2^2}<\frac{\widetilde{S}_1^2}{k_1\widetilde{S}_2^2}.$$

故$\frac{\sigma_1^2}{\sigma_2^2}$的置信区间应为

$$\left(\frac{\widetilde{S}_1^2}{k_2\widetilde{S}_2^2},\frac{\widetilde{S}_1^2}{k_1\widetilde{S}_2^2}\right),\tag{2.4.12}$$

其中 k_1,k_2 由置信度 $1-\alpha$ 确定.

当 $1-\alpha$ 选定后，因为

$$\frac{(n_1-1)\widetilde{S}_1^2}{\sigma_1^2}\sim\chi^2(n_1-1),\frac{(n_2-1)\widetilde{S}_2^2}{\sigma_2^2}\sim\chi^2(n_2-1),$$

且$\frac{(n_1-1)\widetilde{S}_1^2}{\sigma_1^2}$与$\frac{(n_2-1)\widetilde{S}_2^2}{\sigma_2^2}$相互独立，所以由 F 分布定义，知

$$F\triangleq\frac{(n_1-1)\widetilde{S}_1^2}{\sigma_1^2(n_1-1)}\bigg/\frac{(n_2-1)\widetilde{S}_2^2}{\sigma_2^2(n_2-1)}=\frac{\sigma_2^2\widetilde{S}_1^2}{\sigma_1^2\widetilde{S}_2^2}\sim F(n_1-1,n_2-1).$$

则由

$$1-\alpha=P\left\{\frac{\widetilde{S}_1^2}{k_2\widetilde{S}_2^2}<\frac{\sigma_1^2}{\sigma_2^2}<\frac{\widetilde{S}_1^2}{k_1\widetilde{S}_2^2}\right\}=P\{k_1<F<k_2\}$$

得

$$\alpha=P\{F\leqslant k_1\}+P\{F\geqslant k_2\}.$$

取 k_1,k_2 满足

$$\frac{\alpha}{2}=P\{F\leqslant k_1\},\quad \frac{\alpha}{2}=P\{F\geqslant k_2\},$$

因为$\frac{\alpha}{2}=P\{F\geqslant k_2\}=1-P\{F<k_2\}$，所以 $1-\frac{\alpha}{2}=P\{F<k_2\}$. 查 F 分布表得下侧分位数 $F_{\alpha/2}(n_1-1,n_2-1)$ 与 $F_{1-\alpha/2}(n_1-1,n_2-1)$，使得

$$\frac{\alpha}{2}=P\{F\leqslant F_{\alpha/2}(n_1-1,n_2-1)\},$$

$$1-\frac{\alpha}{2}=P\{F<F_{1-\alpha/2}(n_1-1,n_2-1)\}.$$

所以

$$k_1=F_{\alpha/2}(n_1-1,n_2-1)\},k_2=F_{1-\alpha/2}(n_1-1,n_2-1),$$

故$\frac{\sigma_1^2}{\sigma_2^2}$的 $1-\alpha$ 置信区间为

$$\left(\frac{\widetilde{S}_1^2/\widetilde{S}_2^2}{F_{1-\alpha/2}(n_1-1,n_2-1)},\frac{\widetilde{S}_1^2/\widetilde{S}_2^2}{F_{\alpha/2}(n_1-1,n_2-1)}\right).\tag{2.4.13}$$

例 2.4.2 某自动机床加工同类型套筒，假设套筒的直径服从正态分布，现在从两个班次的产品中各抽验了 5 个套筒，测定它们的直径，得如下数据：

A 班：2.066，2.063，2.068，2.060，2.067

B 班：2.058，2.057，2.063，2.059，2.060

试求两班所加工套筒直径的方差比$\frac{\sigma_A^2}{\sigma_B^2}$的 0.90 置信区间和均值差 a_A-a_B 的 0.95 置信区间.

解 求$\frac{\sigma_A^2}{\sigma_B^2}$的 0.90 置信区间. 因为 $\bar{x}=2.0648$，$\widetilde{S}_A^2=0.0000107$，$\bar{y}=2.0594$，

$\widetilde{S}_B^2=0.0000053,\alpha=0.10,n_1=n_2=5$,所以

$$F_{1-\frac{\alpha}{2}}(n_1-1,n_2-1)=F_{0.95}(4.4)=6.39,$$

$$F_{0.05}(4,4)=\frac{1}{6.39}=0.1549,$$

由式(7.4.13),$\frac{\sigma_A^2}{\sigma_B^2}$的 0.90 置信区间为

$$\left(\frac{\widetilde{S}_A^2/\widetilde{S}_B^2}{F_{1-\frac{\alpha}{2}}(n_1-1,n_2-1)},\frac{\widetilde{S}_A^2/\widetilde{S}_B^2}{F_{\alpha/2}(n_1-1,n_2-1)}\right)$$

$$=\left(\frac{2.01887}{6.37},2.01887\times 6.39\right)=(0.316,12.901).$$

求 a_A-a_B 的 0.95 置信区间. 因为

$$\bar{x}-\bar{y}=0.0054,S_\zeta^2=0.00000584,$$

$$S_\zeta=0.002416609,\quad \alpha=0.05,\quad n_1=n_2=n=5,$$

$$t_{1-\alpha/2}(n-1)=t_{0.975}(4)=2.776.$$

由式(2.4.10)得 a_A-a_B 的 0.95 置信区间为

$$\left(\bar{x}-\bar{y}\pm\frac{S_\zeta}{\sqrt{n-1}}t_{1-\frac{\alpha}{2}}(n-1)\right)=(0.0054\pm 0.0030)$$

$$=(0.0024,0.0084).$$

2.4.3　指数分布与 0—1 分布参数的区间估计

一、指数分布参数的区间估计

设总体 $\xi\sim\Gamma(1,\lambda),\lambda(>0)$为未知参数,$\xi_1,\cdots,\xi_n$ 为 ξ 的样本. 因为 $n\bar{\xi}\sim\Gamma(n,\lambda)$,由公式 $f_{a\xi}(x)=\frac{1}{|a|}f_\xi\left(\frac{x}{a}\right)(a\neq 0)$知,$2\lambda n\bar{\xi}\sim\Gamma(n,\frac{1}{2})=\chi^2(2n)$. 又因为 $\bar{\xi}$ 是$\frac{1}{\lambda}$的有效估计量,故 $\lambda\bar{\xi}$ 通常接近 1,即通常 $\lambda\bar{\xi}$ 应位于两数 $k_1,k_2(k_1<k_2)$之间,即 $k_1<\lambda\bar{\xi}<k_2$,从而有$\frac{k_1}{\bar{\xi}}<\lambda<\frac{k_2}{\bar{\xi}}$,故 λ 的置信区间应为

$$\left(\frac{k_1}{\bar{\xi}},\frac{k_2}{\bar{\xi}}\right),$$

其中 k_1,k_2 由置信度 $1-\alpha$ 确定.

当 $1-\alpha$ 给定后,由式(2.4.1)得

$$1-\alpha=P\left\{\frac{k_1}{\bar{\xi}}<\lambda<\frac{k_2}{\bar{\xi}}\right\}=P\{2nk_1<2n\lambda\bar{\xi}<2nk_2\},$$

即

$$\alpha = P\{2n\lambda\bar{\xi} \geqslant 2nk_2\} + P\{2n\lambda\bar{\xi} \leqslant 2nk_1\}.$$

取

$$\frac{\alpha}{2} = P\{2n\lambda\bar{\xi} \geqslant 2nk_2\},$$

$$\frac{\alpha}{2} = P\{2n\lambda\bar{\xi} \leqslant 2nk_1\},$$

查 χ^2 分布表，得 $\chi^2_{\alpha/2}(2n)$，$\chi^2_{1-\alpha/2}(2n)$，使得

$$\frac{\alpha}{2} = P\{2n\lambda\bar{\xi} \leqslant \chi^2_{\alpha/2}(2n)\}, 1 - \frac{\alpha}{2} = P\{2n\lambda\bar{\xi} < \chi^2_{1-\alpha/2}(2n)\},$$

所以

$$2nk_1 = \chi^2_{\alpha/2}(2n), 2nk_2 = \chi^2_{1-\alpha/2}(2n).$$

即

$$k_1 = \frac{\chi^2_{\alpha/2}(2n)}{2n}, k_2 = \frac{\chi^2_{1-\alpha/2}(2n)}{2n},$$

于是 λ 的 $1-\alpha$ 置信区间为

$$\left(\frac{\chi^2_{\alpha/2}(2n)}{2n\bar{\xi}}, \frac{\chi^2_{1-\alpha/2}(2n)}{2n\bar{\xi}}\right). \tag{2.4.14}$$

二、0—1分布参数的区间估计

设总体 $\xi \sim B(1,p)$，$p \in (0,1)$，p 为未知参数，$\xi_1, \cdots, \xi_n$ 为 ξ 的样本. 因为由中心极限定理，当 $n \to \infty$ 时，$\dfrac{\bar{\xi}-p}{\sqrt{D(\xi)/n}} = \dfrac{\bar{\xi}-p}{\sqrt{p(1-p)/n}} \xrightarrow{L} \zeta \sim N(0,1)$，又因 $\bar{\xi}$ 是 p 的有效估计量，所以，$\left|\dfrac{\bar{\xi}-p}{\sqrt{p(1-p)/n}}\right|$ 通常应很小，即通常有 $\left|\dfrac{\bar{\xi}-p}{\sqrt{p(1-p)/n}}\right| < k$，由此解出 p，从而知 p 的$1-\alpha$的置信区间应该为

$$\left(\frac{1}{2a}\left(-b \pm \sqrt{b^2-4ac}\right)\right), \tag{2.4.15}$$

其中 $a = n + k^2$，$b = 2n\bar{\xi} + k^2$，$c = n\bar{\xi}^2$，而 k 由 $1-\alpha$ 确定. 当 n 充分大且$1-\alpha$给定后，由于

$$\begin{aligned} 1-\alpha &= P\left\{\frac{1}{2a}\left(-b-\sqrt{b^2-4ac}\right) < p < \frac{1}{2a}\left(-b+\sqrt{b^2-4ac}\right)\right\} \\ &= P\left\{\left|\frac{\bar{\xi}-p}{\sqrt{p(1-p)/n}}\right| < k\right\}, \end{aligned}$$

查标准正态分布表得 $u_{1-\alpha/2}$，使得

$$1-\alpha = p\left\{\left|\frac{\bar{\xi}-p}{\sqrt{p(1-p)/n}}\right| < u_{1-\alpha/2}\right\}.$$

所以 $k=u_{1-\alpha/2}$. 或者因为 $E(\bar{\xi})=E(\xi)=p$, $\bar{\xi}\xrightarrow{P}E(\xi)=p$(或 $\bar{\xi}$ 为 p 的有效估计量). 类似于 2.4.1 中(1), p 的置信区间应为 $(\bar{\xi}\pm c)$, 其中 c 由置信度 $1-\alpha$ 确定. 当 $1-\alpha$ 给定后, 因为 $S^2\xrightarrow{P}D(\xi)=p(1-p)$, 从而 $S\xrightarrow{P}\sqrt{D(\xi)}$, 故 $\dfrac{S}{\sqrt{D(\xi)}}\xrightarrow{P}1$, 又由中心极限定理知 $\dfrac{\bar{\xi}-E(\xi)}{\sqrt{D(\xi)/n}}\xrightarrow{L}\zeta\sim N(0,1)$, 再由文献[21]中习题五的 16 题知

$$\frac{\bar{\xi}-E(\xi)}{S/\sqrt{n}}=\frac{\bar{\xi}-E(\xi)}{\sqrt{D(\xi)/n}}\bigg/\frac{S}{\sqrt{D(\xi)}}\xrightarrow{L}\zeta\sim N(0,1),$$

故当 n 充分大时,

由 $$1-\alpha=P\{\bar{\xi}-c<p<\bar{\xi}+c\}=P\left\{\left|\frac{\bar{\xi}-p}{S/\sqrt{n}}\right|<\frac{c}{S/\sqrt{n}}\right\},$$

易得

$$c=\frac{S}{\sqrt{n}}u_{1-\alpha/2}.$$

所以 p 的 $1-\alpha$ 置信区间为

$$\left(\bar{\xi}\pm\frac{S}{\sqrt{n}}u_{1-\alpha/2}\right). \tag{2.4.16}$$

类似地, 当 n 充分大时, 一般非正态总体 ξ 的 $E(\xi)$ 的 $1-\alpha$ 置信区间为

$$\left(\bar{\xi}\pm\frac{S}{\sqrt{n}}u_{1-\alpha/2}\right). \tag{2.4.17}$$

§2.5　贝叶斯(Bayes)估计

2.5.1　决策论的基本概念

设总体 ξ 的分布函数为 $F(x;\theta)$, $\theta\in\Theta$, θ 为未知参数, Θ 为参数空间, $\xi_1,\cdots,\xi_n$ 为 ξ 的样本. 点估计就是寻找一个统计量 $d(\xi_1,\cdots,\xi_n)$, 当 $\xi_1,\cdots,\xi_n$ 有观察值 $x_1,\cdots,x_n$ 时, $d(\xi_1,\cdots,\xi_n)$ 也将取得某个值 a, 即 $d(x_1,\cdots,x_n)=a$. 我们就用 a 来估计 θ 的值, 这可以看做由样本空间 $\mathscr{X}$ 中一点 $(x_1,\cdots,x_n)$, 对未知参数 θ 采取一种决策 a, 将可能采取的全部决策放到一起, 构成一个集合 $\mathscr{A}$, 称它为决策空间. 因此, 对 θ 进行估计, 实际上是对样本空间 $\mathscr{X}$ 中每一个点 $(x_1,\cdots,x_n)$ 在决策空间 $\mathscr{A}$ 中找一点 $a\in\mathscr{A}$ 与之对应. 在决策论中, 称在决策空间 $\mathscr{A}$ 中取值的统计量 $d(\xi_1,\cdots,\xi_n)$ 为**决策函数**或**判决函数**, 即参数 θ 的决策函数就是参数 θ 的估计量, 决策空间 $\mathscr{A}$ 就是参数空间 Θ.

由于对每个具体估计问题, 总有许多不同的决策函数可供选择, 因此, 必然会

提出“选择的标准是什么”这样的问题. 在点估计中,估计量的选择标准较多,根据不同的要求可以采用不同的标准,一般采用无偏性与最小方差. 在决策论中,决策函数的选择标准是用损失函数与风险函数来描述的. 因此,我们先来介绍几个定义.

定义 2.5.1 设 Θ 为参数 θ 的参数空间, $L(\theta,a)$ 为定义于 Θ 上的一个非负二元实值函数,则称 $L(\theta,a)$ 为一个损失函数.

$L(\theta,a)$ 表示用 a 去估计 θ 时所造成的损失. 由于损失总是非负的,所以要求 $L(\theta,a)\geqslant 0$,常见的损失函数有:

$L(\theta,a)=(\theta-a)^2$,平方差损失函数,也叫做二次损失函数.

$L(\theta,a)=\left(1-\dfrac{a}{\theta}\right)^2$,平方相对差损失函数.

$L(\theta,a)=\lambda(\theta)(\theta-a)^2$, $0<\lambda(\theta)<\infty$,加权平方差损失函数.

$L(\theta,a)=|\theta-a|$,绝对差损失函数.

$L(\theta,a)=\begin{cases}1, a\neq\theta,\\ 0, a=\theta,\end{cases}$ 0—1 损失函数.

用得最多的是平方差损失函数 $L(\theta,a)=(\theta-a)^2$. 今后,如果不作特别说明,凡说及的损失函数均指平方差损失函数. 显然,前两种损失函数均为第三种损失函数的特例.

由于我们是用样本 $\xi_1,\cdots,\xi_n$ 建立的决策函数 $d(\xi_1,\cdots,\xi_n)$ 来产生决策 a 的,在 $\xi_1,\cdots,\xi_n$ 取得观察值之前, a 实际上为 $d(\xi_1,\cdots,\xi_n)$,是一个随机变量,它所对应的损失为 $L[\theta,d(\xi_1,\cdots,\xi_n)]$,而 $L[\theta,d(\xi_1,\cdots,\xi_n)]$ 也是一个随机变量. 所以我们应该从总体上来评价损失.

定义 2.5.2 记

$$R(\theta,d)=E_\theta\{L[\theta,d(\xi_1,\cdots,\xi_n)]\}, \tag{2.5.1}$$

称 $R(\theta,d)$ 为 $d(\xi_1,\cdots,\xi_n)$ 的风险函数,简称为风险函数.

$R(\theta,d)$ 是损失函数在参数为 θ 时的数学期望,代表了使用 $d(\xi_1,\cdots,\xi_n)$ 估计 θ 时所造成的平均损失.

显然,当损失函数给定后,好的决策函数(估计量)应使风险函数尽可能地小. 当 $L(\theta,a)=(\theta-a)^2$ 时,

$$R(\theta,d)=E_\theta[d(\xi_1,\cdots,\xi_n)-\theta]^2 \tag{2.5.2}$$

就是 $d(\xi_1,\cdots,\xi_n)$ 关于 θ 的均方误差. 如果要求 $E_\theta[d(\xi_1,\cdots,\xi_n)]=\theta$, $R(\theta,d)$ 就是 $d(\xi_1,\cdots,\xi_n)$ 的方差.

定义 2.5.3 设 G 是由决策函数为元素组成的集合,如果有 $d_*(\xi_1,\cdots,\xi_n)\in G$,使得

$$R(\theta,d_*)=\min_{d\in G}\{R(\theta,d)\}, \quad 对一切\ \theta\in\Theta, \tag{2.5.3}$$

则称 $d_*(\xi_1,\cdots,\xi_n)$ 是 θ 的一致最小风险估计量.

当 $L(\theta,a)=(\theta-a)^2$ 时，由上定义知，一致最小风险估计量，就是一致最小均方误差估计量. 如果再要求 $E_\theta[d(\xi_1,\cdots,\xi_n)]=\theta$，则一致最小风险估计量就是一致最小方差无偏估计量.

对于给定的损失函数 $L(\theta,a)$，θ 的理想估计量就是一致最小风险估计量.

2.5.2　最大风险最小化估计

在实际当中，对某些估计问题，出于某种稳妥的考虑，引出如下的最大风险最小化估计量.

定义2.5.4　设G是由决策函数为元素组成的集合，如果 $d^*(\xi_1,\cdots,\xi_n)\in G$，使得对任意 $d(\xi_1,\cdots,\xi_n)\in G$，有

$$\sup_{\theta\in\Theta}\{R(\theta,d^*)\}\leqslant\sup_{\theta\in\Theta}\{R(\theta,d)\},\tag{2.5.4}$$

即

$$\sup_{\theta\in\Theta}\{R(\theta,d^*)\}=\inf_{d\in G}\{\sup_{\theta\in\Theta}[R(\theta,d)]\},\tag{2.5.5}$$

则称 $d^*(\xi_1,\cdots,\xi_n)$ 为 θ 的最大风险最小化(minimax)估计量或极小极大估计量(minimax 估计并不属于 Bayes 估计，但它是决策论中重要内容之一，且与 Bayes 估计有密切联系，故我们以一小节的篇幅介绍它).

这个定义的意思是使得最大风险达到最小的决策，即要求最不利的情况尽可能小的一种决策. 是出于一种稳妥的考虑，也是比较保守的考虑.

例 2.5.1　设总体 $\xi\sim B(1,p)$，$p\in\left\{\frac{1}{2},\frac{1}{4}\right\}$，$p$ 为未知参数，且损失函数由表 2.5.1给出.

表 2.5.1

$L(p,a)$ （a 值 / p 值）	$a_1=\frac{1}{4}$	$a_2=\frac{1}{2}$
$p_1=\frac{1}{4}$	1	4
$p_2=\frac{1}{2}$	3	2

即 $L(p,a)=\begin{cases}1, p=\frac{1}{4}, a=\frac{1}{4}\\ 4, p=\frac{1}{4}, a=\frac{1}{2}\\ 3, p=\frac{1}{2}, a=\frac{1}{4}\\ 2, p=\frac{1}{2}, a=\frac{1}{2}\end{cases}$

如果选取容量为 1 的样本 ξ_1，试求参数 p 的最大风险最小化估计量.

解　由于 $p\in\left\{\frac{1}{2},\frac{1}{4}\right\}=\Theta=\mathscr{A}$，且 ξ_1 只能取 0 与 1 两个值，因而可能的决策函数为

$$d_1(\xi_1)=\begin{cases}\frac{1}{4},\xi_1=0,\\ \frac{1}{4},\xi_1=1,\end{cases}\quad d_2(\xi_1)=\begin{cases}\frac{1}{2},\xi_1=0,\\ \frac{1}{2},\xi_1=1,\end{cases}$$

$$d_3(\xi_1)=\begin{cases}\frac{1}{4},\xi_1=0,\\ \frac{1}{2},\xi_1=1,\end{cases}\quad d_4(\xi_1)=\begin{cases}\frac{1}{2},\xi_1=0,\\ \frac{1}{4},\xi_1=1\end{cases}$$

即 $G=\{d_1(\xi_1),d_2(\xi_1),d_3(\xi_1),d_4(\xi_1)\}$. 用它们估计 p 造成的风险分别为

$$\begin{aligned}R(p_1,d_1)&=E_{p_1}[L(p_1,d_1)]\\&=L(p_1,a_1)P_{p_1}\{\xi_1=0\}+L(p_1,a_1)P_{p_1}\{\xi_1=1\}\\&=1\times(1-p_1)+1\times p_1=1,\\R(p_1,d_2)&=E_{p_1}[L(p_1,d_2)]\\&=L(p_1,a_2)P_{p_1}\{\xi_1=0\}+L(p_1,a_2)P_{p_1}\{\xi_1=1\}\\&=4(1-p_1)+4p_1=4,\\R(p_1,d_3)&=E_{p_1}[L(p_1,d_3)]\\&=L(p_1,a_1)(1-p_1)+L(p_1,a_2)p_1=\frac{7}{4},\\R(p_2,d_4)&=E_{p_2}[L(p_2,d_4)]\\&=L(p_2,a_2)P_{p_2}\{\xi_1=0\}+L(p_2,a_1)P_{p_2}\{\xi_1=1\}\\&=2(1-p_2)+3p_2=\frac{5}{2}.\end{aligned}$$

类似可求得 $R(p_1,d_4),R(p_2,d_1),R(p_2,d_2),R(p_2,d_3)$，于是可得表 2.5.2.

表 2.5.2

d_j	$R(p_1,d_j)$	$R(p_2,d_j)$	$\sup_i\{R(p_i,d_j)\}$
d_1	1	3	3
d_2	4	2	4
d_3	$\frac{7}{4}$	$\frac{5}{2}$	$\boxed{\frac{5}{2}}$
d_4	$\frac{13}{4}$	$\frac{5}{2}$	$\frac{13}{4}$

由表 2.5.2 知，参数 p 的最大风险最小化估计量为

$$\hat{p}(\xi_1)=d_3(\xi_1)=\begin{cases}\frac{1}{4},\xi_1=0,\\ \frac{1}{2},\xi_1=1.\end{cases}$$

2.5.3 后验分布

上述关于未知参数 θ 的估计问题，都是在 θ 为非随机变量的条件下进行讨论的. 但是在有些情况下，事前可以知道参数 θ 的某些信息，比如，在例 2.5.1 中，若知道 p_1 值比 p_2 值有较大的可能成为参数 p 的真值，这时可以将 p 看成一个随机变量，例如

$$P\{p = p_1\} = \frac{2}{3},\ P\{p = p_2\} = \frac{1}{3}.$$

把未知参数 θ 看成具有某个分布的随机变量，这是贝叶斯学派与经典学派的重要区别之一. 一般称 θ 的试验之前的分布为先验分布或验前分布. 怎样利用参数 θ 的先验分布建立未知参数 θ 的估计量？依照贝叶斯方法，关键是计算出 θ 的后验分布.

设总体 ξ 的分布函数为 $F(x;\theta)$，$\theta\in\Theta$，参数 θ 为取值参数空间 Θ 上的随机变量，具有密度函数（或概率函数）$\pi(y)$. $\xi_1,\cdots,\xi_n$ 为 ξ 的样本，且 $g(x_1,\cdots,x_n)$ 为 $(\xi_1,\cdots,\xi_n)$ 的密度函数（或概率函数），$h(y|x_1,\cdots,x_n)$ 为在 $(\xi_1,\cdots,\xi_n)=(x_1,\cdots,x_n)$ 条件下 θ 的条件密度函数（或条件概率函数），称为 θ 的后验密度函数（或后验概率函数）. $f(x_1,\cdots,x_n|y)$ 为在 $\theta=y$ 下，$(\xi_1,\cdots,\xi_n)$ 的条件密度函数（或条件概率函数）.

无论 ξ,θ 是连续型的还是离散型的，总有关系式（有兴趣了解理由的读者可参阅本书的第二版）

$$g(x_1,\cdots,x_n)h(y \mid x_1,\cdots,x_n) = \pi(y)f(x_1,\cdots,x_n \mid y). \tag{2.5.6}$$

与

$$\begin{aligned} &h(y \mid x_1,\cdots,x_n) \\ &= \pi(y)f(x_1,\cdots,x_n \mid y)\Big/\int_{-\infty}^{\infty} f(x_1,\cdots,x_n \mid y)\mathrm{d}F_\theta(y). \end{aligned} \tag{2.5.7}$$

只需注意：当 ξ,θ 均为连续型时，g,π,f,h 均表示密度函数；当 ξ,θ 均为离散型时，g,π,f,h 均表示概率函数；当 ξ 为连续型 θ 为离散型时，g,f 表示密度函数，π,h 表示概率函数；当 ξ 为离散型 θ 为连续型时，g,f 表示概率函数，π,h 表示密度函数. 式(2.5.7)是重要的公式，下面将多次用到它，其中 $F_\theta(y)$ 表示 θ 的分布函数.

2.5.4 贝叶斯估计

当参数 θ 为非随机变量时，对于损失函数 $L[\theta,d(\xi_1,\cdots,\xi_n)]$ 相应的风险函数 $R(\theta,d)$ 由式(2.5.1)给出. 现在 θ 是随机变量，用 $d(\xi_1,\cdots,\xi_n)$ 来估计 θ 所造成的平均损失为

$$\begin{aligned} B(d) &\triangleq E\{L[\theta,d(\xi_1,\cdots,\xi_n)]\} \\ &= E\{E(L[\theta,d(\xi_1,\cdots,\xi_n)] \mid \theta)\} \qquad (2.5.8) \\ &= E\{E(L[\theta,d(\xi_1,\cdots,\xi_n)] \mid \xi_1,\cdots,\xi_n)\}. \qquad (2.5.9) \end{aligned}$$

称 $B(d)$ 为决策函数 $d(\xi_1,\cdots,\xi_n)$ 的贝叶斯风险函数.

定义 2.5.5 设总体 ξ 的分布函数为 $F(x;\theta)$, $\theta\in\Theta$, θ 为随机变量, $\xi_1,\cdots,\xi_n$ 为 ξ 的样本. 如果决策函数空间 G 中有 $\tilde{d}(\xi_1,\cdots,\xi_n)$, 使得

$$B(\tilde{d}) = \min_{d\in G}\{B(d)\}, \tag{2.5.10}$$

则称 $\tilde{d}(\xi_1,\cdots,\xi_n)$ 为 θ 的贝叶斯估计量或贝叶斯解.

由定义知, 贝叶斯估计量 $\tilde{d}(\xi_1,\cdots,\xi_n)$ 是使得贝叶斯风险 $B(d)$ 达到最小的决策函数.

定理 2.5.1 如果损失函数为

$$L[\theta,d(\xi_1,\cdots,\xi_n)] = [\theta - d(\xi_1,\cdots,\xi_n)]^2,$$

且 $E[\theta-d(\xi_1,\cdots,\xi_n)]^2<\infty$, 则参数 θ 的贝叶斯估计量为

$$\tilde{d}(\xi_1,\cdots,\xi_n) = E[\theta \mid \xi_1,\cdots,\xi_n]. \tag{2.5.11}$$

证明 为方便起见, 记 $\boldsymbol{\xi}=(\xi_1,\cdots,\xi_n)'$, 由式(2.5.9)得

$$B(d) = E[L(\theta,d)] = E[\theta - d(\boldsymbol{\xi})]^2 = E(E\{[\theta - d(\boldsymbol{\xi})]^2 \mid \boldsymbol{\xi}\}).$$

因为 $B(d)$ 在 G 中达到最小, 几乎处处等价于 $E\{[\theta-d(\boldsymbol{\xi})]^2\mid\boldsymbol{\xi}\}$ 在 G 中达到最小, 而

$$E\{[\theta - d(\boldsymbol{\xi})]^2 \mid \boldsymbol{\xi}\} = E(\theta^2 \mid \boldsymbol{\xi}) - 2d(\boldsymbol{\xi})E(\theta \mid \boldsymbol{\xi}) + [d(\boldsymbol{\xi})]^2.$$

对上式关于 $d(\boldsymbol{\xi})$ 求导数, 并令其为 0 得正规方程, 解此方程得

$$d(\boldsymbol{\xi}) = E(\theta \mid \boldsymbol{\xi}).$$

故当 $d(\boldsymbol{\xi})=E(\theta|\boldsymbol{\xi})$ 时, 上式左端达到最小, 即当 $d(\boldsymbol{\xi})=E(\theta|\boldsymbol{\xi})$ 时 $B(d)$ 达到最小. 或者因为 $B(d)=E[\theta-d(\boldsymbol{\xi})]^2$, 由条件数学期望性质: $E\{[\xi-E(\xi|\boldsymbol{\eta})^2]\}\leqslant E[\xi-g(\boldsymbol{\eta})]^2$ 立得: 当 $d(\boldsymbol{\xi})=E(\theta|\boldsymbol{\xi})$ 时 $B(d)$ 达到最小. 于是本定理得证.

由此定理知, 如果损失函数为 $L(\theta-d)^2$, 则 θ 的贝叶斯估计量为

$$\tilde{d}(\xi_1,\cdots,\xi_n) = E(\theta \mid \xi_1,\cdots,\xi_n),$$

而

$$E(\theta \mid \xi_1,\cdots,\xi_n) = \begin{cases} \displaystyle\int_{-\infty}^{\infty} yh(y \mid \xi_1,\cdots,\xi_n)\mathrm{d}y, & \text{当 } \theta \text{ 为连续型且有密度 } \pi(y) \text{ 时}, \\ \displaystyle\sum_j y_j h(y_j \mid \xi_1,\cdots,\xi_n), & \text{当 } \theta \text{ 为离散型且取值 } y_j \text{ 时}, \end{cases} \tag{2.5.12}$$

其中 $h(y|x_1,\cdots,x_n)$ 由式(2.5.7)给出. 由上述知, 求 $\tilde{d}(\xi_1,\xi_2,\cdots,\xi_n)$ 是件很麻烦的事情, 为使此事情容易些, 引进如下定义.

定义 2.5.6 如果函数 $\varphi(x)$ 与函数 $f(x)$ 只相差一个常数因子, 则称 $\varphi(x)$ 为 $f(x)$ 的核, 记为 $f(x)\propto\varphi(x)$.

例 2.5.2 设总体 $\xi\sim B(1,p)$, $p\sim U[0,1]$, $\xi_1,\xi_2,\cdots,\xi_n$ 为 ξ 的样本, 且 $L(p,d)=(p-d)^2$, 求 p 的贝叶斯估计量 $\tilde{p}$.

解 因为 $h(y|x_1,x_2,\cdots,x_n)$ 仅是变量 y 的函数, 而 $x_1,x_2,\cdots,x_n$ 是常数,

$\pi(y)=1, y\in(0,1)$,故

$$h(y \mid x_1,x_2,\cdots,x_n)=\frac{\pi(y)f(x_1,x_2,\cdots,x_n \mid y)}{g(x_1,x_2,\cdots,x_n)}\propto \pi(y)f(x_1,x_2,\cdots,x_n \mid y)$$

$$=f(x_1,x_2,\cdots,x_n \mid y)=\prod_{i=1}^{n} y^{x_i}(1-y)^{1-x_i}$$

$$=y^{n\bar{x}}(1-y)^{n-n\bar{x}}, y\in(0,1).$$

而 $y^{n\bar{x}}(1-y)^{n-n\bar{x}}, y\in(0,1)$是贝塔分布密度函数的核[21],且两参数分别为

$$n\bar{x}+1 与 n-n\bar{x}+1,$$

记 $\boldsymbol{\xi}=(\xi_1,\xi_2,\cdots,\xi_n)'$,$X=(x_1,x_2,\cdots,x_n)'$,则

$$p \mid X \sim B(n\bar{x}+1, n-n\bar{x}+1),$$

即在 $\xi=X$ 下 p 服从参数为 $n\bar{x}+1$ 与 $n-n\bar{x}+1$ 的贝塔分布. 所以

$$\tilde{p}=E(p \mid \boldsymbol{\xi})=\frac{n\bar{\xi}+1}{(n\bar{\xi}+1)+(n-n\bar{\xi}+1)}=\frac{n\bar{\xi}+1}{n+2}.$$

例 2.5.3　设总体 $\xi\sim N(a,1)$,$a\sim N(0,1)$,$\xi_1,\xi_2,\cdots,\xi_n$ 为 ξ 的样本,$L(a,d)=(a-d)^2$,求 a 的贝叶斯估计量 $\tilde{a}$.

解　设 $\boldsymbol{\xi}=(\xi_1,\xi_2,\cdots,\xi_n)'$,$X=(x_1,x_2,\cdots,x_n)'$,因为

$$h(y \mid X)\propto\pi(y)f(X \mid y)\propto \mathrm{e}^{-\frac{y^2}{2}}\cdot \mathrm{e}^{-\frac{1}{2}\sum_{i=1}^{n}(x_i-y)^2}\propto \mathrm{e}^{-\frac{n+1}{2}\left(y-\frac{n\bar{x}}{n+1}\right)^2},$$

所以

$$a \mid X \sim N\left(\frac{n\bar{x}}{n+1},\frac{1}{n+1}\right).$$

从而

$$\tilde{a}=E(a \mid \boldsymbol{\xi})=\frac{n\bar{\xi}}{n+1}.$$

在实际当中损失函数往往是由具体问题的收益函数 $Q(\theta,a)$按公式

$$L(\theta,a)=\max_{a'\in\mathscr{A}} Q(\theta,a')-Q(\theta,a) \tag{2.5.13}$$

确定的.

例 2.5.4　某海域天气变化无常. 该地区有一渔业公司,每天清晨决定是否派渔船出海. 如派渔船出海,遇晴天可获利 1.5 万元,遇阴雨天则亏损 0.5 万元,据以往气象资料,该海域当前季节晴天的概率为 0.8,阴雨的概率为 0.2. 为更好地掌握天气情况,公司成立了一个气象站,专门对该海域天气进行预测. 晴天,它预报的准确率为 0.95,阴雨天预报的准确率为 0.9. 某天,该气象站预报为晴天,该公司是否应派船出海? 如果预报为阴雨天,又是否应派船出海?

解　设 θ_1,θ_2 分别表示该晴天与阴雨天两状态,a_1,a_2 分别表示该公司派船出海与不派船出海两个行动,则由题意有先验分布

$$p\{\theta=\theta_1\}=0.8,\quad p\{\theta=\theta_2\}=0.2$$

且收益函数由如下矩阵(称为收益矩阵)给出：

$Q(\theta,a)$ \ a / θ	a_1	a_2
θ_1	1.5	0
θ_2	−0.5	0

故$\max\limits_{a'\in\mathscr{A}} Q(\theta,a')=\begin{bmatrix}1.5 & 1.5\\ 0 & 0\end{bmatrix}$.

由公式(2.5.13),损失函数 $L(\theta,a)$ 由如下矩阵(称为损失矩阵)给出：

$L(\theta,a)$ \ a / θ	a_1	a_2
θ_1	0	1.5
θ_2	0.5	0

于是采取 a_1 行动风险为

$$R(\theta,a_1) = E[L(\theta,a_1)] = 0.8\times 0+0.2\times 0.5 = 0.1,$$

采取 a_2 行动的风险为

$$R(\theta,a_2) = E[L(\theta,a_2)] = 0.8\times 1.5+0.1\times 0 = 1.2,$$

所以先验最优行动为 a_1.

设 x_1,x_2 分别表示气象站预报为晴天与阴雨天两个情报值,则得条件分布矩阵(条件似然分布矩阵)为(ξ 表示预报天气状态)：

θ	p	$p\{\xi=x_1\mid\theta\}$	$p\{\xi=x_2\mid\theta\}$
θ_1	0.8	0.95	0.05
θ_2	0.2	0.1	0.9

由全概率公式得似然分布：

$$\begin{aligned}P\{\xi = x_1\} &=P\{\theta = \theta_1\}P\{\xi = x_1 \mid \theta = \theta_1\}\\ &\quad+P\{\theta = \theta_2\}P\{\xi = x_1 \mid \theta = \theta_2\}\\ &=0.8\times 0.95+0.2\times 0.1 = 0.78.\end{aligned}$$

类似,$P\{\xi=x_2\}=0.22$. 于是得后验分布：

$$\begin{aligned}p\{\theta = \theta_1 \mid x_1\} &=P\{\theta = \theta_1,\xi = x_1\}/P\{\xi = x_1\}\\ &=P\{\theta = \theta_1\}P\{\xi = x_1 \mid \theta = \theta_1\}/P\{\xi = x_1\}\\ &=0.8\times 0.95\div 0.78 = 0.9744,\end{aligned}$$

类似地

$$P\{\theta =\theta_2 \mid x_1\} = 0.0256,$$
$$P\{\theta =\theta_1 \mid x_2\} = 0.1818,$$

$$P\{\theta=\theta_2 \mid x_2\}=0.8182.$$

因为贝叶斯风险 $B(d)=E\{E[L(\theta,d)\mid\xi]\}$ 达到最小几乎处处等价于 $E[L(\theta,d)\mid\xi]$ 达到最小，而

$$\begin{aligned}&E[L(\theta,a_1)\mid x_1]\\&=L(\theta_1,a_1)P\{\theta=\theta_1\mid x_1\}+L(\theta_2,a_1)P\{\theta=\theta_2\mid x_1\}\\&=0\times0.9744+0.5\times0.0256=0.0128.\end{aligned}$$

类似地

$$\begin{aligned}E[L(\theta,a_2)\mid x_1]&=1.5\times0.9744+0\times0.0256\\&=1.4616>0.0128,\end{aligned}$$

故当预报为晴天时应派船出海.

又因

$$\begin{aligned}E[L(\theta,a_2)\mid x_2]&=1.5\times0.1818+0\times0.8182=0.2727,\\E[L(\theta,a_1)\mid x_2]&=0\times0.1818+0.5\times0.8182\\&=0.4091>0.2727,\end{aligned}$$

所以当预报为阴雨天时应不派船出海.

由上得最优决策的贝叶斯风险为

$$\begin{aligned}B(\tilde{d})&=E[L(\theta,\tilde{d})]=E\{E[L(\theta,\tilde{d}(\xi))\mid\xi]\}\\&=E[L(\theta,a_1)\mid x_1]P\{\xi=x_1\}+E[L(\theta,a_2)\mid x_2]P\{\xi=x_2\}\\&=0.0128\times0.78+0.2727\times0.22\\&=0.069978\approx0.07.\end{aligned}$$

从而得补充情报价值：

$$R(\theta,a_1)-B(\tilde{d})=0.1-0.07=0.03(300\text{ 元}).$$

上述的决策准则是使贝叶斯风险达到最小的行动(决策)为最优行动(决策)，即使条件期望 $E[L(\theta,d)\mid\xi]$ 达到最小的行动(决策). 它等价于使条件期望 $E[Q(\theta,d)\mid\xi]$ 达到最大的行动(决策). 由收益矩阵得

$$\begin{aligned}E[Q(\theta,a_1)\mid x_1]&=Q(\theta_1,a_1)P\{\theta=\theta_1\mid x_1\}+Q(\theta_2,a_1)P\{\theta=\theta_2\mid x_1\}\\&=1.5\times0.9744+(-0.5)\times0.0256\\&=1.4487,\\E[Q(\theta,a_2)\mid x_1]&=0<E[Q(\theta,a_1)\mid x_1].\end{aligned}$$

因此，当预报为晴天时应派船出海. 类似地，因为

$$E[Q(\theta,a_1)\mid x_2]=-0.1364<E[Q(\theta,a_2)\mid x_2]=0.$$

故当预报为阴雨天时，不应派船出海. 由此知最优行动(决策)的收益为

$$E\{E[Q(\theta,\tilde{d})\mid\xi]\}=1.4487\times0.78+0\times0.22\approx1.13.$$

又因

$$E[Q(\theta,a_1)]=1.5\times0.8-0.5\times0.2=1.1,$$

$$E(Q(\theta,a_2)] = 0.$$

故最优先验行动仍为 a_1，且补充情报价值仍为 1.13−1.1=0.03.

定理 2.5.2 设总体 ξ 的分布函数为 $F(x;\theta)$，$\theta\in\Theta$，$\xi_1,\xi_2,\cdots,\xi_n$ 为 ξ 的样本，$\tilde{d}(\xi_1,\xi_2,\cdots,\xi_n)$ 是 θ 的贝叶斯估计量，θ 的先验分布函数为 $F_\theta(y)$，如果风险函数 $R(\theta,\tilde{d})=E[L(\theta,\tilde{d})|\theta]$ 在 Θ 上为常数，则 $\tilde{d}(\xi_1,\xi_2,\cdots,\xi_n)$ 也是 θ 的最大风险最小化估计量.

证明 因为对 $\forall\, d(\xi_1,\xi_2,\cdots,\xi_n)\in G$，有 $B(\tilde{d})\leqslant B(d)$，所以

$$\begin{aligned}\sup_{\theta\in\Theta}\{R(\theta,\tilde{d})\} &= \int_\Theta R(y,\tilde{d})\mathrm{d}F_\theta(y)\\ &= E\{E[L(\theta,\tilde{d}) \mid \theta]\} = B(\tilde{d}) \leqslant B(d)\\ &= \int_\Theta R(y,d)\mathrm{d}F_\theta(y) \leqslant \int_\Theta \sup_{\theta\in\Theta}\{R(\theta,d)\}\mathrm{d}F_\theta(y)\\ &= \sup_{\theta\in\Theta}\{R(\theta,d)\}.\end{aligned}$$

又由于 d 的任意性，得

$$\sup_{\theta\in\Theta}\{R(\theta,\tilde{d})\} = \inf_{d\in G}\{\sup_{\theta\in\Theta}\{R(\theta,d)\}\}.$$

由定义 2.5.4 本定理得证.

为介绍后面内容的需要，现介绍逆 Γ 分布随机变量. 设 $\xi\sim\Gamma(\alpha,\lambda)$，即 ξ 有密度函数

$$f_\xi(x) = \frac{\lambda^\alpha x^{\alpha-1}}{\Gamma(\alpha)}\mathrm{e}^{-\lambda x},\ x>0,$$

则称 $\frac{1}{\xi}$ 的分布为逆(倒)Γ 分布，记为 $\frac{1}{\xi}\sim \mathrm{I}\Gamma(\alpha,\lambda)$. $\frac{1}{\xi}$ 的密度函数为

$$f_{\frac{1}{\xi}}(x) = \frac{1}{x^2}f_{\frac{1}{\xi}}\left(\frac{1}{x}\right) = \frac{\lambda^\alpha}{\Gamma(\alpha)x^{\alpha+1}}\mathrm{e}^{-\frac{\lambda}{x}},\ x>0,$$

所以

$$E\left(\frac{1}{\xi}\right)^k = \frac{\lambda^k\Gamma(\alpha-k)}{\Gamma(\alpha)},\ E\left(\frac{1}{\xi}\right) = \frac{\lambda}{\alpha-1}. \tag{2.5.14}$$

2.5.5 先验分布的选取

参数的贝叶斯估计，首先要利用以往关于参数的信息，确定参数的先验分布. 如果没有任何以往的信息来帮助我们确定参数的先验分布，贝叶斯学派提出，用均匀分布作为参数的先验分布，即参数在它的变化范围内，取到各个值的机会是相同的，这种确定先验分布的原则称为贝叶斯假设.

关于贝叶斯假设，当参数 θ 取值范围是有限时，以均匀分布作为参数 θ 的先验分布 $\pi(y)$ 是合理的，但是当参数 θ 的取值范围是无限时[比如正态分布 $N(a,\sigma^2)$ 的两个参数 $a\in(-\infty,+\infty)$，$\sigma^2\in(0,+\infty)$]，认为参数 θ 服从取值范围内的均匀分

布，就使人很难接受. 因为这时 θ 的密度函数 $\pi(y)$ 在 θ 的取值范围内的积分为无穷，即

$$\int_{-\infty}^{\infty}\pi(y)\mathrm{d}y=\infty\neq 1,$$

为了克服这一困难，人们提出了各种各样的方法来选取参数 θ 的先验分布. 现介绍常见的两种选取先验分布的方法.

一、广义贝叶斯假设

贝叶斯假设是参数 θ 的无信息先验分布 $\pi(y)$ 应是在 θ 取值范围 D 内服从均匀分布，即当 $\theta\in D$ 时，D 为 θ 的取值区间，则 θ 的先验密度函数为

$$\pi(y)=\begin{cases}C, y\in D,\\ 0, y\notin D,\end{cases}\text{其中 } C \text{ 为正的常数.}$$

为了方便，经常略去密度函数取 0 的部分. 这样，上式写为

$$\pi(y)=C,\quad y\in D$$

或写成

$$\pi(y)\propto 1, y\in D. \tag{2.5.15}$$

当 D 为有限区间时，我们称式(2.5.15)为贝叶斯假设；如果 D 为无限区间，则称式(2.5.15)为广义贝叶斯假设. 由广义贝叶斯假设得到的贝叶斯估计量也叫做广义贝叶斯解.

当样本取得后，$x_1,\cdots,x_n$ 就是样本的确定的观察值，都是常数，这时，$h(y|x_1,x_2,\cdots,x_n)$ 仅是变量 y 的函数，由式(2.5.7)与贝叶斯假设(广义的或非广义的)，后验密度函数

$$\begin{aligned}h(y|x_1,\cdots,x_n)&=\frac{\pi(y)f(x_1,\cdots,x_n|y)}{g(x_1,\cdots,x_n)}\\&\propto f(x_1,\cdots,x_n|y), y\in D,\end{aligned}$$

故

$$h(y|x_1,\cdots,x_n)\propto f(x_1,\cdots,x_n|y), y\in D. \tag{2.5.16}$$

将式(2.5.16)与式(2.5.15)比较，式(2.5.15)(当 D 为无穷区间时)有时会在理论上发生困难，而式(2.5.16)却不会发生困难，总是有意义的. 从而避开了回答"$\pi(y)\propto 1, y\in D$，是不是密度函数"这样的问题.

例 2.5.5　设总体 $\xi\sim N(a,\sigma^2)$，$\xi_1,\cdots,\xi_n$ 为 ξ 的样本，σ^2 为已知，$a\in(-\infty,+\infty)$，a 为未知参数，且无以往关于 a 的任何信息，如果损失函数取为平方差函数，求 a 的贝叶斯估计量.

解　由广义贝叶斯假设和式(2.5.16)得 a 的后验密度函数

$$\begin{aligned} h(y \mid x_1,\cdots,x_n) &\propto f(x_1,\cdots,x_n \mid y) \\ &= \left(\frac{1}{\sqrt{2\pi}\sigma}\right)^n \mathrm{e}^{-\frac{1}{2\sigma^2}\sum\limits_{i=1}^n (x_i-y)^2} \\ &\propto \exp\left\{-\frac{1}{2\sigma^2}[ny^2 - 2yn\bar{x}]\right\} \propto \mathrm{e}^{-\frac{n}{2\sigma^2}(y-\bar{x})^2}, \end{aligned}$$

即

$$h(y|x_1,\cdots,x_n) = c\mathrm{e}^{-\frac{n}{2\sigma^2}(y-\bar{x})^2}.$$

由

$$\int_{-\infty}^{\infty} h(y \mid x_1,x_2,\cdots,x_n)\mathrm{d}y = 1,$$

得常数 $C = \dfrac{\sqrt{n}}{\sqrt{2\pi}\sigma}$ 从而

$$h(y|x_1,\cdots,x_n) = \frac{\sqrt{n}}{\sqrt{2\pi}\sigma}\mathrm{e}^{-\frac{n}{2\sigma^2}(y-\bar{x})^2},$$

即 $a \mid X \sim N\left(\bar{x},\dfrac{\sigma^2}{n}\right)$. 由式(2.5.11)得 $E(a \mid x_1,\cdots,x_n) = \bar{x}$,所以 a 的贝叶斯估计量为

$$\tilde{a}(\xi_1,\xi_2,\cdots,\xi_n) = \bar{\xi}.$$

例 2.5.6 设总体 $\xi \sim N(0,\sigma^2)$,$\xi_1,\cdots,\xi_n$ 为 ξ 的样本,$\sigma^2 \in (0,+\infty)$ 为未知参数,且无以往关于 σ^2 的任何信息,对平方差损失函数,求 σ^2 的贝叶斯估计量.

解 因为

$$\begin{aligned} h(y|x_1,\cdots,x_n) &\propto f(x_1,\cdots,x_n|y) \\ &= \left(\frac{1}{\sqrt{2\pi y}}\right)^n \mathrm{e}^{-\frac{1}{2y}\sum\limits_{i=1}^n x_i^2} \propto \left(\frac{1}{\sqrt{y}}\right)^n \mathrm{e}^{-\frac{1}{2y}\bar{s}^2}, y>0 \end{aligned}$$

(其中 $\bar{s}^2 = \sum\limits_{i=1}^n x_i^2$). 易见 $\left(\dfrac{1}{\sqrt{y}}\right)^n \mathrm{e}^{-\frac{1}{2y}\bar{s}^2}$ 为参数是 $\dfrac{n}{2}-1$ 与 $\dfrac{1}{2}\bar{s}^2$ 的逆 Γ 分布密度的核,所以

$$\sigma^2 \mid X \sim \mathrm{I}\Gamma\left(\frac{n}{2}-1,\frac{1}{2}\bar{s}^2\right),$$

由式(2.5.11)与式(2.5.14)知

$$\tilde{\sigma}^2 = E(\sigma^2 \mid \xi) = \frac{\bar{S}^2}{2}\Big/\left(\frac{n}{2}-2\right) = \frac{1}{n-4}\sum_{i=1}^n \xi_i^2.$$

二、共轭分布

参数 θ 的先验分布选取什么分布比较合理? 这是大家感兴趣的问题. 雷发(Raiffa H)和施莱弗(Schlaifer R)提出先验分布应该选取共轭分布.

定义 2.5.7 设总体 ξ 的分布函数为 $F(x;\theta)$,$\xi_1,\cdots,\xi_n$ 为 ξ 的样本,$\pi(y)$ 为参

数 θ 的先验分布，如果由先验分布 $\pi(y)$ 和条件分布 $f(x_1,\cdots,x_n|y)$ 决定的后验分布 $h(y|x_1,\cdots,x_n)$ 与 $\pi(y)$ 是同一类型的分布，则称先验分布 $\pi(y)$ 为抽样分布或分布 $f(x_1,\cdots,x_n|y)$ 或总体分布的共轭分布.

上定义表明：如果由先验分布与抽样分布得到的后验分布与先验分布属同一类型，就称这个先验分布共轭于抽样分布. 我们知后验分布是与先验分布和 $f(x_1,\cdots,x_n|y)$ 分布有关，它既反映了以往提供的信息，又反映了样本 $\xi_1,\cdots,\xi_n$ 提供的信息. 共轭分布要求先验分布与后验分布属于同一个类型，就是要求以往的知识与现在样本提供的信息有某种同一性. 如果以后验分布作为进一步试验的先验分布，再进行统计试验获得新的样本，新的后验分布仍然还是同一类型的，由此可知共轭分布的优点.

在讨论共轭分布时，由于后验分布是依赖于样本分布的，且要求先验分布与后验分布属于同一类型，因此当样本分布或总体分布确定后，先验分布就不能太任意了. 下面我们介绍几种常见的共轭分布.

(a)**正态分布共轭于正态分布** 设总体 $\xi\sim N(\theta,\sigma^2)$，$\xi_1,\cdots,\xi_n$ 为 ξ 的样本，σ^2 为已知，$\theta\sim N(a_0,\sigma_0^2)$，$a_0,\sigma_0^2$ 为已知. 由例 2.5.5，相应的后验分布为

$$\begin{aligned} h(y|x_1,\cdots,x_n) &\propto \pi(y)f(x_1,\cdots,x_n|y) \\ &\propto \exp\{-\frac{1}{2\sigma_0^2}(y-a_0)^2-\frac{n}{2\sigma^2}(y-\bar{x})^2\} \\ &\propto \exp\left\{-\frac{\sigma^2+n\sigma_0^2}{2\sigma_0^2\sigma^2}\left[y-\frac{a_0\sigma^2+n\bar{x}\sigma_0^2}{\sigma^2+n\sigma_0^2}\right]^2\right\}, \end{aligned} \tag{2.5.17}$$

所以

$$\theta \mid X \sim N\left(\frac{a_0\sigma^2+n\bar{x}\sigma_0^2}{\sigma^2+n\sigma_0^2},\frac{\sigma_0^2\sigma^2}{\sigma^2+n\sigma_0^2}\right).$$

从而知正态分布共轭于正态分布，如果 $L(\theta,d)=(\theta-d)^2$，则由式(2.5.11)与(2.5.17)得 θ 的贝叶斯估计量

$$\tilde{\theta}=E(\theta\mid\boldsymbol{\xi})=\frac{\alpha_0\sigma^2+n\bar{\xi}\sigma_0^2}{\sigma^2+n\sigma_0^2}. \tag{2.5.18}$$

(b)**β(贝塔)分布共轭于 0-1 分布** 设总体 $\xi\sim B(1,p)$，$\xi_1,\xi_2,\cdots,\xi_n$ 为 ξ 的样本，$p\sim\beta(\alpha,\beta)$，其中 α,β 为已知，则由例 2.5.1，p 的后验分布密度函数为

$$\begin{aligned} h(y|X) &\propto \pi(y)f(X|y)=\frac{y^{\alpha-1}(1-y)^{\beta-1}}{\beta(\alpha,\beta)}y^{n\bar{x}}(1-y)^{n-n\bar{x}} \\ &\propto y^{\alpha+n\bar{x}-1}(1-y)^{\beta+n-n\bar{x}-1},y\in(0,1). \end{aligned} \tag{2.5.19}$$

所以 $p|X\sim\beta(\alpha+n\bar{x},\beta+n-n\bar{x})$，从而 β(贝塔)分布共轭于 0-1 分布. 如果 $L(p,d)=(p-d)^2$，则由式(2.5.11)与(2.5.19) p 的贝叶斯估计量为

$$\tilde{p}=E(p\mid\boldsymbol{\xi})=\frac{\alpha+n\bar{\xi}}{\alpha+\beta+n}=\frac{\alpha+\beta}{\alpha+\beta+n}\frac{\alpha}{\alpha+\beta}+\frac{n\bar{\xi}}{\alpha+\beta+n}. \tag{2.5.20}$$

(c) **Γ 分布共轭于泊松分布** 设总体 $\xi \sim P(\lambda)$，$\xi_1, \xi_2, \cdots, \xi_n$ 为 ξ 的样本，$\lambda \sim \Gamma(\alpha, \beta)$，$\alpha, \beta$ 为已知，则

$$h(y \mid X) \propto \pi(y) f(X \mid y) \propto y^{\alpha-1} \mathrm{e}^{-\beta y} \cdot \mathrm{e}^{-ny} y^{n\bar{x}}$$
$$= y^{\alpha+n\bar{x}-1} \mathrm{e}^{-(n+\beta)y}, y > 0. \tag{2.5.21}$$

所以 $\lambda | X \sim \Gamma(\alpha + n\bar{x}, n+\beta)$，故 Γ 分布共轭于泊松分布. 如果 $L(\lambda, d) = (\lambda - d)^2$，则由(2.5.11)与上述知 λ 的贝叶斯估计量为

$$\tilde{\lambda} = E(\lambda \mid \boldsymbol{\xi}) = \frac{\alpha + n\bar{\xi}}{n+\beta}. \tag{2.5.22}$$

(d) **IΓ 分布共轭于指数分布** 设总体 $\xi \sim \Gamma\left(1, \frac{1}{\lambda}\right)$，$\xi_1, \xi_2, \cdots, \xi_n$ 为 ξ 的样本，$\lambda \sim I\Gamma(\alpha_0, \lambda_0)$，$\lambda_0, \alpha_0$ 为已知，则

$$\begin{aligned} h(y \mid X) &\propto \pi(y) f(X \mid y) \propto \left(\frac{1}{y}\right)^{\alpha_0+1} \mathrm{e}^{-\lambda_0/y} \cdot \left(\frac{1}{y}\right)^n \mathrm{e}^{-\frac{n\bar{x}}{y}} \\ &= \left(\frac{1}{y}\right)^{\alpha+n+1} \mathrm{e}^{-\frac{1}{y}(\lambda_0+n\bar{x})}, \quad y > 0, \end{aligned} \tag{2.5.23}$$

所以 $\lambda | X \sim \mathrm{I}\Gamma(\alpha_0 + n, \lambda_0 + n\bar{x})$，从而 I$\Gamma$ 分布共轭于指数分布. 如果 $L(\lambda, d) = (\lambda - d)^2$，则 λ 的贝叶斯估计量为

$$\tilde{\lambda} = E(\lambda \mid \boldsymbol{\xi}) = \frac{\lambda_0 + n\bar{\xi}}{\alpha_0 + n - 1}. \tag{2.5.24}$$

2.5.6 最大后验估计

贝叶斯估计的另一个常用的方法叫做最大后验估计，就是取使后验密度函数(或概率函数)达到最大的参数值作为参数的估计值，其基本思想和方法与极大似然法相同，下面我们通过例子来说明.

例 2.5.7 设总体 $\xi \sim N(a, \sigma^2)$，σ^2 为已知，$a \sim N(a_0, \sigma_0^2)$，$a_0, \sigma_0^2$ 为已知，$\xi_1, \cdots, \xi_n$ 为 ξ 的样本，求 a 的最大后验估计量.

解 因为

$$\begin{aligned} h(y \mid x_1, \cdots, x_n) &\propto \pi(y) f(x_1, \cdots, x_n \mid y) \\ &\propto \mathrm{e}^{-\frac{1}{2\sigma_0^2}(y-a_0)^2} \cdot \mathrm{e}^{-\frac{1}{2\sigma^2}\sum_{i=1}^{n}(x_i-y)^2}, \end{aligned}$$

对上式右端取对数再关于 y 求导数，并令此导数为 0，得正规方程

$$-\frac{1}{\sigma_0^2}(y - a_0) - \frac{1}{\sigma^2}\sum_{i=1}^{n}(y - x_i) = 0,$$

解此方程得

$$\hat{y} = \left(\frac{a_0}{\sigma_0^2} + \frac{n\bar{x}}{\sigma^2}\right) \Big/ \left(\frac{1}{\sigma_0^2} + \frac{n}{\sigma^2}\right).$$

所以 a 的最大后验估计量为

$$\hat{a}=\left(\frac{a_0}{\sigma_0^2}+\frac{n\bar{\xi}}{\sigma^2}\right)\Big/\left(\frac{1}{\sigma_0^2}+\frac{n}{\sigma^2}\right).$$

此结果与式(2.5.18)相同.

例2.5.8　设总体 $\xi\sim P(\lambda)$，$\xi_1,\cdots,\xi_n$ 为 ξ 的样本，$\lambda\sim\Gamma(\alpha,\beta)$，$\alpha,\beta$ 为已知，求 λ 的最大后验估计量.

解　由式(2.5.21)知

$$h(y\mid x_1,\cdots,x_n)\propto y^{\alpha+n\bar{x}-1}\mathrm{e}^{-(n+\beta)y},y>0,$$

对上式右端取对数再关于 y 求导数可得正规方程

$$\frac{\alpha+n\bar{x}-1}{y}-(n+\beta)=0,$$

解之得

$$\hat{y}=\frac{\alpha+n\bar{x}-1}{n+\beta}.$$

故 λ 的最大后验估计量为

$$\hat{\lambda}=\frac{\alpha+n\bar{\xi}-1}{n+\beta}.$$

上式与式(2.5.22)略有不同. 如果取广义贝叶斯假设

$$\pi(y)\propto 1,y>0$$

为 λ 的先验分布，则 λ 的后验分布密度为

$$h(y\mid x_1,\cdots,x_n)\propto f(x_1,\cdots,x_n\mid y)\propto \mathrm{e}^{-ny}y^{n\bar{x}},y>0.$$

对上式右边取对数再关于 y 求导数，并令此导数为 0，得方程

$$-n+\frac{n\bar{x}}{y}=0,$$

由此方程可知 λ 的最大后验估计量为 $\hat{\lambda}=\bar{\xi}$.

上式与极大似然法估计一样. 实际上，由于先验分布为贝叶斯广义假设，所以 $h(y|x_1,\cdots,x_n)$ 与 $f(x_1,\cdots,x_n|y)$ 同时取得最大，而 $f(x_1,\cdots,x_n|y)$ 就是当 $\lambda=y$ 时的似然函数. 所以得一般的结论：当参数 θ 的先验分布为贝叶斯假设(广义的或非广义的)时，最大后验估计量与极大似然估计量相同.

2.5.7　贝叶斯区间估计

贝叶斯区间估计比经典的区间估计更容易处理. 因为这时参数是随机变量，对给定置信度 $1-\alpha$，利用 θ 的后验分布可以较方便地求得 θ 的置信区间.

下面我们仅对正态总体的参数讨论其贝叶斯区间估计.

设总体 $\xi\sim N(a,\sigma^2)$，$\xi_1,\cdots,\xi_n$ 为 ξ 的样本，试求 a,σ^2 的贝叶斯区间估计.

一、a 的贝叶斯区间估计

我们这里只考虑 σ^2 为已知的情形. 易知，a 的贝叶斯区间估计与 a 的先验分布有关，现就两种不同的先验分布进行讨论.

(i) 选用共轭分布 $N(a_0,\sigma_0^2)$ 作为 a 的先验分布，其中 a_0,σ_0^2 为已知，由式(2.5.17)知

$$a \mid X \sim N\left(\frac{a_0\sigma^2+n\bar{x}\sigma_0^2}{\sigma^2+n\sigma_0^2},\frac{\sigma_0^2\sigma^2}{\sigma^2+n\sigma_0^2}\right).$$

记

$$A=\frac{a_0\sigma^2+n\bar{x}\sigma_0^2}{\sigma^2+n\sigma_0^2},\quad B^2=\frac{\sigma_0^2\sigma^2}{\sigma^2+n\sigma_0^2},$$

则$\frac{a-A}{B}\mid X\sim N(0,1)$，类似于(2.4.2)的分析，$a$ 的置信区间应为$(A\pm BC)$，其中 C 由置信度 $1-\alpha$ 确定. 当 $1-\alpha$ 给定后，类似于式(2.4.3)的推导，a 的置信度为$1-\alpha$ 的贝叶斯置信区间为

$$(A\pm Bu_{1-\alpha/2})=\left(\frac{a_0\sigma^2+n\bar{\xi}\sigma_0^2}{\sigma^2+n\sigma_0^2}\pm\frac{\sigma_0\sigma u_{1-\alpha/2}}{\sqrt{\sigma^2+n\sigma_0^2}}\right). \tag{2.5.25}$$

(ii) 设 a 的先验分布为广义贝叶斯假设，由例 2.5.5 知 $a\mid X\sim N\left(\bar{x},\frac{\sigma^2}{n}\right)$，所以，$\frac{a-\bar{x}}{\sigma/\sqrt{n}}\mid X\sim N(0,1)$. 类似于式(2.4.3)的推导，$a$ 的置信度为 $1-\alpha$ 的贝叶斯置信区间为

$$\left(\bar{\xi}\pm\frac{\sigma u_{1-\alpha/2}}{\sqrt{n}}\right). \tag{2.5.26}$$

上式与经典方法求得的置信区间相同. 在(2.5.25)中，如果令 $\sigma_0^2\to\infty$(即先验分布非常分散，即无 a 的任何以往信息)，可立得(2.5.26).

二、σ^2 的区间估计

这里仅对 a 为已知时进行讨论. 不妨设 $a=0$.

(i) 如果 σ^2 的先验分布采用 $\pi(y)\propto 1,y>0$，则由例 2.5.6 知，这时

$$\sigma^2 \mid X\sim \mathrm{I\Gamma}\left(\frac{n}{2}-1,\frac{1}{2}\sum_{i=1}^n x_i^2\right),$$

所以

$$\frac{1}{\sigma^2}\mid X\sim \Gamma\left(\frac{n}{2}-1,\frac{1}{2}\sum_{i=1}^n x_i^2\right).$$

令 $\zeta=\frac{1}{\sigma^2}\sum_{i=1}^n x_i^2$，则 $\zeta\mid X$ 的特征函数为

$$\begin{aligned}\varphi_{\zeta\mid X}(t)&=\varphi_{\frac{1}{\sigma^2}\mid X}\left(\sum_{i=1}^n x_i^2 t\right)\\&=\left(1-j\sum_{i=1}^n x_i^2 t\Big/\frac{1}{2}\sum_{i=1}^n x_i^2\right)^{-\left(\frac{n}{2}-1\right)}=(1-j2t)^{-\frac{n-2}{2}},\end{aligned}$$

所以,$\zeta|X\sim\chi^2(n-2)$. 因为 $E(\sigma^2\mid X)=\sum_{i=1}^n x_i^2/(n-4)$,所以 $\frac{1}{\sigma^2(n-4)}\sum_{i=1}^n x_i^2$ 通常接近 1,即存在两数 $k_1,k_2(k_1<k_2)$,通常有

$$k_1<\frac{1}{\sigma^2(n-4)}\sum_{i=1}^n x_i^2<k_2,$$

即

$$\frac{1}{(n-4)k_2}\sum_{i=1}^n x_i^2<\sigma^2<\frac{1}{(n-4)k_1}\sum_{i=1}^n x_i^2,$$

即 σ^2 的置信区间应为

$$\left(\frac{1}{(n-4)k_2}\sum_{i=1}^n \xi_i^2,\quad \frac{1}{(n-4)k_1}\sum_{i=1}^n \xi_i^2\right),$$

其中 k_1,k_2 由置信度 $1-\alpha$ 确定. 当 $1-\alpha$ 给定后,类似于式(2.4.6)的推导,σ^2 的 $1-\alpha$的贝叶斯置信区间为

$$\left(\sum_{i=1}^n \xi_i^2\ \frac{1}{\chi^2_{1-\alpha/2}(n-2)},\sum_{i=1}^n \xi_i^2\ \frac{1}{\chi^2_{\alpha/2}(n-2)}\right). \tag{2.5.27}$$

(ii) 如果 $\sigma^2\sim I\Gamma(k,\beta)$,$k,\beta$ 为已知,k 为正整数,则

$$\begin{aligned}h(y\mid x_1,x_2,\cdots,x_n)&\propto\pi(y)f(x_1,x_2,\cdots,x_n\mid y)\\&=\frac{\beta^k}{\Gamma(k)y^{k+1}}e^{-\beta/y}\left(\frac{1}{\sqrt{2\pi y}}\right)^n e^{-\frac{1}{2y}\sum_{i=1}^n x_i^2}\\&\propto\left(\frac{1}{y}\right)^{k+1+\frac{n}{2}}e^{-(\beta+\frac{1}{2}\sum x_i^2)/y},y>0.\end{aligned}$$

所以

$$\sigma^2\mid X\sim \mathrm{I\Gamma}(k+\frac{n}{2},\beta+\frac{1}{2}\sum_{i=1}^n x_i^2),$$

$$\frac{1}{\sigma^2}\mid X\sim\Gamma\left(k+\frac{n}{2},\beta+\frac{1}{2}\sum_{i=1}^n x_i^2\right).$$

故

$$\frac{1}{\sigma^2}(2\beta+\sum_{i=1}^n x_i^2)\mid X\sim\chi^2(2k+n).$$

类似于式(2.4.3)的推导,σ^2 的 $1-\alpha$ 的贝叶斯置信区间为

$$\left((2\beta+\sum_{i=1}^n \xi_i^2)\frac{1}{\chi^2_{1-\alpha/2}(2k+n)},(2\beta+\sum_{i=1}^n \xi_i^2)\frac{1}{\chi^2_{\alpha/2}(2k+n)}\right). \tag{2.5.28}$$

2.5.8　离散型分布中参数的贝叶斯估计与极大似然估计

一、一般离散型随变量概率函数的表示

我们知道,如果 ξ 的密度函数或概率函数为 $f(x;\theta)$,则 θ 的似然函数为 $L(\theta)=$

$\prod_{i=1}^{n} f(x_i;\theta)$. 当 ξ 为连续型时，ξ 的密度函数 $f(x;\theta)$ 是易求(或往往是给定的). 当 ξ 为离散型时，往往只给出 ξ 的分布律，ξ 的概率函数须要另求. 对于常见的(即特殊的)离散分布其概率函数是易求的. 例如，

① 设 $\xi \sim B(N,p)$，即 $p\{\xi=k\}=C_N^k p^{x-k}(1-p)$，$0<p<1$，$k=0,1,\cdots,N$，则 ξ 的概率函数为 $f(x)=C_N^x p^x(1-p)^{N-x}$，$0<p<1$，$x=0,1,\cdots,N$. 常记 $q=1-p$.

② 设 $\xi \sim p(\lambda)$，即 $P\{\xi=k\}=\dfrac{\lambda^k}{k!}e^{-\lambda}$，$\lambda>0$，$k=0,1,\cdots$，则 ξ 的概率函数为 $f(x)=\dfrac{\lambda^x}{x!}e^{-\lambda}$，$\lambda>0$，$x=0,1,\cdots$.

③ 设 ξ 服从巴斯卡(负二项)分布，即

$P\{\xi=k\}=C_k^{r-1}p^r(1-p)^{k-r}$，$0<p<1$，$r$ 为正整数，$k=r,r+1,\cdots$，则 ξ 的概率函数为 $f(x)=C_{x-1}^{r-1}p^r(1-p)^{x-r}$，$0<p<1$，$r$ 为正整数，$x=r,r+1,\cdots$.

但是，对于一般的离散型随机变量 ξ，其概率函数该如何给出？例如

设 ξ 有分布律

ξ	a_1	a_2	$\cdots$	a_N
p	p_1	p_2	$\cdots$	p_N

即

$$P\{\xi=a_k\}=p_k,\quad k=1,2,\cdots,N.$$

其中 $0<p_k<1$，$k=1,2,\cdots,N$，$\sum_{k=1}^{N}p_k=1$，$a_1,a_2,\cdots,a_N$ 为 N 个实数. 现问 ξ 的概率函数是什么？又上述三种离散型分布的概率函数均为分段函数，有时用起来不方便. 为此，现引入单位脉冲函数：

$$\delta(x)=\begin{cases}1, & x=0,\\ 0, & x\neq 0.\end{cases}$$

则 ξ 的概率函数可用一个式子表示为

$$f(x)=\prod_{k=1}^{N}(p_k)^{\delta(x-a_k)}. \tag{2.5.29}$$

易知，$P\{\xi=x\}=f(a_k)=p_k$，$k=1,2,\cdots,N$.

由此，上述常见三种离散型分布的概率函数分别为

① 当 $\xi \sim B(N,P)$ 时，则 $f(x)=\prod_{k=0}^{N}(C_N^k p^k q^{N-k})^{\delta(x-k)}$；

② 当 $\xi \sim P(\lambda)$ 时，则 $f(x)=\prod_{k=0}^{\infty}\left(\dfrac{\lambda^k}{k!}e^{-\lambda}\right)^{\delta(x-k)}$；

③ 当 ξ 服从巴斯卡分布时，则 $f(x)=\prod\limits_{k=r}^{\infty}(C_{k-1}^{r-1}p^r(1-p)^{k-r})^{\delta(x-k)}$.

二、参数的贝叶斯点估计

先来考虑上述三种分布中参数的贝叶斯估计.

① 设总体 $\xi\sim B(N,P)$，N 已知，$p\sim U(0,1)$，$\xi_1,\xi_2,\cdots,\xi_n$ 为 ξ 的样本，求 p 的贝叶斯估计 $\widetilde{p}$.

解（解法一） 因为 $f(x)=C_N^x p^x(1-p)^{N-x}$ 且 $p\sim U(0,1)$，即 p 有密度函数：

$$\pi(y)=\begin{cases}1, & y\in(0,1),\\ 0, & y\bar{\in}(0,1).\end{cases}$$

常略去为 0 的部分，将 $\pi(y)$ 简记为 $\pi(y)=1, y\in(0,1)$.

由定义 2.5.6，

$$\begin{aligned}h(y\mid x_1,x_2,\cdots,x_n)&\propto\pi(y)f(x_1,x_2,\cdots,x_n\mid y)\propto f(x_1,x_2,\cdots,x_n\mid y),y\in(0,1)\\&=\prod_{i=1}^{n}C_N^{x_i}y^{x_i}(1-y)^{N-x_i}\propto y^{\sum\limits_{i=1}^{n}x_i}(1-y)^{nN-\sum\limits_{i=1}^{n}x_i}\\&=y^{n\bar{x}}(1-y)^{nN-n\bar{x}},y\in(0,1)\end{aligned}\tag{2.5.30}$$

其中，$\bar{x}=\frac{1}{n}(\sum\limits_{i=1}^{n}x_i)$，显然，上式右端是贝塔分布的核，记 $Z=(x_1,x_2,\cdots,x_n)$，$\xi=(\xi_1,\xi_2,\cdots,\xi_n)$，则在 $\xi=Z$ 下，p 服从参数为 $n\bar{x}+1$ 与 $nN-n\bar{x}+1$ 的贝塔分布，即 $p\mid Z\sim\beta(n\bar{x}+1,nN-n\bar{x}+1)$，由贝塔分布数学期望公式，得

$$\hat{p}=E(p|\xi)=\frac{n\bar{\xi}+1}{n\bar{\xi}+1+Nn-n\bar{\xi}+1}=\frac{n\bar{\xi}+1}{Nn+2}.$$

（解法二） 又因 ξ 的概率函数 $f(x)$ 为 $\prod\limits_{k=0}^{N}[C_N^k p^k(1-p)^{N-k}]^{\delta(x-k)}$，所以

$$\begin{aligned}&h(y\mid z)\\&\propto\pi(y)f(z\mid y)\propto f(z\mid y),y\in(0,1)\\&=\prod_{i=1}^{n}\Big[\prod_{k=0}^{N}[c_N^k y^k(1-y)^{N-k}]^{\delta(x_i-k)}\Big]\\&\propto\prod_{i=1}^{n}\Big[\prod_{k=0}^{N}[y^k(1-y)^{N-k}]^{\delta(x_i-k)}\Big]\\&=\prod_{i=1}^{n}\{(1-y)^{\delta(x_i)}\cdot[y(1-y)^{N-1}]^{\delta(x_i-1)}\cdot[y^2(1-y)^{N-2}]^{\delta(x_i-2)}\cdots(y^N)^{\delta(x_i-N)}\}\\&=(1-y)^{N\sum\limits_{i=1}^{n}\delta(x_i)}\cdot[y(1-y)^{N-1}]^{\sum\limits_{i=1}^{n}\delta(x_i-1)}\cdot[y^2(1-y)^{N-2}]^{\sum\limits_{i=1}^{n}\delta(x_i-2)}\cdots y^{N\sum\limits_{i=1}^{n}\delta(x_i-n)}\end{aligned}$$

$= (1-y)^{Nn_0}[y(1-y)^{N-1}]^{n_1}[y^2(1-y)^{N-2}]^{n_2}\cdots(y^N)^{n_N}$
$= y^{n_1+2n_2+3n_3+\cdots+Nn_N}\cdot(1-y)^{Nn_0+(N-1)n_1+(N-2)n_2+\cdots+n_{N-1}}, y\in(0,1)$

其中 $n_0,n_1,n_2,\cdots,n_N$ 分别为样本取值 $0,1,2,\cdots,N$ 的次数，故 $\sum_{i=0}^{N} n_i = n$，又因 $\sum_{i=1}^{n} x_i = \sum_{i=1}^{n} in_i$，所以

$$h(y|Z)\propto y^{n\bar{x}}(1-y)^{Nn-n\bar{x}},\ y\in(0,1).$$

(此示，式(2.5.29)具有一般性.)

即 $p|Z\sim\beta(n\bar{x}+1, Nn-n\bar{x}+1)$，故亦得

$$\bar{p}=E(p|\xi)=\frac{n\bar{\xi}+1}{Nn+2}.$$

② 设总体 $\xi\sim P(\lambda)$，$\xi_1,\xi_2,\cdots,\xi_n$ 为 ξ 的样本. 如果

(1) 对 λ 一无所知；(2) $\lambda\sim\Gamma(\alpha_0,\lambda_0)$，$\alpha_0$，$\lambda_0$ 均已知. 求 λ 的贝叶斯估计量.

解 (1)(解法一) 因为对 λ 一无所知，故可理解 λ 在 $(0,\infty)$ 上服从广义均匀分布. 因为

$$h(y\mid Z)\propto f(Z\mid y)=\prod_{i=1}^{n}\left(\mathrm{e}^{-y}\frac{y^{x_i}}{x_i!}\right)\propto \mathrm{e}^{-ny}\cdot y^{n\bar{x}}, y>0, \quad (2.5.31)$$

$\mathrm{e}^{-ny}y^{n\bar{x}}$ 是 Γ 分布的核，且两参数分别为 $n\bar{x}+1$ 与 n，即

$\lambda|Z\sim\Gamma(n\bar{x}+1, n)$，由 Γ 分布数学期公式，所以 λ 的贝叶斯估计量 $\tilde{\lambda}=E(\lambda|\xi)=\dfrac{n\bar{\xi}+1}{n}$.

(解法二) 现考虑 ξ 的概率函数 $\prod_{k=0}^{\infty}\left(\frac{\lambda^k}{k!}\mathrm{e}^{-\lambda}\right)^{\delta(x-k)}$，则

$$h(y\mid Z)\propto f(Z\mid y)=\prod_{i=1}^{n}\left\{\prod_{k=0}^{\infty}\left(\frac{y^k}{k!}\mathrm{e}^{-y}\right)^{\delta(x_i-k)}\right\}$$

$$\propto\prod_{i=1}^{n}\{(\mathrm{e}^{-y})^{\delta(x_i)}(y\mathrm{e}^{-y})^{\delta(x_i-1)}(y^2\mathrm{e}^{-y})^{\delta(x_i-2)}(y^3\mathrm{e}^{-y})^{\delta(x_i-3)}\cdots\}$$

$$=(\mathrm{e}^{-y})^{n_0}(y\mathrm{e}^{-y})^{n_1}(y^2\mathrm{e}^{-y})^{n_2}(y^3\mathrm{e}^{-y})^{n_3}\cdots=\mathrm{e}^{-y\sum_{k=0}^{\infty}n_k}y^{-y\sum_{k=0}^{\infty}kn_k},\ y>0.$$

其中，n_k 为样本取值 k 的次数，$k=0,1,2,3,\cdots$，故 $\sum_{k=0}^{\infty}n_k=n$，$\sum_{k=0}^{\infty}kn_k=\sum_{i=1}^{n}x_i$.

从而

$$h(y|Z)\propto y^{n\bar{x}}\mathrm{e}^{-ny}, y>0.$$

故亦有

$$\tilde{\lambda}=E(\lambda|\xi_1,\xi_2,\cdots,\xi_n)=\frac{n\bar{\xi}+1}{n}.$$

(2) 因 $\lambda\sim\Gamma(\alpha_0,\lambda_0)$，故 λ 有密度函数：

$$\pi(x)=x^{\alpha_0-1}\lambda_0^{\alpha_0}\mathrm{e}^{-\lambda_0 x}/\Gamma(\alpha_0),x>0,\lambda_0>0,\alpha_0>0.$$

因为

$$h(y|Z)\propto\pi(y)f(Z|y)$$
$$\propto y^{\alpha_0-1}\mathrm{e}^{-\lambda_0 y}\cdot y^{n\bar{x}}\mathrm{e}^{-ny}=y^{n\bar{x}+\alpha_0-1}\mathrm{e}^{-(n+\lambda_0)y},\quad y>0,\qquad(2.5.32)$$

故 $\lambda|Z\sim\Gamma(n\bar{x}+\alpha_0,n+\lambda_0)$，从而，

$$\tilde{\lambda}=E(\lambda|\xi_1,\xi_2,\cdots,\xi_n)=\frac{n\bar{\xi}+\alpha_0}{n+\lambda_0}.$$

③ 设总体 ξ 服从巴斯卡分布，$\xi_1,\xi_2,\cdots,\xi_n$ 为 ξ 的样本，$p\sim U(0,1)$，求 p 的贝叶斯估计量 $\tilde{p}$.

解　取 ξ 的概率函数为 $f(x)=\mathrm{C}_{x-1}^{r-1}p^r(1-p)^{x-r}$，$0<p<1,x=r,r+1,\cdots$. 则

$$h(y\mid Z)\propto f(Z\mid y)=\prod_{i=1}^{n}\left[\mathrm{C}_{x_i-1}^{r-1}y^r(1-y)^{x_i-r}\right]$$
$$\propto y^{nr}(1-y)^{n\bar{x}-nr},\ 0<y<1\qquad(2.5.33)$$

故 $y^{nr}(1-y)^{n\bar{x}-nr}$ 是 β 分布的核，且两参数分别为 $nr+1$ 与 $n\bar{x}-nr+1$，由贝塔分布数期望公式，得

$$\tilde{p}=E(p|\xi_1,\xi_2,\cdots,\xi_n)=\frac{nr+1}{nr+1+n\bar{\xi}-nr+1}=\frac{nr+1}{n\bar{\xi}+2}.$$

注意　当二项分布中的 $N=1$ 时，二项分布就变 0－1 分布，这时 p 的贝叶斯估计量为 $\tilde{p}=\dfrac{n\bar{\xi}+1}{n+2}$. 当巴斯卡分布中的 $r=1$ 时，巴斯卡分布就变成几何分布，这时，$\tilde{p}$ 的贝叶斯估计量为 $\tilde{p}=\dfrac{n+1}{n\bar{\xi}+2}$.

现在考虑一般离散分布中参数的贝叶斯估计.

设总体 ξ 有分布列

ξ	a	b
p	$1-p$	p

$0<p<1$，a,b 已知，$\xi_1,\xi_2,\cdots,\xi_n$ 为 ξ 的样本. 如果 $p\sim U(0,1)$，求 p 的贝叶斯估计量 $\tilde{p}$.

解　因为 ξ 的概率函数为 $f(x)=p^{\delta(x-b)}(1-p)^{\delta(x-a)}$，且 p 有密度函数 $\pi(y)=1,0<y<1$，所以

$$h(y\mid Z)\propto f(Z\mid y)=\prod_{i=1}^{n}y^{\delta(x_i-b)}(1-y)^{\delta(x_i-a)}=y^{n_b}(1-y)^{n_a},0<y<1$$

(2.5.34)

其中 n_a,n_b 分别为样本取值 a,b 的次数，故 $n_a+n_b=n$. 易知，$y^{n_b}(1-y)^{n_a}$ 是贝塔分布的核，且两参数分别为 n_b+1 与 n_a+1，由贝塔分布期望公式，得 p 的贝叶斯估计量为

$$\tilde{p}=\frac{n_b+1}{n_a+n_b+2}=\frac{n_b+1}{n+2}.$$

因为 $an_a+bn_b=n\bar{\xi}$，所以，当 $a=0,b=1$ 时，ξ 就变成 0-1 分布，即 $\xi\sim B(1,p)$，且上式变为 $\tilde{p}=\dfrac{n_b+1}{n+2}=\dfrac{n\bar{\xi}+1}{n+2}$.

由于对一个以上未知参数的贝叶斯(点)估计，至今还很少见到，所以这里只考一个未知参数的贝叶斯估计.

三、参数的极大似然估计

(1) 设总 $\xi\sim B(N,p)$，N 已知，$\xi_1,\xi_2,\cdots,\xi_n$ 为 ξ 的样本，求 p 的极大似然估计量 $\hat{p}$.

解 由式(2.5.30)知，p 的极大似然函数为

$$L(p)\propto p^{nN-n\bar{\xi}}p^{n\bar{\xi}}$$

所以，其似然方程为

$$\frac{\partial}{2p}\ln L(p)=\frac{n\bar{\xi}}{p}-\frac{nN-n\bar{\xi}}{1-p}=\frac{nN(\bar{\xi}/N-p)}{p(1-p)}=0, \qquad (2.5.35)$$

从而 p 的极大似然估计量为 $\hat{p}=\bar{\xi}/N$. 因为 $\xi_1,\xi_2,\cdots,\xi_n$ 相互独立，且均与总体 ξ 同分布，所以

$$E(\bar{\xi}/N)=\frac{1}{Nn}E\Big[\sum_{i=1}^{n}\xi_i\Big]=\frac{1}{nN}\cdot nNp=p, \qquad (2.5.36)$$

且 $D(\hat{p})=\dfrac{1}{n^2N^2}D(\sum\limits_{i=1}^{n}\xi_i)=\dfrac{1}{n^2N^2}nNp(1-p)=\dfrac{p(1-p)}{nN}\to 0$(当 $n\to\infty$ 时)，由式(2.5.35)和推论 2.2.1 知，$\hat{p}=\bar{\xi}/N$ 还是 P 的有效均方一致估计量.

由于 $n_0,n_1,\cdots,n_N$ 为 n 个样品 $\xi_1,\xi_2,\cdots,\xi_n$ 分别取值 $0,1,2,\cdots,N$ 的次数. 在试验之前，$n_0,n_1,\cdots,n_N$ 均为随机变量，且 $\{n_i=k\}$ 表示在 n 次取值中有 k 个等于 i 的事件，而每个样品等于 i 的概率为 $C_N^iP^i(1-p)^{N-i}$，$i=0,1,\cdots,N$，即

$$P\{n_i=k\}=C_n^k\,[C_N^ip^i(1-p)^{N-i}]^k\,[1-C_N^ip^1P^{N-i}]^{n-k},k=0.1,2,\cdots,n$$

也即

$$n_i\sim B(n,C_N^ip^i(1-p)^{N-i}),i=0,1,2,\cdots,n,$$

从而

$$E(n_i)=nC_N^iP^i(1-p)^{N-i},$$
$$D(n_i)=nC_n^ip^i(1-p)^{N-i}[1-C_N^iP^i(i-p)^{N-i}],i=0,1,2,\cdots,N.$$

注意到$\sum_{i=0}^{N} n_i = n, \sum_{i=0}^{n} \xi_i = \sum_{i=0}^{n} in$. 亦得

$$E(\hat{p}) = E\left[\frac{\bar{\xi}}{N}\right] = \frac{1}{nN} E(\sum_{i=0}^{n} \xi_i) = \frac{1}{Nn} \sum_{i=0}^{n} E(in_i)$$

$$= \frac{1}{nN} \sum_{i=0}^{n} in\mathrm{C}_N^i p^i (1-p)^{N-i} = p. \tag{2.5.37}$$

(2) 设总体ξ服从巴斯卡分布，即ξ有概率函数$f(x)=\mathrm{C}_{x-1}^{r-1} p^r (1-p)^{x-r}$，$r$已知，$x=r, r+1, r+2, \cdots$，$\xi_1, \xi_2, \cdots \xi_n$为$\xi$的样本，求$p$的极大似数估计量$\hat{p}$.

解 由式(2.5.33)知，p的似数函数$L(p)$为

$$L(p) \propto p^{nr} (1-p)^{n\bar{\xi}-nr},$$

从而其似然方程为

$$\frac{\partial}{2p} \ln L(p) = \frac{rn}{p} - \frac{n\bar{\xi}-rn}{1-P} = \frac{rn-n\bar{\xi}p}{p(1-p)} = 0,$$

故P的极大似数估计量为$\hat{p}=r/\bar{\xi}$.

(3) 设总体ξ具有分布律

ξ	a	b
P	$1-p$	p

$0<p<1$，a, b已知，求p的极大似然估计量$\hat{p}$.

解 由式(2.5.34)，知p的似然函数$L(p)$为$L(p) \propto p^{nb} (1-p)^{na}$，从而

$$\frac{\partial}{\partial p} \ln L(p) = \frac{n_b}{p} - \frac{n_a}{1-p} = \frac{n_b - N_b p - p n_a}{p(1-p)} = \frac{n_b - np}{p(1-p)} = \frac{n(n_b/n - p)}{p(1-p)} = 0,$$

因为n_b为样本取值b的次数，$\{n_b=k\}$为样本在n次取值中有k次取b的事件，所以，$P\{n_b=k\}=\mathrm{C}_n^k p^k (1-p)^{n-k}$，$k=0,1,2,\cdots,n$，即$n_b \sim B(n,p)$，故$E(n_b)=np$，从而$E(n_b/n)=p$，$D(n_b/n)=p(1-p)/n \to 0$(当$n\to\infty$时)，由推论2.2.1知，$n_b/n$是$p$的有效均方一致估计量，当然，也是极大似然估计量，即$\hat{p}=n_b/n$.

(4) 设总体ξ有分布律：$P\{\xi=a_i\}=p_i$，$i=1,2,3$，a_1, a_2, a_3均已知，$p_1+p_2+p_3=1$，且$0<p_i<1$，$i=1,2,3$. 求p_1, p_2, p_3的极大似然估计量$\hat{p}_1, \hat{p}_2, \hat{p}_3$.

解 由于ξ的概率函数为$f(x) = \prod_{i=1}^{3} p_i^{\delta(x-a_i)}$，且$p_1+p_2+p_3=1$，所以，$p_1$，$p_2$的似然函数为

$$L(p_1, p_2) = \prod_{k=1}^{n} \left[\mathop{\mathrm{C}}_{i=1}^{3} p_i^{\delta(x_k-a_i)}\right] = p_1^{n_1} p_2^{n_2} (1-p_1-p_2)^{n_3},$$

其中 n_1,n_2,n_3 分别为样本取 a_1,a_2,a_3 的次数,从而似然方程为

$$\begin{cases}\dfrac{\partial}{\partial p_1}\ln L(p_1,p_2)=\dfrac{n_1}{p_1}-\dfrac{n_3}{1-p_1-p_2}=\dfrac{(n_1+n_3)\left(\dfrac{n_1-n_1p_2}{n_1+n_3}-p_1\right)}{p_1(1-p_1-p_2)}=0,\\[2ex] \dfrac{\partial}{\partial p_1}\ln L(p_1,p_2)=\dfrac{n_2}{p_2}-\dfrac{n_3}{1-p_1-p_2}=\dfrac{(n_2+n_3)\left(\dfrac{n_2-n_2p_1}{n_2+n_3}-p_2\right)}{p_2(1-p_1-p_2)}=0\end{cases} \tag{2.5.38}$$

解之,得 p_1,p_2 的极大似然估计量分别为

$$\hat{p}_1=\frac{n_1n_3}{n_1n_3+n_2n_3+n_3^2}=\frac{n_1}{n},\hat{p}_2=\frac{n_2n_3}{n_2n_3+n_2n_3+n_3^2}=\frac{n_2}{n},\text{从而 }\hat{p}_3=\frac{n_3}{n}.$$

因为 n_i 为 n 个样品取值 a_i 的次数,而当某个样品取值 a_i 时,其概率为 p_i,所以

$$p\{n_i=k\}=C_n^kp_i^k(1-p_i)^{n-k},k=0,1,\cdots,n.$$

即 $n_i\sim B(n,p_i)$,从而,$E(\hat{p}_i)=E\left(\dfrac{n_i}{n}\right)=p_i,i=1,2,3$. 这说明 $\hat{p}_i$ 是 p_i 的无偏估计量,且 $\hat{p}_i$ 的方差为 $D(\hat{p}_i)=D(n_i)/n^2=p_i(1-p_i)/n\to0$(当 $n\to\infty$ 时),故 $\hat{p}_i$ 是 p_i 的无偏均方一致估计量.

但是,由于在式(2.5.38)中,$\dfrac{n_1-n_1p_2}{n_1+n_3}$中含有未知参数 p_2,$\dfrac{n_2-n_2p_1}{n_2+n_3}$中含有未知数参数 p_1,故$\dfrac{n_1-n_1p_2}{n_1+n_3}$与$\dfrac{n_2-n_2p_1}{n_2+n_3}$均不是统计量,从而,由推论 2.2.1 知 p_1 和 p_2 的有效估计量不存在. 类似地,p_3 的有效估计量也不存在. 此示,无偏均方一致估计量未必是有效估计量.

当 i 为大于 3 的某个整数 N 时,类似可得 p_i 的极大似然估计量为 $\hat{p}_i=\dfrac{n_i}{n}$,$i=1,2,\cdots,N$,只不过这时需要解 $N-1$ 个方程构成的极大似然方程组.

(5) 设总体 ξ 服从超几何分布,即

$$p\{\xi=k\}=\frac{C_M^kC_{N-M}^{m-k}}{C_N^m},$$

$k=0,1,2,\cdots,\min(M,m)$,m,M,N 均为正整数,N 已知,$m<N,M<N$,求未知数参数 M 的极大似然估计量 $\hat{M}$.

此分布的直观背景是:一袋中有黑白两种球共 N 个,黑球 M 个,白是 $N—M$ 个,但是 M 未知. 现在从中不放回取 m 个球,用 ξ 表示取出的 m 个球中的黑球数,则 ξ 就服从上述的超几何分布.

解 由于极大似然估计原理是:**使样本获得最大概率的参数值作为未知数的**

估计值. 既然从 N 个球中不放回一次取 m 个其中有 k 个黑球的概率为 $C_M^k C_{N-M}^{m-k}/C_N^m$，那么就取 M 的似然函数为 $C_M^k C_{N-M}^{m-k}/C_N^m$，即 $L(M)=C_M^k C_{N-M}^{m-k}/C_N^m$. 又因

$$\frac{L(M)}{L(M-1)}=\frac{MN+M-M^2+kM-mM}{MN+M-M^2+kM-k(N+1)},$$

当 $mM>k(N+1)$ 时，$L(M)<L(M-1)$，反之，$L(M)>L(M-1)$，所以 $L(M)$ 在 $M=k(N+1)/m$ 处获得最大，故取 M 的极大似然估计量为 $\xi_1(N+1)/m$，其中 ξ_1 为总体 ξ 的容量为 1 的样本，由于 M 为正整数，而 $\xi_1(N+1)/m$ 却未必是正整数，所以，M 极大似然估计量取 $\hat{M}=[\xi_1(N+1)/m]$.

如果重复进行 n 次试验，获得样本 $\xi_1,\xi_2,\cdots,\xi_n$，则 M 的极大似然估计量应该为 $\left[\frac{\bar{\xi}(N+1)}{m}\right]$，即 $\hat{M}=\left[\frac{\bar{\xi}(N+1)}{m}\right]$.

§2.6　截尾寿命试验中指数分布和几何分布的参数估计

寿命试验按投试样品失效情况可分为完全寿命试验和截尾寿命试验两类. 前者要进行到投试样品全部失效为止，往往要很长时间，有的甚至要几年、几十年. 实际当中一般不采用，而采用后者. 截尾寿命试验只要求进行到投试样品中有部分失效就停止. 截尾寿命试验又分为两类：一类叫定时截尾寿命试验，它进行到事先规定的时间 τ_0 就停止试验. 另一类叫定数截尾寿命试验，它进行到失效数达到事先规定的数 $r(r<n)$ 就停止. 考虑到试验中失效样品是否允许用相同产品替换，定时截尾寿命试验又可分为无替换与有替换两种，定数截尾寿命试验也可分为无替换与有替换两种. 即

(n,无,时)——取 n 个产品进行无替换定时截尾寿命试验.

(n,无,数)——取 n 个产品进行无替换定数截尾寿命试验.

(n,有,时)——取 n 个产品进行有替换定时截尾寿命试验.

(n,有,数)——取 n 个产品进行有替换定数截尾寿命试验.

注意：这里“替换”是指对失效样品立即用相同产品把它替换下来.

2.6.1　指数分布中参数的点估计

先来介绍泊松过程，即泊松事件流.

定义 2.6.1　设随机过程 $\{N(t),t\geqslant 0\}$ 的状态空间 $S=\{0,1,2,3,\cdots\}$，如果它还满足如下三个条件：

(1) $N(0)=0$；

(2) $\{N(t),t\geqslant 0\}$ 具有增量独立性；

(3) 对任意 $s,t\geqslant 0$. $N(s+t)-N(s)\sim P(\lambda t)$，即

$$P\{N(s+t)-N(s)=k\}=\mathrm{e}^{-\lambda t}\frac{(\lambda t)^k}{K!},k=0,1,2,\cdots,\lambda>0,$$

则称$\{N(t),t\geqslant 0\}$为参数是λ的泊松(Poisson)过程(泊松事件流).

一般$N(t)$表示在时间区间$[0,t]$中到达某服务台的顾客数.λ为平均到达率.

关于泊松过程有如下重要定理.

定理 2.6.1 设$T_1,T_2,\cdots,T_n$为n个相互独立同分布随机变量.且$T_1\sim\Gamma(1,\lambda)$,则

(1) $Y_{n-i}\equiv\min\{T_1,T_2,\cdots,T_{n-i}\}\sim\Gamma(1,(n-i)\lambda),i=0,1,2,\cdots,n-1$;

(2) 对任意实数$x,y>0$,有

$$P\{T_1>x+y\mid T_1>x\}=P\{T_1>y\};$$

(3) $\sum_{i=1}^{n}T_i\sim\Gamma(n,\lambda)$.

证明是简单的,见文献[23].

定理 2.6.2 设$\{N(t),t\geqslant 0\}$为一事件流,$\{T_n,n\geqslant 1\}$为其相应的事件到达间隔时间序列.则$\{N(t),t\geqslant 0\}$是参数为λ的泊松事件流(泊松过程)[21]充要条件是$\{T_n,n\geqslant 1\}$为独立同分布随机变量序列,且$T_1\sim\Gamma(1,\lambda)$.

证明见附录一.

一、(n,无,时)试验

设产品的寿命$T\sim\Gamma(1,\lambda)$,现抽取n个产品进行无替换定时截尾寿命试验,即(n,无,时)试验.现来讨论λ的估计.对(n,无,时)试验,设截尾时间为τ_0,观察结果是:在$[0,\tau_0]$内有r个产品失效,失效时间依次为$t_1\leqslant t_2\leqslant\cdots\leqslant t_r\leqslant\tau_0$.用极大似然法估计$\lambda$的关键是如何构造$\lambda$的似然函数$L(\lambda)$.现用上述观察结果出现的概率来构造$L(\lambda)$.

由于$Y_{n-i}=t_{i+1}-t_i\sim\Gamma(1,(n-i)\lambda)$,因此,由定理 2.6.2,$Y_{n-i}$可视为参数是$(n-i)\lambda$的泊松过程$\{N_{n-i}(t),t\geqslant 0\}$的到达间隔时间,$i=0,1,\cdots,n-1$.由上述观察结果知,在每个区间$(t_i,t_{i+1}]$的右端点有一个产品失效,$i=0,1,2,r-1,t_0=0$,而在$(t_r,\tau_0]$中无产失效.由定理 2.6.1 与定理 2.6.2,其概率为

$$\begin{aligned}L(\lambda)&=\prod_{i=0}^{r-1}P\{N_{n-i}(t_{i+1})-N_{n-i}(t_i)=1\}P\{N_{n-r}(\tau_0)-N_{n-r}(t_r)=0\}\\&=\left[\prod_{i=0}^{r-1}\mathrm{e}^{-(n-i)\lambda(t_{i+1}-t_i)}(n-i)\lambda(t_{i+1}-t_i)\right]\mathrm{e}^{-(n-r)\lambda(\tau_0-t_r)}\\&=\mathrm{e}^{-\lambda[t_1+t_2+\cdots+t_r+(n-r)\tau_0]}\lambda^r\prod_{i=1}^{r-1}(n-i)(t_{i+1}-t_i),\end{aligned}$$

所以,似然方程为[记$S(\tau_0)=t_1+t_2+\cdots+t_r+(n-r)\tau_0\equiv\sum_{i=0}^{r=1}(n-i)(t_{i+1}-t_i)+$

$(n-r)(\tau_0-t_r)]$

$$\frac{\partial \ln L(\lambda)}{\partial \lambda}=-r\left[\frac{S(\tau_0)}{r}-\frac{1}{\lambda}\right]=0. \tag{2.6.1}$$

从而 λ 与产品平均寿命 $\frac{1}{\lambda}$ 的极大似然估计量分别为

$$\hat{\lambda}=\frac{r}{S(\tau_0)}, \quad \hat{\frac{1}{\lambda}}=\frac{S(\tau_0)}{r}. \tag{2.6.2}$$

二、(n,无,数)试验

现抽取 n 个产品进行(n,无,数)试验. 设截尾数为 $r(r<n)$，前 r 个产品的失效时间依次为 $t_1\leqslant t_2\leqslant\cdots\leqslant t_r$，$t_r$ 为试验停止时间. 设 $t_0=0$，类似于(n,无,时)试验的分析，出现上述结果的概率为$[t_{i+1}-t_i=Y_{n-i}\sim\Gamma(1,(n-i)\lambda)]$：

$$\begin{aligned}L(\lambda)&=\prod_{i=0}^{r-1}P\{N_{n-i}(t_{i+1})-N_{n-i}(t_i)=1\}\\&=\prod_{i=0}^{r-1}\mathrm{e}^{-(n-i)\lambda(t_{i+1}-t_i)}(n-i)\lambda(t_{i+1}-t_i)\\&=\mathrm{e}^{-\lambda[t_1+t_2+\cdots+t_r+(n-r)t_r]}\lambda^r\prod_{i=1}^{r-1}(n-i)(t_{i+1}-t_i).\end{aligned}$$

从而，似然方程为[记 $S(t_r)=t_1+t_2+\cdots+t_r+(n-r)t_r$]

$$\frac{\partial \ln L(\lambda)}{\partial \lambda}=-r\left[\frac{S(t_r)}{r}-\frac{1}{\lambda}\right]=0. \tag{2.6.3}$$

解之. 得 λ 与产品平均寿命 $\frac{1}{\lambda}$ 的极大似然估计量分别为

$$\hat{\lambda}=\frac{r}{S(t_r)}, \quad \hat{\frac{1}{\lambda}}=\frac{S(t_r)}{r}. \tag{2.6.4}$$

三、(n,有,时)试验

现抽取 n 个产品进行(n,有,时)试验. 截尾时间定为 τ_0，设观察结果是：在 $[0,\tau_0]$ 中有 r 个产品失效，失效时间依次为 $t_1\leqslant t_2\leqslant\cdots\leqslant t_r$. 由于这时一旦有产品失效，立刻换上新的同样产品. 由指数分布的无记忆性，新换上的产品寿命与原来没失效的产品寿命仍相互独立同服从参数为 λ 的指分布. 记 $Y=\min\{T_1,T_2,\cdots,T_n\}$，其中 T_i 相互独立同分布，且 $T_1\sim\Gamma(1,\lambda)$. 则由定理 2.6.1，$Y\sim\Gamma(1,n\lambda)$. 由定理 2.6.2，Y 可视为参数为 $n\lambda$ 的泊松过程 $\{N(t),t\geqslant 0\}$ 的到达间隔时间. 从而，观察到上述结果的概率为($t_0=0$)：

$$\begin{aligned}L(\lambda)=&\prod_{i=0}^{r-1}P\{N(t_{i+1}-N(t_i)=1\}P\{N(\tau_0)-N(t_r)=0\}\\=&\prod_{i=0}^{r-1}\mathrm{e}^{-n\lambda(t_{i+1}-t_i)}n\lambda(t_{i+1}-t_i)\mathrm{e}^{-n\lambda(\tau_0-t_r)}\end{aligned}$$

$$= e^{-n\lambda\tau_0}\lambda^r n^r \prod_{i=0}^{r-1}(t_{i+1}-t_i),$$

故似然方程为

$$\frac{\partial \ln L(\lambda)}{\partial \lambda} = -n\tau_0 + \frac{r}{\lambda} = -r\left(\frac{n\tau_0}{r} - \frac{1}{\lambda}\right) = 0,$$

从而，λ 与产品平均寿命$\frac{1}{\lambda}$的极大似然估计量分别为

$$\hat{\lambda} = \frac{r}{n\tau_0}, \quad \widehat{\frac{1}{\lambda}} = \frac{n\tau_0}{r}. \tag{2.6.5}$$

四、(n,有,数)试验

现抽取 n 个产品进行(n,有,数)试验，截尾数定为 r. 前 r 个产品的失效时间依次为 $t_1 \leqslant t_2 \leqslant \cdots \leqslant t_r$. 试验停止时间这时为 t_r，类似于(n,有,时)试验，观察到上述结果的概率为($t_0=0$)

$$L(\lambda) = \prod_{i=0}^{r-1} P\{N(t_{i+1}) - N(t_i) = 1\}$$

$$= \prod_{i=0}^{r-1} e^{-n\lambda(t_{i+1}-t_i)} n\lambda(t_{i+1}-t_i)$$

$$= e^{-n\lambda t_r} n^r \lambda^r \prod_{i=1}^{r-1}(t_{i+1}-t_i).$$

所以，似然方程为

$$\frac{\partial \ln L(\lambda)}{\partial \lambda} = -r\left[\frac{nt_r}{r} - \frac{1}{\lambda}\right] = 0. \tag{2.6.6}$$

从而，λ 与产品平均寿命$\frac{1}{\lambda}$的极大似然估计量分别为

$$\hat{\lambda} = \frac{r}{nt_r}, \quad \widehat{\frac{1}{\lambda}} = \frac{nt_r}{r}. \tag{2.6.7}$$

在(n,无,数)试验中，因为 $t_{i+1} - t_i = Y_{n-i} \equiv \min\{T_1, T_2, \cdots, T_{n-i}\} \sim \Gamma(1,(n-i)\lambda)$. 所以 $(n-i)(t_{i+1}-t_i) = (n-i)Y_{n-i} \sim \Gamma(1,\lambda)$. 从而 $S(t_r) = \sum_{i=1}^{r-1}(n-i)(t_{i+1}-t_i) \sim \Gamma(r,\lambda)$，故

$$2\lambda S(t_r) \sim \Gamma\left(r, \frac{1}{2}\right) = \chi^2(2r).$$

于是 $2\lambda E[S(t_r)] = 2r$，$4\lambda^2 D[S(t_r)] = 4r$，
即

$$E\left[\frac{S(t_r)}{r}\right] = \frac{1}{\lambda}, \quad D\left[\frac{S(t_r)}{r}\right] = \frac{1}{r\lambda^2}. \tag{2.6.8}$$

由式(2.6.3)和推论 2.2.1 知，$\frac{S(t_r)}{r}$是$\frac{1}{\lambda}$的有效估计量，且$\frac{1}{\lambda}$的 R-C 下界为[因 $g(\lambda)=\frac{1}{\lambda}, C(\lambda)=-r$]$\frac{g'(\lambda)}{C(\lambda)}=\frac{1}{r\lambda^2}$，此与(2.6.8)中第二式相同. 由于 $D\left[\frac{S(t_r)}{r}\right]=\frac{1}{r\lambda^2}\to 0$（当$r\to\infty$时），所以，$\frac{S(t_r)}{r}$也是$\frac{1}{\lambda}$的均方一致估计量. 从而$\frac{S(t_r)}{r}$也是$\frac{1}{\lambda}$的一致估计量. 由定理 2.3.5 知，$\frac{S(t_r)}{r}$也是$\frac{1}{\lambda}$的充分估计量.

类似地，在(n，有，数)试验中，因为 $t_{i+1}-t_i=Y_{n-i}\equiv\min\limits_{1\leqslant i\leqslant n}\{T_i\}\sim\Gamma(1,n\lambda)$，$2n\lambda t_r=2n\lambda\sum\limits_{i=0}^{r-1}(t_{i+1}-t_i)\sim\Gamma\left(r,\frac{1}{2}\right)=\chi^2(2r)$，由式(2.6.6)、推论 2.2.1 可证$\frac{nt_r}{r}$是$\frac{1}{\lambda}$ 的有效、充分、均方一致（从而一致）估计量（当 $r\to\infty$ 时）.

2.6.2 指数分布中参数的区间估计

一、(n，无，数)试验

因为 $t_{i+1}-t_i=Y_{n-i}\equiv\min\{T_1,T_2,\cdots,T_{n-i}\}\sim\Gamma(1,(n-i)\lambda)$，所以 $(n-i)(t_{i+1}-t_i)=(n-i)Y_{n-i}\sim\Gamma(1,\lambda)$，
从而，

$$S(t_r)=t_1+t_2+\cdots+t_r+(n-r)t_r=\sum_{i=0}^{r-1}(n-i)(t_{i+1}-t_i)$$
$$\sim\Gamma(r,\lambda),$$

故

$$2\lambda S(t_r)\sim\Gamma\left(r,\frac{1}{2}\right)=\chi^2(2r),$$

其中 r 为常数，诸 $Y_n,Y_{n-1},\cdots,Y_{n+1-r}$ 相互独立. 于是 $E\left[\frac{S(t_r)}{r}\right]=\frac{1}{\lambda}$. 即通常$\frac{\lambda S(t_r)}{r}$接近 1，既不太大，也不太小. 即通常有 $k_1<\frac{\lambda S(t_r)}{r}<k_2\ (k_1<k_2)$，故 λ 的置信区间应为$\left(\frac{rk_1}{S(t_r)},\frac{rk_2}{S(t_r)}\right)$. 其中 k_1,k_2 由置信度 $1-\alpha$ 确定. 当 $1-\alpha$ 给定后，用推导(2.4.14)的方法，得 λ 的置信度为 $1-\alpha$ 的置信区间为

$$\left(\frac{\chi^2_{\alpha/2}(2r)}{2S(t_r)},\frac{\chi^2_{1-\alpha/2}(2r)}{2S(t_r)}\right). \tag{2.6.9}$$

二、(n，有，数)试验

因为 $t_{i+1}-t_i=Y_i\equiv\min\{T_1,T_2,\cdots,T_n\}\sim\Gamma(1,n\lambda)$，且 $t_1,t_2-t_1,\cdots,t_r-t_{r-1}$ 相

互独立.所以,

$$t_r = \sum_{i=0}^{r-1}(t_{i+1}-t_i) \sim \Gamma(r, n\lambda)(t_0 = 0),$$

从而,$2n\lambda t_r \sim \Gamma\left(r, \frac{1}{2}\right) = \chi^2(2r)$.用推导式(2.4.14)的方法,得 λ 的置信水平为 $1-\alpha$ 的置信区间为

$$\left(\frac{\chi^2_{\alpha/2}(2r)}{2nt_r}, \frac{\chi^2_{1-\alpha/2}(2r)}{2nt_r}\right). \tag{2.6.10}$$

三、(n,有,时)试验

因为 $t_r = \sum_{i=0}^{r-1}(t_{i+1}-t_i) \sim \Gamma(r, n\lambda)$,所以,$2n\lambda t_r \sim \Gamma\left(r, \frac{1}{2}\right) = \chi^2(2r)$,类似(n,有,数)试验的讨论,$\lambda$ 的置信度为 $1-\alpha$ 的置信区间也由式(2.6.10)给出,即

$$\left(\frac{\chi^2_{\alpha/2}(2r)}{2nt_r}, \frac{\chi^2_{1-\alpha/2}(2r)}{2nt_r}\right). \tag{2.6.11}$$

四、(n,无,时)试验

因为 $S(t_r) = t_1 + t_2 + \cdots + t_r + (n-r)t_r \sim \Gamma(r, \lambda)$.类似式(2.6.9)的讨论,$\lambda$ 的置信水平为 $1-\alpha$ 的置信区间也由式(2.6.9)给出,即

$$\left(\frac{\chi^2_{\alpha/2}(2r)}{2S(t_r)}, \frac{\chi^2_{1-\alpha/2}(2r)}{2S(t_r)}\right). \tag{2.6.12}$$

注意 式(2.6.11)与式(2.6.10)形式上虽然一样,但是式(2.6.11)中的 r 在试验之前是随机变量,而式(2.6.10)中的 r 却是确定的常数.类似地,式(2.6.12)中的 r 与式(2.6.9)中的 r 也有如此不同.

2.6.3 指数分布参数 λ 的贝叶斯估计

设失损函数为平方差损失函数,λ 服从贝叶斯广义假设,即设 λ 服从$(0, +\infty)$上的均匀布.

① (n,无,时)试验,由 2.6.1,λ 的似然函数为

$$L(\lambda) = e^{-\lambda s(\tau_0)}\lambda^r \prod_{i=0}^{r-1}(n-i)(t_{i+1}-t_i) \propto e^{-\lambda s(\tau_0)}\lambda^r, \quad \lambda > 0$$

其中 $S(\tau_0) = t_1 + t_2 + t_3 + \cdots + t_r + (n-r)\tau_0$.

由于在 n 个样品试验中到时刻 τ_0 恰有 r 个失效且失效时刻分别为 $t_1, t_2, \cdots, t_r$ 的概率为 $L(\lambda)$,故当 $\lambda = y$ 时,相应于 $t_1, t_2, \cdots, t_r, r$ 的条件概率函数 $f(x_1, x_2, \cdots, x_{r+1} | y)$就是 $L(\lambda)$,从而 λ 的后验分布密度为

$$h(y | x_1, x_2, \cdots, x_{r+1}) = \frac{\pi(y) f(x_1, x_2, \cdots, x_{r+1} | y)}{g(x_1, x_2, \cdots, x_{r+1})}$$

$$\propto e^{-yS(\tau_0)}y^r, y>0.$$

此是参数为 $r+1$ 和 $S(\tau_0)$ 的 Γ 分布密度的核，即在 $(t_1,t_2,\cdots,t_r,r)=(x_1,x_2,\cdots,x_r,x_{r+1})$ 下 $\lambda\sim\Gamma(r+1,S(\tau_0))$，由 Γ 分布数学期公式，λ 的贝叶斯估计量为

$$\tilde{\lambda}=E(\lambda\mid t_1,t_2,\cdots,t_r,r)=\int_0^{\infty}yh(y\mid t_1,t_2,\cdots,t_r,r)\mathrm{d}y=\frac{r+1}{S(\tau_0)}.$$

② $(n,$无$,$数$)$试验，因为

$$L(\lambda)=e^{-\lambda S(t_r)}\lambda^r\prod_{i=0}^{r-1}(n-i)(t_{i+1}-t_i)\propto\lambda^r e^{-\lambda S(t_r)}, \lambda>0.$$

类似于①，得 $\tilde{\lambda}=\dfrac{r+1}{S(t_r)}$.

③ $(n,$有$,$时$)$试验，这时

$$L(\lambda)\propto\lambda^r e^{-n\tau_0\lambda}, \lambda>0.$$

类似于①，得 $\tilde{\lambda}=\dfrac{r+1}{n\tau_0}$.

④ $(n,$有$,$数$)$试验，因为

$$L(\lambda)=\lambda^r e^{-nt_r\lambda}n^r\prod_{i=0}^{r-1}(t_{i+1}-t_i)\propto\lambda^r e^{-nt_r\lambda}, \lambda>0.$$

所以，由①的分析，得 $\tilde{\lambda}=\dfrac{r+1}{nt_r}$.

2.6.4 几何分布中参数 q 的估计

几何分布也常为寿命分布. 由于寿命试验往往要很长时间，故在实际中常采用截尾寿命试验，即只要求投试样品中有部分失效就停止试验. 试验仍分为：

$(n,$有$,$时$)$——取 n 个相同产品进行有替换定时截尾寿命试验.

$(n,$有$,$数$)$——取 n 个相同产品进行有替换定数截尾寿命试验.

$(n,$无$,$时$)$——取 n 个相同产品进行无替换定时截尾寿命试验.

$(n,$无$,$数$)$——取 n 个相同产品进行无替换定数截尾寿命试验.

注意 这时“替换”是指对失效样品立即用相同产品把它替换下来.

为了后面的需要，先引入如下概念和定理.

定义 2.6.2 如果随机序列 $\{N(n),n\geqslant0\}$ 满足.

(i) $N(0)=0$;

(ii) $\{N(n),n\geqslant0\}$ 具有增量独立性.

(iii) $N(n+m)-N(m)\sim B(n,p)$，其中 m,n 均为非负整数，即

$$P\{N(n+m)-N(m)=k\}=C_n^k p^k(1-p)^{n-k}, k=0,1,2,\cdots,n.$$

则称 $\{N(n),n\geqslant0\}$ 为参数是 p 的伯努利(Bernoulli)过程.

定理 2.6.3　设 $T_1, T_2, \cdots, T_n$ 为 n 个独立同分布随机变量，且 $T_i \sim \mathrm{Geo}(p)$. 则(1) $y_{n-i} \equiv \min\{T_1, T_2, \cdots, T_{n-i}\} \sim \mathrm{Geo}(1-q^{n-i}), q=1-p$；

(2) $P\{T_1 > m+n \mid T_1 > n\} = P\{T_1 > m\},\ m, n = 0, 1, 2, \cdots$；

(3) $\sum\limits_{i=1}^{n} T_i$ 服从参数为 n 与 p 的巴斯卡分布，即

$$P\left\{\sum_{i=1}^{n} T_i = k\right\} = \mathrm{C}_{k-1}^{n-1} p^n q^{k-n},\ k = n, n+1, \cdots.$$

证明是简单的[23].

定理 2.6.4　设 $\{T_i, i \geqslant 1\}$ 为随机序列 $\{N(n), n \geqslant 0\}$ 的到达间隔时间序列，则 $\{N(n), n \geqslant 0\}$ 为参数是 p 的伯努利过程的充要条件是 $\{T_i, i \geqslant 1\}$ 为独立同分布随机变量序列，且 $T_i \sim \mathrm{Geo}(p)$.

证明见附录二.

现在分别考虑上述四类试验中参数 q 的贝叶斯极大似然估计.

一、$(n, 有, 时)$试验

设到规定 τ_0 时有 r 个样品失效，失效时刻分别为 $t_1, t_2, t_3, \cdots, t_r$. $t_1 < t_2 < t_3 < \cdots < t_r \leqslant \tau_0$，由于一旦有样品失效立刻换上新的同样产品，又由于几何分布的无记忆性，新换上的产品寿命与原来没失效的产品寿命同分布且相互独立，记 $y_i = \min\{T_1, T_2, \cdots, T_n\}$，其中 T_j 表示正在进行试验的产品的寿命，$j = 1, 2, \cdots, n$. $t_{i+1} - t_i$ 表示从第 i 个样品失效时起到第 $i+1$ 个样品失效时止的间隔时间，因此有

$$t_{i+1} - t_i \equiv y_i = \min\{T_1, T_2, \cdots, T_n\} \sim \mathrm{Geo}(1-q^n).$$

由于 $\{y_i, i \geqslant 1\}$ 独立同服从参数为 $1-q^n$ 的几何分布，由定理 2.6.4 知，$\{y_i, i \geqslant 1\}$ 相应的随机序 $\{N(n), n \geqslant 0\}$ 为参数是 $1-q^n$ 的伯努利过程. 故 $N(t_{i+1}) - N(t_i)$，$N(t_i) - N(t_{i-1}), \cdots, N(t_1) - N(t_0)$ 相互独立 $(t_0 = 0)$ 且只在区间 $(t_i, t_{i+1}]$ 的右端点有一个样品失效. 故在 $(0, \tau_0)$ 中有 r 个样品失效，失效时刻分别为 $t_1, t_2, t_3, \cdots, t_r$，且在 (t_r, τ_0) 中没有样品失效的概率为

$$\begin{aligned}
L(q) &= P\{N(t_r) - N(t_{r-1}) = 1, N(t_{r-1}) - N(t_{r-2}) = 1, \cdots, N(t_2) - N(t_1) = 1, \\
&\qquad N(\tau_0) - N(t_r) = 0\} \\
&= P\{N(\tau_0) - N(t_r) = 0\} \prod_{i=0}^{r-1} P\{N(t_{i+1}) - N(t_i) = 1\} \\
&= \mathrm{C}_{\tau_0 - t_r}^{0} (1-q^n)(q^n)^{\tau_0 - t_r} \cdot \prod_{i=0}^{r-1} \mathrm{C}_{t_{i+1}-t_i}^{1} (1-q^n)(q^n)^{(t_{i+1}-t_i-1)} \\
&= q^{n(z_0 - t_r)} \prod_{i=0}^{r-1} (t_{i+1} - t_i)(1-q^n) q^{n(t_{i+1}-t_i-1)} \\
&\propto q^{n(\tau_0 - t_r)} (1-q^n)^r q^{n(t_r - n)} = q^{n(t_t - n)} (1-q^n)^r.
\end{aligned}$$

显然 $L(q)$ 为 q 的似然函数. 从而似然方程为

$$\frac{n(\tau_0-n)}{q}-\frac{nrq^{n-1}}{1-q^n}=0.$$

解之得 q 的极大似然估计为 $\hat{q}=\sqrt[n]{\dfrac{\tau_0-n}{\tau_0+r-n}}$.

现在设 $p\sim U(0,1)$，则 $q=1-p\sim U(0,1)$. 我们来考虑 q 的贝叶斯估计. 设 $x_1,x_2,\cdots,x_{r+1}$ 分别为 $t_1,t_2,\cdots,t_r,r$ 的值.

因为

$$\begin{aligned}h(y|x_1,x_2,\cdots,x_{r+1})&\propto\pi(y)f(x_1,x_2,\cdots,x_{r+1}|y)\\&\propto f(x_1,x_2,\cdots,x_{t+1}|y),0<y<1.\end{aligned}$$

又因 $L(q)$ 是联合概率 $P\{\bigcap_{i=0}^{r-1}[N(t_{i+1})-N(t_i)=1],N(\tau_0)-N(t_r)=0\}$，而此概率是 n 个相同产品进行(n,有,时)试验到时刻 τ_0 恰有 r 个产品失效且失效时刻分别为 $t_1,t_2,\cdots,t_r$ 的概率. 故可视 $L(q)$ 为 $f(x_1,x_2,\cdots,x_{t+1}|q)$，即

$$\begin{aligned}h(y\mid x_1,x_2,\cdots,x_{t+1})&\propto L(y)\propto y^{n(\tau_0-n)}(1-y^n)^r\\&=\sum_{k=0}^{r}\mathrm{C}_r^k(-1)^{r-k}y^{n(\tau_0+r-n-k)},0<y<1.\end{aligned}$$

由 $1=A\int_0^1\sum_{k=0}^{r}\mathrm{C}_r^k(-1)^{r-k}y^{n(\tau_0+r-n-k)}\mathrm{d}y$ 可确定 A 为

$$A=1\Big/\sum_{k=0}^{r}\frac{\mathrm{C}_r^k(-1)^{r-k}}{n(\tau_0+r-n-k)+1}.$$

从而 q 的贝叶斯估计为

$$\begin{aligned}\tilde{q}&=\int_0^1Ayh(y\mid x_1,x_2,\cdots,x_{r+1})\mathrm{d}y=A\sum_{k=0}^{r}\frac{\mathrm{C}_r^k(-1)^{r-k}}{n(\tau_0+r-n-k)+2}\\&=\sum_{k=0}^{r}\frac{\mathrm{C}_r^k(-1)^{r-k}}{n(\tau_0+r-n-k)+2}\Big/\sum_{k=0}^{r}\frac{\mathrm{C}_r^k(-1)^{r-k}}{n(\tau_0+r-n-k)+1}.\end{aligned}$$

二、(n,有,数)试验

设 $t_1,t_2,\cdots,t_r$ 分别为 r 个样品失效时刻，类似于(n,有,时)试验的分析，q 的似然函数为

$$\begin{aligned}L(q)&=\prod_{i=0}^{r-1}P\{N(t_{i+1})-N(t_i)=1\}\\&=\prod_{i=0}^{r-1}[\mathrm{C}_{t_{i+1}-t_i}^1(1-q^n)(q^n)^{t_{i+1}-t_i-1}]\propto(1-q^n)^rq^{n(t_r-n)}.\end{aligned}$$

故似然方程为

$$\frac{-rnq^{n-1}}{1-q^n}+\frac{n(t_r-n)}{q}=0.$$

解之,得 q 极大似然估计量为

$$\hat{q}=\sqrt[n]{\frac{t_r-n}{t_r+r-n}}.$$

仍设 $q\sim U(0,1)$,类似(n,有,时)试验的理由,$L(q)$ 仍为 $f(x_1,x_2,\cdots,x_r|q)$ 的核,即

$$h(y|x_1,x_2,\cdots,x_r)\propto f(x_1,x_2,\cdots,x_r|y)\propto A\,(1-y^n)^r y^{n(t_r-n)},0<y<1.$$

因为

$$\begin{aligned}1&=A\int_0^1\sum_{k=0}^{r}\mathrm{C}_r^k\,(-1)^{r-k}y^{n(t_r+r-n-k)}\,\mathrm{d}y\\&=A\sum_{k=0}^{r}\mathrm{C}_r^k\,(-1)^{r-k}\frac{1}{n(t_r+r-n-k)+1}\end{aligned}$$

故
$$A=1\Big/\sum_{k=0}^{r}\frac{\mathrm{C}_r^k\,(-1)^{r-k}}{n(t_r+r-n-k)+1}.$$

从而 q 的贝叶斯估计量为

$$\tilde{q}=\sum_{k=0}^{r}\frac{\mathrm{C}_r^k\,(-1)^{r-k}}{n(t_r+r-n-k)+2}\Big/\sum_{k=0}^{r}\frac{\mathrm{C}_r^k\,(-1)^{r-k}}{n(t_r+r-n-k)+1}.$$

类似可讨论(n,无,时)试验和(n,无,数)试验. 留给读者自己去完成.

习 题 二

1. 随机地取 8 只活塞环,测得它们的直径(以 mm 计)为

74.001, 74.005, 74.003, 74.001,

73.998, 74.006, 74.002, 74.000.

试求总体的均值 a 与方差 σ^2 的矩估计值,并求样本的修正方差值 $\widetilde{S}^2$.

2. 设 $\xi_1,\cdots,\xi_n$ 为总体 ξ 的样本,ξ 的密度函数或概率函数如下,试求其中未知参数 θ 的矩估计量.

(1) $f(x;\theta)=\begin{cases}\dfrac{1}{\theta^2}2(\theta-x), & 0<x<\theta,\theta>0,\\ 0, & \text{其他}.\end{cases}$

(2) $f(x;\theta)=\begin{cases}(\theta+1)x^\theta, & 0<x<1,\theta>0,\\ 0, & \text{其他}.\end{cases}$

(3) $f(x;\theta_1,\theta_2)=\begin{cases}\dfrac{1}{\theta_2}\exp\left\{-\dfrac{x-\theta_1}{\theta_2}\right\}, & x>\theta_1,0<\theta_2,\\ 0, & \text{其他}.\end{cases}$

(4) $P\{\xi=x\}=\dfrac{1}{N},x=1,2,\cdots,N,N$ 为(正整数)未知参数.

(5)　$f(x;\theta)=\begin{cases}\sqrt{\theta}x^{\sqrt{\theta}-1}, & 0\leqslant x\leqslant 1,\theta>0,\\ 0, & \text{其他}.\end{cases}$

(6)　$p\{\xi=k\}=(k-1)\theta^2(1-\theta)^{k-2},k=2,3,\cdots,0<\theta<1.$

3. 设总体 $\xi\sim N(a,1)$，今观察了 20 次，只记录是否为负值，若事件 $\{\xi<0\}$ 出现了 14 次，试根据频率估计概率的原理求 a 的估计值.

4. 设总体 ξ 的密度函数或概率函数如下，求参数 θ 极大似然估计量：

(1)　$f(x;\theta)=\begin{cases}\theta c^\theta x^{-(\theta+1)}, & x>c,\\ 0, & \text{其他},\end{cases}$ 其中 $c>0$ 为已知，$\theta>1$.

(2)　$f(x;\theta)=\begin{cases}\sqrt{\theta}x^{\sqrt{\theta}-1}, & 0\leqslant x\leqslant 1,\theta>0,\\ 0, & \text{其他}.\end{cases}$

(3)　$f(x;\theta)=\begin{cases}\dfrac{1}{\theta}, & 0<x\leqslant\theta,\theta>0,\\ 0, & \text{其他}.\end{cases}$

(4)　$P(x;\theta)=C_N^x\theta^x(1-\theta)^{N-x},x=0,1,\cdots,N,N$ 为已知，$0<\theta<1$.

(5)　$f(x;\theta)=\dfrac{1}{\sqrt{2\pi}\theta}e^{-\frac{1}{2\theta^2}(x-\theta)^2},\theta>0.$

(6)　$f(x;\theta)=\begin{cases}c\,\theta^c x^{-(c+1)}, & x\geqslant\theta,\theta>0\\ 0, & \text{其他}\end{cases}$，其中 $c>0$ 为已知.

(7)　$p\{\xi=k\}=(k-1)\theta^2(1-\theta)^{k-2},k=2,3,4,\cdots,0<\theta<1.$

(8)　$p(x;\theta)=\theta^{\delta(x)}(2\theta)^{\delta(x-1)}(1-3\theta)^{\delta(x-2)},x=0,1,2.\ 0<\theta<1,\delta(x)=\begin{cases}1,x=0,\\ 0,x\neq 0.\end{cases}$

5. 设总体 $\xi\sim U(\theta,\theta+|\theta|)$，试就如下两种情形求参数 θ 的极大似然估计量：

(1)　$\theta\in(-\infty,0)$；

(2)　$\theta\in(0,+\infty)$.

6. 设总体 ξ 的密度函数为

$$f(x;\theta)=\frac{1}{2}e^{-|x-\theta|},-\infty<x<+\infty,-\infty<\theta<+\infty.$$

求参数 θ 的极大似然估计量.

7. 设总体 $\xi\sim U(\theta-\frac{1}{2},\theta+\frac{1}{2}]$，求参数 θ 的极大似然估计量. 并回答极大似然估计是否唯一.

8. 设总体 ξ 的密度函数为

$$f(x)=\begin{cases}\beta e^{-\beta(x-t_0)}, & x>t_0>0,\beta>0,\\ 0, & \text{其他}.\end{cases}$$

(1) 当 t_0 为已知时,求参数 β 的极大似然估计量.

(2) 当 β 为已知时,求参数 t_0 的极大似然估计量.

9. 设总体 ξ 的密度函数为

$$f(x;\theta_1,\theta_2)=\begin{cases}\dfrac{1}{\theta^2}\mathrm{e}^{-(x-\theta_1)/\theta_2}, & x>\theta_1,\theta_2>0,\\ 0, & \text{其他}.\end{cases}$$

求参数 θ_1,θ_2 的极大似然估计量.

10. 设总体 $\xi\sim N(a,\sigma^2)$,$\xi_1,\cdots,\xi_n$ 为 ξ 的样本.

(1) 求 k,使 $\hat{\sigma}\triangleq\dfrac{1}{k}\sum\limits_{i=1}^{n}|\xi_i-\bar{\xi}|$ 为 σ 的无偏估计量.

(2) 求 k,使 $\hat{\sigma}^2\triangleq\dfrac{1}{k}\sum\limits_{i=1}^{n-1}(\xi_{i+1}-\xi_i)^2$ 为 σ^2 的无偏估计量.

11. 设总体 $\xi\sim N(a,\sigma^2)$,$\xi_1,\cdots,\xi_n$ 为 ξ 的样本,a 为已知,证明 $\hat{\sigma}\triangleq\dfrac{1}{n}\cdot\sqrt{\dfrac{\pi}{2}}\sum\limits_{i=1}^{n}|\xi_i-a|$ 为 σ 无偏估计量,且有效率为 $\dfrac{1}{\pi-2}$.

12. 设总体 $\xi\sim N(a,1)$,ξ_1,ξ_2,ξ_3 为 ξ 的样本,试证明下述 3 个估计量都是 a 的无偏估计量,并求每个估计量的方差,指出哪个最小.

(1) $\hat{a}_1=\dfrac{2}{5}\xi_1+\dfrac{3}{5}\xi_2$. (2) $\hat{a}_2=\dfrac{1}{10}\xi_2+\dfrac{9}{10}\xi_3$.

(3) $\hat{a}_3=\dfrac{1}{3}\xi_3+\dfrac{2}{3}\xi_1$.

13. 设总体 ξ 的数学期望为 a,$\hat{a}_1$ 与 $\hat{a}_2$ 分别为 a 的两个无偏估计量,它们的方差分别为 σ_1^2,σ_2^2,相关系数为 ρ,试确定常数 $c_1,c_2(c_1>0,c_2>0,c_1+c_2=1)$,使得 $c_1\hat{a}_1+c_2\hat{a}$ 有最小的方差.

14. 设总体 $\xi\sim N(a_1,1)$,总体 $\eta\sim N(a_2,2^2)$,$\xi_1,\cdots,\xi_{n_1}$ 为 ξ 的样本,$\eta_1,\cdots,\eta_{n_2}$ 为 η 的样本,且这两个样本相互独立.

(1) 试求 $a=a_1-a_2$ 的极大似然估计量 $\hat{a}$.

(2) 如果 $n_1+n_2=n$,问 n_1 与 n_2 如何配置可使 $\hat{a}$ 的方差达到最小?

15. 设总体 $\xi\sim U(\theta-\dfrac{1}{2},\theta+\dfrac{1}{2})$,$\xi_1,\cdots,\xi_n$ 为 ξ 的样本. 证明:$\bar{\xi}$,$\dfrac{1}{2}[\xi_{(1)}+\xi_{(n)}]$ 都是参数 θ 的无偏估计量,问哪个比较有效?

16. 设总体 $\xi\sim U(0,\theta)$,$0<\theta<\infty$,ξ_1,ξ_2,ξ_3 为 ξ 的样本,试证明 $\dfrac{4}{3}\xi_{(3)}$ 与 $4\xi_{(1)}$ 都是 θ 的无偏估计量,问哪个比较有效?

17. 设 $\hat{\theta}_1,\hat{\theta}_2$ 是 θ 的两个独立的无偏估计量,且 $\hat{\theta}_1$ 的方差为 $\hat{\theta}_2$ 的方差的两倍,试确定常数 c_1 与 c_2 使得 $c_1\hat{\theta}_1+c_2\hat{\theta}_2$ 为 θ 的线性最小方差无偏估计量.

18. 设总体 $\xi \sim P(\lambda)$，求参数 λ^2 的无偏估计量与可估计函数 e^{λ} 的无偏估计量.

19. 设总体 ξ 服从几何分布：$P\{\xi=k\}=p(1-p)^{k-1}, k=1,2,\cdots$.

(1)　求未知参数 p 的无偏估计量.

(2)　求未知参数 p 的倒数 $\frac{1}{p}$ 的无偏估计量.

20. 设总体 $\xi \sim U(0,\theta), \theta>0, \xi_1,\cdots,\xi_n$ 是 ξ 的样本，证明：$\hat{\theta}^* \triangleq E[2\xi_1 \mid \xi_{(n)}]$ 是参数 θ 的一致最小方差无偏估计量.

21. 设总体 ξ 具有密函数

$$f(x;\theta)=\begin{cases}\frac{1}{\theta}e^{-x/\theta}, x>0, & \theta>0,\\ 0, & \text{其他}.\end{cases}$$

求参数 θ 的有效估计量.

22. 设总体 ξ 具有密度函数

$$f(x;\theta)=\begin{cases}\theta x^{\theta-1}, & 0<x<1, \theta>0,\\ 0, & \text{其他}.\end{cases}$$

(1)　求可估计函数 $\frac{1}{\theta}$ 的极大似然估计量.

(2)　求可估计函数 $\frac{1}{\theta}$ 的有效估计量.

(3)　证明：$\frac{1}{\theta}$ 的极大似然估计量也是 $\frac{1}{\theta}$ 的一致最小方差无偏估计量.

23. 设总体 $\xi \sim N(a,\sigma^2)$，已知 $\sum_{i=1}^{15} x_i = 8.7, \sum_{i=1}^{15} x_i^2 = 25.05$，试分别求置信度为 0.95 的 a 及 σ^2 的区间估计.

24. 若从自动车床加工的一批零件中随机抽取 10 件，测得其尺寸与规定尺寸的偏差（单位：μm）分别为：2，1，−2，3，2，4，−2，5，3，4，零件尺寸的偏差设为 ξ，假定 $\xi \sim N(a,\sigma^2)$，试求 a 及 σ^2 的无偏估计值，以及置信度为 0.9 的区间估计.

25. 设总体 $\xi \sim \Gamma(1,\lambda)$，损失函数 $L(\lambda,\hat{\lambda})=(\lambda-\hat{\lambda})^2$，$\lambda$ 的先验分布密度函数为

$$\pi(y)=\begin{cases}\frac{\beta^{-(\alpha+1)}y^{\alpha}}{\Gamma(\alpha+1)}e^{-y/\beta}, & y>0\\ 0, & \text{其他}\end{cases}, \beta>0, \alpha>-1,$$

求参数 λ 的贝叶斯估计量，其中 β,α 为已知.

26. 设总体 $\xi \sim N(a,1)$，ξ_1,ξ_2 为 ξ 样本，考虑

$$\hat{a}_1=\frac{2}{5}\xi_1+\frac{3}{5}\xi_2,\quad \hat{a}_2=\frac{5}{6}\xi_1+\frac{1}{6}\xi_2,\quad \hat{a}_3=\frac{1}{3}\xi_1+\frac{2}{3}\xi_2,$$

定义损失函数为 $L(a,\hat{a})=3a^2(a-\hat{a})^2$，试求 $R(a,\hat{a}_1)$，$R(a,\hat{a}_2)$，$R(a,\hat{a}_3)$，问哪个风险最小？

27. 一袋中有两个球，其中白球个数为 θ，未知，通过有放回抽样，得到容量为 2 的样本，其中白球数记为 ξ，现根据这个样本来决定 θ 的值. 损失函数取为

$$L[\theta,d(\xi)]=|\theta-d(\xi)|.$$

(1) 如果定义估计量(决策函数)为 $d_1(\xi)=\xi,\xi=0,1,2$.

(2) 如果定义估计量为 $d_2(\xi)\equiv 1$.

(3) 如果定义估计量为

$$d_3(\xi)=\begin{cases}1,\xi=0,1,\\2,\xi=2.\end{cases}$$

求 $d_1(\xi)$，$d_2(\xi)$，$d_3(\xi)$的风险函数. 如果估计量类中，只有上述三个估计量，求 θ 的最大风险最小化估计量.

28. 设 $F(x;\theta)$为总体 ξ 的分布函数，θ 为未知参数，$\xi_1,\xi_2,\cdots,\xi_n$ 为 ξ 的样本. 证明：当损失函数为 $L(\theta,d)=\lambda(\theta)(\theta-d)^2$，$0<\lambda(\theta)<\infty$时，如果

$$E\{\lambda(\theta)[\theta-d(\xi_1,\cdots,\xi_n)]^2\}\mid\xi_1,\xi_2,\cdots,\xi_n\}<\infty,$$

则 θ 的贝叶斯估计量为

$$\tilde{d}(\xi_1,\cdots,\xi_n)=E[\theta\lambda(\theta)\mid\xi_1,\cdots,\xi_n]/E[\lambda(\theta)\mid\xi_1,\cdots,\xi_n].$$

29. 设总体 $\xi\sim N(0,\theta)$，方差 θ 的先验分布为 $\theta\sim \mathrm{I}\Gamma(\beta,\alpha)$，即 θ 的密度函数为

$$\pi(y)=\begin{cases}\dfrac{\alpha^\beta}{\Gamma(\beta)y^{\beta+1}}\mathrm{e}^{-\alpha/y}, & y>0,\\ 0, & y\leqslant 0,\end{cases}$$

α,β为已知常数，$\xi_1,\cdots,\xi_n$ 为 ξ 的样本. 损失函数为 $L(\theta,d)=\dfrac{1}{\theta^2}(\theta-d)^2$. 求 θ 的贝叶斯估计量.

30. 设损失函数为 $L(\theta,d)=|\theta-d|$，且 $E[|\theta-d(\xi_1,\cdots,\xi_n)|\,|\xi_1,\cdots,\xi_n]<\infty$，证明：$\theta$ 的贝叶斯估计量为 $\tilde{d}(\xi_1,\cdots,\xi_n)=\theta$ 的后验分布的中位数(其中 $\xi_1,\xi_2,\cdots,\xi_n$ 为总体 ξ 的样本，θ 为 ξ 的未知参数). 设 ξ 为随机变量，如果存在数 m，使得 $P\{\xi<m\}\leqslant\dfrac{1}{2}\leqslant P\{\xi\leqslant m\}$，则称 m 为 ξ[或其分布]的中位数.

31. 证明：对损失函数

$$L(\theta,d)=\begin{cases}1, & |\theta-d|>\delta,\\0, & |\theta-d|\leqslant\delta,\end{cases}\delta>0,$$

参数 θ 的贝叶斯估计量为使条件概率

$$P\{d(\xi_1,\cdots,\xi_n)-\delta\leqslant\theta\leqslant d(\xi_1,\cdots,\xi_n)+\delta\mid\xi_1,\cdots,\xi_n\}$$

最大的统计量 $d(\xi_1,\cdots,\xi_n)$.

32. 设总体 $\xi\sim N(a,1)$，$a\sim N(0,\tau^2)$，τ 为已知，对习题 31 中的损失函数，求 a

的贝叶斯估计量.

33. 一个收藏家正在考虑买一幅名画,这幅画标价为 5000 美元,如果是真品,它可值 10000 美元,如果是赝品,它就一钱不值,此外,买一幅假画或者没有买下一幅真画都会损害她的名誉,其收益函数表如下:

$Q(\theta,a)$ 品类 / 买否	真品(美元)	赝品(美元)
买	+5000	−6000
不买	−3000	0

她去寻找一位鉴赏家,他能以概率 0.95 识别一幅真画和以概率 0.7 识别一幅假画.

(1)　对下列三种决策作一风险表:d_1:以概率$\dfrac{1}{2}$买;d_2:如果鉴赏家鉴赏是真品就买;d_3:不买. 求最大风险最小化(minimax)决策.

(2)　如果由卖画者以往的资料知,这幅画以概率 0.75 是真的,以概率 0.25 是假的,她(在请鉴赏家鉴别之前)是否应买这幅画?

(3)　在她知道这幅画以概率 0.75,0.25 为真与假后,又去请上述鉴赏家鉴别,如果鉴赏家说是真品,问她买下这幅画将要冒多大风险? 如果咨询鉴赏家的咨询费为 500 美元,问她是否请鉴赏家鉴别?

34. 设 $\xi_1,\cdots,\xi_n$ 为总体 ξ 的样本,在平方差损失下,求下列情形参数 θ 的贝叶斯估计量

(1)　$P_\theta\{\xi=x\}=C_{x-1}^{r-1}\theta^r(1-\theta)^{x-r},x=r,r+1,\cdots,\theta\sim\beta(\alpha,\beta)$,

(2)　$P_\theta|\xi=x\}=\theta(1-\theta)^x,x=0,1,2,\cdots,\theta\sim\beta(\alpha,\beta)$,

其中 α,β 为已知.

35. 某汽车公司在考虑购买某厂生产的汽车轮胎. 该厂生产的轮胎中有些使用寿命为 4 万公里,有些使用寿命为 5 万公里. 如果买到使用寿命为 4 万公里的与一般市场比,每个要亏 15 元;如果买到使用寿命为 5 万公里的,每个要便宜 10 元. 根据以往的资料,这两种轮胎数量之比可能为:1∶2,1∶1,2∶1 的概率分别为 0.3,0.5,0.2.

(1)　该公司是否应购买该厂生产的轮胎?

(2)　今从该厂生产的轮胎中随机抽取 10 个轮胎,测试出使用寿命为 4 万公里的有 2 个,5 万公里的有 8 个. 问对该厂生产的两种轮胎数量之比的概率估计应作怎样的调整? 以及该公司是否应购买该厂的轮胎?

36. 设 $\xi_1,\cdots,\xi_n$ 为总体 ξ 的样本,ξ 具有密度函数:

$$f(x)=\begin{cases}\lambda^2 x\mathrm{e}^{-\lambda x}, x>0,\\ 0 \quad, x\leqslant 0,\end{cases} \lambda>0,$$

(1) 求 $g(\lambda)\equiv\dfrac{1}{\lambda}$ 的有效估计量 $\hat{g}(\lambda)$，并说明 $\hat{g}(\lambda)$ 是否为 $\dfrac{1}{\lambda}$ 的相合估计量.

(2) 如果 $\lambda\sim\Gamma(1,\alpha_0)$，$\alpha_0$ 已知，求 λ 的贝叶斯估计量 $\tilde{\lambda}_1$.

(3) 如果对 λ 一无所知，求 λ 的贝叶斯估计量 $\tilde{\lambda}_2$.

(4) λ 的有效估计量是否存在？为什么？

37. 设 $\xi_1,\xi_2,\cdots,\xi_n$ 为总体 $\xi\sim B(10,p)$ 的样本，$0<p<1$.

(1) 求 p 的矩估计量 $\hat{p}_1$ 与极大似然估计量 $\hat{p}_2$.

(2) 求 $g(p)=10p$ 的有效估计量与相应的信息量 $I(p)$.

(3) 说明 $\hat{p}_2$ 是否为 p 的一致估计量与有效估计量，为什么？

(4) 如果 $p\sim U(0,1)$，求 p 的贝叶斯估计量 $\tilde{p}$.

38. 一袋中有 N 个均匀的硬币，其中有 θ 个普通的，其余 $N-\theta$ 个两面都是正面. 从袋中随机摸出一个硬币，把它连掷两次，记下结果. 但不查看它属于哪一种硬币，又把它放回袋中，如此重复 n 次. 如果掷出 0 次、1 次、2 次正面的次数分别为 n_0，n_1，n_2，求 θ 的矩估计量 $\hat{\theta}_1$ 与极大似然估计量 $\hat{\theta}_2$ $\left(提示：n=n_0+n_1+n_2，\bar{\xi}=\dfrac{n_1+2n_2}{n}\right)$.

39. 设总体 $\xi\sim B(N,P)$，N 已知，$\xi_1,\xi_2,\cdots,\xi_n$ 为 ξ 的样本，(1) 如果 p 具有先验分布律：$P\{p=0.2\}=0.8$，$P\{p=0.9\}=0.2$；(2) 如果 $p\sim\beta(\alpha_0,\beta_0)$，即 p 具有密度函数 $\pi(y)=\dfrac{\Gamma(\alpha_0,\beta_0)}{\Gamma(\alpha_0)\Gamma(\beta_0)}y^{\alpha_0-1}(1-y)^{\beta_0-1}$，$y\in(0,1)$，$\alpha_0$，$\beta_0$ 已知，$\Gamma(\alpha)$ 为 Γ 函数. 求 p 的贝叶斯估计量.

40. 设总体 $\xi\sim P(\lambda)$，$\xi_1,\xi_2,\cdots,\xi_n$ 为 ξ 的样本. 如果 λ 有概率函数 $\pi(y)=(p_0)^{\delta(y-1)}(1-p_0)^{\delta(y-2)}$，$p_0$ 已知. 求 λ 的贝叶斯估计量 $\tilde{\lambda}$.

41. 设总体 ξ 服从巴斯卡分布，$\xi_1,\xi_2,\cdots,\xi_n$ 为 ξ 的样本，如果取概率函数为 $f(x)=\prod\limits_{k=r}^{\infty}\left[\mathrm{C}_{k-1}^{r-1}p^r(1-p)^{k-r}\right]^{\delta(x-k)}$，求 p 的贝叶斯估计量 $\tilde{p}$.

42. 设产品寿命服从参数为 λ 的指数分布. 抽 9 个产品进行(n，无，数)实验. 截尾数 $r=7$，产品失败时间(单位：小时)分别为 150，450，500，530，600，650，700，求未知参数 λ 极大似然估计.

43. 设产品寿命服从参数为 λ 的指数分布，抽 7 个进行(n，无，时)实验，截尾时间为 700 小时，有 6 个产品失效，失效时间分别为 120，450，450，530，600，650，求 λ 的极大似然估计.

44. 设产品寿命服从参数为 λ 的指数分布，抽 7 个进行(n,有,时)实验，截尾时间为 700(小时)，试验结果有 8 个产品失效，失效时间分别为 120,430,450,530,530,600,600,650，求 λ 的极大似然估计.

45. 在(n,无,时)试验中，求几何分布的参数 $q(q=1-p)$ 的极大似然函数.

46. 在(n,无,数)试验中，求几何分布的参数 $q(q=1-p)$ 的极大似然函数.

第三章 假设检验

假设检验是统计推断的另一重要组成部分. 它分为参数假设检验与非参数假设检验. 参数假设检验是对总体分布函数中的未知参数提出某种假设,然后利用样本提供的信息对所提出的假设进行检验,根据检验的结果对所提出的假设作出拒绝或接受的判断. 非参数假设检验是对总体分布函数的形式或总体的性质提出某种假设所进行的检验.

§3.1 假设检验的基本思想与基本概念

为了介绍假设检验的基本思想与基本概念,先来看一个例子.

例 3.1.1 某车间生产的滚球直径服从正态分布 $N(15.1,0.05)$. 现从某天生产的滚球中随机抽取 6 个,测得直径(单位:mm)为

$$14.6,15.1,14.9,14.8,15.2,15.1,$$

于是得 $\overline{x}=14.95$. 假定方差不变,问该天生产的滚球是否符合要求? 即是否可以认为该天生产的滚球的平均直径为 15.1mm?

由题意知,这天生产的滚球直径 $\xi\sim N(a,0.05)$,记 $a_0=15.1,\sigma_0^2=0.05$,所要回答的问题是:$a=a_0$ 吗? 我们可先假定 $a=a_0$,并称假定"$a=a_0$"为原假设或零假设,记为

$$H_0:a=a_0.$$

这种原假设可能成立也可能不成立. 当原假设不成立时,称 a 的取值为备选假设,本例取"$a\neq a_0$"为备选假设,记为 $H_1:a\neq a_0$. 所谓假设检验问题,就是要由样本提供的信息,检验原假设是否成立.

如何检验原假设 H_0 是否成立呢? 直观上,H_0 不成立的区域应该与 a 的置信区间在实数轴上互补,所以,我们仍可用待定实数法来解决这个问题. 由于 $\bar{\xi}$ 是 a 的有效估计量,如果 H_0 成立,即 $a=a_0$,则 $\bar{\xi}$ 与 a_0 通常应很靠近,即 $|\bar{\xi}-a_0|$ 通常应很小,否则,就不能认为 H_0 成立. 因此,我们得到如下的检验方法:当 $|\bar{\xi}-a_0|>C$ 时,我们拒绝(否定)H_0;当 $|\bar{\xi}-a_0|\leqslant C$ 时,我们不能拒绝 H_0. 这里 C 是一个待适当选择的数. 如果我们选择 $C=C_0$,则 H_0 的拒绝(否定)域(记为 $\mathscr{X}_0$)为

$$\mathscr{X}_0=\{|\bar{\xi}-a_0|>C_0\}=\{|U|>\frac{\sqrt{n}C_0}{\sigma_0}\},$$

其中 $U=\dfrac{\bar{\xi}-a_0}{\sigma_0/\sqrt{n}}\sim N(0,1)$，$H_0$ 的接受域为

$$\{|\bar{\xi}-a_0|\leqslant C_0\}=\{|U|\leqslant\frac{\sqrt{n}C_0}{\sigma_0}\}.$$

如何选择数 C 呢？这问题与假设检验的两类错误有关.

由于抽样的随机性，我们由上述检验方法作出拒绝 H_0 的判断或作出不拒绝 H_0 的判断，我们都会犯错误. 我们称拒绝 H_0 时可能犯的错误为第一类错误或弃真错误，称不拒绝 H_0 时可能犯的错误为第二类错误或取伪错误. 犯第一类错误的概率记为 α，犯第二类错误的概率记为 β，即

$$\alpha=P\{\text{犯第一类错误}\}=P\{\text{拒绝 } H_0 \mid H_0 \text{ 真}\},$$
$$\beta=P\{\text{犯第二类错误}\}=P\{\text{接受 } H_0 \mid H_0 \text{ 伪}\}.$$

我们当然希望犯两类错误的概率 α 与 β 都尽可能地小，最好都为零. 但是当样本容量 n 固定时，要使 α,β 同时变小是不可能的. 当 α 变小时，意味着接受域变大，这将导致 β 变大，反之，当 β 变小时，意味着否定域变大，这又导致 α 变大，只有增加样本容量 n 才能使 α 与 β 同时变小. 在实际问题中，通常的做法是，先限制犯第一类错误的概率 α，即根据实际情况，指定一个较小的数(如 0.05,0.01,0.001 等)作为 α 的值，有了 α 的值就可以确定上述的数 C. 从而可确定拒绝域，然后再利用备选假设可确定 β 的值. 如果 β 的值太大，则需增大样本容量 n 使 β 变小. 如果实际问题不需要 β 太小，则可考虑适当减小 n，以节省人力、物力与时间.

通常称 α 为显著性水平. 称 $1-\beta$ 为检验的功效，它是不犯第二类错误的概率，可以用来评价检验的好坏. 犯两类错误的可能情况见表 3.1.1.

表 3.1.1

判断 \ 真实情况	H_0 真	H_0 伪
拒绝(否定)H_0	犯第一类错误	判断正确
接受 H_0	判断正确	犯第二类错误

为了介绍确定上述实数 C 的方法，我们仍以例 3.1.1 来说明. 当样本容量 n 与犯第一类错误的概率 α 确定后，由于 $\bar{\xi}\sim N\left(a,\dfrac{\sigma_0^2}{n}\right)$，所以 $\dfrac{\bar{\xi}-a}{\sigma_0/\sqrt{n}}\sim N(0,1)$. 当 H_0 成立时，即 $a=a_0$ 时，就有 $U=\dfrac{\bar{\xi}-a_0}{\sigma_0/\sqrt{n}}\sim N(0,1)$，记 $P_0\{\cdot\}=P\{\cdot\mid H_0\text{ 真}\}$，从而有

$$\alpha=P\{\text{拒绝 } H_0 \mid H_0 \text{ 真}\}=P_0\{|\bar{\xi}-a_0|>C\}$$

$$=P_0\{|U|>\frac{\sqrt{n}C}{\sigma_0}\}=1-\left[\Phi\left(\frac{\sqrt{n}C}{\sigma_0}\right)-\Phi\left(-\frac{\sqrt{n}C}{\sigma_0}\right)\right]$$

$$=1-\left[2\Phi\left(\frac{\sqrt{n}C}{\sigma_0}\right)-1\right]=2\left[1-\Phi\left(\frac{\sqrt{n}C}{\sigma_0}\right)\right],$$

即

$$\Phi\left(\frac{\sqrt{n}C}{\sigma_0}\right)=1-\frac{\alpha}{2},$$

其中 $\Phi(x)$ 为标准正态分布函数,因为 α 为已知数,所以查标准正态分布函数表,可得其下侧 $1-\dfrac{\alpha}{2}$ 分位数 $u_{1-\frac{\alpha}{2}}$,使得

$$\Phi(u_{1-\frac{\alpha}{2}})=1-\frac{\alpha}{2},$$

从而

$$\frac{\sqrt{n}C}{\sigma_0}=u_{1-\alpha/2}.$$

故

$$C=\frac{\sigma_0 u_{1-\frac{\alpha}{2}}}{\sqrt{n}}.$$

于是得 H_0 的拒绝域:

$$\mathscr{X}_0=\left\{|\bar{\xi}-a_0|>\frac{\sigma_0 u_{1-\alpha/2}}{\sqrt{n}}\right\}=\left\{\left|\frac{\bar{\xi}-a_0}{\sigma_0/\sqrt{n}}\right|>u_{1-\alpha/2}\right\}.$$

当由样本观察值计算得 $\bar{\xi}$ 的观察值 $\bar{x}$ 时,如果 $|\bar{x}-a_0|>\dfrac{\sigma_0 u_{1-\alpha/2}}{\sqrt{n}}$,则拒绝 H_0;否则,接受 H_0,即认为 $a=a_0$. 由于当 H_0 成立时,$\{|\bar{\xi}-a_0|>\dfrac{\sigma_0 u_{1-\alpha/2}}{\sqrt{n}}\}$ 是概率为 α 的小概率事件. 而小概率事件在一次试验中是几乎不可能发生的,而现在居然在一次抽样试验中发生了,即出现了 $|\bar{x}-a_0|>\dfrac{\sigma_0 u_{1-\alpha/2}}{\sqrt{n}}$. 这表明"假设 H_0 成立"是错误的,因而我们拒绝 H_0. 反之,如果在一次抽样中,得 $|\bar{x}-a_0|\leqslant\dfrac{\sigma_0 u_{1-\alpha/2}}{\sqrt{n}}$,我们没有理由拒绝 H_0.

对于例 3.1.1,$a_0=15.1$,$n=6$,$\bar{x}=14.95$,如果取 $\alpha=0.05$,查表,$u_{1-\alpha/2}=u_{0.975}=1.96$. 又因 $\sigma_0^2=0.05$,所以

$$C=\frac{\sigma_0 u_{1-\frac{\alpha}{2}}}{\sqrt{n}}=\frac{\sqrt{0.05}\times 1.96}{\sqrt{6}}=0.1789,$$

而

$$|\bar{x}-a_0|=|14.95-15.1|=0.15<0.1789=C.$$

从而不拒绝 H_0，即认为这天生产的滚球平均直径为 15.1mm.

由例 3.1.1 可归纳出假设检验有如下几个步骤：

第一步　根据实际问题和已知信息提出原假设与备选假设，如

$$H_0:\theta=\theta_0, H_1:\theta\neq\theta_0$$

或

$$H_0:F(x)=F_0(x), H_1:F(x)\neq F_0(x),$$

其中 θ 为总体分布中的未知参数，θ_0 为参数空间中的一个已知数. $F(x)$ 为总体的分布函数，$F_0(x)$ 为某特定的分布函数. 必须注意，原假设 H_0 一般是根据实际问题提出的，往往是从过去经验中总结出来的，没有充分理由是不能拒绝它的.

第二步　分析并提出 H_0 的拒绝域的形式.

根据原假设 H_0 与备选假设 H_1 的形式，分析并提出 H_0 的拒绝域的形式.

第三步　确定 H_0 的拒绝域中的待定数.

根据给定的显著性水平(犯第一类错误的概率)α，确定 H_0 的拒绝域中的待定数，从而确定 H_0 的拒绝域.

第四步　作出是否拒绝 H_0 的判断.

考察样本$(\xi_1,\xi_2,\cdots,\xi_n)$的观察值$(x_1,x_2,\cdots,x_n)$是否属于 H_0 的拒绝域 $\mathscr{X}_0$，如果属于，则拒绝 H_0，否则就接受 H_0，判断的基本思想是小概率事件原理.

例 3.1.2　设总体 $\xi\sim N(a,2.6)$，$\xi_1,\xi_2,\cdots,\xi_n$ 为 ξ 的样本. 如果对假设

$$H_0:a\leqslant 12,\qquad H_1:a=13$$

H_0 的拒绝域为 $\mathscr{X}_0=\{\bar{\xi}>12.4277\}$.

(1) 当 $n=100$ 时，求犯两类错误的概率 α 与 β；

(2) 如果要使犯第二类错误的概率 $\beta\leqslant 0.01$，n 最小应取多大？

(3) 证明：当 $n\to\infty$ 时，$\alpha\to 0$，$\beta\to 0$.

解　(1) 当 H_0 成立时，有 $\dfrac{\bar{\xi}-12}{2.6/10}\leqslant\dfrac{\bar{\xi}-a}{0.26}\sim N(0,1)$，所以

$$\alpha=P\{\bar{\xi}>12.4277\,|\,a\leqslant 12\}=P_0\left\{\frac{\bar{\xi}-12}{0.26}>\frac{0.4277}{0.26}\right\}$$

$$\leqslant P_0\left\{\frac{\bar{\xi}-a}{0.26}>\frac{0.4277}{0.26}\right\}=1-\Phi(1.645)=0.05,$$

即 $\alpha\leqslant 0.05$，当 $H_0:a=12$ 时，$\alpha=0.05$.

当 H_1 成立时，有　$\dfrac{\bar{\xi}-13}{0.26}\sim N(0,1)$，所以

$$\beta=P\{\bar{\xi}\leqslant 12.4277\,|\,a=13\}=P\left\{\frac{\bar{\xi}-13}{0.26}\leqslant-\frac{0.5723}{0.26}\,\middle|\,a=13\right\}$$

$$= \Phi(-2.20) = 1 - \Phi(2.2) = 0.0139.$$

(2) 当 H_1 成立时,有 $\frac{\bar{\xi}-13}{2.6/\sqrt{n}} \sim N(0,1)$,所以

$$\begin{aligned} 0.01 \geqslant \beta &= P\{\bar{\xi} \leqslant 12.4277 \mid a = 13\} \\ &= P\left\{\frac{(\bar{\xi}-13)\sqrt{n}}{2.6} \leqslant -0.220\sqrt{n} \,\middle|\, a = 13\right\} \\ &= \Phi(-0.220\sqrt{n}) = 1 - \Phi(0.220\sqrt{n}), \end{aligned}$$

即 $\Phi(0.220\sqrt{n}) \geqslant 0.99$,查表得 $u_{0.99} = 2.3 \leqslant 0.220\sqrt{n}$,$n \geqslant 109.1982$. 故所求 n 为 110.

当 $n=110$ 时,$\alpha \leqslant 0.04225$. 即 n 变大时,α 与 β 都变小了.

(3) 当 H_0 成立时,有 $\frac{\bar{\xi}-12}{2.6/\sqrt{n}} \leqslant \frac{\bar{\xi}-a}{2.6/\sqrt{n}} \sim N(0,1)$,所以,

$$\alpha = P\{\bar{\xi} > 12.4277 \mid a \leqslant 12\} = P_0\left\{\frac{\sqrt{n}(\bar{\xi}-12)}{2.6} > \frac{0.4277\sqrt{n}}{2.6}\right\}$$

$$\leqslant P_0\left\{\frac{\sqrt{n}(\bar{\xi}-a)}{2.6} > \frac{0.4277\sqrt{n}}{2.6}\right\} = 1 - \Phi\left(\frac{0.4277\sqrt{n}}{2.6}\right) \to 0 \text{(当 } n \to \infty \text{ 时)}.$$

当 H_1 成立时,有 $\frac{\sqrt{n}(\bar{\xi}-13)}{2.6} \sim N(0,1)$,所以,

$$\beta = P\{\bar{\xi} \leqslant 12.4277 \mid a = 13\} = P\left\{\frac{\sqrt{n}(\bar{\xi}-13)}{2.6} \leqslant -\frac{0.5723\sqrt{n}}{2.6} \,\middle|\, a = 13\right\}$$

$$= \Phi\left(-\frac{0.5723\sqrt{n}}{2.6}\right) \to 0 \text{(当 } n \to \infty \text{ 时)}.$$ 证毕.

§3.2 参数假设检验

设总体 ξ 的分布函数为 $F(x;\theta)$,θ 为未知参数,$\theta \in \Theta$,Θ 为参数空间. 设 Θ_0 为 Θ 的非空子集. 参数的假设检验一般是对如下的假设

$$H_0: \theta \in \Theta_0, H_1: \theta \in \Theta - \Theta_0 \tag{3.2.1}$$

进行检验. 如果 Θ_0 只含有一点 θ_0,且 $\Theta - \Theta_0$ 只含有一点 θ_1,即 $\Theta_0 = \{\theta_0\}$,$\Theta - \Theta_0 = \{\theta_1\}$,则(3.2.1)变为

$$H_0: \theta = \theta_0, \quad H_1: \theta = \theta_1, \tag{3.2.2}$$

这时称 H_0 为简单原假设,称 H_1 为简单备选假设.

如果 $\Theta_0 = \{\theta_0\}$,且 $\Theta - \Theta_0$ 由多于一个点组成,这时称 H_0 为简单原假设,称 H_1 为复合备选假设.

如果 Θ_0,$\Theta - \Theta_0$ 均由多于一个点组成,则这时称 H_0 与 H_1 都是复合的.

下面我们主要讨论正态总体中的参数假设检验问题.

3.2.1　单个正态总体均值的假设检验

设 $\xi_1,\xi_2,\cdots,\xi_n$ 为总体 $\xi\sim N(a,\sigma^2)$ 的样本，a 为未知参数

$$\bar{\xi}=\frac{1}{n}\sum_{i=1}^{n}\xi_i,\quad S^2=\frac{1}{n}\sum_{i=1}^{n}(\xi_i-\bar{\xi})^2,$$

$$\widetilde{S}^2=\frac{1}{n-1}\sum_{i=1}^{n}(\xi_i-\bar{\xi})^2.$$

现分 σ^2 为已知与 σ^2 为未知两种情形讨论 a 的检验问题.

一、σ^2 已知时 a 的假设检验

当 σ^2 为已知时，对 a 可提出如下几种假设：

(1)　$H_0:a=a_0,H_1:a\neq a_0$（a_0 为已知）.

(2)　$H_0:a=a_0,H_1:a>a_0$（a_0 为已知）.

(3)　$H_0:a=a_0,H_1:a=a_1$（a_0,a_1 均已知且 $a_0<a_1$）.

(4)　$H_0:a\leqslant a_0,H_1:a>a_0$（$a_0$ 已知）.

(5)　$H_0:a=a_0,H_1:a<a_0$（a_0 已知）.

(6)　$H_0:a=a_0,H_1:a=a_1$（a_0,a_1 均已知且 $a_0>a_1$）.

(7)　$H_0:a>a_0,H_1:a\leqslant a_0$（$a_0$ 已知）.

检验上述 7 种假设的主要问题是分别求出原假设的拒绝域.

关于(1)，由 § 3.1 的讨论知，H_0 的拒绝域为

$$\mathscr{X}_0=\left\{\mid\bar{\xi}-a_0\mid>\frac{\sigma u_{1-\alpha/2}}{\sqrt{n}}\right\}=\left\{\mid\frac{\bar{\xi}-a_0}{\sigma/\sqrt{n}}\mid>u_{1-\alpha/2}\right\},\tag{3.2.3}$$

其中 n 为样本容量，$u_{1-\frac{\alpha}{2}}$ 为标准正态分布下侧 $1-\frac{\alpha}{2}$ 分位数. 如果样本观察值 $(x_1,x_2,\cdots,x_n)$ 使得 $\left|\frac{\bar{x}-a_0}{\sigma_0/\sqrt{n}}\right|>u_{1-\alpha/2}$，则拒绝 H_0，否则就接受 H_0.

求出原假设的否定(拒绝)域 $\mathscr{X}_0$ 是假设检验问题的关键，因此为了节省篇幅，对下面讨论的假设检验问题，我们仅给出原假设的否定域 $\mathscr{X}_0$. 关于 $\mathscr{X}_0$，应该注意，在试验之前，它是由一些基本事件 ω 组成的随机事件. 在试验之后，它是由一些样本点 $(x_1,x_2,\cdots,x_n)$ 组成的集合，且 $\mathscr{X}_0\subset\mathscr{X}$. 例如，由式(3.2.3)给出的 $\mathscr{X}_0$，在试验之前

$$\mathscr{X}_0=\left\{\omega:\left|\frac{\bar{\xi}(\omega)-a_0}{\sigma/\sqrt{n}}\right|>u_{1-\alpha/2}\right\}$$

是一事件，而获得样本观察值 $(x_1,x_2,\cdots,x_n)$ 的试验之后

$$\mathscr{X}_0=\left\{(x_1,x_2,\cdots,x_n):\left|\frac{\bar{x}-a_0}{\sigma/\sqrt{n}}\right|>u_{1-\alpha/2}\right\}$$

是由点$(x_1,x_2,\cdots,x_n)$组成的集合.

关于(2),由于$\bar{\xi}$是a的最小方差无偏估计量,所以,当H_0成立时,$\bar{\xi}$通常应在a_0附近,考虑到备选假设,$\bar{\xi}$不能太大,如果$\bar{\xi}$较大,我们就不能认为H_0成立,而应认为H_1成立,故H_0的拒绝域应为$\{\bar{\xi}>C\}$,其中数C由α确定.由于$\bar{\xi}\sim N\left(a,\frac{\sigma^2}{n}\right)$,从而$\frac{\bar{\xi}-a}{\sigma/\sqrt{n}}\sim N(0,1)$,所以当$H_0$成立时,$\frac{\bar{\xi}-a_0}{\sigma/\sqrt{n}}\sim N(0,1)$.当$\alpha$给定后,由$\alpha$的定义得

$$\alpha=P\{拒绝\ H_0\mid H_0\ 真\}=P_0\left\{\frac{\bar{\xi}-a_0}{\sigma/\sqrt{n}}>\frac{C-a_0}{\sigma/\sqrt{n}}\right\}=1-\Phi\left(\frac{C-a_0}{\sigma/\sqrt{n}}\right),$$

从而

$$\Phi\left(\frac{C-a_0}{\sigma/\sqrt{n}}\right)=1-\alpha. \tag{3.2.4}$$

查标准正态分布表得$1-\alpha$下侧分位数$u_{1-\alpha}$,使得$\Phi(u_{1-\alpha})=1-\alpha$,所以$\frac{C-a_0}{\sigma/\sqrt{n}}=u_{1-\alpha}$,即$C=a_0+\frac{\sigma u_{1-\alpha}}{\sqrt{n}}$,故$H_0$的拒绝域为

$$\mathscr{X}_0=\left\{\bar{\xi}>a_0+\frac{\sigma u_{1-\alpha}}{\sqrt{n}}\right\}=\left\{\frac{\bar{\xi}-a_0}{\sigma/\sqrt{n}}>u_{1-\alpha}\right\}. \tag{3.2.5}$$

关于(3),类似于(2)的讨论,H_0的拒绝域也由(3.2.5)式给出.

关于(4),H_0的拒绝域仍为$\{\bar{\xi}>C\}$,数C仍由α确定.当α给定后,因为当H_0成立时,有$\frac{\bar{\xi}-a_0}{\sigma/\sqrt{n}}\leqslant\frac{\bar{\xi}-a}{\sigma/\sqrt{n}}\sim N(0,1)$.从而

$$P_0\{\bar{\xi}>C\}=P_0\left\{\frac{\bar{\xi}-a_0}{\sigma/\sqrt{n}}>\frac{C-a_0}{\sigma/\sqrt{n}}\right\}\leqslant P_0\left\{\frac{\bar{\xi}-a}{\sigma/\sqrt{n}}>\frac{C-a_0}{\sigma/\sqrt{n}}\right\},$$

令

$$P_0\left\{\frac{\bar{\xi}-a}{\sigma/\sqrt{n}}>\frac{C-a_0}{\sigma/\sqrt{n}}\right\}=\alpha,$$

即

$$\Phi\left(\frac{C-a_0}{\sigma/\sqrt{n}}\right)=1-\alpha,$$

查表得$u_{1-\alpha}$,使得

$$\frac{C-a_0}{\sigma/\sqrt{n}}=u_{1-\alpha},即\ C=a_0+\frac{\sigma u_{1-\alpha}}{\sqrt{n}}.$$

由上面讨论知,当H_0成立时,$\{\bar{\xi}>C\}$是概率不超过α的小概率事件,所以得H_0的拒绝域

$$\mathscr{X}_0=\left\{\frac{\bar{\xi}-a_0}{\sigma/\sqrt{n}}>u_{1-\alpha}\right\}. \tag{3.2.6}$$

关于(5),(6),(7),类似于(2),(3),(4)的讨论,它们的拒绝域均为$\{\bar{\xi}<C\}$,且其中$C=a_0+\frac{\sigma u_\alpha}{\sqrt{n}}$,$u_\alpha$为标准正态分布下侧$\alpha$分位数,即(5),(6),(7)的拒绝域均为

$$\mathscr{X}_0=\left\{\bar{\xi}<a_0+\frac{\sigma u_\alpha}{\sqrt{n}}\right\}=\left\{\frac{\bar{\xi}-a_0}{\sigma/\sqrt{n}}<u_\alpha\right\}. \tag{3.2.7}$$

例 3.2.1　某厂生产的固体燃料推进器的燃烧率服从正态分布$N(40,2^2)$. 现用新方法生产了一批推进器,从中取 25 只进行试验,测得燃烧率的样本均值为$\bar{x}=41.25$(cm/s),设新方法下总体方差仍为$4(\mathrm{cm/s})^2$,问这批推进器的燃烧率是否较以往生产的有显著地提高($\alpha=0.05$)?

解　由题意我们需要检验如下假设:

$$H_0:a\leqslant a_0=40,\quad H_1:a>a_0=40,$$

因为$\sigma=2$,所以H_0的拒绝域为

$$\mathscr{X}_0=\left\{\frac{\bar{\xi}-a_0}{\sigma/\sqrt{n}}>u_{1-\alpha}\right\}.$$

因为

$$\frac{\bar{\xi}-a_0}{\sigma/\sqrt{n}}=\frac{41.25-40}{2/\sqrt{25}}=3.125>u_{1-0.05}=1.645,$$

所以拒绝H_0,即认为这批推进器的燃烧率比以往的有显著的提高.

例 3.2.2　由经验知某种零件重$\xi\sim N(15,0.05)$,技术革新后,抽测了 6 个样品,测得样本均值为$\bar{x}=14.9$(g),已知方差不变,问革新后这种零件平均重量是否仍为 15g($\alpha=0.05$)?

解　本题可归纳为检验假设:

$$H_0:a=15,\quad H_1:a\neq 15.$$

H_0的拒绝域由式(3.2.3)给出. 因为$n=6$,$\sigma=\sqrt{0.05}$,$\alpha=0.05$,$u_{1-\alpha/2}=1.96$,由式(3.2.3),得

$$C=\frac{\sigma u_{1-\alpha/2}}{\sqrt{n}}=\frac{\sqrt{0.05}\times 1.96}{\sqrt{6}}=0.17>|\bar{x}-a_0|$$
$$=|14.9-15|=0.1.$$

所以,不拒绝H_0,即认为革新后这种零件平均重量仍为 15g.

二、σ^2 未知时 a 的假设检验

在实际问题中,方差σ^2已知的情况比较少见,一般只知总体$\xi\sim N(a,\sigma^2)$,而不知σ^2. 当σ^2未知时关于a的假设仍可提出如下几种:

(1) $H_0:a=a_0,H_1:a\neq a_0$(a_0 已知).

(2) $H_0:a=a_0,H_1:a>a_0$(a_0 已知).

(3) $H_0:a=a_0,H_1:a=a_1$(a_0,a_1 已知且 $a_0<a_1$).

(4) $H_0:a\leqslant a_0,H_1:a>a_0$($a_0$ 已知).

(5) $H_0:a=a_0,H_1:a<a_0$(a_0 已知).

(6) $H_0:a=a_0,H_1:a=a_1$(a_0,a_1 已知且 $a_0>a_1$).

(7) $H_0:a>a_0,H_1:a\leqslant a_0$($a_0$ 已知).

这里的 7 种假设的拒绝域分别与 σ^2 已知时各种假设的拒绝域在形式上是一样的,即假设(1)的拒绝域为$\{|\bar{\xi}-a_0|>C\}$,假设(2),(3),(4)的拒绝域均为$\{\bar{\xi}>C\}$,假设(5),(6),(7)的拒绝域均为$\{\bar{\xi}<C\}$,其中 C 为待定数,它依赖于犯第一类错误的概率 α.

当 σ^2 已知时,$\bar{\xi}\sim N\left(a,\dfrac{\sigma^2}{n}\right)$,从而$\dfrac{\sqrt{n}(\bar{\xi}-a)}{\sigma}\sim N(0,1)$.现在 σ^2 未知,我们自然会想到用 $\widetilde{S}$ 去代替σ,且由式(1.3.1)知

$$\frac{\sqrt{n}(\bar{\xi}-a)}{\widetilde{S}}=\frac{\sqrt{n-1}(\bar{\xi}-a)}{S}\sim t(n-1),$$

这样,相应地,在式(3.2.3),(3.2.5),(3.2.6)与(3.2.7)式中,将σ换成$\widetilde{S}$,将标准正态分布的下侧 α 分位数 u_α 换成自由度为 $n-1$ 的 t 分布下侧 α 分位数$t_\alpha(n-1)$,就可得拒绝域.即对假设(1),H_0 的拒绝域为

$$\begin{aligned}\mathscr{X}_0&=\left\{\left|\frac{\bar{\xi}-a_0}{\widetilde{S}/\sqrt{n}}\right|>t_{1-\alpha/2}(n-1)\right\}\\&=\left\{\left|\frac{\bar{\xi}-a_0}{S/\sqrt{n-1}}\right|>t_{1-\alpha/2}(n-1)\right\},\end{aligned}\tag{3.2.8}$$

对假设(2),(3),(4),H_0 的拒绝域均为

$$\begin{aligned}\mathscr{X}_0&=\left\{\bar{\xi}>a_0+\frac{S}{\sqrt{n-1}}t_\alpha(n-1)\right\}\\&=\left\{\frac{\bar{\xi}-a_0}{\widetilde{S}/\sqrt{n}}>t_{1-\alpha}(n-1)\right\}.\end{aligned}\tag{3.2.9}$$

对假设(5),(6),(7),H_0 的拒绝域均为

$$\begin{aligned}\mathscr{X}_0&=\left\{\bar{\xi}<a_0+\frac{S}{\sqrt{n-1}}t_\alpha(n-1)\right\}\\&=\left\{\frac{\bar{\xi}-a_0}{\widetilde{S}/\sqrt{n}}<t_\alpha(n-1)\right\}.\end{aligned}\tag{3.2.10}$$

上三式的推导过程与 σ^2 已知时推导过程类似,这里不再重述.

表 3.2.1 单个正态总体均值的假设检验

H_0	H_1	σ^2	拒绝域
$a=a_0$	$a\neq a_0$	已知	$\left\{\left\|\frac{\bar{\xi}-a_0}{\sigma/\sqrt{n}}\right\|>u_{1-\alpha/2}\right\}$
		未知	$\left\{\left\|\frac{\bar{\xi}-a_0}{S/\sqrt{n-1}}\right\|>t_{1-\alpha/2}(n-1)\right\}$
$a=a_0$ $a=a_0$ $a\leqslant a_0$	$a>a_0$ $a=a_1(a_0<a_1)$ $a>a_0$	已知	$\left\{\frac{\bar{\xi}-a_0}{\sigma/\sqrt{n}}>u_{1-\alpha}\right\}$
		未知	$\left\{\frac{\bar{\xi}-a_0}{S/\sqrt{n-1}}>t_{1-\alpha}(n-1)\right\}$
$a=a_0$ $a=a_0$ $a>a_0$	$a<a_0$ $a=a_1(a_0>a_1)$ $a\leqslant a_0$	已知	$\left\{\frac{\bar{\xi}-a_0}{\sigma/\sqrt{n}}<u_{\alpha}\right\}$
		未知	$\left\{\frac{\bar{\xi}-a_0}{S/\sqrt{n-1}}<t_{\alpha}(n-1)\right\}$

例 3.2.3 某厂生产的维尼伦纤度 $\xi\sim N(a,\sigma^2)$，σ^2 为未知，正常生产时，$a\geqslant 1.40$，现从某天生产的维尼伦中随机抽取 5 根，测得其纤度为

$$1.32,1.25,1.24,1.14,1.26.$$

问该天的生产是否正常($\alpha=0.05$)？

解 此问题可归结为检验假设：

$$H_0:a\geqslant 1.40,\quad H_1:a<1.40.$$

因 σ^2 未知，所以 H_0 的拒绝域为

$$\mathscr{X}_0=\left\{\frac{\bar{\xi}-a_0}{S/\sqrt{n-1}}<t_\alpha(n-1)\right\},$$

而

$$\frac{\bar{\xi}-a_0}{S/\sqrt{n-1}}=\frac{1.242-1.40}{0.04665/\sqrt{4}}=-6.7738<t_\alpha(n-1)$$

$$=t_{0.05}(4)=-t_{0.95}(4)=-2.132.$$

所以拒绝 H_0，即认为某天生产显著不正常.

例 3.2.4 某电子元件的寿命 $\xi\sim N(a,\sigma^2)$，a,σ^2 均为未知，现测得 16 件元件的寿命(小时)如下：

159,280,101,212,224,379,179,264,222,362,168,250,149,260,485,170.

问是否有理由认为元件的平均寿命大于 220(小时)($\alpha=0.05$)？

解 此题需要检验假设：

$$H_0:a\leqslant a_0\equiv 220,\quad H_1:a>a_0.$$

因为 $n=16$，$t_{0.95}(15)=1.7531$，又由样本观察值计算得 $\bar{x}=241.5$，$s=98.7259$，由

式(3.2.9)得

$$\frac{\bar{x}-a_0}{s/\sqrt{n-1}}=\frac{241.5-220}{98.7259/\sqrt{15}}=0.8434<t_{1-\alpha}(n-1).$$

所以，不拒绝 H_0，即认为元件平均寿命不大于 220 小时.

如果我们检验假设：

$$H'_0: a>a_0,\quad H'_1: a\leqslant a_0,$$

因为 $t_\alpha(15)=t_{0.05}(15)=-t_{0.95}(15)=-1.7532$，由(3.2.10)

$$\frac{\bar{x}-a_0}{s/\sqrt{n-1}}=0.8434>-1.7531=t_\alpha(n-1).$$

因此我们不拒绝 H'_0，即认为元件平均寿命大于 220 小时.

对于上例，我们通过检验不同的原假设，得出两种完全相反的结果. 这是为什么？实际上这里有个着眼点的问题. 当我们提出原假设 H_0 时，我们的着眼点是(根据以往这种元件的情况或生产这种元件的厂方不好的信誉)认为平均寿命不超过 220 小时，只有非常有利于厂方的观察结果才能改变我们对这种元件不信任的看法. 同样，当我们提出原假设 H'_0 时，我们的着眼点是(根据这种元件以往好的信誉)认为其平均寿命大于 220 小时，没有非常充分的理由是不能改变我们对这种元件的好的看法. 也就是说原假设是根据以往的信息和经验提出的，没有充分的理由或非常不利于原假设的观察结果是不能拒绝原假设的. 即原假设具有较大的"惰性"，没有非常充分的理由是拒绝不了它的. 因此，当我们的观察数据既不拒绝 H_0，也不拒绝 H'_0 时，我们的着眼点就决定了最后的结论. 这样，提出什么样的原假设就比较重要了，应该根据以往的信息仔细地考虑，提出适当的原假设. 当根据试验数据拒绝了原假设时，说明原假设是显著不成立的. 因此原假设的检验称为显著性检验.

解决例 3.2.4 中出现的这一类矛盾有两个办法，一个办法是根据以往的信息即上述的"着眼点". 另一个办法是增大 α，也就是增大犯第一类(弃真)错误的概率 α. 例如，如果取 $\alpha=0.25$，则 $t_{0.75}=(15)=0.6912$，$t_{0.25}(15)=-0.6912$，于是有

$$t_\alpha(n-1)=-0.6912<\frac{\bar{x}-a_0}{s/\sqrt{n-1}}$$

$$=0.8434>0.6912=t_{1-\alpha}(n-1).$$

所以，拒绝 H_0，但不拒绝 H'_0. 于是两种检验结果一致：即当 $\alpha=0.25$ 时，最后结论是：此类元件平均寿命大于 220 小时.

三、非正态总体均值的假设检验

当总体 ξ 不服从正态分布时，如果样本容量 n 很大(一般要求 $n\geqslant 50$)，且 $E(\xi)=a$，$D(\xi)=\sigma^2$ 都存在有限，则由中心极限定理知

$$\frac{\bar{\xi}-a}{\sqrt{D(\xi)/n}} \xrightarrow{L} \zeta \sim N(0,1),\text{又} \frac{S}{\sqrt{D(\xi)}} \xrightarrow{P} 1,$$

所以

$$\frac{\bar{\xi}-a}{S/\sqrt{n}} = \frac{\bar{\xi}-a}{\sqrt{D(\xi)/n}} \bigg/ \frac{S}{\sqrt{D(\xi)}} \xrightarrow{L} \zeta \sim N(0,1).$$

故这时关于总体均值 a 的检验可近似化为正态总体均值的检验.

例 3.2.5　某厂生产一批产品,质量检查规定:其次品率不超过 0.05 才允许出厂,现从这批产品中抽查 50 件,发现有 4 件是次品,试问这批产品能否出厂($\alpha=0.05$)?

解　设 p 为这批产品的次品率,则本题变为检验如下假设:

$$H_0: p \leqslant 0.05, \quad H_1: p > p_0 \equiv 0.05.$$

因为 H_0 的拒绝域为

$$\mathscr{X}_0 = \left\{ \frac{\bar{\xi}-p_0}{s/\sqrt{n}} > u_{1-\alpha} \right\},$$

而

$$\frac{\bar{x}-p_0}{s/\sqrt{n}} = 0.7819 < u_{1-\alpha} = u_{0.95} = 1.645,$$

故不拒绝 H_0,即认为这批产品的次品率不超过 0.05.

如果检验假设:$H_0': p > p_0 = 0.05$,　$H_1': p \leqslant p_0$. 由(3.2.7)式,H_0'的拒绝域为

$$\mathscr{X}_0' = \left\{ \frac{\bar{\xi}-p_0}{s/\sqrt{n}} < u_\alpha \right\},$$

而

$$\frac{\bar{x}-p_0}{s/\sqrt{n}} = 0.7819 > u_\alpha = u_{0.05} = -1.645.$$

故也不拒绝 H_0',即认为这批产品的次品率大于 0.05.

克服上述矛盾的方法之一:看该厂这种产品以往的情况,如果以往次品率都不超过 0.05,则允许该批产品出厂,否则不允许该批产品出厂. 另一方法:当无以往信息时,可增大 α 再进行检验. 例如,当 $\alpha=0.25$ 时,有

$$-0.6716 = u_\alpha < \frac{\bar{x}-p_0}{s/\sqrt{n}} = \frac{0.08-p_0}{0.2713/\sqrt{50}}$$
$$= 0.7819 > u_{1-\alpha} = 0.6716.$$

所以,拒绝 H_0,但不拒绝 H_0',两种检验结果一致:不允许该批产品出厂.

3.2.2　单个正态总体方差的假设检验

设总体 $\xi \sim N(a,\sigma^2)$,$\xi_1,\cdots,\xi_n$ 为 ξ 的样本,$\widetilde{S}^2$ 为修正样本方差. 我们这里只讨

论 a 未知时 σ^2 的假设检验问题，关于 a 已知时的情况，一者比较少见，再者与 a 未知时的讨论类似. 当 a 未知时，关于 σ^2 我们可提出具有代表性的如下 3 种假设：

(1) $H_0:\sigma^2=\sigma_0^2, H_1:\sigma^2\neq\sigma_0^2$（$\sigma_0^2$ 已知）.

(2) $H_0:\sigma^2\leqslant\sigma_0^2, H_1:\sigma^2>\sigma_0^2$（$\sigma_0^2$ 已知）.

(3) $H_0:\sigma^2>\sigma_0^2, H_1:\sigma^2\leqslant\sigma_0^2$（$\sigma_0^2$ 已知）.

关于(1)，由于 $\widetilde{S}^2$ 是 σ^2 的最小方差无偏估计量，所以$\dfrac{\widetilde{S}^2}{\sigma^2}$通常应接近 1，从而当 H_0 成立时$\dfrac{\widetilde{S}^2}{\sigma_0^2}$应接近 1. 如果$\dfrac{\widetilde{S}^2}{\sigma_0^2}$较大或较小，我们就不能认为 H_0 成立，而应认为 H_1 成立. 因此，H_0 的拒绝域应该为

$$\left\{\frac{\widetilde{S}^2}{\sigma_0^2}<C_1\right\}\cup\left\{\frac{\widetilde{S}^2}{\sigma_0^2}>C_2\right\}$$

$$=\left\{\frac{\widetilde{S}^2}{\sigma_0^2}<C_1\ \text{或}\frac{\widetilde{S}^2}{\sigma_0^2}>C_2\right\}, C_2>C_1, \tag{3.2.11}$$

其中 C_1, C_2 由犯第一类错误的概率 α 确定.

当 α 选定后，由于$\dfrac{(n-1)\widetilde{S}^2}{\sigma^2}\sim\chi^2(n-1)$，所以当 H_0 成立时，即 $\sigma^2=\sigma_0^2$ 时有

$$\chi^2\triangleq\frac{(n-1)\widetilde{S}^2}{\sigma_0^2}\sim\chi^2(n-1),$$

又因 $C_2>C_1$，所以

$$\alpha=P\left\{\frac{\widetilde{S}^2}{\sigma_0^2}<C_1\ \text{或}\frac{\widetilde{S}^2}{\sigma_0^2}>C_2\,\middle|\,\sigma^2=\sigma_0^2\right\}=P_0\left\{\frac{\widetilde{S}^2}{\sigma_0^2}<C_1\right\}+P_0\left\{\frac{\widetilde{S}^2}{\sigma_0^2}>C_2\right\}.$$

因为我们通常不知道 $P_0\left\{\dfrac{\widetilde{S}^2}{\sigma_0^2}<C_1\right\}$与 $P_0\left\{\dfrac{\widetilde{S}^2}{\sigma_0^2}>C_2\right\}$哪个大些，故取 C_1, C_2 满足

$$\frac{\alpha}{2}=P_0\left\{\frac{\widetilde{S}^2}{\sigma_0^2}<C_1\right\}=P_0\{\chi^2<(n-1)C_1\}, \tag{3.2.12}$$

$$\frac{\alpha}{2}=P_0\left\{\frac{\widetilde{S}^2}{\sigma_0^2}>C_2\right\}=1-P_0\{\chi^2<(n-1)C_2\},$$

即

$$1-\frac{\alpha}{2}=P_0\{\chi^2\leqslant(n-1)C_2\}. \tag{3.2.13}$$

查 χ^2 分布表得下侧分位数 $\chi^2_{\alpha/2}(n-1), \chi^2_{1-\alpha/2}(n-1)\}$，使得

$$\frac{\alpha}{2}=P_0\{\chi^2<\chi^2_{\alpha/2}(n-1)\},$$

$$1-\frac{\alpha}{2}=P_0\{\chi^2\leqslant\chi^2_{1-\alpha/2}(n-1)\}.$$

所以

$$C_1=\frac{1}{n-1}\chi^2_{\alpha/2}(n-1),$$

$$C_2=\frac{1}{n-1}\chi^2_{1-\alpha/2}(n-1).$$

于是得 H_0 的拒绝域为

$$\mathscr{X}_0=\left\{\frac{(n-1)\widetilde{S}^2}{\sigma_0^2}<\chi^2_{\alpha/2}(n-1)\ \text{或}\ \frac{(n-1)\widetilde{S}^2}{\sigma_0^2}>\chi^2_{1-\alpha/2}(n-1)\right\}. \tag{3.2.14}$$

关于(2),因为 $\widetilde{S}^2$ 是 σ^2 的最小方差无偏估计量,所以,当 H_0 成立时,即 $\sigma^2\leqslant\sigma_0^2$ 时,σ^2 应较小,从而通常 $\widetilde{S}^2$ 应较小,如果 $\widetilde{S}^2$ 较大,我们就不能认为 H_0 成立,而应认为 H_1 成立. 故 H_0 的拒绝域应为

$$\{\widetilde{S}^2>C\}, \tag{3.2.15}$$

其中, C 仍依赖于 α. 当 α 给定后,由于当 H_0 成立时,有

$$\frac{(n-1)\widetilde{S}^2}{\sigma_0^2}\leqslant\frac{(n-1)\widetilde{S}^2}{\sigma^2}\sim\chi^2(n-1).$$

故

$$P\{\widetilde{S}^2>C\mid\sigma^2\leqslant\sigma_0^2\}=P_0\left\{\frac{(n-1)\widetilde{S}^2}{\sigma_0^2}>\frac{(n-1)C}{\sigma_0^2}\right\}\leqslant P_0\left\{\frac{(n-1)\widetilde{S}^2}{\sigma^2}>\frac{(n-1)C}{\sigma_0^2}\right\}.$$

令

$$P_0\left\{\frac{(n-1)\widetilde{S}^2}{\sigma^2}>\frac{(n-1)C}{\sigma_0^2}\right\}=\alpha,$$

则当 H_0 成立时,即 $\sigma^2\leqslant\sigma_0^2$ 时,$\{\widetilde{S}^2>C\}$ 是概率不超过 α 的小概率事件. 由

$$P_0\left\{\frac{(n-1)\widetilde{S}^2}{\sigma^2}>\frac{(n-1)C}{\sigma_0^2}\right\}=\alpha$$

得

$$P_0\left\{\frac{(n-1)\widetilde{S}^2}{\sigma^2}\leqslant\frac{(n-1)C}{\sigma_0^2}\right\}=1-\alpha.$$

查 χ^2 分布表,得下侧分位数 $\chi^2_{1-\alpha}(n-1)$,使得

$$P_0\left\{\frac{(n-1)\widetilde{S}^2}{\sigma^2}\leqslant\chi^2_{1-\alpha}(n-1)\right\}=1-\alpha,$$

所以 $\dfrac{(n-1)C}{\sigma_0^2}=\chi^2_{1-\alpha}(n-1)$ 即 $C=\dfrac{\sigma_0^2}{n-1}\chi^2_{1-\alpha}(n-1)$,所以 H_0 的拒绝域为

$$\mathscr{X}_0=\left\{\widetilde{S}^2>\frac{\sigma_0^2}{n-1}\chi^2_{1-\alpha}(n-1)\right\}$$

$$=\left\{\frac{(n-1)\widetilde{S}^2}{\sigma_0^2}>\chi^2_{1-\alpha}(n-1)\right\}. \tag{3.2.16}$$

关于(3)，类似式(3.2.16)的推导，H_0 的拒绝为

$$\mathscr{X}_0=\left\{\widetilde{S}^2<\frac{\sigma_0^2}{n-1}\chi^2_\alpha(n-1)\right\}$$

$$=\left\{\frac{(n-1)\widetilde{S}^2}{\sigma_0^2}<\chi^2_\alpha(n-1)\right\}. \tag{3.2.17}$$

综上所述可得表 3.2.2.

表 3.2.2　正态总体方差的检验

H_0	H_1	a	拒 绝 域
$\sigma^2=\sigma_0^2$	$\sigma^2\neq\sigma_0^2$	已知	$\left\{\frac{1}{\sigma_0^2}\sum_{i=1}^n(\xi_i-a)^2<\chi^2_{\alpha/2}(n)\right.$ 或 $\left.\frac{1}{\sigma_0^2}\sum_{i=1}^n(\xi_i-a)^2>\chi^2_{1-\alpha/2}(n)\right\}$
		未知	$\left\{\frac{(n-1)\widetilde{S}^2}{\sigma_0^2}<\chi^2_{\alpha/2}(n-1)\right.$ 或 $\left.\frac{(n-1)\widetilde{S}^2}{\sigma_0^2}>\chi^2_{1-\alpha/2}(n-1)\right\}$
$\sigma^2=\sigma_0^2$ $\sigma^2=\sigma_0^2$ $\sigma^2\leqslant\sigma_0^2$	$\sigma^2>\sigma_0^2$ $\sigma^2=\sigma_1^2(\sigma_1^2>\sigma_0^2)$ $\sigma^2<\sigma_0^2$	已知	$\left\{\frac{1}{\sigma_0^2}\sum_{i=1}^n(\xi_i-a)^2>\chi^2_{1-\alpha}(n)\right\}$
		未知	$\left\{\frac{(n-1)\widetilde{S}^2}{\sigma_0^2}>\chi^2_{1-\alpha}(n-1)\right\}$
$\sigma^2=\sigma_0^2$ $\sigma^2=\sigma_0^2$ $\sigma^2>\sigma_0^2$	$\sigma^2<\sigma_0^2$ $\sigma^2=\sigma_1^2(\sigma_1^2<\sigma_0^2)$ $\sigma^2\leqslant\sigma_0^2$	已知	$\left\{\frac{1}{\sigma_0^2}\sum_{i=1}^n(\xi_i-a)^2<\chi^2_\alpha(n)\right\}$
		未知	$\left\{\frac{(n-1)\widetilde{S}^2}{\sigma_0^2}<\chi^2_\alpha(n-1)\right\}$

例 3.2.6　在例 3.2.3 中，正常生产时，$\sigma^2\leqslant 0.048^2$，其他条件不变，问该天生产维尼伦纤度的均匀度有无显著变化($\alpha=0.05$)？

解　此问题可化为检验如下假设：

$$H_0:\sigma^2\leqslant 0.048^2,\quad H_1:\sigma^2>0.048^2=\sigma_0^2.$$

因 a 未知，$x_{0.05}(5-1)=9.488$，$\widetilde{S}^2=0.00778$，所以

$$\frac{\sigma_0^2}{n-1}x^2_{0.05}(4)=0.0055<\widetilde{S}^2=0.00778.$$

由式(3.2.16)，故拒绝 H_0，即认为该天生产的维尼伦纤度的均匀度显著增大了.

例 3.2.7 某类钢板的重量指标平日服从正态分布,其制造规格规定,钢板重量的方差不得超过 $\sigma_0^2=0.016(\text{kg})^2$,现从今天生产的钢板中随机抽测 25 块,得修正样本方差 $\widetilde{S}^2=0.025$,问今天生产的钢板是否符合规格($\alpha=0.01$)?

解 此问题可归结为检验如下假设

$$H_0:\sigma^2\leqslant\sigma_0^2=0.016,\quad H_1:\sigma^2>\sigma_0^2.$$

因为 $n=25$,$\alpha=0.01$,a 未知,$\widetilde{S}^2=0.025$,$\chi^2_{0.99}(24)=42.98$,由式(3.2.16),得

$$\begin{aligned}\frac{\sigma_0^2}{n-1}\chi^2_{1-\alpha}(n-1)&=\frac{0.010}{24}\times 42.98\\&=0.02865>\widetilde{S}^2=0.025,\end{aligned}$$

故不拒绝 H_0,即认为今天生产的钢板符合规格.

如果我们检验假设:$H_0':\sigma^2>\sigma_0^2$,$H_1'\sigma^2\leqslant\sigma_0^2=0.016$,因

$$\begin{aligned}\frac{\sigma_0^2}{n-1}\chi^2_{\alpha}(n-1)&=\frac{0.016}{24}\times 10.856\\&=0.00724<\widetilde{S}^2=0.025.\end{aligned}$$

由式(3.2.17),不拒绝 H_0',即认为今天生产的钢板不符合规格.

出现上述矛盾的原因与例 3.2.4 相同.解决这一矛盾的办法,可提高 α.如果取 $\alpha=0.05$,查表可得

$$\chi^2_{0.95}(24)=36.415,\chi^2_{0.05}(24)=13.848.$$

故

$$\sigma_0^2\chi^2_{0.95}(24)/24=0.0243<\widetilde{S}^2=0.025.$$

由式(3.2.16),拒绝 H_0,即认为今天生产的钢板不符合规格.

由式(3.2.17),得

$$\frac{\sigma_0^2}{n-1}\chi^2_{0.05}(24)=\frac{0.016}{24}\times 13.848=0.0092<\widetilde{S}^2.$$

故不拒绝 H_0',即也认为今天生产的钢不符合规格.

最后,我们的结论是:今天生产的钢板不符合规格.

由例 3.2.4 与例 3.2.7 知,对单边假设检验问题,应特别注意,当不拒绝原假设时,不应匆忙作出判断,应继续做另一侧的假设检验,如果仍不拒绝原假设,则可由实际问题的以往信息作出判断.如果没有以往信息可利用,则可适当增大犯第一类错误的概率 α,重新再检验两种不同的单边假设.

3.2.3 两个正态总体均值的假设检验

设总体 $\xi\sim N(a_1,\sigma_1^2)$,总体 $\eta\sim N(a_2,\sigma_2^2)$,$\xi_1,\xi_2,\cdots,\xi_{n_1}$ 为 ξ 的样本,$\eta_1,\eta_2,\cdots,\eta_{n_2}$ 为 η 的样本,且这两个样本相互独立.

$$\bar{\xi}=\frac{1}{n_1}\sum_{i=1}^{n_1}\xi_i,\qquad \bar{\eta}=\frac{1}{n_2}\sum_{j=1}^{n_2}\eta_j,$$

$$S_1^2=\frac{1}{n_1}\sum_{i=1}^{n_1}(\xi_i-\bar{\xi})^2,\quad \widetilde{S}_1^2=\frac{1}{n_1-1}\sum_{i=1}^{n_1}(\xi_i-\bar{\xi})^2,$$

$$S_2^2=\frac{1}{n_2}\sum_{j=1}^{n_2}(\eta_i-\bar{\eta})^2,\quad \widetilde{S}_2^2=\frac{1}{n_2-1}\sum_{j=1}^{n_2}(\eta_j-\bar{\eta})^2.$$

关于 a_1,a_2，我们讨论具有代表性的如下三种假设的检验问题：

(1) $H_0:a_1=a_2$， $H_1:a_1\neq a_2$.

(2) $H_0:a_1\leqslant a_2$， $H_1:a_1>a_2$.

(3) $H_0:a_1>a_2$， $H_1:a_1\leqslant a_2$.

关于(1)，因为 $\bar{\xi}-\bar{\eta}$ 是 a_1-a_2 的最小方差无偏估计量，所以当 H_0 成立时，$|\bar{\xi}-\bar{\eta}|$ 通常应很小，接近 0. 如果 $|\bar{\xi}-\bar{\eta}|$ 较大，我们就不能认为 H_0 成立，而应认为 H_1 成立. 所以 H_0 的拒绝域应为

$$\{|\bar{\xi}-\bar{\eta}|>C\},\tag{3.2.18}$$

其中数 C 由犯第一类错误的概率 α 确定. 当 α 选定后，现分四种情况来确定 C.

(i) σ_1^2 与 σ_2^2 均已知. 因为当 H_0 成立时，有

$$\bar{\xi}-\bar{\eta}\sim N\left(0,\frac{\sigma_2^2}{n_1}+\frac{\sigma_2^2}{n_2}\right),$$

故

$$U\equiv(\bar{\xi}-\bar{\eta})\Big/\sqrt{\frac{\sigma_1^2}{n_1}+\frac{\sigma_2^2}{n_2}}\sim N(0,1).$$

从而由 α 的定义得

$$\begin{aligned}\alpha&=P\{|\bar{\xi}-\bar{\eta}|>C\mid a_1=a_2\}\\&=P_0\left\{|U|>\frac{C}{\sqrt{\sigma_1^2/n_1+\sigma_2^2/n_2}}\right\}\\&=2-2\Phi\left(C\Big/\sqrt{\frac{\sigma_1^2}{n_1}+\frac{\sigma_2^2}{n_2}}\right),\end{aligned}$$

即

$$\Phi\left(C\Big/\sqrt{\frac{\sigma_1^2}{n_1}+\frac{\sigma_2^2}{n_2}}\right)=1-\frac{\alpha}{2}.$$

查标准正态分布表得 $u_{1-\alpha/2}$，使得

$$\Phi(u_{1-\alpha/2})=1-\frac{\alpha}{2},$$

所以

$$C\Big/\sqrt{\frac{\sigma_1^2}{n_1}+\frac{\sigma_2^2}{n_2}}=u_{1-\alpha/2}.$$

从而

$$C=u_{1-\alpha/2}\sqrt{\frac{\sigma_1^2}{n_1}+\frac{\sigma_2^2}{n_2}}.$$

于是 H_0 的拒绝域为

$$\begin{aligned}\mathscr{X}_0&=\left\{|\bar{\xi}-\bar{\eta}|>u_{1-\alpha/2}\sqrt{\frac{\sigma_1^2}{n_1}+\frac{\sigma_2^2}{n_2}}\right\}\\&=\left\{\left|\frac{\bar{\xi}-\bar{\eta}}{\sqrt{\sigma_1^2/n_1+\sigma_2^2/n_2}}\right|>u_{1-\alpha/2}\right\}.\end{aligned}\tag{3.2.19}$$

(ii)　$\sigma_1^2=\sigma_2^2=\sigma^2$，但未知 σ^2. 由定理 1.3.2 知，当 H_0 成立时，有

$$T\equiv\frac{\bar{\xi}-\bar{\eta}}{\sqrt{n_1S_1^2+n_2S_2^2}}\sqrt{\frac{n_1n_2(n_1+n_2-2)}{n_1+n_2}}\sim t(n_1+n_2-2).$$

由类似于式(3.2.19)的推导，得 H_0 的拒绝域：

$$\mathscr{X}_0=\left\{|\bar{\xi}-\bar{\eta}|\sqrt{\frac{n_1n_2(n_1+n_2-2)}{(n_1+n_2)(n_1S_1^2+n_2S_2^2)}}>t_{1-\alpha/2}(n_1+n_2-2)\right\}.\tag{3.2.20}$$

(iii)　$n_1=n_1=n$. 令 $\zeta=\xi-\eta,a=a_1-a_2,\sigma^2=\sigma_1^2+\sigma_2^2,\zeta_i=\xi_i-\eta_i,i=1,2,\cdots,n$，则 $\zeta_1,\zeta_2,\cdots,\zeta_n$ 为总体 $\zeta\sim N(a,\sigma^2)$ 的样本

$$\bar{\zeta}=\bar{\xi}-\bar{\eta},$$

$$S_\zeta^2=\frac{1}{n}\sum_{j=1}^{n}(\zeta_i-\bar{\zeta})^2=S_1^2+S_2^2-2S_{12},$$

$$S_{12}=\frac{1}{n}\sum_{j=1}^{n}(\xi_i-\bar{\xi})(\eta_i-\bar{\eta}).$$

类似于式(3.2.8)的推导. H_0 的拒绝域为

$$\mathscr{X}_0=\left\{\left|\frac{\bar{\xi}-\bar{\eta}}{S_\zeta/\sqrt{n-1}}\right|>t_{1-\alpha/2}(n-1)\right\}.\tag{3.2.21}$$

(iv)　$\sigma_1^2\neq\sigma_2^2$ 且 $n_1\neq n_2$. 不妨设 $n_1<n_2$. 令

$$\zeta_i=\xi_i-\sqrt{\frac{n_1}{n_2}}\eta_i+\frac{1}{\sqrt{n_1n_2}}\sum_{i=1}^{n_1}\eta_i-\bar{\eta},i=1,2,\cdots,n_1,$$

则

$$E(\zeta_i)=a_1-a_2,D(\zeta_i)=\sigma_1^2+\frac{n_1}{n_2}\sigma_2^2.$$

又当 $i\neq j$ 时，$\mathrm{Cov}(\zeta_i,\zeta_j)=0$，所以 $\zeta_1,\zeta_2,\cdots,\zeta_{n_1}$ 独立同分布. 记 $a=a_1-a_2,\sigma^2=\sigma_1^2+\frac{n_1}{n_2}\sigma_2^2$，则 $\zeta_1,\zeta_2,\cdots,\zeta_{n_1}$ 可视为总体 $\zeta\sim N(a,\sigma^2)$ 的样本且上述假设变为

$$H_0:a=0,\quad H_1:a\neq 0.$$

由于 σ^2 未知，故由式(3.2.8)知，H_0 的拒绝域为

$$\mathscr{X}_0=\left\{\left|\frac{\bar{\xi}-\bar{\eta}}{\widetilde{S}_\zeta/\sqrt{n_1-1}}\right|>t_{1-\alpha/2}(n_1-1)\right\},\tag{3.2.22}$$

其中

$$\widetilde{S}_\zeta^2=\frac{1}{n_1}\sum_{i=1}^{n_1}(\zeta_i-\bar{\zeta})^2,\quad \bar{\zeta}=\frac{1}{n_1}\sum_{i=1}^{n_1}\zeta_i=\bar{\xi}-\bar{\eta}.$$

关于(2)，类似于(1)的分析，H_0 的拒绝域应为

$$\{\bar{\xi}-\bar{\eta}>C\},\tag{3.2.23}$$

其中 C 由 α 确定. 当 α 选定后，仍可分上述 4 种情况确定 C. 由于讨论是类似的，所以这里只给出结论.

(i) 已知 σ_1^2 与 σ_2^2，

$$\mathscr{X}_0=\left\{\frac{\bar{\xi}-\bar{\eta}}{\sqrt{\sigma_1^2/n_1+\sigma^2/n_2}}>u_{1-\alpha}\right\}.\tag{3.2.24}$$

(ii) $\sigma_1^2=\sigma_2^2=\sigma^2$，但未知 σ^2，

$$\mathscr{X}_0=\left\{(\bar{\xi}-\bar{\eta})\sqrt{\frac{n_1n_2(n_1+n_2-2)}{(n_1+n_2)(n_1S_1^2+n_2S_2^2)}}>t_{1-\alpha}(n_1+n_2-2)\right\}.\tag{3.2.25}$$

(iii) $n_1=n_2=n$，

$$\mathscr{X}_0=\left\{\frac{\bar{\xi}-\bar{\eta}}{S_\zeta/\sqrt{n-1}}>t_{1-\alpha}(n-1)\right\},\tag{3.2.26}$$

其中

$$S_\zeta^2=S_1^2+S_2^2-2S_{12},\quad S_{12}=\frac{1}{n}\sum_{i=1}^{n}(\xi_i-\bar{\xi})(\eta_i-\bar{\eta}).$$

(iv) $\sigma_1^2\neq\sigma_2^2$ 且 $n_1\neq n_2\,(n_1<n_2)$，

$$\mathscr{X}_0=\left\{\frac{\bar{\xi}-\bar{\eta}}{\widetilde{S}_\zeta/\sqrt{n_1-1}}>t_{1-\alpha}(n-1)\right\}.\tag{3.2.27}$$

其中

$$\widetilde{S}_\zeta=\frac{1}{n_1}\sum_{i=1}^{n_1}(\zeta_i-\bar{\zeta})^2,\quad \bar{\zeta}=\bar{\xi}-\bar{\eta},$$

$$\zeta_i=\xi_i-\sqrt{\frac{n_n}{n_2}}\eta_i+\frac{1}{\sqrt{n_1n_2}}\sum_{i=1}^{n_1}\eta_i-\bar{\eta},\quad i=1,2,\cdots,n_1,$$

关于(3)，类似(1)的讨论，H_0 的拒绝域应为

$$\{\bar{\xi}-\bar{\eta}<C\},\tag{3.2.28}$$

其中 C 仍依赖于 α，当 α 给定后，仍分 4 种情况确定 C. 实际上，当考虑到

式(3.2.28)与式(3.2.23)互为对立的情况只需将(3.2.24)～(3.2.27)中的 $1-\alpha$ 换成 α，将“$>$”换成“$<$”，就可得(3)的相应情况 H_0 的拒绝域，即

(i) 已知 σ_1^2 与 σ_2^2，

$$\mathscr{X}_0=\left\{\frac{\bar{\xi}-\bar{\eta}}{\sqrt{\sigma_1^2/n_1+\sigma_2^2/n_2}}<u_\alpha\right\}. \tag{3.2.29}$$

(ii) $\sigma_1^2=\sigma_2^2=\sigma^2$，但未知 σ^2，

$$\mathscr{X}_0=\left\{\frac{(\bar{\xi}-\bar{\eta})\sqrt{n_1n_2(n_1+n_2-2)}}{\sqrt{n_1S_1^2+n_2S_2^2}\sqrt{n_1+n_2}}<t_\alpha(n_1+n_2-2)\right\}. \tag{3.2.30}$$

(iii) $n_1=n_2=n$

$$\mathscr{X}_0=\left\{\frac{\bar{\xi}-\bar{\eta}}{S_\zeta/\sqrt{n-1}}<t_\alpha(n-1)\right\}, \tag{3.2.31}$$

其中

$$S_\zeta^2=S_1^2+S_2^2-2S_{12},S_{12}=\frac{1}{n}\sum_{i=1}^{n}(\xi_i-\bar{\xi})(\eta_i-\bar{\eta}).$$

(iv) $\sigma_1^2\neq\sigma_2^2$ 且 $n_1\neq n_2(n_1<n_2)$，

$$\mathscr{X}_0=\left\{\frac{\bar{\xi}-\bar{\eta}}{\widetilde{S}_\zeta\sqrt{n_1-1}}<t_\alpha(n_1-1)\right\}, \tag{3.2.32}$$

其中

$$\widetilde{S}_\zeta^2=\frac{1}{n_1}\sum_{i=1}^{n_1}(\zeta_i-\bar{\zeta})^2,\bar{\zeta}=\bar{\xi}-\bar{\eta},$$

$$\zeta_i=\xi_i-\sqrt{\frac{n_1}{n_2}}\eta_i+\frac{1}{\sqrt{n_1n_2}}\sum_{i=1}^{n_1}\eta_i-\bar{\eta},i=1,2,\cdots,n_1.$$

3.2.4 两个正态总体方差的假设检验

设总体 $\xi\sim N(a_1,\sigma_1^2)$，总体 $\eta\sim N(a_2,\sigma_2^2)$，$\xi_1,\xi_2,\cdots,\xi_{n_1}$ 为 ξ 的样本，$\eta_1,\eta_2,\cdots,\eta_{n_2}$ 为 η 的样本，且这两个样本相互独立.

$$\bar{\xi}=\frac{1}{n_1}\sum_{i=1}^{n_1}\xi_i,\quad S_1^2=\frac{1}{n}\sum_{i=1}^{n_1}(\xi_i-\bar{\xi})^2,$$

$$\widetilde{S}_1^2=\frac{1}{n_1-1}\sum_{i=1}^{n_1}(\xi_i-\bar{\xi})^2,$$

$$\bar{\eta}=\frac{1}{n_2}\sum_{j=1}^{n_2}\eta_j,$$

$$S_2^2=\frac{1}{n_2}\sum_{j=1}^{n_2}(\eta_j-\overline{\eta})^2,$$

$$\widetilde{S}_2^2=\frac{1}{n_2-1}\sum_{j=1}^{n_2}(\eta_j-\overline{\eta})^2.$$

我们仍讨论具有代表性的下述 3 种假设的检验问题：

(1) $H_0:\sigma_1^2=\sigma_2^2, H_1:\sigma_1^2\neq\sigma_2^2$.

(2) $H_0:\sigma_1^2\leqslant\sigma_2^2, H_1:\sigma_1^2>\sigma_2^2$.

(3) $H_0:\sigma_1^2>\sigma_2^2, H_1:\sigma_1^2\leqslant\sigma_2^2$.

下面我们仅就 a_1,a_2 均为未知时讨论上述假设的检验问题.

关于(1)，因为当 H_0 成立时，$\frac{\sigma_1^2}{\sigma_2^2}=1$，而 $\widetilde{S}_1^2,\widetilde{S}_2^2$ 分别为 σ_1^2,σ_2^2 的最小方差无偏估计量，所以通常$\frac{\widetilde{S}_1^2}{\widetilde{S}_2^2}$应接近 1，既不太大，也不太小. 如果 $\widetilde{S}_1^2/\widetilde{S}_2^2$ 偏大或偏小，我们就不能认为 H_0 成立，而应认为 H_1 成立. 所以 H_0 的拒绝域应为

$$\left\{\frac{\widetilde{S}_1^2}{\widetilde{S}_2^2}<C_1\quad 或\quad \frac{\widetilde{S}_1^2}{\widetilde{S}_2^2}>C_2\right\}(C_2>C_1),\tag{3.2.33}$$

其中，数 C_1,C_2 由 α 确定. 当 α 选定后，由于

$$\frac{(n_1-1)\widetilde{S}_1^2}{\sigma_1^2}\sim\chi^2(n_1-1),$$

$$\frac{(n_2-1)\widetilde{S}_2^2}{\sigma_2^2}\sim\chi^2(n_2-1),$$

且$\frac{(n_1-1)\widetilde{S}_1^2}{\sigma_1^2}$与$\frac{(n_2-1)\widetilde{S}_2^2}{\sigma_2^2}$相互独立，故由 F 分布定义知

$$\frac{\widetilde{S}_1^2}{\sigma_1^2}\Big/\frac{\widetilde{S}_2^2}{\sigma_2^2}=\frac{\sigma_2^2}{\sigma_1^2}\cdot\frac{\widetilde{S}_1^2}{\widetilde{S}_2^2}\sim F(n_1-1,n_2-1).$$

当 H_0 成立时，有

$$\frac{\widetilde{S}_1^2}{\widetilde{S}_2^2}\sim F(n_1-1,n_2-1).$$

由于 $C_2>C_1$，故由 α 的定义，有

$$\alpha=P\left\{\frac{\widetilde{S}_1^2}{\widetilde{S}_2^2}<C_1\quad 或\quad \frac{\widetilde{S}_1^2}{\widetilde{S}_1^2}>C_2\mid\sigma_1^2=\sigma_2^2\right\}$$

$$=P_0\left\{\frac{\widetilde{S}_1^2}{\widetilde{S}_2^2}<C_1\right\}+P_0\left\{\frac{\widetilde{S}_1^2}{\widetilde{S}_2^2}>C_2\right\}.$$

取 C_1,C_2 满足

$$\frac{\alpha}{2}=P_0\left\{\frac{\widetilde{S}_1^2}{\widetilde{S}_2^2}<C_1\right\},\tag{i}$$

$$\frac{\alpha}{2} = P_0\left\{\frac{\widetilde{S}_1^2}{\widetilde{S}_2^2} > C_2\right\} = 1 - P_0\left\{\frac{\widetilde{S}_1^2}{\widetilde{S}_2^2} \leqslant C_2\right\}.$$

即

$$1 - \frac{\alpha}{2} = P_0\left\{\frac{\widetilde{S}_1^2}{\widetilde{S}_2^2} < C_2\right\}. \tag{ii}$$

由(i),(ii)两式查 F 分布表得

$$F_{\alpha/2}(n_1-1,n_2-1),\quad F_{1-\alpha/2}(n_1-1,n_2-1).$$

使

$$\frac{\alpha}{2} = P_0\left\{\frac{\widetilde{S}_1^2}{\widetilde{S}_2^2} < F_{\alpha/2}(n_1-1,n_2-1)\right\},$$

$$1 - \frac{\alpha}{2} = P_0\left\{\frac{\widetilde{S}_1^2}{\widetilde{S}_2^2} < F_{1-\alpha/2}(n_1-1,n_2-1)\right\}.$$

所以得

$$C_2 = F_{1-\alpha/2}(n_1-1,n_2-1),$$
$$C_1 = F_{\alpha/2}(n_1-1,n_2-1).$$

故 H_0 的拒绝域为

$$\mathscr{X}_0 = \left\{\frac{\widetilde{S}_1^2}{\widetilde{S}_2^2} < F_{\alpha/2}(n_1-1,n_2-1)\right\} \cup \left\{\frac{\widetilde{S}_1^2}{\widetilde{S}_2^2} > F_{1-\alpha/2}(n_1-1,n_2-1)\right\}. \tag{3.2.34}$$

关于(2),类似于(1)的分析,H_0 的拒绝域应为

$$\left\{\frac{\widetilde{S}_1^2}{\widetilde{S}_2^2} > C\right\}, \tag{3.2.35}$$

其中数 C 由 α 确定. 当 α 选定后,因为当 H_0 成立时,有

$$\frac{\widetilde{S}_1^2}{\widetilde{S}_1^2} \leqslant \frac{\sigma_2^2}{\sigma_1^2} \cdot \frac{\widetilde{S}_1^2}{\widetilde{S}_1^2} \sim F(n_1-1,n_2-1),$$

且

$$P\left\{\frac{\widetilde{S}_1^2}{\widetilde{S}_2^2} > C \mid \sigma_1^2 \leqslant \sigma_2^2\right\} = P_0\left\{\frac{\widetilde{S}_1^2}{\widetilde{S}_2^2} > C\right\} \leqslant P_0\left\{\frac{\sigma_2^2 \widetilde{S}_1^2}{\sigma_1^2 \widetilde{S}_2^2} > C\right\}.$$

取 C 满足 $\alpha = P_0\left\{\frac{\sigma_2^2 \widetilde{S}_1^2}{\sigma_1^2 \widetilde{S}_2^2} > C\right\}$,则当 H_0 成立时,$\left\{\frac{\widetilde{S}_1^2}{\widetilde{S}_2^2} > C\right\}$ 是概率不超过 α 的小概率事件. 由

$$P_0\left\{\frac{\sigma_2^2 \widetilde{S}_1^2}{\sigma_1^2 \widetilde{S}_2^2} > C\right\} = \alpha$$

得

$$1 - \alpha = P_0\left\{\frac{\sigma_2^2 \widetilde{S}_1^2}{\sigma_1^2 \widetilde{S}_2^2} \leqslant C\right\}.$$

查表得

$$F_{1-\alpha}(n_1-1,n_2-1).$$

使得

$$1-\alpha=P_0\left\{\frac{\sigma_2^2\widetilde{S}_1^2}{\sigma_1^2\widetilde{S}_2^2}<F_{1-\alpha}(n_1-1,n_2-1)\right\},\tag{3.2.36}$$

所以 $C=F_{1-\alpha}(n_1-1,n_2-1)$，于是 H_0 的拒绝域为

$$\mathscr{X}_0=\left\{\frac{\widetilde{S}_1^2}{\widetilde{S}_2^2}>F_{1-\alpha}(n_1-1,n_2-1)\right\}.\tag{3.2.37}$$

关于(3)，用类似于上式的推导，H_0 的拒绝域为

$$\mathscr{X}_0=\left\{\frac{\widetilde{S}_1^2}{\widetilde{S}_2^2}<F_{\alpha}(n_1-1,n_2-1)\right\}\quad[\text{由}(1.4.4)]$$

$$=\left\{\frac{\widetilde{S}_2^2}{\widetilde{S}_1^2}>F_{1-\alpha}(n_2-1,n_1-1)\right\}.\tag{3.2.38}$$

表 3.2.3 两个正态总体参数假设检验表

H_0	H_1	条件	拒绝域
$a_1=a_2$	$a_1\neq a_2$	σ_1^2,σ_2^2 已知	$\left\{\dfrac{\lvert\bar{\xi}-\bar{\eta}\rvert}{\sqrt{\sigma_1^2/n_1+\sigma_2^2/n_2}}>u_{1-\alpha/2}\right\}$
		$\sigma_1^2=\sigma_2^2$	$\left\{\dfrac{\lvert\bar{\xi}-\bar{\eta}\rvert\sqrt{n_1n_2(n_1+n_2-2)}}{\sqrt{n_1S_1^2+n_2S_2^2}\sqrt{n_1+n_2}}>t_{1-\alpha/2}(n_1+n_2-2)\right\}$
		$n_1=n_2=n$	$\left\{\dfrac{\lvert\bar{\xi}-\bar{\eta}\rvert\sqrt{n-1}}{\sqrt{S_1^2+S_2^2-2S_{12}}}>t_{1-\alpha/2}(n-1)\right\}$
		$n_1<n_2$	$\left\{\dfrac{\lvert\bar{\xi}-\bar{\eta}\rvert}{\widetilde{S}_\zeta/\sqrt{n_1-1}}>t_{1-\alpha/2}(n_1-1)\right\}$
$a_1\leqslant a_2$	$a_1>a_2$	σ_1^2,σ_2^2 已知	$\left\{\dfrac{(\bar{\xi}-\bar{\eta})}{\sqrt{\sigma_1^2/n_1+\sigma_2^2/n_2}}>u_{1-\alpha}\right\}$
		$\sigma_1^2=\sigma_2^2=\sigma^2$	$\left\{\dfrac{(\bar{\xi}-\bar{\eta})\sqrt{n_1n_2(n_1+n_2-2)}}{\sqrt{n_1S_1^2+n_2S_2^2}\sqrt{n_1+n_2}}>t_{1-\alpha}(n_1+n_2-2)\right\}$
		$n_1=n_2=n$	$\left\{\dfrac{(\bar{\xi}-\bar{\eta})\sqrt{n-1}}{\sqrt{S_1^2+S_2^2-2S_{12}}}>t_{1-\alpha}(n-1)\right\}$
		$n_1<n_2$	$\left\{\dfrac{(\bar{\xi}-\bar{\eta})}{\widetilde{S}_\zeta/\sqrt{n_1-1}}>t_{1-\alpha}(n_1-1)\right\}$

续表

H_0	H_1	条件	拒 绝 域
$a_1>a_2$	$a_1\leqslant a_2$	σ_1^2,σ_2^2 已知	$\left\{\frac{\bar{\xi}-\bar{\eta}}{\sqrt{\sigma_1^2/n_1+\sigma_2^2/n_2}}<u_{1\alpha}\right\}$
		$\sigma_1^2=\sigma_2^2=\sigma^2$	$\left\{\frac{(\bar{\xi}-\bar{\eta})\sqrt{n_1n_2(n_1+n_2-2)}}{\sqrt{n_1S_1^2+n_2S_2^2}\sqrt{n_1+n_2}}<t_\alpha(n_1+n_2-2)\right\}$
		$n_1=n_2=n$	$\left\{\frac{(\bar{\xi}-\bar{\eta})\sqrt{n-1}}{\sqrt{S_1^2+S_2^2-2S_{12}}}<t_\alpha(n-1)\right\}$
		$n_1<n_2$	$\left\{\frac{(\bar{\xi}-\bar{\eta})}{\widetilde{S}_\zeta/\sqrt{n_1-1}}<t_\alpha(n_1-1)\right\}$
$\sigma_1^2=\sigma_2^2$	$\sigma_1^2\neq\sigma_2^2$	a_1,a_2 已知	$\left\{\frac{n_2}{n_1}\frac{\sum(\xi_i-a_1)^2}{\sum(\eta_i-a_2)^2}<F_{\alpha/2}(n_1,n_2)$ 或 $\frac{n_2}{n_1}\frac{\sum(\xi_i-a_1)^2}{\sum(\eta_i-a_2)^2}>F_{1-\alpha/2}(n_1,n_2)\right\}$
		a_1,a_2 均未知	$\left\{\frac{\widetilde{S}_1^2}{\widetilde{S}^2 2}>F_{1-\alpha}(n_1-1,n_2-1)$或 $\frac{\widetilde{S}_1^2}{\widetilde{S}_2^2}<F_{\alpha/2}(n_1-1,n_2-1)\right\}$
$\sigma_1^2\leqslant\sigma_2^2$	$\sigma_1^2>\sigma_2^2$	a_1,a_2 已知	$\left\{\frac{n_2\sum(\xi_i-a_1)^2}{n_1\sum(\eta_i-a_2)^2}>F_{1-\alpha}(n_1,n_2)\right\}$
		a_1,a_2 均未知	$\left\{\frac{\widetilde{S}_1^2}{\widetilde{S}_2^2}>F_{1-\alpha}(n-1,n_2-1)\right\}$
$\sigma_1^2>\sigma_2^2$	$\sigma_1^2\leqslant\sigma_2^2$	a_1,a_2 已知	$\left\{\frac{n_2\sum(\xi_i-a_1)^2}{n_1\sum(\eta_i-a_2)^2}<F_\alpha(n_1,n_2)\right\}$
		a_1,a_2 均未知	$\left\{\frac{\widetilde{S}_1^2}{\widetilde{S}_2^2}<F_\alpha(n_1-1,n_2-1)\right\}$

其中

$$\widetilde{S}_\zeta^2=\frac{1}{n_1}\sum_{i=1}^{n_1}(\zeta_i-\bar{\zeta})^2,$$

$$\zeta_i=\xi_i-\sqrt{\frac{n_1}{n_2}}\eta_i+\frac{1}{\sqrt{n_1n_2}}\sum_{i=1}^{n_1}\eta_i-\frac{1}{n_2}\sum_{i=1}^{n_2}\eta_i,i=1,\cdots,n_1,$$

$$\bar{\zeta}=\frac{1}{n_1}\sum_{i=1}^{n_1}\zeta_i,\quad S_{12}=\frac{1}{n}\sum_{i=1}^{n}(\xi_i-\bar{\xi})(\eta_i-\bar{\eta}).$$

例 3.2.8　A,B 两机器生产的钢管内径分别服从正态分布 $N(a_1,\sigma_1^2)$，$N(a_2,\sigma_2^2)$，现从两机器生产的钢管中分别随机抽取 8 个和 9 个，测得其内径分别为(单位:mm)：

A:15.0,14.5;15.2,15.5,14.8,15.1,15.2,14.9

B:15.2,15.0,14.8,15.2,15.0,14.8,15.3,15.1,14.8

问这两台机器生产的钢管内径的

(1) 平均值是否相等($\alpha=0.05$).

(2) 方差是否相等($\alpha=0.05$).

解 (1) 此为要检验假设:

$$H_0: a_1 = a_2, H_1: a_1 \neq a_2.$$

因为 σ_1^2, σ_2^2 未知,且 $n_1 \neq n_2$,但 $n_1=8<n_2=9$,所以 H_0 的拒绝域为

$$\mathscr{X}_0 = \left\{ |\bar{\xi} - \bar{\eta}| > t_{1-\alpha/2}(n_1 - 1) \frac{\widetilde{S}_\zeta}{\sqrt{n_1 - 1}} \right\}.$$

由

$$\zeta_i = \xi_i - \sqrt{\frac{n_1}{n_2}}\eta_i + \frac{1}{\sqrt{n_1 n_2}}\sum_{i=1}^{n_1}\eta_i - \bar{\eta}, i = 1,2,\cdots,8$$

得 $\zeta_1, \zeta_2, \cdots, \zeta_8$ 的值分别为

$$-0.16362, -0.47506, 0.4135, 0.33638,$$
$$-0.17506, 0.3135, -0.0579, -0.16934.$$

从而得

$$\bar{\zeta} = 0.0028, \quad \widetilde{S}_\zeta = 0.29527,$$
$$t_{1-\alpha/2}(n_1 - 1) = t_{1-\alpha/2}(7) = 2.3646.$$

故

$$|\bar{\xi} - \bar{\eta}| = |\bar{\zeta}| = 0.0028$$
$$< t_{0.975}(7) \frac{\widetilde{S}_\zeta}{\sqrt{n_1 - 1}} = 0.2639.$$

所以不拒绝 H_0,即认为 $a_1=a_2$.

(2) 此题可归结为检验假设

$$H_0: \sigma_1^2 = \sigma_2^2, \quad H_1: \sigma_1^2 \neq \sigma_2^2.$$

因 a_1, a_2 未知,所以 H_0 的拒绝域为

$$\mathscr{X}_0 = \left\{ \frac{\widetilde{S_1^2}}{\widetilde{S_2^2}} > F_{1-\alpha/2}(n_1 - 1, n_2 - 1) \text{ 或 } \frac{\widetilde{S_1^2}}{\widetilde{S_2^2}} < F_{\alpha/2}(n_1 - 1, n_2 - 1) \right\}$$

因为

$$\widetilde{S_1^2} = 0.0907, \quad \widetilde{S_2^2} = 0.03694,$$
$$F_{1-\alpha/2}(n_1 - 1, n_2 - 1) = F_{0.925}(7,8) = 4.53,$$
$$F_{\alpha/2}(n_1 - 1, n_2 - 1) = F_{0.025}(7,8) = \frac{1}{F_{0.975}(8,7)} = \frac{1}{4.9} = 0.2041.$$

所以

$$0.2041 < \frac{\widetilde{S}_1^2}{\widetilde{S}_2^2} = 2.4553 < 4.53.$$

从而不拒绝 H_0,即认为 $\sigma_1^2=\sigma_2^2$.

例 3.2.9　为了考察甲、乙两种安眠药的疗效,现独立观察 20 个病人,其中 10 人服甲药,10 人服乙药,以 ξ,η 分别表示病人服甲药、乙药延长睡眠时数. 具体数据见下表:

x	1.9	0.8	1.1	0.1	0.1	4.4	5.5	1.6	4.6	3.4
y	0.7	−1.6	−0.2	−1.2	−0.1	3.4	3.7	0.8	0.0	2.0

假定 $\xi\sim N(a_1,\sigma_1^2)$,$\eta\sim N(a_2,\sigma_2^2)$且 $\sigma_1^2=\sigma_2^2=\sigma^2$,但 σ^2 未知. 问这两种药物疗效有无显著差异($\alpha=0.05$)?

解　此题可归结为如下假设检验问题:

$$H_0: a_1 = a_2, \quad H_1: a_1 \neq a_2.$$

(1)　因为 $\sigma_1^2=\sigma_2^2=\sigma^2$,由式(3.2.20),$H_0$ 的拒绝域:

$$\mathscr{X}_0 = \left\{ |\bar{\xi}-\bar{\eta}| > t_{1-\alpha/2}(n_1+n_2-2)\sqrt{\frac{(n_1+n_2)(n_1S_1^2+n_2S_2^2)}{n_1n_2(n_1+n_2-2)}} \right\}.$$

又因

$$\bar{x}=2.35, \quad \bar{y}=0.75, \quad S_1^2=3.515, \quad S_2^2=2.8805, \quad S_{12}=2.55,$$

所以

$$|\bar{x}-\bar{y}| = 1.6 < t_{1-\alpha/2}(18)\sqrt{\frac{20(10S_1^2+10S_2^2)}{100\times(20-2)}}$$
$$= 2.101\times 0.8429 = 1.771.$$

故不拒绝 H_0,即认为两种药物疗效相差不显著.

(2)　因为 $n_1=n_2=10$,故此题也可用配对法对上述假设进行检验. 令 $\zeta_i=\xi_i-\eta_i$,$i=1,2,\cdots,10$,由(3.2.21),H_0 的拒绝域这时为

$$\mathscr{X}_0 = \left\{ |\bar{x}-\bar{y}| > \frac{S_\zeta}{\sqrt{n-1}}t_{1-\alpha/2}(n-1) \right\},$$

且

$$S_\zeta = \sqrt{S_1^2+S_2^2-2S_{12}}$$
$$= \sqrt{3.515+2.881-2\times 2.55} = 1.1332,$$

$$t_{1-\alpha/2}(n-1) = t_{0.975}(9) = 2.2622, \sqrt{n-1} = 3.$$

所以

$$|\bar{x}-\bar{y}|=1.6>\frac{S_\zeta}{\sqrt{n-1}}t_{1-\alpha/2}(n-1)$$
$$=\frac{1.1382}{3}\times 2.2622=0.8583.$$

故这时拒绝 H_0,即认为两种药物疗效有显著差异.

用不同的检验法检验相同的假设为什么会得到完全不同的结论呢? 其理由是,不配对时,因 $n_1=n_2$,所以

$$T_1\triangleq t_{1-\alpha/2}(n_1+n_2-2)\sqrt{\frac{2n_1^2(S_1^2+S_2^2)}{2n_1^2(n_1-1)}}$$
$$=t_{1-\alpha/2}(2n_1-2)\sqrt{\frac{S_1^2+S_2^2}{n_1-1}}.$$

配对时

$$T_2\triangleq t_{1-\alpha/2}(n_1-1)\frac{\sqrt{S_1^2+S_2^2-2S_{12}}}{\sqrt{n_1-1}}$$
$$=t_{1-\alpha/2}(n_1-1)\sqrt{\frac{S_1^2+S_2^2-2S_{12}}{n_1-1}}.$$

虽然配对时自由度减少了,分位数增加了,但是增加得并不多. 因此,对 T_1,T_2 的大小起主要作用的是

$$\frac{S_1^2+S_2^2}{n_1-1}\quad 与 \quad \frac{S_1^2+S_2^2-2S_{12}}{n_1-1}.$$

由此知,当 $S_{12}>0$ 时,则 $T_1>T_2$,从而,配对时增加了拒绝 H_0 的可能性;当 $S_{12}<0$,则 $T_1<T_2$,从而,配对时减少了拒绝 H_0 的可能性. 本例 $S_{12}=2.55>0$,故配对时比不配对时拒绝 H_0 的可能性大.

上例应注意:用配对检验法时,应该将数据随机进行配对.

3.2.5 广义似然比检验

设总体 ξ 的概率分布为 $f(x;\theta),\theta\in\Theta,\theta$ 为未知参数,Θ 为参数空间. [如果 ξ 为连续型的,则 $f(x;\theta)$ 为 ξ 的密度函数,如果 ξ 为离散型的,则 $f(x;\theta)$ 为 ξ 的概率函数],$\xi_1,\xi_2,\cdots,\xi_n$ 为 ξ 的样本,$x_1,x_2,\cdots,x_n$ 为样本的观察值. 现讨论如下假设的检验问题:

$$H_0:\theta\in\Theta_0,\quad H_1:\theta\in\Theta_1\triangleq\Theta-\Theta_0,\quad (\theta \text{ 可为向量})$$

其中 $\Theta_0\subset\Theta,\Theta_0$ 为非空集,Θ_1 也为非空集. 记($L(x;\theta)$为 θ 的似然函数)

$$\lambda(x_1,x_2,\cdots,x_n)=\sup_{\theta\in\Theta_0}\{L(X;\theta)\}/\sup_{\theta\in\Theta}\{L(X;\theta)\},$$

其中

$$X=(x_1,x_2,\cdots,x_n)'. \tag{3.2.39}$$

则称 $\lambda(x_1,x_2,\cdots,x_n)$ 为广义似然比. 显然 $\lambda(\xi_1,\xi_2,\cdots,\xi_n)$ 是一个统计量,且 $0\leqslant\lambda(\xi_1,\cdots,\xi_n)\leqslant1$. 如果 H_0 成立,则类似于极大似然原理,$\lambda(\xi_1,\cdots,\xi_n)$ 应接近 1,如果 $\lambda(\xi_1,\cdots,\xi_n)$ 很小,我们自然不能认为 H_0 成立,而应认为 H_1 成立,所以 H_0 的拒绝域为

$$\mathscr{X}_0=\{\lambda(\xi_1,\cdots,\xi_n)<\lambda_0\},$$

其中,实数 λ_0 由犯第一类错误的概率 α 确定. 当 α 给定后,由下式

$$\alpha=P\{\lambda(\xi_1,\cdots,\xi_n)<\lambda_0\mid\theta\in\Theta_0\} \tag{3.2.40}$$

可确定 λ_0. 当 $\lambda(x_1,\cdots,x_n)<\lambda_0$ 时,则拒绝 H_0,否则就接受 H_0. 称此检验法为广义似然比检验法.

例 3.2.10　设总体 $\xi\sim N(a,1)$,a 为未知参数,$a\in R$,$\xi_1,\cdots,\xi_n$ 为 ξ 的样本,现考虑假设

$$H_0:a=a_0,\quad H_1:a\neq a_0\quad(a_0\text{ 为已知数}),$$

试用广义似然比检验法检验此假设($\alpha=0.05$).

解　因为

$$L(X;a_0)=\frac{1}{(2\pi)^{n/2}}\mathrm{e}^{-\frac{1}{2}\sum\limits_{i=1}^{n}(x_i-a_0)^2},$$

所以

$$\begin{aligned}L(X;a)&=\frac{1}{(\sqrt{2\pi})^n}\mathrm{e}^{-\frac{1}{2}\sum\limits_{i=1}^{n}(x_i-\bar{x}+\bar{x}-a)^2}\\&=\frac{1}{(\sqrt{2\pi})^n}\exp\left\{-\frac{1}{2}\sum_{i=1}^{n}(x_i-\bar{x})^2-\frac{n}{2}(\bar{x}-a)^2\right\},\end{aligned}$$

且当 $a=\bar{x}$ 时,$L(X;a)$ 取达最大值,即

$$\sup_{a\in R}\{L(X;a)\}=\left(\frac{1}{\sqrt{2\pi}}\right)^n\exp\left\{-\frac{1}{2}\sum_{i=1}^{n}(x_i-\bar{x})^2\right\},$$

故

$$\begin{aligned}\lambda(x_1,\cdots,x_n)&=\sup_{a=a_0}\{L(X;a)\}/\sup_{a\in R}\{L(X;a)\}\\&=\exp\{-\frac{n}{2}(\bar{x}-a_0)^2\}.\end{aligned}$$

从而对给定的 $\alpha=0.05$,由式(3.2.40)得

$$\begin{aligned}0.05&=P\{\lambda(\xi_1,\cdots,\xi_n)<\lambda_0\mid a=a_0\}\\&=P_0\{\mathrm{e}^{-\frac{n}{2}(\bar{\xi}-a_0)^2}<\lambda_0\}\\&=P_0\{n(\bar{\xi}-a_0)^2>-2\ln\lambda_0\},\end{aligned}$$

即

$$P_0\{n(\bar{\xi}-a_0)^2 \leqslant -2\ln\lambda_0\} = 0.95.$$

因为当 H_0 成立时，$n(\bar{\xi}-a_0)^2 \sim \chi^2(1)$，查 χ^2 分布表得

$$\chi^2_{0.95}(1) = 3.841 = -2\ln\lambda_0,$$

所以

$$\lambda_0 = \mathrm{e}^{-1.9205} = 0.1465.$$

即 H_0 的拒绝域为

$$\begin{aligned}\mathscr{X}_0 &= \{\exp\{-\frac{n}{2}(\bar{\xi}-a_0)^2\} < 0.1465\} \\ &= \{n(\bar{\xi}-a_0)^2 > 3.841\}.\end{aligned} \tag{3.2.41}$$

由上可知，如果设

$$G(y \mid H_0) = P\{\lambda(\xi_1,\cdots,\xi_n) < y \mid H_0 \text{ 成立}\}, y \in R,$$

则由式(3.2.40)，H_0 的拒绝域中的 λ_0 由下式确定：

$$\alpha = \int_0^{\lambda_0} \mathrm{d}G(y \mid H_0). \tag{3.2.42}$$

定理 3.2.1 令 $\lambda(\xi_1,\cdots,\xi_n)$ 为简单原假设 $H_0:\theta=\theta_0$ 的广义似然比，$T=u[\lambda(\xi_1,\cdots,\xi_n)]$ 是 $\lambda(\xi_1,\cdots,\xi_n)$ 的单调增（减）函数，则基于统计量 T 的检验等价于广义似然比检验，且相应于 T 的 H_0 的拒绝域为

$$\{u(0) \leqslant T < u(\lambda_0)\} \quad [\{u(\lambda_0) \leqslant T < u(0)\}].$$

证明 当 $u(\lambda)$ 是 λ 的增函数时，由式(3.2.42)，得

$$\begin{aligned}\alpha &= \int_0^{\lambda_0} \mathrm{d}G(y \mid H_0) \xlongequal{\text{令 } t=u(y)} \int_{u(0)}^{u(\lambda_0)} \mathrm{d}H(t \mid H_0) \\ &= P_0\{u(0) \leqslant T < u(\lambda_0)\},\end{aligned}$$

其中

$$H(t \mid H_0) = G[u^{-1}(t) \mid H_0]$$

为 H_0 成立时 T 的分布函数，于是基于 T 的 H_0 的拒绝域为 $\{u(0) \leqslant T < u(\lambda_0)\}$. 当 $T=u(\lambda)$ 是 λ 的减函数时，类似可证基于 T 的 H_0 的拒绝域为 $\{u(\lambda_0) \leqslant T < u(0)\}$.

例 3.2.11 设 $\xi_1,\cdots,\xi_n$ 为总体 $\xi \sim N(a,\sigma^2)$ 的样本，试用广义似然比检验假设

$$H_0: a = a_0\ (a_0 \text{ 已知}), H_1: a \neq a_0.$$

解 由极大似然估计量知，使

$$L(a,\sigma^2) = \left(\frac{1}{\sigma\sqrt{2\pi}}\right)^n \exp\left\{-\frac{1}{2\sigma^2}\sum_{i=1}^n (\xi_i - a)^2\right\}$$

取得最大的 a 与 σ^2 是 $\hat{a}=\bar{\xi}, \hat{\sigma}^2=S^2$，故

$$\sup_{a\in R,\sigma^2\in(0,+\infty)}\{L(a,\sigma^2)\}=\left(\frac{1}{\sqrt{2\pi S^2}}\right)^n e^{-\frac{n}{2}}.$$

又因

$$\sup_{a=a_0,\sigma^2\in(0,+\infty)}\{L(a,\sigma^2)\}=\left(\frac{1}{\sqrt{2\pi\sum(\xi_i-a_0)^2/n}}\right)^n e^{-n/2},$$

所以

$$\lambda(\xi_1,\cdots,\xi_n)=\left[\frac{\sum(\xi_i-\bar{\xi})^2}{\sum(\xi_i-a_0)^2}\right]^{n/2}.$$

因为 $\sum(\xi_i-a_0)^2=\sum(\xi_i-\bar{\xi})^2+n(\bar{\xi}-a_0)^2$，且当 H_0 成立时，有

$$\frac{1}{\sigma^2}n(\bar{\xi}-a_0)^2\sim\chi^2(1),$$

$$\frac{1}{\sigma^2}\sum(\xi_i-\bar{\xi})^2\sim\chi^2(n-1),$$

$$\frac{\sqrt{n}(\bar{\xi}-a_0)}{\sigma}\sim N(0,1).$$

所以，$\lambda(\xi_1,\cdots,\xi_n)=\left\{\frac{1}{1+[T^2/(n-1)]}\right\}^{n/2}$，其中 $T=\frac{\sqrt{n}(\bar{\xi}-a_0)}{S}\sim t(n-1)$，易见当 $|T|$ 增大时 λ 减小，当 $|T|$ 减小时 λ 增大，即 $|T|$ 是 λ 的单调减函数. 由定理 3.2.1，$\{\lambda(\xi_1,\cdots,\xi_n)<\lambda_0\}$ 等价于 $\{|T|>C\}$，数 C 满足：$\alpha=P_0\{|T|>C\}=P_0\{|T|>t_{1-\alpha/2}(n-1)\}$，所以，$C=t_{1-\alpha/2}(n-1)$，故 H_0 的拒绝域为

$$\mathscr{X}_0=\left\{\left|\frac{\sqrt{n}(\bar{\xi}-a_0)}{S}\right|>t_{1-\alpha/2}(n-1)\right\}. \tag{3.2.43}$$

3.2.6* 似然比检验

设总体 ξ 的概率分布为 $f(x;\theta)$，$\theta\in\Theta$，θ 为未知参数，Θ 为参数空间，$\xi_1,\cdots,\xi_n$ 为 ξ 的样本，现考虑如下检验问题

$$H_0:\theta\in\Theta_0,\quad H_0:\theta\in\Theta_1\triangleq\Theta-\Theta_0,$$

其中 Θ_0,Θ_1 均非空.

直观上，如果 H_0 成立，由极大似然原理，最可能有

$$\sup_{\theta\in\Theta_0}\{L(\xi;\theta)\}>\sup_{\theta\in\Theta_1}\{L(\xi;\theta)\},$$

其中 $\xi=(\xi_1,\xi_2,\cdots,\xi_n)'$. 记

$$\gamma(\xi_1,\cdots,\xi_n)=\sup_{\theta\in\Theta_1}\{L(\xi;\theta)\}/\sup_{\theta\in\Theta_0}\{L(\xi;\theta)\}, \tag{3.2.44}$$

则当 H_0 成立时，$\gamma(\xi_1,\cdots,\xi_n)$ 应较小，否则就不能认为 H_0 成立，而应认为 H_1 成立. 故 H_0 的拒绝域应为

$$\mathscr{X}_0 = \{\gamma(\xi_1, \cdots, \xi_n) > \gamma_0\},$$

其中,实数 γ_0 依赖于犯第一类错的概率 α,当 α 给定后,γ_0 由下式确定

$$\alpha = P\{\gamma(\xi_1, \cdots, \xi_n) > \gamma_0 \mid H_0 \text{ 成立}\}. \tag{3.2.45}$$

例 3.2.12 设总体 $\xi \sim N(a, \sigma_0^2)$,$\sigma_0^2$ 为已知,试利用似然比检验法检验如下的假设:

$$H_0: a \leqslant a_0, \quad H_1: a > a_0 \quad (a_0 \text{ 为已知}).$$

解 因为

$$\begin{aligned} L(\xi; a) &= \left(\frac{1}{\sqrt{2\pi}\sigma_0}\right)^n \exp\left\{-\frac{1}{2\sigma_0^2}\sum_{i=1}^n (\xi_i - a)^2\right\} \\ &= \left(\frac{1}{\sqrt{2\pi}\sigma_0}\right)^n \exp\left\{-\frac{1}{2\sigma_0^2}[nS^2 + n(\bar{\xi} - a)^2]\right\}. \end{aligned}$$

记

$$L(\xi; A_0) = \sup_{a \leqslant a_0}\{L(\xi; a)\},$$

$$L(\xi; A_1) = \sup_{a > a_0}\{L(\xi; a)\},$$

则

$$\begin{aligned} \gamma(\xi_1, \cdots, \xi_n) &= \exp\left\{-\frac{n}{2\sigma_0^2}[(\bar{\xi} - A_1)^2 - (\bar{\xi} - A_0)^2]\right\} \\ &= \exp\left\{-\frac{n}{2\sigma_0^2}(A_0 - A_1)(2\bar{\xi} - A_0 - A_1)\right\}. \end{aligned}$$

当 H_0 成立时有 $a \leqslant a_0$,故 $A_0 \leqslant A_1$,且 $\dfrac{\bar{\xi} - a_0}{\sigma_0/\sqrt{n}} \leqslant \dfrac{\bar{\xi} - a}{\sigma_0/\sqrt{n}} \sim N(0,1)$,从而,当 α 给定时,令

$$r_0 = \exp\left\{-\frac{n}{2\sigma_0^2}(A_0 - A_1)(2C - A_0 - A_1)\right\}.$$

因为由式(3.2.45),有

$$\alpha = P_0\{\gamma(\xi_1, \cdots, \xi_n) > \gamma_0\} = P_0\{\bar{\xi} > C\}.$$

所以,由式(3.2.5)的推导知,H_0 的拒绝域为

$$\mathscr{X}_0 = \left\{\frac{\bar{\xi} - a_0}{\sigma_0/\sqrt{n}} > u_{1-\alpha}\right\}. \tag{3.2.46}$$

3.2.7 指数分布中参数 λ 的假设检验

设 $\xi_1, \xi_2, \cdots, \xi_n$ 为总体 $\xi \sim \Gamma(1, \lambda)$ 的样本,λ 为未知参数. 对 λ 可提出具有代表性的如下三种假设:

(1) $H_0: \lambda = \lambda_0$,$H_1: \lambda \neq \lambda_0$($\lambda_0$ 为已知);

(2) $H_0: \lambda \leqslant \lambda_0$,$H_1: \lambda > \lambda_0$($\lambda_0$ 为已知);

(3) $H_0:\lambda>\lambda_0, H_1:\lambda\leqslant\lambda_0$($\lambda_0$ 为已知).

检验此三种假设的关键是求出 H_0 的拒绝域.

关于假设(1). 由例 2.2.5 知,$\bar{\xi}$ 是$\frac{1}{\lambda}$的有效估计量. 所以通常 $\bar{\xi}\Big/\frac{1}{\lambda}=\lambda\bar{\xi}$ 接近 1. 当 H_0 成立时,$\lambda_0\bar{\xi}$ 通常接 1. 既不太大,也不太小. 否则,不能认为 H_0 成立,而应认为 H_1 成立,故 H_0 的拒绝域为

$$\{\lambda_0\bar{\xi}<k_1 \text{ 或 } \lambda_0\bar{\xi}>k_2\}=\left\{\bar{\xi}<\frac{k_1}{\lambda_0} \text{ 或 } \bar{\xi}>\frac{k_2}{\lambda_0}\right\}, \tag{3.2.47}$$

其中 $k_1,k_2(k_1<k_2)$由犯第一类错误概率 α 确定. 当 α 给定后,由 2.4.1 的(1)知

$$2\lambda n\bar{\xi}\sim\chi^2(2n). \tag{3.2.48}$$

故在 H_0 成立情况下,有 $2n\lambda_0\bar{\xi}\sim\chi^2(2n)$,由 α 定义. 有

$$\begin{aligned}\alpha&=P_0\left\{\bar{\xi}<\frac{k_1}{\lambda_0} \text{ 或 } \bar{\xi}>\frac{k_2}{\lambda_0}\right\}=P_0\left\{\bar{\xi}<\frac{k_1}{\lambda_0}\right\}+P_0\left\{\bar{\xi}>\frac{k_2}{\lambda_0}\right\}\\&=P_0\{2n\lambda_0\bar{\xi}<2nk_1\}+P_0\{2n\lambda_0\bar{\xi}>k_2\}.\end{aligned}$$

因为通常我们不知道上式右端两个概率哪一个比较大,所以取 k_1,k_2 满足:

$$\frac{\alpha}{2}=P_0\{2n\lambda_0\bar{\xi}<2nk_1\}$$

与 $\frac{\alpha}{2}=P_0\{2n\lambda_0\bar{\xi}>2nk_2\}$,即 $1-\frac{\alpha}{2}=P_0\{2n\lambda_0\bar{\xi}\leqslant 2nk_2\}$ 查表得 $\chi^2_{\alpha/2}(2n)$、$\chi^2_{1-\alpha/2}(2n)$,使得

$$2nk_1=\chi^2_{\alpha/2}(2n),\quad 2nk_2=\chi^2_{1-\alpha/2}(2n),$$

即

$$k_1=\frac{1}{2n}\chi^2_{\alpha/2}(2n),\quad k_2=\frac{1}{2n}\chi^2_{1-\alpha/2}(2n).$$

代入式(3.2.47),得 H_0 的拒绝域:

$$\chi_0=\{2n\lambda_0\bar{\xi}<\chi^2_{\alpha/2}(2n) \text{ 或 } 2n\lambda_0\bar{\xi}>\chi^2_{1-\alpha/2}(2n)\}. \tag{3.2.49}$$

关于假设(2),因为 $\lambda\bar{\xi}$ 通常接近 1. 当 H_0 成立时,$\lambda_0\bar{\xi}$ 通常接近 1,考虑到 H_1,$\bar{\xi}$ 不能太小,否则不能认为 H_0 成立,而应认为 H_1 成立,所以,H_0 的拒绝域为 $\{\bar{\xi}<k\}$,其中 k 由第一类错误概率 α 确定,当 α 给定后,注意到当 H_0 成立时 $2\lambda_0 n\bar{\xi}\geqslant 2n\lambda\bar{\xi}\sim\chi^2(2n)$. 且 $P_0\{\bar{\xi}<k\}=P_0\{2n\lambda\bar{\xi}<2n\lambda k\}\leqslant P_0\{2n\lambda\bar{\xi}<2n\lambda_0 k\}$

$$\text{令 } P_0\{2n\lambda\bar{\xi}<2n\lambda_0 k\}=\alpha, \tag{3.2.50}$$

则当 H_0 成立时,$\{\bar{\xi}<k\}$为概率不超过 α 的小概率事件. 由式(3.2.50)查表得 $x^2_\alpha(2n)$,使得 $\chi^2_\alpha(2n)=2n\lambda_0 k$,所以,$k=\frac{1}{2n\lambda_0}\chi^2_\alpha(2n)$,从而,$H_0$ 的拒绝域为

$$\chi_0=\left\{\bar{\xi}<\frac{\chi^2_\alpha(2n)}{2n\lambda_0}\right\}=\{2n\lambda_0\bar{\xi}<\chi^2_\alpha(2n)\}. \tag{3.2.51}$$

关于(3)，类似于(2)的讨论，H_0 的拒绝域为

$$\chi_0=\{2n\lambda_0\bar{\xi}>\chi^2_{1-\alpha}(2n)\}. \tag{3.2.52}$$

3.2.8 截尾试验中指数分布参数的假设检验

设 $\xi_1,\xi_2,\cdots,\xi_n$ 为总体 $\xi\sim\Gamma(1,\lambda)$ 的样本. 对于截尾试验，关于参数 λ 仍可提出具有代表性的如下三种假设：

(1) $H_0:\lambda=\lambda_0,H_1:\lambda\neq\lambda_0$（$\lambda_0$ 为已知）；

(2) $H_0:\lambda\leqslant\lambda_0,H_1:\lambda>\lambda_0$（$\lambda_0$ 为已知）；

(3) $H_0:\lambda>\lambda_0,H_1:\lambda\leqslant\lambda_0$（$\lambda_0$ 为已知）.

现分(n,无,数)试验、(n,有,数)试验、(n,有,时)试验与(n,无,时)试验分别求上述三种假设中 H_0 的拒绝域.

一、(n,无,数)试验

由 2.6.2 知，$2\lambda S(t_r)\sim\chi^2(2r)$，$E\left\{\dfrac{S(t_r)}{r}\right]=\dfrac{1}{\lambda}$，所以通常$\dfrac{\lambda S(t_r)}{r}$接近 1.

关于(1)，当 H_0 成立时，$2\lambda_0 S(t_r)\sim\chi^2(2r)$，且$\dfrac{\lambda_0 S(t_r)}{r}$通接近 1，既不太大，也不太小. 否则不能认为 H_0 成立. 而应认为 H_1 成立. 故 H_0 的拒绝域为 $\left\{\dfrac{\lambda_0 S(t_r)}{r}<k_1 \text{ 或 } \dfrac{\lambda_0 S(t_r)}{r}>k_2\right\}$ $(k_1<k_2)$，其中 k_1,k_2 由犯第一类错误概率 α 确定. 当 α 给定后，类似于式(3.2.49)的推导. H_0 的拒绝域为

$$\mathscr{X}_0=\{2\lambda_0 S(t_r)<\chi^2_{\alpha/2}(2r) \text{ 或 } 2\lambda_0 S(t_r)>\chi^2_{1-\alpha/2}(2r)\}. \tag{3.2.53}$$

关于(2)，当 H_0 成立时，有 $2\lambda_0 S(t_r)\geqslant 2\lambda S(t_r)\sim\chi^2(2r)$. 类似于式(3.2.51)的推导，$H_0$ 的拒绝域为

$$\mathscr{X}_0=\{2\lambda_0 S(t_r)<\chi^2_{\alpha}(2r)\}. \tag{3.2.54}$$

关于(3)，类似地，H_0 的拒绝域为

$$\mathscr{X}_0=\{2\lambda_0 S(t_r)>\chi^2_{1-\alpha}(2r)\}. \tag{3.2.55}$$

二、(n,有,数)试验

因为 $2n\lambda t_r\sim\chi^2(2r)$. 类似于式(3.2.53)～(3.2.55)的讨论. 关于(1). H_0 的拒绝域为

$$\mathscr{X}_0=\{2n\lambda_0 t_r<\chi^2_{\alpha/2}(2r) \text{ 或 } 2n\lambda_0 t_r>\chi^2_{1-\alpha/2}(2r)\}. \tag{3.2.56}$$

关于(2)，H_0 的拒绝域为

$$\mathscr{X}_0=\{2n\lambda_0 t_r<\chi^2_{\alpha}(2r)\}. \tag{3.2.57}$$

关于(3)，H_0 的拒绝域为

$$\mathscr{X}_0 = \{2n\lambda_0 t_r > \chi^2_{1-\alpha}(2r)\}. \tag{3.2.58}$$

三、(n,有,时)试验

因为 $2n\lambda t_r \sim \chi^2(2r)$. 类似于($n$,有,数)试验. 这时,关于假设(1),(2),(3),H_0 的拒绝域分别由式(3.2.56),(3.2.57),(3.2.58)给出.

四、(n,无,时)试验

因为 $S(t_r) \sim \Gamma(r,\lambda)$,故 $2\lambda S(t_r) \sim \Gamma\left(r,\frac{1}{2}\right) = \chi^2(2r)$. 类似于($n$,无,数)试验,关于假设(1),(2),(3),$H_0$ 的拒绝域分别由式(3.2.53),(3.2.54),(3.2.55)给出.

§3.3　非参数假设检验

3.2 节中的参数假设检验是已知总体分布函数的类型对未知参数进行假设检验. 在实际问题中常常不能预知总体的分布,这时在进行参数假设检验之前,先要对总体的分布类型进行假设检验,这一类假设检验称之为分布函数的拟合检验. 在实际问题中有时要考虑两总体分布是否相同,是否独立,从而提出相同性检验、独立性检验等,这些检验也属于非参数假设检验.

3.3.1　分布函数的拟合检验

这里考虑的是如下的假设检验问题:

$$H_0: F(x) = F_0(x), \quad H_1: F(x) \neq F_0(x),$$

其中 $F(x)$ 为总体 ξ 的分布函数,未知,$F_0(x)$ 为某已知的分布函数,$F_0(x)$ 中可以含有未知参数,也可以不含有未知参数. 分布函数 $F_0(x)$ 一般是根据总体的物理意义、样本的经验分布函数、直方图得到启发而确定的. 如何对 H_0 进行检验呢? H_0 的检验方法很多,对 $F_0(x)$ 的不同类型有不同的检验方法. 当 $F_0(x)$ 为正态分布函数时,常用正态概率纸法与偏度、峰度法. 一般情形是用皮尔逊(Pearson) χ^2 检验法.

一、正态概率纸法

正态概率纸法是概率纸法中最常用的一种方法,它适用于 $F_0(x)$ 为正态分布函数的情形. 关于其他分布的概率纸法可参阅刘璋温等(1980)著的《概率纸浅谈》.

(a) 正态概率纸

所谓正态概率纸就是标有特殊坐标系的纸. 设 $\Phi(x)$ 为标准正态分布函数,即 $\Phi(x) = \frac{1}{\sqrt{2\pi}}\int_{-\infty}^{x} \mathrm{e}^{-t^2/2}\mathrm{d}t, x \in R$. 现以 x 为横坐标,以 $\Phi(x)$ 为纵坐标作图,使诸点

$(x_1,\Phi(x_1)),(x_2,\Phi(x_2)),\cdots,(x_n,\Phi(x_n))$在一条直线上且横轴要按等间矩作刻度,依次记为$x_1,\cdots,x_n$,因而纵轴的刻度就不等间隔,其上的刻度依次记为$\Phi(x_1),\cdots,\Phi(x_n)$,这样就构造成了一张正态概率纸.

由上可知,当$F_0(x)$为正态分布$N(a,\sigma^2)$的分布函数时,则以$(x,F_0(x))$为点在正态概率纸上作图,便得一条直线.这是因为$y=\Phi(x)=Ax+B$是一条直线,所以(A,B均为常数)

$$y=F_0(x)=\Phi\left(\frac{x-a}{\sigma}\right)=\frac{A}{\sigma}x+B-\frac{Aa}{\sigma}$$

也是一条直线.反之,在正态概率纸上任一条直线对应着一个正态分布函数,即在正态概率纸上,一条直线同一个正态分布函数一一对应.

(b) 检验

在上述的假设:$H_0:F(x)=F_0(x)$,$H_1:F(x)\neq F_0(x)$中,设$F_0(x)$为正态分布$N(a,\sigma^2)$的分布函数,且a,σ^2为未知参数.$\xi_1,\cdots,\xi_n$为总体ξ的样本,并设$F_n^*(x)$为样本的经验分布函数,由第一章知$F_n^*(x)\xrightarrow{\text{a.s.}}F(x)$,所以当$n$充分大时($n\geqslant 50$),$F_n^*(x)$是$F(x)$的较好的近似.如果$H_0$为真,则点$(x_1,F_n^*(x_1)),(x_2,F_n^*(x_2)),\cdots,(x_n,F_n^*(x_n))$在正态概率纸上应近似为一条直线,否则就应否定$H_0$.

如果经过上述正态概率纸检验不否定H_0,即认为总体$\xi\sim N(a,\sigma^2)$,则在图上还可以粗略地估计出未知参数a与σ^2的值.其方法如下:由于正态密度函数关于其数学期望a对称,所以在描出的直线上,纵坐标为0.5的点所对应的横坐标就是a,这样就可得a的估计值$\hat{a}$.又因为

$$P\{\xi<\hat{a}-\sigma\}=P\{\frac{\bar{\xi}-\hat{a}}{\sigma}<-1\}=\Phi(-1)=0.1587,$$

所以在描出的直线上以0.1587为纵坐标的点所对应的横坐标就是$\hat{a}-\sigma$,因为$\hat{a}$已知,从而可得σ的估计值$\hat{\sigma}$.

例 3.3.1 某厂生产一种白炽灯泡,其光通亮(单位:明流)用ξ表示,现从总体ξ中抽取容量为$n=120$的样本,得观察值如表3.3.1所示,试问ξ是否服从正态分布$N(a,\sigma^2)$?

表 3.3.1 白炽灯泡测试数据(单位:明流)

216	203	197	208	206	209	206	208	202	203
206	213	218	207	208	202	194	203	213	211
193	213	208	208	204	206	204	206	208	209
213	203	206	207	196	201	208	207	213	208
210	208	211	211	214	220	211	203	216	224
211	209	218	214	219	211	208	221	211	218
218	190	219	211	208	199	214	207	207	214

续表

206	217	214	201	212	213	211	212	216	206
210	216	204	221	208	209	214	214	199	204
211	201	216	211	209	208	209	202	211	207
202	205	206	216	206	213	206	207	200	198
200	202	203	208	216	206	222	213	209	219

解　此为如下假设检验问题：

$$H_0:F(x)=F_0(x),H_1:F(x)\neq F_0(x),$$

其中 $F(x)$ 为总体 ξ 分布函数，$F_0(x)$ 为正态分布 $N(a,\sigma^2)$ 的分布函数，a,σ^2 均为未知参数. 为了检验 H_0，我们先来作直方图. 直方图不仅能为 $F_0(x)$ 的确定提供信息和依据，而且是用概率纸法或 χ^2 检验法对 H_0 进行检验的重要步骤之一.

(a)　作直方图

将样本观察值 $x_1,\cdots,x_n$ 分成 m 组，分组办法是：将包含 $x_1,\cdots,x_n$ 的某个区间 (t_0,t_m) 分为互不相交的 m 个子区间 $\Delta_i=[t_{i-1},t_i)$，$i=1,\cdots,m$，使得

$$t_0<t_1<\cdots<t_{m-1}<t_m,$$

一般取 $m\approx1.87(n-1)^{0.4}$.

以 v_i 记样本落入第 i 个小区间的频数，记 $f_i=\dfrac{v_i}{n}$，称 f_i 为样本落入第 i 个小区间的频率，$i=1,2,\cdots,m$，显然有 $\sum\limits_{i=1}^{m}f_i=1$. 在 x 轴上，对每个 i，以区间 $[t_{i-1},t_i)$ 为底边，以 $\dfrac{f_i}{t_i-t_{i-1}}$ 为高作长方形，这些长方形构成的图形叫直方图.

表 3.3.1 中最小数为 190，最大数为 224，可取 189.5 为下界，228.5 为上界，将 (189.5,228.5) 按等间距 3 划分为 13 个小区间，发现前 3 个小区间的 v_i 值与后 3 个小区间的 v_i 值都太小，应适当合并小区间，使得每个小区间的 v_i 值都不小于 5，经适当合并小区间后得 9 个小区间，前、后两小区间长均为 9，中间 7 个小区间的长均为 3. 于是得表 3.3.2. 由表 3.3.2，根据上法得图 3-1.

表 3.3.2

编号	小　区　间	频数	累积频数	累积频率
1	(189.5,198.5)	6	6	5%
2	(198.5,201.5)	7	13	10.83%
3	[201.5,204.5)	14	27	22.5%
4	[204.5,207.5)	20	47	39.17%

续表

编号	小 区 间	频数	累积频数	累积频率
5	[207.5,210.5)	23	70	58.33%
6	[210.5,213.5)	22	92	76.66%
7	[213.5,216.5)	14	106	88.33%
8	[216.5,219.5)	8	114	95%
9	[219.5,228.5)	6	120	100%

由图 3-1 可知,直方图的外轮廓线对称,与正态密度曲线相似,这进一步说明正态原假设符合实际情况.

(b) 检验

将表 3.3.2 中小区间右端点 $x_{(i)}$ 和相应的累积频率 $F_n^*(x_{(i)})$ 所确定的点 $(x_{(i)}, F_n^*(x_{(i)}))$ 标在正态概率纸上,得 9 个点,如图 3-2 所示. 这 9 个点近似为一条直线 L,画出这条直线,虽然最下一点偏离直线 L 较大,但其他的点偏离 L 不大,所以,我们接受原假设 H_0,认为总体 $\xi \sim N(a, \sigma^2)$.

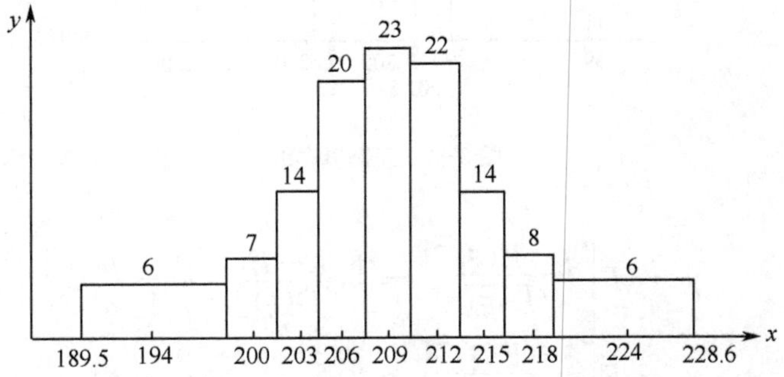

图 3-1

(c) 估计 a 与 σ^2

由图 3-2 与上述方法得

$$\hat{a} = 209, \quad \hat{a} - \hat{\sigma} = 202.5,$$

故

$$\hat{\sigma} = 6.5, \quad \hat{\sigma}^2 = 42.25.$$

二、偏度、峰度检验法

随机变量 ξ 的偏度与峰度是标准化随机变量 $\frac{\xi - E(\xi)}{\sqrt{D(\xi)}}$ 的三阶原点矩与四阶原点矩:

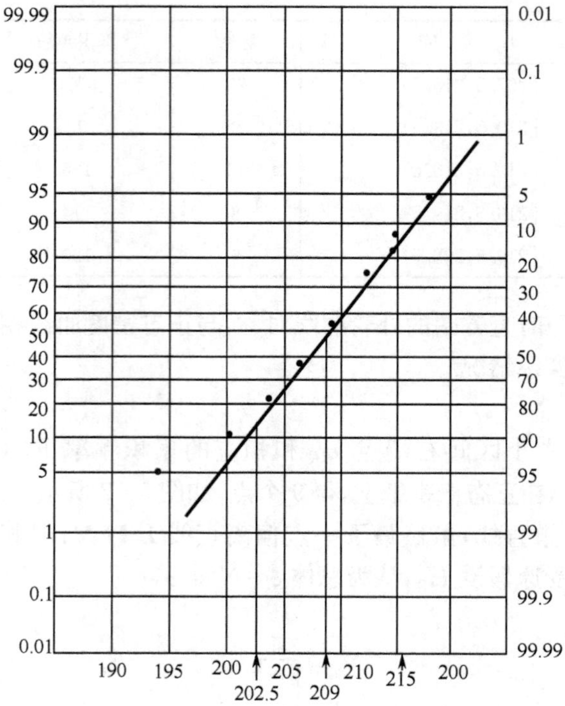

图 3-2　正态概率纸

$$\gamma_1 = E\left[\frac{\xi - E(\xi)}{\sqrt{D(\xi)}}\right]^3 = \frac{E[\xi - E(\xi)]^3}{[D(\xi)]^{3/2}} = \frac{\mu_3}{\sigma^3},$$

$$\gamma_2 = E\left[\frac{\xi - E(\xi)}{\sqrt{D(\xi)}}\right]^4 = \frac{E[\xi - E(\xi)]^4}{[D(\xi)]^2} = \frac{\mu_4}{\sigma^4}, \tag{3.3.1}$$

偏度 γ_1 描述 ξ 的密度曲线偏斜程度，峰度 γ_2 描述该曲线的陡缓程度，μ_3,μ_4 分别是 ξ 的三阶中心矩与四阶中心矩，$\sigma^2=D(\xi)$. 偏度、峰度检验法是检验总体是否服从正态分布的较好方法. 当 ξ 服从正态分布 $N(a,\sigma^2)$ 时，由文献[21]中例 3.1.3 知

$$\mu_k = \begin{cases} \sigma^k(k-1)!!, & \text{当 } k \text{ 为偶数时}, \\ 0, & \text{当 } k \text{ 为奇数时}, \end{cases}$$

从而 $\gamma_1=0,\gamma_2=3$.

设 $\xi_1,\cdots,\xi_n$ 为总体 ξ 的样本，记

$$B_k = \frac{1}{n}\sum_{i=1}^{n}(\xi_i - \bar{\xi})^k, \quad g_1 = \frac{B_3}{B_2^{3/2}}, \quad g_2 = \frac{B_4}{B_2^2}, \tag{3.3.2}$$

称 B_k 为样本的 k 阶中心矩，称 g_1,g_2 分别为样本的偏度与峰度. 当 ξ 服从正态分布时，则可以证明：当 n 充分大时($n>100$)，近似地有

$$g_1 \sim N\left(0, \frac{6(n-2)}{(n+1)(n+3)}\right),$$

$$g_2 \sim N\left(3-\frac{6}{n+1}, \frac{24n(n-2)(n-3)}{(n+1)^2(n+3)(n+5)}\right). \tag{3.3.3}$$

现在来检验如下假设：

$$H_0: F(x)=F_0(x), \quad H_1: F(x)\neq F_0(x),$$

其中 $F(x)$ 为总体 ξ 的分布函数，$F_0(x)$ 为某正态分布函数.

记

$$\sigma_1^2=\frac{6(n-2)}{(n+1)(n+3)}, \quad \sigma_2^2=\frac{24n(n-2)(n-3)}{(n+1)^2(n+3)(n+5)}, \tag{3.3.4}$$

则当 H_0 成立，且 n 充分大时，近似地有

$$U_1 \triangleq \frac{g_1}{\sigma_1} \sim N(0,1),$$

$$U_2 \triangleq \frac{g_2-(3n-3)/(n+1)}{\sigma_2} \sim N(0,1).$$

因此，当 H_0 为真且 n 充分大时，H_0 的拒绝域应该为 $\{|U_1|>k_1$ 或 $|U_2|>k_2\}$，其中 k_1,k_2 由 α 确定，当 α 给定后，因为

$$P\{|U_1|>k_1 \text{ 或 } |U_2|>k_2 \mid H_0 \text{ 成立}\}$$
$$\leqslant P_0\{|U_1|>k_1\}+P_0\{|U_2|>k_2\}.$$

取

$$\frac{\alpha}{2}=P_0\{|U_1|>k_1\}, \frac{\alpha}{2}=P_0\{|U_2|>k_2\},$$

由上两式易知，$k_1=k_2=u_{1-\alpha/4}$，所以 H_0 的拒绝为

$$\mathscr{X}_0=\left\{\left|\frac{B_3}{\sigma_1 B_2^{3/2}}\right|>u_{1-\alpha/4} \quad \text{或} \quad \left|\frac{B_4/B_2^2-3(n-1)/(n+1)}{\sigma_2}\right|>u_{1-\alpha/4}\right\}, \tag{3.3.5}$$

其中 B_k 由(3.3.2)给出，σ_1^2,σ_2^2 由(3.3.4)给出.

例 3.3.2 利用偏度、峰度检验法对例 3.3.1 中的假设进行检验($\alpha=0.1$).

解 因为

$$n=120, \alpha=0.1, \sigma_1=\sqrt{\frac{6(n-2)}{(n+1)(n+3)}}=0.218,$$

$$\sigma_2=\sqrt{\frac{24n(n-2)(n-3)}{(n+1)^2(n+3)(n+5)}}=0.420,$$

$$3-\frac{6}{n+1}=\frac{3(n-3)}{n+1}=2.901,$$

$$\bar{x}=\frac{1}{120}\sum_{i=1}^{120}x_i=209, B_2=S^2=\frac{1}{n}\sum_{i=1}^{n}(x_i-\bar{x})^2=42.77,$$

$$B_3=\frac{1}{n}\sum_{i=1}^{n}(x_i-\bar{x})^3=-7822/120=-65.183,$$

$$B_4=\frac{1}{n}\sum_{i=1}^{n}(x_i-\bar{x})^4=598590/120=4988.25,$$

$$g_1=B_3/B_2^{3/2}=-0.233, g_2=\frac{B_4}{B_2^2}=2.727,$$

$$U_1=\frac{g_1}{\sigma_1}=-1.069, U_2=\frac{g_2-2.901}{\sigma_2}=-0.414,$$

$$u_{0.975}=1.96.$$

又因为$|U_1|=1.069<u_{0.975}$，$|U_2|=0.414<u_{0.975}$，所以，不否定 H_0，即认为总体 $\xi\sim N(209,42.77)$.

三、皮尔逊 χ^2 检验法

前面两种检验仅对正态假设适用.对于一般的假设检验问题

$$H_0:F(x)=F_0(x),\quad H_1:F(x)\neq F_0(x),$$

其中 $F(x)$为总体 ξ 的分布函数，未知，$F_0(x)$为某已知分布函数，通常采用皮尔逊 χ^2 检验法.这一方法的基本思想是：将样本观察值 $x_1,\cdots,x_n$ 分成 m 组，分组办法和要求与例 3.3.1 中作直方图分组办法与要求相同.以 v_i，$\frac{v_i}{n}$分别表示样本观察值落入第 i 个小区间$[t_{i-1},t_i)$$(i=1,\cdots,m)$的频数与频率.如果 H_0 为真，由给定的分布函数 $F_0(x)$，计算得

$$p_i\triangleq P_0\{t_{i-1}\leqslant\xi_k<t_i\}=F_0(t_i)-F_0(t_{i-1}), i=1,2,\cdots,m,\quad(3.3.6)$$

其中 $0<p_i<1$，$\sum_{i=1}^{m}p_i=1$，称 np_i 为样本 $\xi_1,\cdots,\xi_n$ 落入第 i 个小区间的理论频数，当 H_0 成立时，理论频数 np_i 与实际频数 v_i 应很接近，即$(v_i-np_i)^2$ 应很小，从而

$$\sum_{i=1}^{m}\frac{(v_i-np_i)^2}{np_i}$$

也应该比较小，我们记此和式为 χ_n^2，即

$$\chi_n^2=\sum_{i=1}^{m}\frac{(v_i-np_i)^2}{np_i}=\sum_{i=1}^{m}\frac{v_i^2-2np_iv_i+n^2p_i^2}{np_i}$$

$$=\sum_{i=1}^{m}\frac{v_i^2}{np_i}-2\sum_{i=1}^{m}v_i+n\sum_{i=1}^{m}p_i=\sum_{i=1}^{m}\frac{v_i^2}{np_i}-n\quad(3.3.7)$$

应很小，否则不能认为 H_0 成立，所以 H_0 的拒绝域应为$\{\chi_n^2>C\}$，C 由犯第一类错误的概率 α 确定.

χ_n^2 服从什么分布？皮尔逊于 1900 年证明了如下的定理.

定理3.3.1 当 H_0 成立时，不论 $F_0(x)$ 服从什么分布，则由式(3.3.7)建立的统计量 $\chi_n^2 \xrightarrow{L} \eta \sim \chi^2(m-1)$ （当 $n \to \infty$ 时），其中 m 为分组数.

如果 $F_0(x)$ 中含有 l 个未知参数 $\theta_1, \cdots, \theta_l$，则首先用这 l 个未知参数的极大似然估计值 $\hat{\theta}_1, \cdots, \hat{\theta}_l$ 代替 $\theta_1, \cdots, \theta_l$，使 $F_0(x)$ 中不含有未知参数，然后计算 p_i，再建立 χ_n^2，但是这时

$$\chi_n^2 \xrightarrow{L} \eta \sim \chi^2(m-1-l)(\text{当 } n \to \infty \text{ 时}).$$

由此定理知，当 H_0 成立且 n 充分大时，近似地有 $\chi_n^2 \sim \chi^2(m-1-l)$，$l$ 表示 $F_0(x)$ 中含有未知参数的个数.

当 α 给定后，由 α 的定义，得

$$\begin{aligned}\alpha &= P\{\text{拒绝 } H_0 \mid H_0 \text{ 成立}\} = P_0\{\chi_n^2 > C\} \\ &= 1 - P_0\{\chi_n^2 \leqslant C\},\end{aligned}$$

即

$$1 - \alpha = P_0\{\chi_n^2 \leqslant C\}.$$

查表，得 $\chi_{1-\alpha}^2(m-1-l)$，使得

$$1 - \alpha = P_0\{\chi_n^2 \leqslant \chi_{1-\alpha}^2(m-1-l)\},$$

所以

$$C = \chi_{1-\alpha}^2(m-1-l).$$

从而 H_0 的拒绝域为

$$\mathscr{X}_0 = \left\{ \sum_{i=1}^{m} \frac{v_i^2}{np_i} - n > \chi_{1-\alpha}^2(m-1-l) \right\}. \tag{3.3.8}$$

例 3.3.3 对例3.3.1用皮尔逊 χ^2 检验法检验($\alpha=0.05$)假设：

$$H_0: F(x) = F_0(x), \quad H_1: F(x) \neq F_0(x),$$

其中 $F_0(x) = \dfrac{1}{\sqrt{2\pi}\sigma}\displaystyle\int_{-\infty}^{x} \mathrm{e}^{-(t-a)^2/2\sigma^2}\,\mathrm{d}t$，$a$，$\sigma^2$ 都是未知参数.

解 因为 $\hat{a} = \bar{x} = 209$，$\hat{\sigma}^2 = S^2 = 42.77$，$\hat{\sigma} = 6.5$，所以 $F_0(x)$ 为正态分布 $N(209, 6.5^2)$ 的分布函数. 由式(3.3.6)得

$$\begin{aligned} p_1 &= F_0(198.5) - F_0(189.5) \\ &= \Phi(-1.62) - \Phi(-3) \approx 0.0513, \\ p_2 &= F_0(201.5) - F_0(198.5) \approx \Phi(-1.15) - \Phi(-1.62) \\ &= \Phi(1.62) - \Phi(1.150) = 0.07245, \end{aligned}$$

类似地，可逐一算得 $p_3, \cdots, p_9$ 各值，再计算得 $\dfrac{v_1^2}{np_1}, \cdots, \dfrac{v_9^2}{np_9}$，如表 3.3.3 所示. 从而得 χ_n^2 的观察值为

$$\sum_{i=1}^{9}\left(\frac{v_i^2}{np_i}\right)-n=120.347-120=0.347.$$

对给定的显著性水平 $\alpha=0.05$,查 χ^2 分布表得自由度 9 - 1 - 2 所对应的临界值 $\chi^2_{0.95}(6)=12.592$,由于 $\chi^2_{0.95}(6)>0.347$,所以不否定 H_0,即认为光通亮 $\xi\sim N(209,6.5^2)$.

表 3.3.3

编号	v_i	v_i^2	v_i^2/np_i
1	6	36	5.701
2	7	49	5.568
3	14	196	13.517
4	20	400	20.305
5	23	529	24.266
6	22	484	24.568
7	14	196	13.448
8	8	64	7.273
9	6	36	5.701

例 3.3.4　卢瑟福(Rutherford)与盖革(Geiger)于 1920 年作了一个著名的实验,他们观察了长为 7.5 秒时间间隔内到达某个计数器的由某块放射物质放射出的 α 质点数 ξ,共观察了 $n=2608$ 次,表 3.3.4 中的第一列给出的是质点数 i,第二列表示有 i 个质点到达计数器的时间间隔数 v_i(每个时间间隔长都是 7.5s),试问这种分布规律是否服从泊松分布($\alpha=0.05$)?

表 3.3.4

i	v_i	v_i^2	$\hat{p}_i$	$n\hat{p}_i$	$v_i^2/n\hat{p}_i$
0	57	3249	0.021	54.768	59.323
1	203	41209	0.081	211.248	195.074
2	383	146689	0.156	406.848	360.550
3	525	275625	0.201	524.208	525.793
4	532	283024	0.195	508.56	556.520
5	408	166464	0.151	393.808	422.704
6	273	74529	0.097	252.975	294.610
7	139	19321	0.054	140.832	137.192
8	45	2025	0.026	67.808	29.864
9	27	729	0.011	28.688	25.411
⩾10	16	256	0.007	18.256	14.023
合计	2608		1	2607.999	2621.064

解　此为如下假设检验问题：

$$H_0:F(x)=F_0(x),\quad H_1:F(x)\neq F_0(x),$$

其中 $F_0(x)$为泊松分布 $p\{\xi=i\}=\mathrm{e}^{-\lambda}\frac{\lambda^i}{i!},i=0,1,2,\cdots$,的分布函数. λ 为未知参数，λ 的极大似然估计值为

$$\hat{\lambda}=\bar{x}=\frac{1}{n}\sum_{i=1}^{n}x_i=\frac{1}{2608}\sum_{i=0}^{10}iv_i=\frac{10086}{2608}=3.87,$$

$$m=11,l=1,n=2608.$$

从而由

$$\hat{p}_{i+1}=\hat{p}_i\frac{3.87}{i+1},i=0,1,2,\cdots$$

可得诸 $\hat{p}_i$，例如，$\hat{p}_0=0.021$，$\hat{p}_1=0.081$ 等等，见表 3.3.4 的第四列. 于是得

$$\chi_n^2=\sum_{i=0}^{m-1}\frac{v_i^2}{n\hat{p}_i}-n=13.064.$$

对显著性水平 $\alpha=0.05$，查表得

$$\chi_{0.95}^2(9)=16.919>\chi_n^2.$$

故不否定 H_0，即认为 α 质点到达该计数器的个数 ξ 服从泊松分布.

四、* 科尔莫戈罗夫检验(D_n 检验)

前面介绍了 χ^2 检验，其优点是无论总体 ξ 是离散型的还是连续型的，无论 ξ 是一维的还是多维的，无论原假设的分布中是否含有未知参数都适用. 但是它依赖于区间的划分，即使原假设 $H_0:F(x)=F_0(x)$不成立，仍可能有

$$p_i=F_0(y_i)-F_0(y_{i-1})=F(y_i)-F(y_{i-1}),i=1,2,\cdots,m,$$

即有可能接受不真的原假设 H_0. 科尔莫戈罗夫检验克服了 χ^2 检验这一缺点，但它要求总体分布必须是连续型的，且要求原假设的分布中一般不含有未知参数(对大样本、正态分布和指数分布可以例外).

设 $F(x)$为总体 ξ 的分布函数，$F_n^*(x)$为 ξ 的样本经验分布函数，由格列文科定理知

$$D_n\triangleq\sup_{-\infty<x<\infty}|F_n^*(x)-F(x)|\xrightarrow{\text{a.s.}}0\quad(n\to\infty),$$

所以 $F_n^*(x)$是 $F(x)$的一个良好估计. 然而格列文科定理没有给出统计量 D_n 的精确分布，实际上 D_n 的精确分布是很复杂的. 但是，当 $F(x)$为一维连续型分布函数时，D_n 的极限分布的表达式却比较简单，即

$$\lim_{n\to\infty}P\{\sqrt{n}D_n<u\}=Q(u)$$

$$\equiv 1-2\sum_{k=1}^{\infty}(-1)^{k-1}\mathrm{e}^{-2k^2u^2},u>0.\qquad(3.3.9)$$

上式是科尔莫戈罗夫给出的，由于证明复杂，这里省略了. 由此式可编造出分布函数 $Q(u)$ 的数值表.

现在我们来讨论如何利用式(3.3.9)对如下的假设进行检验

$$H_0:F(x)=F_0(x),\quad H_1:F(x)\neq F_0(x),$$

其中 $F_0(x)$ 是某个指定的一维连续型分布函数. $F(x)$ 为总体 ξ 的分布函数.

如果 H_0 成立，则统计量

$$D_n=\sup_{x\in R}\{|F_n^*(x)-F_0(x)|\}$$

有式(3.3.9)给出的极限分布. 当 H_0 不成立时，D_n 有偏大的趋势. 因此，H_0 的拒绝域为 $\mathscr{X}_0=\{D_n>C\}$，C 由 α 确定，对给定的 α，由 α 定义有

$$\alpha=P\{D_n>C\mid H_0\text{ 成立}\}=1-P\{D_n\leqslant C\mid H_0\text{ 成立}\},$$

即 $1-\alpha=P\{D_n\leqslant C\mid H_0\text{ 成立}\}$，查科尔莫戈罗夫分布分位数表得 $D_{n,1-\alpha}$，使得 $1-\alpha=P\{D_n\leqslant D_{n,1-\alpha}\mid H_0\text{ 成立}\}$，所以 $C=D_{n,1-\alpha}$. 从而 H_0 的拒绝域为

$$\mathscr{X}_0=\{D_n>D_{n,1-\alpha}\}.\tag{3.3.10}$$

统计量 D_n 的观察值计算步骤如下：

(i)　从总体中抽取容量为 $n(n\geqslant 50)$ 的样本，并将样本观察值由小到大的次序排列.

(ii)　计算出经验分布函数 $F_n^*(x)$ 和理论分布函数 $F_0(x)$ 在每个 $x_{(i)}$ 点的值，以及

$$\begin{aligned}d_n&=\sup_{x\in R}\{|F_n^*(x_{(i)})-F_0(x_{(i)})|\}\\&=\max_i\{\max[|F_n^*(x_{(i)})-F_0(x_{(i)})|,|F_n(x_{(i+1)})-F_0(x_{(i)})|]\},\end{aligned}$$

其中，规定

$$F_n^*(x_{(n+1)})=1.\tag{3.3.11}$$

当 $n>100$ 时，$D_{n,\alpha}$ 可由表 3.3.5 近似给出.

表 3.3.5　$P\{D_n\leqslant D_{n,\alpha}\}=\alpha$

α	0.90	0.95	0.99
$D_{n,\alpha}$	$\dfrac{1.23}{\sqrt{n}}$	$\dfrac{1.36}{\sqrt{n}}$	$\dfrac{1.63}{\sqrt{n}}$

3.3.2　两总体之间关系的假设检验

现在我们来介绍两总体之间关系的检验. 首先介绍两个总体的分布相同的检验，然后介绍两总体相互独立的检验.

一、*斯米尔诺夫检验

斯米尔诺夫检验是用来检验两个连续型总体是否相同分布的检验法. 设

$F_1(x),F_2(x)$分别为总体ξ与总体η的分布函数,$\xi_1,\cdots,\xi_{n_1}$为ξ的样本,$\eta_1,\cdots,\eta_{n_2}$为η的样本,且这两样本相互独立,现考虑如下假设检验问题

$$H_0:F_1(x)=F_2(x),\quad H_1:F_1(x)\neq F_2(x).$$

对此,斯米尔诺夫借助于经验分布函数给出与科尔莫戈罗夫检验相似的检验法. 设$F_{n_1}^*(x),F_{n_2}^*(x)$分别为两样本的经验分布函数,记

$$D_{n_1,n_2}=\sup_x\{|F_{n_1}^*(x)-F_{n_2}^*(x)|\},$$

$$n=\left[\frac{n_1n_2}{n_1+n_2}\right].\tag{3.3.12}$$

斯米尔诺夫在分布函数$F_1(x),F_2(x)$为连续型的条件下,当H_0成立时,导出了D_{n_1,n_2}的极限分布:

$$\lim_{\substack{n_1\to\infty\\ n_2\to\infty}}P\{\sqrt{n}D_{n_1,n_2}<u\}=1-2\sum_{k=1}^{\infty}(-1)^{k-1}\mathrm{e}^{-2k^2u^2},u>0.\tag{3.3.13}$$

因为当H_0不成立时,D_{n_1,n_2}有偏大的趋势,所以H_0的拒绝域为

$$\mathscr{X}_0=\{D_{n_1,n_2}>D_{n,n,\alpha}\},$$

其中$D_{n,n,\alpha}$依赖于显著水平α,当α给定后,依下式

$$\alpha\geqslant P\{D_{n_1,n_2}>D_{n,n,\alpha}\mid H_0\text{ 成立}\}$$

确定$D_{n,n,\alpha}$. 查斯米尔诺夫检验临界值表可得$D_{n,n,\alpha}$. 当$n>40$时,$D_{n,n,\alpha}$可由表3.3.6近似给出.

表 3.3.6 $P\{D_{n_1,n_2}>D_{n,n,\alpha}\}\leqslant\alpha$

α	0.10	0.05	0.025	0.01	0.005
$D_{n,n,\alpha}$	$\frac{1.52}{\sqrt{n}}$	$\frac{1.73}{\sqrt{n}}$	$\frac{1.92}{\sqrt{n}}$	$\frac{2.15}{\sqrt{n}}$	$\frac{2.30}{\sqrt{n}}$

二、秩和检验

秩和检验是一种既有效又方便的检验两个总体的分布是否相同的检验方法.

设$\xi_1,\cdots,\xi_{n_1}$为总体ξ的样本,$\eta_1,\cdots,\eta_{n_2}$为总体η的样本,且两样本独立,$F_1(x),F_2(x)$分别为ξ,η的分布函数. 现提出如下的假设检验问题:

$$H_0:F_1(x)=F_2(x),\quad H_1:F_1(x)\neq F_2(x).$$

为了用秩和检验法对此进行检验,我们先来介绍秩的概念. 设$\xi_1,\cdots,\xi_{n_1}$的顺序统计量为

$$\xi_{(1)},\xi_{(2)},\cdots,\xi_{(n_1)}.$$

我们称$\xi_{(i)}$的下标i为$\xi_{(i)}$的秩,$i=1,2,\cdots,n_1$. 现将$\xi_1,\cdots,\xi_{n_1},\eta_1,\cdots,\eta_{n_2}$按由小到大的顺序排成一行

$$\zeta_1\leqslant\zeta_2\leqslant\zeta_3\leqslant\cdots\leqslant\zeta_{n_1+n_2},\tag{3.3.14}$$

则 i 为 ζ_i 的秩. 如果出现几个 ζ 相等的情况,则定义它们的秩为各秩的平均值. 例如,若样本依次排成 1,2,2,2,3,3,则 3 个 2 的秩都是(2+3+4)/3=3,2 个 3 的秩都是(5+6)/2=5.5.

假设 $n_1 \leqslant n_2$,在式(3.3.14)中,将第一个样本的秩相加,记其和为 R_1,类似地,记第二个样本的秩之和为 R_2,显然有

$$R_1 + R_2 = \frac{1}{2}(n_1 + n_2)(n_1 + n_2 + 1),$$

且

$$\frac{1}{2}n_1(n_1 + 1) \leqslant R_1 \leqslant \frac{1}{2}n_1(n_1 + 2n_2 + 1).$$

如果 H_0 成立,则两个独立样本来自同一总体,因此,第一个样本应该随机地分散地排列于第二个样本之间,故 R_1 不应该太大,也不应该大小,否则就应该怀疑 H_0 的成立. 因此,H_0 的拒绝域为

$$\mathscr{X}_0 = \{R_1 < T_1 \text{ 或 } R_1 > T_2\}(T_1 < T_2), \tag{3.3.15}$$

其中 T_1, T_2 依赖于显著水平 α,当 α 给定后,由 $\alpha = P\{R_1 < T_1 \text{ 或 } R_1 > T_2 \mid H_0 \text{ 成立}\}$,查秩和检验表可确定 T_1 与 T_2 的值.

例 3.3.5　设实验观察得 Ⅰ,Ⅱ 两组样本如下:

Ⅰ	49	52	53	47	50
Ⅱ	56	48	58	46	55

试检验两组样本是否来自同一总体($\alpha=0.05$)?

解　此要检验假设 $H_0: F_1(x)=F_2(x)$,$H_1: F_1(x) \neq F_2(x)$. 将两组观察值由小到大顺序排列得

编号	1	2	3	4	5	6	7	8	9	10
Ⅰ		47		49	50	52	53			
Ⅱ	46		48					55	56	58

从而得 $R_1=24$,$R_2=30$,对于 $n_1=n_2=5$,$\alpha=0.05$ 查秩和检验临界值表得 $T_1=19$,$T_2=36$,因 $T_1<R_1<R_2<T_2$,故不否定 H_0,即认为两组样本来自同一总体.

当用秩和检验法得出否定 H_0 的结论时,即得出 $F_1(x) \neq F_2(x)$ 的结论时,我们自然会进一步地问:哪一个总体大些? 或 $F_1(x)$ 与 $F_2(x)$ 哪一个大些? 因为如果 $F_1(x) \geqslant F_2(x)$,则由全概率公式得

$$\begin{aligned} P\{\xi > \eta\} &= \int_{-\infty}^{\infty} P\{\eta < x \mid \xi = x\} \mathrm{d}F_1(x) \\ &= \int_{-\infty}^{\infty} P\{\eta < x\} \mathrm{d}F_1(x) \leqslant \int_{-\infty}^{\infty} F_1(x) \mathrm{d}F_1(x) = \frac{1}{2}. \end{aligned}$$

所以第一样本的秩和 R_1 有偏小的趋势. 类似地, 如果 $F_1(x) \leqslant F_2(x)$, 则 R_1 有偏大的趋势. 所以, 当 $R_1 < T_1$ 时, 则否定 H_0, 认为 $F_1(x) \geqslant F_2(x)$, 也认为第一总体的均值不大于第二总体的均值. 当 $R_1 > T_2$ 时也否定 H_0, 而认为 $F_1(x) \leqslant F_2(x)$.

例 3.3.6　得两组样本观察值如下:

Ⅰ: 8.655, 10.019, 9.880, 8.797, 9.071, 9.071

Ⅱ: 8.726, 8.371, 9.131, 8.946, 7.436, 8.000, 7.332, 8.097, 6.850

检验假设:

$$H_0: F_1(x) = F_2(x), \quad H_1: F_1(x) \neq F_2(x),$$

其中 $F_1(x), F_2(x)$ 分别为第一、第二样本总体的分布函数($\alpha = 0.025$).

解　将两组样本值按由小到大的顺序排列, 得 6.850, 7.332, 7.436, 8.000, 8.097, 8.371, <u>8.655</u>, 8.726, <u>8.797</u>, 8.946, <u>9.071</u>, <u>9.071</u>, 9.131, <u>9.880</u>, <u>10.019</u>. 于是得 $R_1 = 68$, 对 $\alpha = 0.025$, $n_1 = 6$, $n_2 = 9$ 查表得 $T_1 = 31$, $T_2 = 65$. 因为 $R_1 = 68 > 65 = T_2$, 所以否定 H_0, 且认为 $F_1(x) \leqslant F_2(x)$, 也即认为第一总体的均值不小于第二个总体的均值.

一般秩和检验临界值表只列到 $n_1, n_2 \leqslant 10$, 当 $n_1, n_2 > 10$ 时, 可以证明, 在 $H_0(F_1(x) = F_2(x))$ 成立条件下, 近似地有

$$R_1 \sim N\left(\frac{n_1(n_1 + n_2 + 1)}{2}, \frac{n_1 n_2(n_1 + n_2 + 1)}{12}\right). \tag{3.3.16}$$

因此, 可用

$$U \triangleq \frac{R_1 - \dfrac{n_1(n_1 + n_2 + 1)}{2}}{\sqrt{\dfrac{n_1 n_2(n_1 + n_2 + 1)}{12}}} \sim N(0,1) \tag{3.3.17}$$

作为检验统计量, 即可用 u 检验法进行检验.

例 3.3.7　观察得两组样本值如下:

Ⅰ: 5.2, 5.5, 5.6, 6.3, 4.6, 5.3, 5.0, 6.2, 5.8, 5.1, 5.9

Ⅱ: 3.8, 4.3, 4.2, 4.0, 4.9, 4.5, 5.2, 4.8, 4.5, 3.9, 3.7, 4.6

检验两样本是否来自同一个总体($\alpha = 0.05$).

解　本题是要检验假设

$$H_0: F_1(x) = F_2(x), \quad H_1: F_1(x) \neq F_2(x),$$

$F_1(x), F_2(x)$ 分别表示两总体分布函数. 因为 $n_1 = 11$, $n_2 = 12$, 故用 u 检验法检验上述假设. 因为

$$R_1 = 192, \quad \frac{n_1(n_1 + n_2 + 1)}{2} = 132, \quad \frac{n_1 n_2(n_1 + n_2 + 1)}{12} = 264,$$

由式(3.3.17), 得

$$U = \frac{60}{\sqrt{264}} = 3.693.$$

又

$$u_{1-\alpha/2} = u_{0.975} = 1.96,$$

因为 $|U| = 3.693 > 1.96 = u_{1-\alpha/2}$，所以拒绝 H_0，即认为 $F_1(x) \neq F_2(x)$.

三、* 游程检验

设 ξ, η 为两个总体，$\xi_1, \cdots, \xi_{n_1}, \eta_1, \cdots, \eta_{n_2}$ 分别为 ξ, η 的样本，且两样本相互独立，$F_1(x), F_2(x)$ 分别为 ξ, η 的分布函数，且均为连续函数. 现将这两样本由小到大排成一行

$$\zeta_1 < \zeta_2 < \cdots < \zeta_{n_1+n_2}.$$

记第一个样本中的样品 ζ_i 为 0，其余的样品 ζ_i 均记为 1，于是可得一个形如

0011101…011001

的 0-1 序列，其中有 n_1 个 0，n_2 个 1. 我们称连续出现同一个样本的样品段为一个游程，称每个游程所含的样品个数为该游程的长度，例如 0-1 序列

1100111000011010111

就有 3 个长度为 1 的游程，3 个长度为 2 的游程，2 个长度为 3 的游程，1 个长度为 4 的游程，1 的游程有 5 个，0 的游程有 4 个，共有 9 个游程. 如果记总游程个数为 R，则显然有

$$2 \leqslant R \leqslant 2\min(n_1, n_2) + 1. \tag{3.3.18}$$

现考虑假设：

$$H_0: F_1(x) = F_2(x), \quad H_1: F_1(x) \neq F_2(x).$$

如果 H_0 成立，则两样本将随机地交错地排成一行，R 将有偏大的趋势，反之，如果 R 的观察值较小，靠近 2，我们将怀疑 H_0 成立. 所以 H_0 的拒绝域为

$$\mathscr{X}_0 = \{R < R_{1,\alpha}\},$$

其中 $R_{1,\alpha}$ 由显著性水平 α 确定，当 α 给定后，依 $\alpha > P\{R < R_{1,\alpha} \mid H_0 \text{ 成立}\}$ 查游程总数检验表可确定 $R_{1,\alpha}$.

例 3.3.8 比较用两种不同的饲料(高蛋白与低蛋白)喂养大白鼠对体重增加的影响，结果如表 3.3.7.

表 3.3.7 两组大白鼠八周体重增加量

饲料	鼠数	增加的体重(g)											
高蛋的 ξ	$12(n_2)$	134	146	104	119	124	161	108	83	113	129	97	123
低蛋白 η	$11(n_1)$	70	118	101	85	107	132	94	135	99	117	126	

试问饲料影响是否显著($\alpha = 0.05$)?

解 本例需要检验假设:

$$H_0: F_1(x) = F_2(x), \quad H_1: F_1(x) \neq F_2(x).$$

将两样本值混合在一起按由小到大排列,得总游程数 $R=16$,对于 $n_1+n_2=23$,$n_1=11$,$\alpha=0.05$,查表得 $R_{1,0.05}=8$. 因为 $R=16>R_{1,0.05}=8$,故接受 H_0,即认为用两种不同的饲料喂养大白鼠对其体重增加无显著影响.

四、独立性检验

设 $F(x,y)$ 为总体 (ξ,η) 的分布函数,$F_1(x)$,$F_2(y)$ 分别为 ξ,η 的分布函数,由概率论知,ξ,η 相互独立等价于:对 $\forall x,y\in R$

$$F(x,y) = F_1(x)F_2(y),$$

因此关于 ξ,η 相互独立性的检验等价于检验假设:

$$H_0: F(x,y) \equiv F_1(x)F_2(y), H_1: F(x,y) \neq F_1(x)F_2(y). \quad (3.3.19)$$

设 $(\xi_1,\eta_1),\cdots,(\xi_n,\eta_n)$ 为 (ξ,η) 的样本. 将 ξ,η 可能取值的范围分别分成 r 个与 s 个互不相交的小区间,用 d_{ik} 表示横向第 i 个小区间与纵向第 k 个小区间构成的小区域,用 n_{ik} 表示样品落入小区域 d_{ik} 的个数,记

$$n_{i\cdot} = \sum_{k=1}^{s} n_{ik}, \quad n_{\cdot k} = \sum_{i=1}^{r} n_{ik},$$

则

$$\sum_{i=1}^{r}\sum_{k=1}^{s} n_{ik} = \sum_{i=1}^{r} n_{i\cdot} = \sum_{k=1}^{s} n_{\cdot k} = n,$$

于是全部观察结果可列成联列表 3.3.8.

表 3.3.8

n_{ik} k / i	1	2	…	s	$n_{i\cdot}$
1	n_{11}	n_{12}	…	n_{1s}	$n_{1\cdot}$
2	n_{21}	n_{22}	…	n_{2s}	$n_{2\cdot}$
⋮	⋮	⋮		⋮	⋮
r	n_{r1}	n_{r2}	…	n_{rs}	$n_{r\cdot}$
$n_{\cdot k}$	$n_{\cdot 1}$	$n_{\cdot 2}$	…	$n_{\cdot s}$	n

记样品 (ξ_j,η_j) 落入小区域 d_{ik} 的概率为 p_{ik},且记 $p_{i\cdot} = \sum_{k=1}^{s} p_{ik}$, $p_{\cdot k} = \sum_{i=1}^{r} p_{ik}$. 易见有

$$\sum_{i=1}^{r}\sum_{k=1}^{s} p_{ik} = 1 = \sum_{i=1}^{r} p_{i\cdot} = \sum_{k=1}^{s} p_{\cdot k},$$

于是(3.3.19)等价于

$$H_0: p_{ik} = p_{i\cdot} p_{\cdot k}, \quad H_1: p_{ik} \neq p_{i\cdot} p_{\cdot k},$$
$$i = 1, \cdots, r, \quad k = 1, \cdots, s, \tag{3.3.20}$$

其中 $p_{1\cdot}, p_{2\cdot}, \cdots, p_{r\cdot}, p_{\cdot 1}, p_{\cdot 2}, \cdots, p_{\cdot s}$ 均未知.

由于

$$p_{r\cdot} = 1 - \sum_{i=1}^{r-1} p_{i\cdot}, \quad p_{\cdot s} = 1 - \sum_{k=1}^{s-1} p_{\cdot k},$$

所以,只需估计 $r+s-2$ 个未知参数 $p_{1\cdot}, \cdots, p_{r-1\cdot}$ 与 $p_{\cdot 1}, \cdots, p_{\cdot s-1}$. 现用极大似然法来估计这些未知参数. 因为当 H_0 成立时,似然函数

$$\begin{aligned} L &= \prod_{i=1}^{r} \prod_{k=1}^{s} [p_{ik}]^{n_{ik}} = \prod_{i=1}^{r} \prod_{k=1}^{s} p_{i\cdot}^{n_{ik}} p_{\cdot k}^{n_{ik}} \\ &= \prod_{i=1}^{r} p_{i\cdot}^{n_{i\cdot}} [p_{\cdot 1}^{n_{i1}} p_{\cdot 2}^{n_{i2}} \cdots p_{\cdot s}^{n_{is}}] \\ &= [p_{1\cdot}^{n_{1\cdot}} p_{2\cdot}^{n_{2\cdot}} \cdots p_{r\cdot}^{n_{r\cdot}}][p_{\cdot 1}^{n_{\cdot 1}} p_{\cdot 2}^{n_{\cdot 2}} \cdots p_{\cdot s}^{n_{\cdot s}}] \\ &= \prod_{i=1}^{r-1} p_{i\cdot}^{n_{i\cdot}} p_{r\cdot}^{n_{r\cdot}} \prod_{k=1}^{s-1} p_{\cdot k}^{n_{\cdot k}} p_{\cdot s}^{n_{\cdot s}}, \end{aligned}$$

$$\ln L = \sum_{i=1}^{r-1} n_{i\cdot} \ln p_{i\cdot} + n_{r\cdot} \ln p_{r\cdot} + \sum_{k=1}^{s-1} n_{\cdot k} \ln p_{\cdot k} + n_{\cdot s} \ln p_{\cdot s}.$$

因为

$$p_{r\cdot} = 1 - \sum_{i=1}^{r-1} p_{r\cdot}, \quad p_{\cdot s} = 1 - \sum_{k=1}^{1-s} p_{\cdot k},$$

故似然方程为

$$\begin{cases} \dfrac{\partial \ln L}{\partial p_{i\cdot}} = \dfrac{n_{i\cdot}}{p_{i\cdot}} - \dfrac{n_{r\cdot}}{p_{r\cdot}} = 0, \quad i = 1, \cdots, r-1, \\ \dfrac{\partial \ln L}{\partial p_{\cdot k}} = \dfrac{n_{\cdot k}}{p_{\cdot k}} - \dfrac{n_{\cdot s}}{p_{\cdot s}} = 0, \quad i = 1, \cdots, s-1. \end{cases}$$

解之得

$$\hat{p}_{i\cdot} = \frac{n_{i\cdot} \hat{p}_{r\cdot}}{n_{r\cdot}}, \quad \hat{p}_{\cdot k} = \frac{n_{\cdot k} \hat{p}_{\cdot s}}{n_{\cdot s}},$$
$$i = 1, \cdots, r, \quad k = 1, \cdots, s.$$

因为

$$1 = \sum_{i=1}^{r} \hat{p}_{i\cdot} = \frac{\hat{p}_{r\cdot}}{n_{r\cdot}} \sum_{i=1}^{r} n_{i\cdot} = \frac{\hat{p}_{r\cdot} n}{n_{r\cdot}},$$

$$1 = \sum_{k=1}^{s} \hat{p}_{\cdot k} = \frac{p_{\cdot s} n}{n_{\cdot s}},$$

所以

$$\hat{p}_{r\cdot}=\frac{n_{r\cdot}}{n},\hat{p}_{\cdot s}=\frac{n_{\cdot s}}{n},$$

从而得

$$\begin{cases}\hat{p}_{i\cdot}=\dfrac{n_{i\cdot}}{n},i=1,\cdots,r,\\ \hat{p}_{\cdot k}=\dfrac{n_{\cdot k}}{n},k=1,\cdots,s,\end{cases}$$

$\hat{p}_{i\cdot},\hat{p}_{\cdot k}$分别为$p_{i\cdot},p_{\cdot k}$的极大似然估计量. 又因为当 H_0 成立时,理论频率$n\hat{p}_{ik}=n\hat{p}_{i\cdot}\cdot\hat{p}_{\cdot k}=\dfrac{n_{i\cdot}n_{\cdot k}}{n}$,所以由式(3.3.7),统计量

$$\begin{aligned}\chi_n^2&\equiv\sum_{i=1}^{r}\sum_{k-1}^{s}[n_{ik}-n\hat{p}_{ik}]^2/(n\hat{p}_{ik})=\sum_{i=1}^{r}\sum_{k=1}^{s}\left(n_{ik}-\frac{n_{i\cdot}n_{\cdot k}}{n}\right)^2\Big/\frac{n_{i\cdot}n_{\cdot k}}{n}\\&=n\left[\sum_{i=1}^{r}\sum_{k=1}^{s}\frac{n_{ik}^2}{n_{i\cdot}n_{\cdot k}}-1\right]\xrightarrow{L}\zeta\sim\chi^2[rs-1-(r+s-2)]\\&=\chi^2[(r-1)(s-1)](n\to\infty).\end{aligned}\tag{3.3.21}$$

又因为当 H_0 成立时,χ_n^2 通常偏小,否则,就不能认为 H_0 成立,所以,H_0 的拒绝域应为 $\mathscr{X}_0=\{\chi_n^2>C\}$,其中 C 由 α 确定. 当 α 给定后,由 $\alpha=P_0\{\chi_n^2>C\}$可知 $C=\chi_{1-\alpha}^2((r-1)(s-1))$,故 H_0 的拒绝域为

$$\mathscr{X}_0=\left\{n\left[\sum_{i=1}^{r}\sum_{k=1}^{s}\frac{n_{ik}^2}{n_{i\cdot}n_{\cdot k}}-1\right]>\chi_{1-\alpha}^2((r-1)(s-1))\right\}.\tag{3.3.22}$$

特别,当 $r=s=2$ 时,式(3.3.21)变为

$$\chi_n^2=\frac{n(n_{11}n_{22}-n_{12}n_{21})^2}{n_{1\cdot}n_{2\cdot}n_{\cdot 1}n_{\cdot 2}}\xrightarrow{L}\zeta\sim\chi^2(1)(n\to\infty),\tag{3.3.23}$$

且(3.3.22)变为

$$\mathscr{X}_0=\left\{\frac{n(n_{11}n_{22}-n_{12}n_{21})^2}{n_{1\cdot}n_{2\cdot}n_{\cdot 1}n_{\cdot 2}}>\chi_{1-\alpha}^2(1)\right\}.\tag{3.3.24}$$

例 3.3.9 1972年调查某市郊区桑场采桑员和辅助工桑毛虫皮炎发病情况,结果如表 3.3.9.

表 3.3.9

n_{ik} k / i	采 桑	不采桑	合计($n_{i\cdot}$)
患者人数	18	12	30
健康人数	4	78	82
合计($n_{\cdot k}$)	22	90	112

试问发生皮炎是否与工种有关($\alpha=0.05$)?

解　在这里每个对象考察两个指标,记 ξ 为是否采桑,η 为是否患皮炎,每个指标各取两种值,记 A_1 为采桑,A_2 为不采桑,B_1 为患皮炎,B_2 为不患皮炎,所以 $r=s=2$. 本题为如下假设检验问题:

$$H_0: F(x,y)=F_\xi(x)F_\eta(y),$$
$$H_1: F(x,y)\neq F_\xi(x)F_\eta(y), i=1,2, k=1,2.$$

由式(3.3.24)得

$$\chi^2=\frac{112(18\times 78-4\times 12)^2}{30\times 82\times 22\times 90}=42.28,$$

对显著性水平 $\alpha=0.05$,查表得

$$\chi^2_{0.95}(1)=3.841<\chi^2=42.28.$$

所以否定 H_0,即认为患皮炎与工种显著有关.

3.3.3　伯努利过程与泊松过程的检验

在实际中,我们说一个随机过程为某个过程,往往只是根据该过程的背景的一种假设,它是否真是该个过程还必须进行检验. 如何检验呢? 应根据不同的过程进行不同的检验. 而对于伯努利过程和泊松过程检验的原理和方法却非常相似.

一、伯努利过程的检验

原理　定理 2.6.4

由于一个随机过程(序列)为参数是 p 的伯努利过程的充分必要条件是其到达间隔序列为独立同分布随机序列且均服从参数为 p 的几何分布. 这样检验一个随机过程是否为伯努利过程就变为检验其到达间隔是否独立同服从几何分布.

方法　设开始观察时刻为时间 0. 第 i 个事件到达(出现)时刻记为 $t_i, i=1, 2,\cdots,n$. 令 $T_i=t_i-t_{i-1}, i=1,2,\cdots,n, t_0=0$.

对于假设

H_0:所观察事件流到达过程为伯努利过程.

H_1:否则.

当 H_0 成立时,则 $T_1,T_2,\cdots,T_n$ 相互独立同服从相同几何分布. 这样可以将 $T_1,T_2,\cdots,T_n$ 看成总体 $T\sim \mathrm{Geo}(p)$的简单随机样本. 于是上述假设就可化为

H_0':T 服从几何分布(即假设 T 的分布函数为几何分布函数 $F_0(x)$)

H_1':T 不服从几何分布

如果上原假设不成立,则说明上面诸 T_i 不相互独立或不是同分布或不服从几何分布,从而,相应事件流不是伯努利事件流。这样就可以用皮尔逊(Pearson)χ^2 拟合检验法检验 H_0'. 具体方法是记 $\chi_1,\chi_2,\cdots,\chi_n$ 为 $T_1,T_2,\cdots,T_n$ 的观察值,将包含 $\chi_1,\chi_2,\cdots,\chi_n$ 的某个区间(τ_0,τ_m)分成 m 组,即把 (τ_0,τ_m) 分成 m 个不相交的小

区间(τ_j,τ_{j-1})，$j=1,2,\cdots,m$，一般取$m\approx 1.87(n-1)^{0.4}$. 用v_j表示$\chi_1,\chi_2,\cdots,\chi_n$落入第$j$个小区间的个数(频数)，记$f_j=\frac{v_j}{n}$，称$f_j$为样本落入第$j$个小区间的频率，$j=1,2,\cdots,m$. 当$H'_0$成立时，令$\hat{\lambda}=\frac{1}{\bar{\chi}}$，$\bar{\chi}=\frac{1}{n}\sum_{i=1}^{n}\chi_i$，即$\hat{\lambda}=\frac{n}{t_n}$. 然后计算概率

$$p_j=P\{\tau_{j-1}\leqslant T<\tau_j\}=F_o(\tau_j)-F_o(\tau_{j-1}),j=1,2,\cdots,m.$$

称np_j为样本$T_1,T_2,\cdots,T_n$落入第j个小区间的理论频数. 当H'_0成立时理论频数np_j与实际频数v_j相差应很小. 从而，$\sum_{i=1}^{m}\frac{(v_i-np_j)^2}{np_j}$也应该比较小，我们记此和式为$\chi_n^2$，即

$$\begin{aligned}\chi_n^2&=\sum_{i=1}^{m}(v_j-np_j)^2/(np_j)=\sum_{i=1}^{m}(v_j^2-np_jv_j+n^2p_j^2)/(np_j)\\&=\sum_{i=1}^{m}\frac{v_j^2}{np_j}-2\sum_{i=1}^{m}v_j+n\sum_{i=1}^{m}p_j=\sum_{i=1}^{m}\frac{v_j^2}{np_j}-n\end{aligned}$$

也较小，否则不能认为H'_0(即H_0)成立，所以H'_0(即H_0)的拒绝(否定)域应该为$\{\chi_n^2>C\}$，C由犯第一类错误的概率α确定. 当α给定后，为了确定C还需要皮尔逊定理3.3.1.

当$H'_0(H_0)$成立时，不管$F_0(x)$服从什么分布，统计量χ_n^2依分布(当$n\to\infty$时)趋于自由度为$m-1$的卡方分布，即

$$\chi_n^2=\sum_{i=1}^{m}\frac{v_j^2}{np_j}-n\xrightarrow{L}Y\sim\chi^2(m-1)\ (\text{当}\,n\to\infty\,\text{时}).$$

而且，如果$F_0(x)$中含有l个未知参数$\theta_1,\theta_2,\cdots,\theta_l$则用其极大似然估计$\hat{\theta}_1,\hat{\theta}_2,\cdots,\hat{\theta}_l$代替$\theta_1,\theta_2,\cdots,\theta_l$然后计算$p_i$，再建立$\chi_n^2$，但是这时

$$\chi_n^2\xrightarrow{L}Y\sim\chi^2(m-1-l)(\text{当}\,n\to\infty\text{时}).$$

由此定理，可确定C为$\chi_{1-\alpha}^2(m-2)$，即$H'_0(H_0)$的拒绝域为

$$\left\{\sum_{i=1}^{m}\frac{v_j^2}{np_j}-n>\chi_{1-\delta}^2(m-2)\right\}.$$

二、泊松过程的检验

由定理2.6.2，泊松过程的检验完全类似伯努利过程的检验. 这里就不详细叙述了.

例3.3.10 抽某电子产品25件进行寿命实验，从第一件产品失效起，其他24件产品失效时间间隔(小时)(依由小到大顺序)分别为

10,20,60,80,100,110,120,140,150,170,180,190,210,220,230,250,270,280,300,310,350,380,400,450.

试问该产品失效事件流是否为泊松事流($\alpha=0.05$)?

解　此是要检验假设：

H_0:该产品失效事件流为泊松事件流

H_1:该产品失效事件流不是松事件流

也就是要检验假设以时间间隔为样本的总体是否服从参数为 λ 指数分布. 即

H_0':总体服从指数分布

H_1':否则

$H'_0(H_0)$的拒绝域为$\left\{\sum_{i=1}^{m}\frac{v_i^{\ 2}}{np_i}-n>\chi^2_{1-\alpha}(m-1-l)\right\}$. 因 λ 未知,先求 λ 的极大似然估计值. 由于 24 个数之和为 5080,所以 $\hat{\lambda}$ 的极大似然估计为 $\hat{\lambda}=\frac{24}{5080}=0.004724$. 再用作直方图的方法将上 24 个数进行分组. 组数 $m\approx1.87\,(n-1)^{0.4}=1.87(23)^{0.4}\approx7$,由于 24 个数均在(0,460)中,可取组距为 66,从而得 7 个小区间:[0,66),[66,132),[132,198),[198,264),[264,330),[330,396),[396,462). 求诸概率 $p_i, i=1,2,\cdots,7$.

$$p_1=\int_0^{66}\hat{\lambda}e^{-\hat{\lambda}x}\,dx=-e^{-\hat{\lambda}x}\,|_0^{66}=1-0.7321=0.2679,$$

$$p_2=\int_{66}^{132}\hat{\lambda}e^{-\hat{\lambda}x}\,dx=-e^{-\hat{\lambda}x}\,|_{66}^{132}=0.1961.$$

类似地,得 $p_3=0.1436, p_4=0.1051, p_5=0.077, p_6=0.0563, p_7=0.0413$.

求频数 $v_i, i=1,2,\cdots,7$,

$$v_1=3,\ v_2=4,\ v_3=5,\ v_4=4,\ v_5=4,\ v_6=2,\ v_7=2,$$

$$\begin{aligned}\chi_n^2&=\sum_{i=1}^{7}\frac{u_i^2}{np_1}-n\\&=(1.3998+3.3996+7.2539+6.3432+8.658+2.9603+4.0355)-24\\&=33.5.3-24=9.0503\end{aligned}$$

查表得 $\chi^2_{1-\alpha}(n-1-l)=\chi^2_{0.95}(5)=11.071>\chi_n^2=9.0503$.

所以,不拒绝 $H_0'(H_0)$,即认为该产品失效事件流为泊松事件流.

§3.4*　一致最优势检验

前面几节我们介绍了参数检验与非参数检验的几种常用的方法. 所采取的一般方法是根据“小概率事件原理”将样本空间 $\mathscr{X}$ 剖分成互不相交的两部分,选定其中一部分 $\mathscr{X}_0$ 作为 H_0 的否定域,当样本观察值$(x_1,\cdots,x_n)\in\mathscr{X}_0$ 时,则否定 H_0,否则就接受 H_0.

由于 H_0 的否定域 $\mathscr{X}_0$ 的确定,等价于:将样本空间剖分为互不相交两部分的一种剖分法，所以，以后我们把以 $\mathscr{X}_0$ 作为否定域的检验准则简称为检验 $\mathscr{X}_0$.

3.4.1 势函数

设 $F(x;\theta)$ 为总体 ξ 的分布函数，θ 为未知参数，$\theta\in\Theta$，Θ 为参数空间. 现考虑如下假设检验问题：

$$H_0:\theta\in\Theta_0,\Theta_0\subset\Theta,\quad H_1:\theta\in\Theta_1\equiv\Theta-\Theta_0,\tag{3.4.1}$$

其中 Θ_0,Θ_1 均非空.

在 3.1 节中我们指出，当样本容量 n 固定时，犯两类错误的概率不可能同时减小，在实际问题中，通常是先限制犯第一类错误的概率 α，然后使犯第二类错误的概率 β 尽可能地小，即使不犯第二类错误的概率尽可能地大，一般称不犯第二类错误的概率为势. 如果 $\mathscr{X}_0$ 为 H_0 的否定域，$\theta_1\in\Theta_1$，则称 $P_{\theta_1}\{(\xi_1,\cdots,\xi_n)\in\mathscr{X}_0\}$ 为检验 $\mathscr{X}_0$ 对备选假设 θ_1 的势，记为 $M(\mathscr{X}_0,\theta_1)$. 一般地，我们引入如下势函数的概念.

定义 3.4.1 设 $\mathscr{X}_0$ 为式(3.4.1)中 H_0 的否定域，记

$$M(\mathscr{X}_0,\theta)=\begin{cases}\alpha(\theta), & \theta\in\Theta_0,\\ 1-\beta(\theta), & \theta\in\Theta_1,\end{cases}\tag{3.4.2}$$

则称 $M(\mathscr{X}_0,\theta)$ 为具有否定域 $\mathscr{X}_0$ 的势函数或效函数.

由此定义易见，$M(\mathscr{X}_0,\theta)$ 是 $\mathscr{X}_0$ 与 θ 的函数，且

(i) $M(\mathscr{X}_0,\theta)=P_\theta\{(\xi_1,\cdots,\xi_n)\in\mathscr{X}_0\}=P\{(\xi_1,\cdots,\xi_n)\in\mathscr{X}_0\mid\theta\in\Theta\}$

$$\triangleq P_\theta\{\mathscr{X}_0\},\theta\in\Theta.\tag{3.4.3}$$

(ii) 当 $\theta\in\Theta_0$ 时，$M(\mathscr{X}_0,\theta)$ 为犯第一类错误的概率. 当 $\theta\in\Theta-\Theta_0$ 时，$M(\mathscr{X}_0,\theta)$ 为不犯第二类错误的概率，即当 H_0 不真时，$M(\mathscr{X}_0,\theta)$ 为否定 H_0 的功效大小的数量指标.

对预先给定的常数 $\alpha(0<\alpha<1)$，如果 H_0 的否定域 $\mathscr{X}_0$ 满足：

$$M(\mathscr{X}_0,\theta)\leqslant\alpha,\theta\in\Theta_0,$$

即

$$\sup_{\theta\in\Theta_0}M(\mathscr{X}_0,\theta)=\sup_{\theta\in\Theta_0}P\{\mathscr{X}_0\}\leqslant\alpha,\tag{3.4.4}$$

则称 α 为 $\mathscr{X}_0$ 的检验水平. 称 $\sup\limits_{\theta\in\Theta_0}P\{\mathscr{X}_0\}$ 为 $\mathscr{X}_0$ 的真实检验水平.

定义 3.4.2 对假设检验问题：

$$H_0:\theta\in\Theta_0,\quad H_1:\theta\in\Theta_1\tag{3.4.5}$$

以及给定的检验水平 α，如果 H_0 的两个拒绝域 $\mathscr{X}_{01},\mathscr{X}_{02}$ 满足：

(i) $\sup\limits_{\theta\in\Theta_0}\{M(\mathscr{X}_{0i},\theta)\}\leqslant\alpha,i=1,2;$ (3.4.6)

(ii) $M(\mathscr{X}_{01},\theta_1)\geqslant M(\mathscr{X}_{02},\theta_1),$ (3.4.7)

其中 θ_1 为 Θ_1 中某一已知值，则称 $\mathscr{X}_{01}$ 在 $\theta=\theta_1$ 处比 $\mathscr{X}_{02}$ 有较高势的否定域，如果对检验水平为 α 的任何拒绝域 $\mathscr{X}_{02}$，式(3.4.7)均成立，则称 $\mathscr{X}_{01}$ 为 H_0 的检验水平为 α

的最优势(最佳)拒绝域,其所对应的检验(法则)称为最优势(最佳)检验,记为MPT. 如果对一切 $\theta_1\in\Theta_1$,$\mathscr{X}_{01}$ 是 H_0 的检验水平为 α 的最优势拒绝域,则称 $\mathscr{X}_{01}$ 是 H_0 的检验水平为 α 的一致最优势拒绝域,其所对应的检验称为一致最优势检验,记为 UMPT.

例 3.4.1　设总体 $\xi\sim N(a,\sigma_0^2)$,σ_0^2 为已知,现考虑假设检验问题

$$H_0:a\leqslant a_0,\quad H_1:a>a_0\ (a_0\text{ 为已知}),$$

求 u 检验法的势函数,以及犯第二类错误的概率.

解　对显著性水平 α,由式(3.3.4)知,H_0 的否定域为

$$\mathscr{X}_0=\left\{\frac{\bar{\xi}-a_0}{\sigma_0/\sqrt{n}}>u_{1-\alpha}\right\},\tag{3.4.8}$$

其中 $u_{1-\alpha}$ 满足 $\Phi(u_{1-\alpha})=1-\alpha$,$\Phi(x)$ 为标准正态分布函数. 因为

$$\frac{\bar{\xi}-a_0}{\sigma_0/\sqrt{n}}\sim N\left(\frac{a-a_0}{\sigma_0/\sqrt{n}},1\right),$$

故对应 $\mathscr{X}_0$ 的势函数为

$$\begin{aligned}M(\mathscr{X}_0,a)&=P_a\{\mathscr{X}_0\}=P_a\left\{\frac{\bar{\xi}-a_0}{\sigma_0/\sqrt{n}}>u_{1-\alpha}\right\}\\&=1-P_a\left\{\frac{\bar{\xi}-a_0}{\sigma_0/\sqrt{n}}\leqslant u_{1-\alpha}\right\}\\&=1-P_a\left\{\frac{\bar{\xi}-a}{\sigma_0/\sqrt{n}}\leqslant u_{1-\alpha}-\frac{a-a_0}{\sigma_0/\sqrt{n}}\right\}\\&=1-\Phi\left(u_{1-\alpha}-\frac{a-a_0}{\sigma_0/\sqrt{n}}\right),\end{aligned}$$

当 $a=a_0$ 时,$M(\mathscr{X}_0,a_0)=1-\Phi(u_{1-\alpha})=\alpha$.

犯第二类错误的概率为

$$\beta(a)=\Phi\left(u_{1-\alpha}-\frac{a-a_0}{\sigma_0/\sqrt{n}}\right),a>a_0.$$

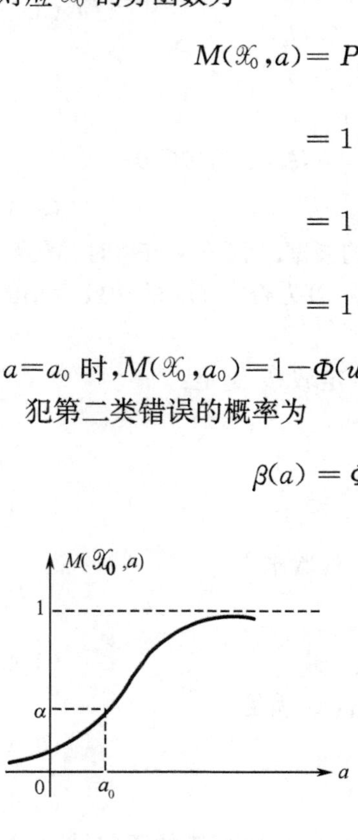

图 3-3

$M(\mathscr{X}_0,a)$ 的图形见图 3-3,易见 $M(\mathscr{X}_0,a)$ 是 a 的单调增函数. 在 $a=a_0$ 点,其值为 α,n 越大,势函数越陡,检验的功效越大.

为简便起见,我们用检验 $\mathscr{X}_0$ 的示性函数:

$$\phi(\xi_1,\xi_2,\cdots,\xi_n)\equiv\begin{cases}1,(\xi_1,\xi_2,\cdots,\xi_n)\in\mathscr{X}_0,\\0,(\xi_1,\xi_2,\cdots,\xi_n)\notin\mathscr{X}_0\end{cases}\tag{3.4.9}$$

来表示检验 $\mathscr{X}_0$,易见 $\phi(\xi_1,\cdots,\xi_n)=1$ 表示否定 H_0,$\phi(\xi_1,\cdots,\xi_n)=0$ 表示接受 H_0. 我们称这个

函数为检验函数，简称为检验. 检验函数 ϕ 与势函数 M 有如下关系

$$M(\mathscr{X}_0,\theta)=P_\theta\{(\xi_1,\cdots,\xi_n)\in\mathscr{X}_0\}$$
$$=E_\theta[\phi(\xi_1,\cdots,\xi_n)]\triangleq M_\phi(\theta). \quad (3.4.10)$$

3.4.2 奈曼-皮尔逊基本引理

设 $F(x;\theta)$ 为总体 ξ 的分布函数，$\theta\in\Theta$，θ 为未知参数，$\xi_1,\xi_2,\cdots,\xi_n$ 为 ξ 的样本，$\xi=(\xi_1,\cdots,\xi_n)'$，$X=(x_1,\cdots,x_n)'$ 为 ξ 的观察值.

定理 3.4.1（奈曼-皮尔逊基本引理） 设 $L(\xi;\theta)$ 是样本 ξ 的似然函数. 对于简单原假设与简单备选假设：

$$H_0:\theta=\theta_0,\quad H_1:\theta=\theta_1(\theta_0,\theta_1\text{ 均为已知常数}).$$

如果检验（函数）$\phi(\xi)$ 满足

$$E_{\theta_0}[\phi(\xi)]=\alpha,\quad 0\leqslant\alpha\leqslant 1 \quad (3.4.11)$$

与

$$\phi(\xi)=\begin{cases}1,L(\xi;\theta_1)\geqslant kL(\xi;\theta_0)\\0,L(\xi;\theta_1)<kL(\xi;\theta_0)\end{cases},0\leqslant k\leqslant+\infty, \quad (3.4.12)$$

则 $\phi(\xi)$ 是检验水平为 α 的最优势检验.

证明 设 $\phi_1(\xi)$ 是任一检验水平不超过 α 的检验，即

$$E_{\theta_0}[\phi_1(\xi)]\leqslant\alpha. \quad (3.4.13)$$

(i) 当 $0\leqslant k<+\infty$ 时，因为

$$[\phi(X)-\phi_1(X)][L(X;\theta_1)-kL(X;\theta_0)]\geqslant 0,$$

所以，当 ξ 为连续型时

$$\int[\phi(X)-\phi_1(X)][L(X;\theta_1)-kL(X;\theta_0)]\mathrm{d}X\geqslant 0. \quad (3.4.14)$$

由于

$$E_\theta[\phi(\xi)]=\int\phi(X)L(X;\theta)\mathrm{d}X,$$

故

$$E_{\theta_1}[\phi(\xi)]-E_{\theta_1}[\phi_1(\xi)]-k\{E_{\theta_0}[\phi(\xi)]-E_{\theta_0}[\phi_1(\xi)]\}\geqslant 0,$$

即

$$E_{\theta_1}[\phi(\xi)]-E_{\theta_1}[\phi_1(\xi)]\geqslant k\{E_{\theta_0}[\phi(\xi)]-E_{\theta_0}[\phi_1(\xi)]\}$$
$$=k\{\alpha-E_{\theta_0}[\phi_1(\xi)]\}\geqslant 0.$$

从而得

$$M_\phi(\theta_1)\geqslant M_{\phi_1}(\theta_1). \quad (3.4.15)$$

当 ξ 为离散型时，因为

$$\sum_{X\in\mathscr{X}}[\phi(X)-\phi_1(X)][L(X;\theta_1)-kL(X;\theta_0)]\geqslant 0$$

亦可得式(3.4.15).从而知 $\phi(X)$ 是检验水平为 α 的最优势检验.

(ii)　当 $k=+\infty$ 时,因为 $0\cdot\infty=0$,这时

$$\phi(\xi)=\begin{cases}1, L(\xi;\theta_0)=0,\\0, L(\xi;\theta_0)>0,\end{cases}\tag{3.4.16}$$

所以,$E_{\theta_0}[\phi(\xi)]=0$,由(3.4.11)与(3.4.13)两式知 $E_{\theta_0}[\phi_1(\xi)]=0$,从而对任意 $X\in\mathscr{X}_1\triangleq\{X:L(X;\theta_0)>0\}$,有 $\phi_1(X)=0$,故当 $X\in\mathscr{X}_1$ 时

$$[\phi(X)-\phi_1(X)]L(X;\theta_1)=0\cdot L(X;\theta_1)=0,$$

当 $X\notin\mathscr{X}_1$ 时

$$[\phi(X)-\phi_1(X)]L(X;\theta_1)=[1-\phi_1(X)]L(X;\theta_1)\geqslant 0,$$

所以,类似于(i)有

$$E_{\theta_1}[\phi(\xi)]-E_{\theta_1}[\phi_1(\xi)]\geqslant 0.$$

从而亦得式(3.4.15).

例 3.4.2　设总体 $\xi\sim N(a,\sigma_0^2)$,其中 σ_0^2 为已知,对给定显著性水平 α,$0<\alpha<1$,试求下列各种情形的假设检验问题的最佳否定域.

(1)　$H_0:a=a_0$,　$H_1:a=a_1(>a_0)$;

(2)　$H_0:a=a_0$,　$H_1:a=a_1(<a_0)$;

(3)　$H_0:a=a_0$,　$H_1:a>a_0$;

(4)　$H_0:a\leqslant a_0$,　$H_1:a>a_0$;

(5)　$H_0:a\geqslant a_0$,　$H_1:a<a_0$,

其中 a_0,a_1 均为已知常数.

解　由式(3.4.12)可得似然比

$$\begin{aligned}\frac{L(\xi;a_1)}{L(\xi;a_0)}&=\exp\left\{-\frac{1}{2\sigma_0^2}\sum_{i=1}^n[(\xi_i-a_1)^2-(\xi_i-a_0)^2]\right\}\\&=\exp\left\{\frac{n(a_1-a_0)\bar{\xi}}{\sigma_0}-\frac{n(a_1^2-a_0^2)}{2\sigma_0}\right\}\\&=\exp\left\{\frac{\sqrt{n}(a_1-a_0)}{\sigma_0}\left[\frac{\sqrt{n}(\bar{\xi}-a_0)}{\sigma_0}-\frac{\sqrt{n}(a_1-a_0)}{2\sigma_0}\right]\right\}\\&=\exp\{CU-\frac{1}{2}C^2\},\end{aligned}\tag{3.4.17}$$

其中

$$U=\frac{\sqrt{n}(\bar{\xi}-a_0)}{\sigma_0},\quad C=\frac{\sqrt{n}(a_1-a_0)}{\sigma_0}.$$

(1)　当 H_0 成立时,因为 $U\sim N(0,1)$,$C>1$,令 $k=e^{Cb-\frac{1}{2}C^2}$,则

$$\left\{\frac{L(\xi;a_1)}{L(\xi;a_0)}\geqslant k\right\}=\{e^{CU-\frac{1}{2}C^2}\geqslant e^{Cb-\frac{1}{2}C^2}\}=\{U\geqslant b\}.$$

对给定显著水平 α，由式(3.4.11)与(3.4.12)

$$\alpha = P_0\{\mathscr{X}_0\} = P_0\left\{\frac{L(\xi;a_1)}{L(\xi;a_0)} \geqslant k\right\} = P_0\{U \geqslant b\} = 1-\Phi(b). \tag{3.4.18}$$

由此式可确定 $b=u_{1-\alpha}$，从而可确定 k，于是对于给定的检验水平 α，H_0 的最佳否定域为

$$\mathscr{X}_0 = \left\{\frac{L(\xi;a_1)}{L(\xi;a_0)} \geqslant k\right\} = \left\{\frac{\sqrt{n}(\bar{\xi}-a_0)}{\sigma_0} \geqslant u_{1-\alpha}\right\}. \tag{3.4.19}$$

(2) 当 H_0 成立时，则 $U\sim N(0,1)$，$C<0$，令 $k=\mathrm{e}^{Cd-\frac{1}{2}C^2}$，则

$$\left\{\frac{L(\xi;a_1)}{L(\xi;a_0)} \geqslant k\right\} = \{U \leqslant d\}.$$

对给定的检验水平 α，由 $\alpha=\Phi(d)$ 可确定 $d=u_\alpha$，所以这时 H_0 的检验水平为 α 的最佳否定域为

$$\mathscr{X}_0 = \left\{\frac{L(\xi;a_1)}{L(\xi;a_0)} \geqslant k\right\} = \left\{\frac{\sqrt{n}(\bar{\xi}-a_0)}{\sigma_0} \leqslant u_\alpha\right\}. \tag{3.4.20}$$

与(1)比较，由于 $\Phi(d)=\alpha=1-\Phi(b)=\Phi(-b)$，所以 $d=-b$.

(3) 任取 $a_1>a_0$，由(1)知，对假设 $H_{01}:a=a_0$，$H_{11}:a=a_1(>a_0)$，H_{01} 的检验水平为 α 的最佳否定域由式(3.4.19)确定，而该式与 a_1 无关，只在推导中要求 $a_1>a_0$，由定义 3.4.2 知，由式(3.4.19)确定的否定域是 H_0 的检验水平为 α 的一致最佳否定域.

(4) 与(3)类似，由式(3.4.19)确定的否定域 $\mathscr{X}_0$ 也是(4)中 H_0 的检验水平 α 的一致最佳否定域，因为这时势函数为

$$\begin{aligned} P_a\{\mathscr{X}_0\} &= P_a\left\{\frac{\bar{\xi}-a_0}{\sigma_0/\sqrt{n}} \geqslant u_{1-\alpha}\right\} \\ &= P_a\left\{\frac{\sqrt{n}(\bar{\xi}-a)}{\sigma_0} \geqslant u_{1-\alpha} + \frac{\sqrt{n}(a_0-a)}{\sigma_0}\right\} \\ &= 1-\Phi\left(u_{1-\alpha}+\frac{\sqrt{n}(a_0-a)}{\sigma_0}\right) \\ &= 1-\Phi\left(-u_\alpha - \frac{\sqrt{n}(a-a_0)}{\sigma_0}\right) = \Phi\left(u_\alpha + \frac{a-a_0}{\sigma_0\sqrt{n}}\right), \end{aligned}$$

所以

$$\sup_{a\leqslant a_0} P_a\left\{\frac{\bar{\xi}-a_0}{\sigma_0/\sqrt{n}} \geqslant u_{1-\alpha}\right\} = \Phi(u_\alpha) = \alpha. \tag{3.4.21}$$

故由式(3.4.19)确定的 $\mathscr{X}_0$ 也是(4)中 H_0 的检验水平为 α 的一致最佳否定域.

(5) 由类似于(3)，(4)的证明，由式(3.4.20)确定的 $\mathscr{X}_0$ 也是(5)中 H_0 的检

验水平为 α 的一致最佳否定域.

例 3.4.3 设总体 $\xi \sim B(1,p)$，p 为未知参数，考虑假设检验问题：

$$H_0: p = p_0, H_1: p = p_1 (p_1 > p_0).$$

试求其检验水平为 α 的最佳否定域.

解 因为

$$\frac{L(\xi;p_1)}{L(\xi;p_0)} = \prod_{i=1}^{n} [p_1^{\xi_i}(1-p_1)^{1-\xi_i}] \Big/ \prod_{i=1}^{n} [p_0^{\xi_i}(1-p_0)^{1-\xi_i}]$$

$$= \left(\frac{p_1}{p_0}\right)^{n\bar{\xi}} \left(\frac{1-p_1}{1-p_0}\right)^{n-n\bar{\xi}} = \left(\frac{1-p_1}{1-p_0}\right)^n \left[\frac{p_1(1-p_0)}{p_0(1-p_1)}\right]^{n\bar{\xi}}.$$

记

$$k = \left(\frac{1-p_1}{1-p_0}\right)^n \left[\frac{p_1(1-p_0)}{p_0(1-p_1)}\right]^b,$$

则

$$\mathscr{X}_0 = \left\{\frac{L(\xi;p_1)}{L(\xi;p_0)} \geqslant k\right\} = \left\{\sum_{i=1}^{n} \xi_i \geqslant b\right\}. \tag{3.4.22}$$

因为 $\zeta \triangleq n\bar{\xi} \sim B(n,p)$，所以对给定显著性水平 α，由式(3.4.11)与(3.4.12)，b 可由下式确定

$$\alpha = P_{p_0}\left\{\sum_{i=1}^{n} \xi_i \geqslant b\right\} = \sum_{m \geqslant b} C_n^m p_0^m (1-p_0)^{n-m}, \tag{3.4.23}$$

从而式(3.4.22)给出的 $\mathscr{X}_0$ 就是 H_0 的检验水平为 α 的最佳否定域. 但是，由于 ζ 是离散型随机变量，对于任意的 $\alpha(0<\alpha<1)$ 可能找不到满足式(3.4.23)的 b，而只能找到 b 满足

$$P_{p_0}\{\zeta \geqslant b\} = \sum_{m \geqslant b}^{n} C_n^m p_0^m (1-p_0)^{n-m} > \alpha$$

$$> \sum_{m \geqslant b+1}^{n} C_n^m p_0^m (1-p_0)^{n-m}.$$

记

$$\alpha_1 = \sum_{m \geqslant b+1}^{n} C_n^m p_0^m (1-p_0)^{n-m},$$

则得

$$P_{p_0}\{\zeta \geqslant b\} > \alpha > \alpha_1 = P_{p_0}\{\zeta \geqslant b+1\}.$$

例如，当 $n=5$，$\alpha=0.05$，$p_0=0.5$，$p_1=0.6$ 时，则有

$$P_{p_0}\left\{\sum_{i=1}^{5} \xi_i \geqslant 4\right\} = 0.1875,$$

$$P_{p_0}\left\{\sum_{i=1}^{5} \xi_i \geqslant 5\right\} = 0.03125 = \alpha_1.$$

于是这时

$$P_{p_0}\{\zeta \geqslant 4\} = 0.1875 > 0.05 = \alpha > 0.03125 = \alpha_1,$$

因此，对于检验水平 $\alpha=0.05$ 的最佳检验不存在，即找不到一个最佳否定域使得它的真实检验水平为 $\alpha=0.05$. 这时就需要引进随机化检验，即当 $\sum\limits_{i=1}^{5} x_i = 4$ 时，我们不截然作出否定 H_0 或接受 H_0 的行动，而是以概率

$$\delta \triangleq \frac{\alpha - \alpha_1}{P_{p_0}\left\{\sum\limits_{i=1}^{5} \xi_i = b\right\}} \quad (\text{本例 } b = 4)$$

否定 H_0. 于是得到检验(函数)

$$\phi(\xi) = \begin{cases} 1, & \zeta > b, \\ \delta, & \zeta = b, \\ 0, & \zeta < b \end{cases} \quad \left(\text{本例 } \zeta = \sum_{i=1}^{5} \xi_i\right). \tag{3.4.24}$$

因为由式(3.4.11)

$$E_{p_0}[\phi(\xi)] = P_{p_0}\{\zeta > b\} + \delta P_{p_0}\{\zeta = b\} = \alpha,$$

所以

$$\delta = [\alpha - P_{p_0}\{\zeta > b\}]/P_{p_0}\{\zeta = b\}. \tag{3.4.25}$$

采用式(3.4.24)的检验 $\phi(\xi)$，当 $\zeta>b$ 时，否定 H_0；当 $\zeta<b$ 时，接受 H_0；当 $\zeta=b$ 时，先作一个辅助随机试验，使试验中某事件 A 发生的概率为 δ. 如果试验的结果是 A 发生，则否定 H_0，否则接受 H_0，我们称这样的检验方法为随机化检验.

定理 3.4.2 对简单原假设和备选假设

$$H_0: \theta = \theta_0, \quad H_1: \theta = \theta_1 \quad (\theta_0, \theta_1 \text{ 为已知}),$$

如果检验 $\phi(\xi)$ 满足

$$E_{\theta_0}[\phi(\xi)] = \alpha, \quad 0 < \alpha < 1 \tag{3.4.26}$$

与

$$\phi(\xi) = \begin{cases} 1, & L(\xi;\theta_1) > kL(\xi;\theta_0), 0 \leqslant k < \infty, \\ \delta, & L(\xi;\theta_1) = kL(\xi;\theta_0), 0 \leqslant \delta \leqslant 1, \\ 0, & L(\xi;\theta_1) < kL(\xi;\theta_0), \end{cases} \tag{3.4.27}$$

则 $\phi(\xi)$ 是检验水平为 α 的最优势(最佳)检验.

证明与定理 3.4.1(i)的证明相同.

定理 3.4.3 任给 $\alpha(0<\alpha<1)$，对假设检验问题：

$$H_0: \theta = \theta_0, \quad H_1: \theta = \theta_1 \quad (\theta_0, \theta_1 \text{ 为已知}), \tag{3.4.28}$$

则存在以 α 为真实检验水平的最优检验 $\phi(\xi)$，即存在常数 k，使得 $\phi(\xi)$ 满足：$E_{\theta_0}[\phi(\xi)]=\alpha$ 与式(3.4.12)或式(3.4.27).

证明 对任意 $C\geqslant 0$，记

$$\mathscr{X}_C=\{L(\xi;\theta_1)\geqslant CL(\xi;\theta_0)\}$$

与

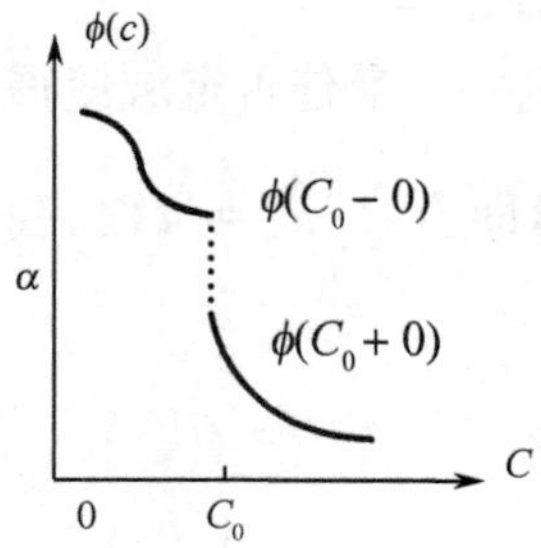

图 3-4

$$\phi(C)=P_{\theta_0}\{\xi\in\mathscr{X}_C\}=P_{\theta_0}\{L(\xi;\theta_1)\geqslant CL(\xi;\theta_0)\},$$

易见 $\phi(C)$ 为 C 的单调不增左连续函数，且 $\phi(+\infty)=0,\phi(0)=1$，即 $1-\phi(C)$ 是分布函数. 对任意 $\alpha(0<\alpha<1)$，存在常数 C_0，使得

(i) $\phi(C_0)=\alpha$

或者

(ii) $\phi(C_0)>\alpha\geqslant\phi(C_0+0)$.

对于(i)，定义

$$\phi(\xi)=\begin{cases}1, & L(\xi;\theta_1)\geqslant C_0L(\xi;\theta_0),\\ 0, & L(\xi;\theta_1)<C_0L(\xi;\theta_0),\end{cases}\tag{3.4.29}$$

对于(ii)，定义

$$\phi(\xi)=\begin{cases}1, & L(\xi;\theta_1)>C_0L(\xi;\theta_0),\\ \dfrac{\alpha-\phi(C_0+0)}{\phi(C_0)-\phi(C_0+0)}, & L(\xi;\theta_1)=C_0L(\xi;\theta_0),\\ 0, & L(\xi;\theta_1)<C_0L(\xi;\theta_0),\end{cases}\tag{3.4.30}$$

易见(3.4.29)与(3.4.30)两式定义的检验 $\phi(\xi)$，其检验水平为

$$E_{\theta_0}[\phi(\xi)]=\alpha.$$

现就取 C_0 为定理 3.4.1 与定理 3.4.2 中的 k，由定理 3.4.1 与定理 3.4.2 知，$\phi(\xi)$ 就是式(3.4.28)的检验水平为 α 的最优势检验.

对于原假设与备选假设是复合的情形最佳检验却不一定存在. 由例 3.4.2 知，用似然比 $L(\xi;\theta_1)/L(\xi;\theta_0)$ 确定的简单原假设与简单备选假设的最佳否定域，如果该似然比是某个统计量 $T(\xi)$ 的单调函数且该最佳否定域与单边假设检验问题

$$H_0:\theta\leqslant\theta_0,H_1:\theta>\theta_1\quad 或\quad H_0:\theta\geqslant\theta_0,H_1:\theta<\theta_1$$

中备选参数无关，则该最佳否定域也是单边假设检验问题的原假设 H_0 的一致最佳否定域.

§3.5* 质 量 控 制

质量控制是质量管理的重要组成部分，它是用统计的方法检查和控制产品的质量. 通常分为工序控制和验收控制. 工序控制的目的是在生产过程中通过检查产品的质量以便及时发现问题，及时采取措施，保证生产正常进行. 它是积极的预告

性的质量控制. 验收控制主要是讨论“抽样检查方案”如何制订较为合理、经济,其目的是在生产出一批产品后,制定验收抽样检查方案,对产品质量进行检查鉴定,合格的允许出厂,不合格的作废品(或次品)处理,并采取措施改进生产. 这是一种鉴定性的把关性的质量控制.

一般地,使生产不稳定有两方面的因素. 一是随机因素,这一类因素是很难确定和控制的,不过一般具有某种统计规律性. 另一是系统因素,即原料、工序、机器、环境和操作机器的人发生了变化,破坏了生产的稳定性. 这一类因素是可确定的、可控制的. 我们说生产过程是稳定的或在控制状态中,是指生产过程中只有随机因素在影响产品质量,反之,如果生产过程出现不稳定,是指生产过程中出现了系统因素破坏了正常生产.

由于产品的质量指标有三种不同的表现形式,即计量(如尺寸长度,重量等)、计件(如次品件数)与计点(如一件或一批产品上的疵点数),所以产品的质量指标就有三种典型分布(即正态分布、二项分布和泊松分布),从而工序控制可分为计量控制、计件控制与计点控制三种类型(三种类型控制的主要工具都是“质量控制图”). 验收控制(即抽样检查方案的制订)也可分为计量、计件、计点三种类型.

3.5.1 验收抽样方案的制订

产品在出厂之前,一般要进行检查,以断定整批产品的质量. 检查是要花费时间、人力和物力的. 由于种种原因一般不对整批产品逐件进行检查,而是从中随机抽查 n 件. n 太大,会造成浪费,n 太小,抽查的结果又不那么可靠. 因此在做抽查之前应确定出样本容量 n 的大小. 又因为一般厂方只给出产品质量指标的合格与不合格标准,且不对产品逐一检查,当然会提出如下的问题:什么情况允许整批产品出厂? 或什么情况拒绝整批产品出厂? 这在抽查之前就应该明确确定.

下面我们根据产品质量指标三种不同的形式,通过例子来说明制订抽样检查方案的方法.

例 3.5.1 今要验收一批水泥,如果这种水泥制成混凝土后断裂强度为 5000(单位),验收者希望 100 次试验中有 95 次被“接收”. 如果断裂强度为 4600(单位),验收者希望 100 次试验中只有 10 次被“接收”. 已知断裂强度服从正态分布 $N(a,600^2)$,试为验收者制定验收抽样方案.

解 由题意知总体(断裂强度)$\xi\sim N(a,600^2)$,$a=E(\xi)$为未知参数,方差 $D(\xi)=600^2\triangleq\sigma_0^2$,需要对如下的假设进行检验:

$$H_0: a\geqslant 5000=a_0,\quad H_1: a\leqslant 4600=a_1,$$

且犯两类错误的概率分别为 $\alpha=0.05$,$\beta=0.1$.

由例 3.4.2 知,此为例 3.4.2 中的(5),所以 H_0 的一致最佳否定域为

$$\mathscr{X}_0 = \{X: \frac{\sqrt{n}(\bar{x}-a_0)}{\sigma_0} \leqslant d\},$$

其中 d 满足 $\alpha=0.05=\Phi(d)$，即 $\Phi(-d)=0.95$，查表得 $-d=1.645$，

又因，当 $a\leqslant a_1$ 时，

$$\begin{aligned}0.1=\beta &= P_a\left\{\frac{\sqrt{n}(\bar{\xi}-a_0)}{\sigma_0}>d\right\}\\ &=P_a\left\{\frac{\sqrt{n}(\bar{\xi}-a)}{\sigma_0}>d+\frac{\sqrt{n}(a_0-a)}{\sigma_0}\right\}\\ &=1-\Phi\left(d+\frac{\sqrt{n}(a_0-a)}{\sigma_0}\right)\leqslant 1-\Phi\left(d+\frac{\sqrt{n}(a_0-a_1)}{\sigma_0}\right),\end{aligned}$$

即

$$\Phi\left(d+\frac{\sqrt{n}(a_0-a_1)}{\sigma_0}\right)\leqslant 0.90,$$

查表得

$$d+\frac{\sqrt{n}(a_0-a_1)}{\sigma_0}\leqslant 1.28,$$

于是

$$\begin{cases}-d=1.645\\ d+\dfrac{\sqrt{n}(a_0-a_1)}{\sigma_0}\leqslant 1.28.\end{cases}$$

解之得

$$\begin{cases}d=-1.645,\\ n\leqslant 19.250.\end{cases}$$

取 $n=19$，从而 $\bar{x}\leqslant\dfrac{\sigma_0 d}{\sqrt{n}}+a_0=4774$，于是 H_0 的否定域为

$$\mathscr{X}_0=\left\{X:\frac{\sqrt{n}(\bar{x}-a_0)}{\sigma_0}\leqslant -1.645\right\}=\{X:\bar{x}\leqslant 4774\}.$$

最后得：在每批待检的成品中只需抽 19 件进行试验，如果这 19 件混凝土断裂强度的平均值超过 4774(单位)便“接收”这批产品，否则就不接收这批产品.

例 3.5.2　今要验收一批产品，如果该批产品的次品率 $p\leqslant 0.04$ 就“接收”这批产品，如果 $p\geqslant 0.1$，就拒绝“接收”这批产品，且要求当 $p\leqslant 0.04$ 时不接收这批产品的概率为 $\alpha=0.1$，当 $p\geqslant 0.1$ 时接收这批产品的概率为 $\beta=0.1$，试为验收者制定验收抽样方案.

解　这是要对如下假设

$$H_0: p \leqslant 0.04, \quad H_1: p \geqslant 0.1$$

进行检验和确定容量 n 的问题，上述检验问题可简化为简单假设：

$$H_0': p = p_0 \triangleq 0.04, \quad H_1': p = p_1 \triangleq 0.1.$$

设总体 ξ 的次品率为 p，随机抽检 n 件，其中次品数 $\zeta = \sum_{i=1}^{n} \xi_i \sim B(n,p)$，故由例 3.4.3，$H_0'$的否定域为

$$\mathscr{X}_0' = \left\{X: \sum_{i=1}^{n} x_i \geqslant b\right\}.$$

由于 α,β 为已知，故 b,n 可由下两式确定：

$$\begin{cases} \alpha = P_{p_0}\{\xi \in \mathscr{X}_0'\} = P_{p_0}\{\zeta \geqslant b\} = \sum_{k=b}^{n} \mathrm{C}_n^k p_0^k (1-p_0)^{n-k}, \\ \beta = P_{p_1}\{\xi \notin \mathscr{X}_0'\} = P_{p_1}\{\zeta < b\} = 1 - \sum_{k=b}^{n} \mathrm{C}_n^k p_1^k (1-p_1)^{n-k}, \end{cases}$$

但是一般地说精确求解上两式是困难的.

当 n 较大时，由于 $U \triangleq \frac{\zeta - np}{\sqrt{np(1-p)}}$ 近似服从正态分布 $N(0,1)$，于是

$$\begin{aligned} \alpha &= P_{p_0}\{\zeta \geqslant b\} = P_{p_0}\left\{U \geqslant \frac{b-np_0}{\sqrt{np_0(1-p_0)}}\right\} \\ &= 1 - \Phi\left(\frac{b-np_0}{\sqrt{np_0(1-p_0)}}\right), \\ \beta &= P_{p_1}\{\zeta < b\} = P_{p_1}\left\{U < \frac{b-np_1}{\sqrt{np_1(1-p_1)}}\right\} \\ &= \Phi\left(\frac{b-np_1}{\sqrt{np_1(1-p_1)}}\right), \end{aligned}$$

即

$$\begin{cases} 0.9 = \Phi\left(\frac{b-np_0}{\sqrt{np_0(1-p_0)}}\right), \\ 0.1 = \Phi\left(\frac{b-np_1}{\sqrt{np_1(1-p_1)}}\right). \end{cases}$$

查表得

$$\begin{cases} (b-np_0)/\sqrt{np_0(1-p_0)} = 1.28, \\ -(b-np_1)/\sqrt{np_1(1-p_1)} = 1.28. \end{cases}$$

解上方程组得 $n=112$，$b=7.1345$，取 $b=8$.

于是得应抽查 112 件产品，如果 $\sum_{i=1}^{112} x_i \geqslant 8$，则否定 H_0'(从而否定 H_0)，如果

$\sum_{i=1}^{112} x_i < 8$，则接受 H_0'(从而接受 H_0).

计点抽样检查方案制订方法类似于例 3.5.2 给出的计件抽样检查方案的制订.

3.5.2 计量控制

一、基本思想

由于产品质量指标总体 $\xi \sim N(a_0, \sigma_0^2)$，如果 a_0 为已知的质量指标标准，且 σ_0^2 为已知，则 $\frac{\bar{\xi}-a_0}{\sigma_0/\sqrt{n}} \sim N(0,1)$，对给定显著水平 α，查表可得 $u_{1-\alpha/2}$，使得

$$P\left\{\left|\frac{\bar{\xi}-a_0}{\sigma_0/\sqrt{n}}\right| \leqslant u_{1-\alpha/2}\right\} = 1-\alpha,$$

即

$$P\left\{a_0 - u_{1-\alpha/2}\frac{\sigma_0}{\sqrt{n}} \leqslant \bar{\xi} \leqslant a_0 + u_{1-\alpha/2}\frac{\sigma_0}{\sqrt{n}}\right\} = 1-\alpha. \tag{3.5.1}$$

由样本 $\xi_1, \cdots, \xi_n$ 的观察值 $x_1, \cdots, x_n$ 可得 $\bar{\xi}$ 的观察值 $\bar{x}$，如果 $\bar{x} \in \left(a_0 - u_{1-\alpha/2}\frac{\sigma_0}{\sqrt{n}}, a_0 + u_{1-\alpha/2}\frac{\sigma_0}{\sqrt{n}}\right)$，则以置信水平 $1-\alpha$ 认为生产过程处于稳定状态. 否则应检查原因，及时解决问题，以保证生产正常进行. 一般称

$$\left(a_0 - \frac{\sigma_0}{\sqrt{n}}u_{1-\alpha/2}, a_0 + \frac{\sigma_0}{\sqrt{n}}u_{1-\alpha/2}\right) \tag{3.5.2}$$

为 $\bar{\xi}$ 的置信水平为 $1-\alpha$ 的控制域. α 由具体要求给出.

如果 a, σ^2 均为未知参数，则应用最近时间内的经验数据(生产处于正常时的数据)来估计 a, σ^2. 如果没有这样的数据，则需从现在起，随机抽取 20～25 个样本，每样本容量都是 n，n 一般不超过 10，常取 $n=5$，根据这批样本来估计 a 与 σ^2. 因为计算极差 D_n^* 比计算样本方差 S^2 简单，又因

$$E(D_n^*) = C_n\sigma, \quad D(D_n^*) = v_n^2\sigma^2,$$

其中 C_n, v_n^2 是当总体 $\xi \sim N(0,1)$ 时，样本极差的数学期望与方差. 对于不同的 n，C_n, v_n 的值由表 1.1.1 给出，所以 σ 的估计值为

$$\hat{\sigma} = \frac{\bar{d}_n^*}{C_n},$$

其中 $\bar{d}_n^*$ 为所有样本极差的平均，表示 $E(D_n^*)$ 的估计值.

$\hat{a} = \bar{\bar{x}}$，$\bar{\bar{x}}$ 表示所有样本均值的平均，而 D_n^* 的标准差估计 $\hat{\sigma}_R$ 为

$$\hat{\sigma}_R = v_n\hat{\sigma} = \frac{v_n}{C_n}\bar{d}_n^*,$$

从而近似地有

$$\xi \sim N\left[\bar{\bar{x}}, \left(\frac{\bar{d}_n^*}{C_n}\right)^2\right],$$

故

$$\bar{\xi} \sim N\left[\bar{\bar{x}}, \left(\frac{\bar{d}_n^*}{C_n\sqrt{n}}\right)^2\right], \quad \frac{(\bar{\xi}-\bar{\bar{x}})C_n\sqrt{n}}{\bar{d}_n^*} \sim N(0,1).$$

类似于式(2.4.3)的推导，$\bar{\xi}$ 的置信水平为 $1-\alpha$ 的控制域为

$$\left(\bar{\bar{x}} - \frac{u_{1-\alpha/2}\bar{d}_n^*}{C_n\sqrt{n}}, \bar{\bar{x}} + \frac{u_{1-\alpha/2}\bar{d}_n^*}{C_n\sqrt{n}}\right). \tag{3.5.3}$$

因为概率 $P\{|D_n^* - E(D_n^*)| \leqslant 3\sqrt{D(D_n^*)}\}$ 较大，从而

$$P\{|D_n^* - \bar{d}_n^*| \leqslant 3\frac{v_n}{C_n}\bar{d}_n^*\}$$

较大，由此知

$$\left(\bar{d}_n^* - 3\frac{v_n\bar{d}_n^*}{C_n}, \bar{d}_n^* + 3\frac{v_n\bar{d}_n^*}{C_n}\right) \tag{3.5.4}$$

为 D_n^* 的较大置信水平控制域.

二、均值与极差控制图

(a) 均值控制图

我们这里只讨论 a,σ^2 均为未知的情形，对于 a,σ^2 均为已知时讨论类似.

当 $\alpha=0.003$ 时，由式(3.5.3)得 $\bar{\xi}$ 的控制域为 $\left(\bar{\bar{x}}-\frac{3\bar{d}_n^*}{C_n\sqrt{n}}, \bar{\bar{x}}+\frac{3\bar{d}_n^*}{C_n\sqrt{n}}\right)$，以 $y=\bar{\bar{x}}$ 为中心线，作两条平行线：

$$\begin{cases} L_1: y = \bar{\bar{x}} + \dfrac{3\bar{d}_n^*}{C_n\sqrt{n}}, \\ L_2: y = \bar{\bar{x}} - \dfrac{3\bar{d}_n^*}{C_n\sqrt{n}}, \end{cases} \tag{3.5.5}$$

则称 L_1 与 L_2 构成的图为均值 $\bar{\xi}$ 的控制图，如图 3-5 所示. 类似地，作两条平行线

$$\begin{cases} M_1: y = \bar{\bar{x}} + \dfrac{2\bar{d}_n^*}{C_n\sqrt{n}}, \\ M_2: y = \bar{\bar{x}} - \dfrac{2\bar{d}_n^*}{C_n\sqrt{n}} \end{cases} \quad (\alpha = 0.0455). \tag{3.5.6}$$

当 $\bar{x}$ 落在 L_1 与 L_2 围成的区域之外时，生产不正常可能出现废品这时应停产寻找原因. 当 $\bar{x}$ 落在 L_1 与 M_1 之间或 M_2 与 L_2 之间时，表明生产稳定性有被破坏的危险，应严加注意. 当 $\bar{x}$ 落在 M_1 与 M_2 之间时，表明生产正常，产品质量稳定. 一般

称 L_1,L_2 分别为上、下控制限(或废品线),称 M_1,M_2 分别为上、下报警线. 需要注意的是在制作均值控制图时,需要将每个样本的均值 $\overline{x}$ 绘在图中,看是否越出控制域,如越出,应剔除,对剩下的样本重新计算、作图.

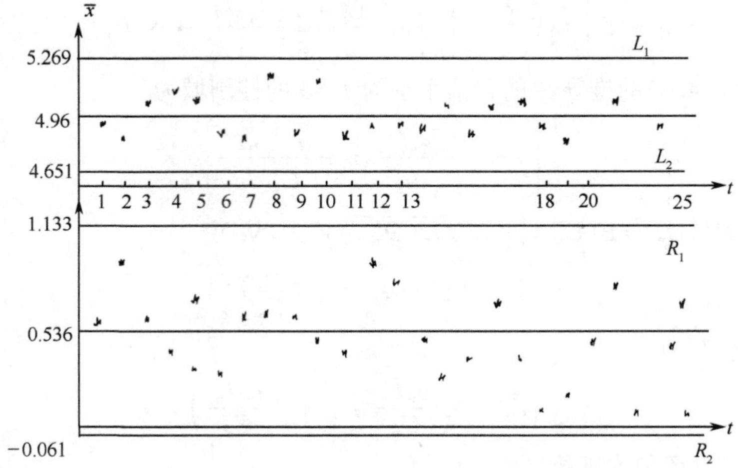

图 3-5　均值-极差控制图

(b) 极差控制图

类似于均值控制图,由式(3.5.4)可作极差控制图. 以 $y=\overline{d}_n^*$ 为中心线,作两条平行线

$$\begin{cases} R_1: y=\overline{d}_n^* + 3\dfrac{v_n}{C_n}\overline{d}_n^*, \\ R_2: y=\overline{d}_n^* - 3\dfrac{v_n}{C_n}\overline{d}_n^*, \end{cases} \tag{3.5.7}$$

就得极差 D_n^* 的控制图. R_1,R_2 分别称为上、下控制限. 如果 D_n^* 的观察值 d_n^* 落入 R_1,R_2 围成的区域内,就认为生产处于稳定状态,否则就表明系统因素在影响生产,应停产检查原因. 如果生产要求严格可类似于均值控制图在 R_1,R_2 两平行线之间再作两条平行线作为报警线.

对极差控制图来说,d_n^* 很小,说明产品质量均匀. 这可能是使用太好的原材料造成的,也可能是检验技术或仪器有问题或检验人员不认真造成的. 因此,d_n^* 很小,低于下控制限时,也应检查原因. 一般把均值控制图与极差控制图上、下对应画在一起.

生产处于控制状态,必须满足如下两个条件:

(i)　控制域内点子的排列没有任何规律性. 如果出现"链"、"趋势"、"周期性"和"靠近控制线",则表明点排列有缺陷,生产不在控制之下或生产过程稳定即将被破坏,应采取维修措施.

(ii) 没有超出控制域的点，或连续(当 $\alpha=0.05$ 时)300 个点中仅一个越出控制域.

例 3.5.3 设某产品重量 ξ 是质量指标，且 $\xi\sim N(a,\sigma^2)$，表 3.5.1 中数据是在现场每隔一定时间观察 $n=5$ 件产品重量，所计算得的各样本的均值 $\overline{x}$ 和极差值 d^*，试绘制均值-极差控制图.

表 3.5.1

样次	1	2	3	4	5	6	7	8	9	10	11	12	13
$\overline{x}$	4.94	4.82	5.02	5.08	5.02	4.86	4.84	5.2	4.88	5.16	4.86	4.9	4.94
d^*	0.6	0.9	0.6	0.4	0.7	0.3	0.6	0.6	0.6	0.5	0.4	0.9	0.8
样次	14	15	16	17	18	19	20	21	22	23	24	25	
$\overline{x}$	4.94	5	4.88	5.02	5.06	4.94	4.84	4.96	5.1	5.02	4.92	4.8	
d^*	0.5	0.3	0.4	0.7	0.4	0.2	0.3	0.5	0.8	0.2	0.5	0.7	

解 由表 3.5.1 得 $\overline{\overline{x}}=4.96$，$\overline{d}_n^*=0.536$，又因 $n=5$，查表 1.1.1 得 $C_5=2.32594$，$v_5=0.864$，从而

$$\overline{\overline{x}}+\frac{3\,\overline{d}_n^*}{C_n\sqrt{n}}=4.96+0.3092=5.269,$$

$$\overline{\overline{x}}-\frac{3\,\overline{d}_n^*}{C_n\sqrt{n}}=4.651,$$

$$\overline{d}_n^*+\frac{3v_n}{C_n}\overline{d}_n^*=1.133,$$

$$\overline{d}_n^*-\frac{3v_n}{C_n}\overline{d}_n^*=-0.061.$$

故可作均值-极差控制图(如图 3-5)，由图 3-5 知没有点越出控制域，这表明生产正常，不需剔除点重新再作图.

3.5.3 计件控制与计点控制

一、计件控制与 p 控制图

产品质量有时是用不合格品(或废品)率来衡量的，这时产品的质量控制就是控制产品的不合格品率，称这样的质量控制为计件控制. 设 μ_n 为容量为 n 的样本中不合格件数，则 $\mu_n\sim B(n,p)$，其中 p 为正常生产情况下产品的不合格品率，因为 $\frac{\mu_n}{n}$ 为该样本的不合格品率，且 $E\left(\frac{\mu_n}{n}\right)=p$，$D\left(\frac{\mu_n}{n}\right)=\frac{p(1-p)}{n}$，$p$ 可如下估计

$$\overline{p}=\sum_{i=1}^{m}\mu_{n_i}\Big/\sum_{i=1}^{m}n_i,$$

其中 m 要适当地大. (μ_n 的观察值也记为 μ_n)，由切比雪夫不等式知

$$P\left\{\left|\frac{\mu_n}{n}-p\right|\geqslant 3\sqrt{D\left(\frac{\mu_n}{n}\right)}\right\}\leqslant\frac{1}{9},$$

所以

$$P\left\{p-3\sqrt{\frac{p(1-p)}{n}}\leqslant\frac{\mu_n}{n}\leqslant p+3\sqrt{\frac{p(1-p)}{n}}\right\}\text{较大},$$

故

$$\left(\bar{p}-3\sqrt{\frac{\bar{p}(1-\bar{p})}{n}},\bar{p}+3\sqrt{\frac{\bar{p}(1-\bar{p})}{n}}\right)\tag{3.5.8}$$

可为$\frac{\mu_n}{n}$的控制域，或$(n\bar{p}\pm 3\sqrt{n\bar{p}(1-\bar{p})})$为 μ_n 的控制域.

以 $y=\bar{p}$ 为中心线作两条平行线

$$\begin{cases}P_1: y=\bar{p}+3\sqrt{\bar{p}(1-\bar{p})/n},\\ P_2: y=\bar{p}-3\sqrt{\bar{p}(1-\bar{p})/n},\end{cases}\tag{3.5.9}$$

就可得 p 控制图. 称 P_1,P_2 分别为 p 的上、下控制限. 实际当中，当$\frac{\mu_n}{n}$位于两直线 P_1,P_2 之间时，生产正常，否则应停产检查原因.

二、计点控制与 C 控制图

有些产品的质量是用一件产品或一批产品上的疵点数来衡量的. 例如一件铸件上的疵点(气孔、砂眼、裂缝等)数，一米布上的疵点(竹节、破眼等)数、一袋螺钉中不合格品数等. 由概率论知疵点数 $C\sim P(\lambda)$，即

$$P\{C=k\}=\mathrm{e}^{-\lambda}\frac{\lambda^k}{k!},k=0,1,2,\cdots,$$

其中参数 λ 可由多批(>20)抽样平均疵点数 $\bar{C}$ 来估计. 因为

$$E(C)=D(C)=\lambda,$$

类似于计件控制的讨论可得 C 控制图中的三条平行线：

(i) 中心线：$y=\bar{C}$.

(ii) 上控制限：$y=\bar{C}+3\sqrt{\bar{C}}$.

(iii) 下控制限：$y=\bar{C}-3\sqrt{\bar{C}}$.

当 C 的观察值位于上、下控制限之间时，生产正常，否则生产不正常，应停产检查原因.

我们再次请读者注意，在制作控制图中，都要将每个样本的“点”描绘在图中，如果有越出控制域的点，应将相应的样本剔除，利用剩下的各个样本重新制作控制图.

习 题 三

1. 设 $\xi_1,\cdots,\xi_{10}$ 为总体 $\xi\sim B(1,p)$ 的样本. 如果对未知参数 p 的假设

$$H_0: p=0.2, H_1: p=0.5,$$

H_0 的否定域为

$$\mathscr{X}_0=\{(x_1,\cdots,x_{10}), \sum_{i=1}^{10}x_i\leqslant 1 \text{ 或} \sum_{i=1}^{10}x_i\geqslant 5\},$$

求犯两类错误的概率 α 与 β.

2. 设 $\xi_1,\cdots,\xi_9$ 为总体 $\xi\sim N(a,1)$ 样本，对假设

$$H_0: a=1, H_1: a=2,$$

H_0 的否定域为

$$\mathscr{X}_0=\{(x_1,\cdots,x_9): \bar{x}>1.5\},$$

(1) 求犯两类错误的概率 α 与 β.

(2) 如果 $(x_1,\cdots,x_9)=(1.8,1.7,1.4,1.5,1.9,2.0,1.7,1.7,1.6)$，问 H_0 是否成立？

3. 食品厂用自动装罐机装罐头食品，每罐标准重量为 500g，每隔一定时间需要检查机器工作情况. 现抽 10 罐，测得重量为(单位:g)：495，510，505，498，503，492，502，512，497，506. 假定重量服从正态分布，试问机器工作是否正常($\alpha=0.05$)？

4. 要求某种元件使用寿命(单位:小时)服从正态分布 $N(1000,100^2)$. 现从某厂生产的这类元件中抽 25 件，测得其平均使用寿命为 950 小时，试问这个厂生产的这类元件是否合格($\alpha=0.05$)？

5. 某厂随机取 20 部机器，其装配时间(单位:分)为 9.8，10.4，10.6，9.6，9.7，9.9，10.9，11.1，9.6，10.2，10.3，9.6，9.9，11.2，10.6，9.8，10.5，10.1，10.5，9.7. 设装配时间服从正态分布. 问是否可以认为装配时间的均值显著地不大于 10($\alpha=0.05$)？

6. 下面是新、旧两种生产过程中某物质的含量：

新过程	2	1	2	2	1	0	3	2	1	0	1	3
旧过程	6	4	5	5	6	5	5	6	4	6	7	4

设上述两样本分别来自方差相等的两正态总体，且两样本独立. 以 a_1,a_2 分别记对应新、旧过程总体的均值，是否可以认为 $a_2-a_1\leqslant 2$($\alpha=0.05$)？

7. 为测定某种溶液中的水分，由其 10 个测定值算出 $s=0.037\%$. 设测定值总体为正态分布随机变量，σ^2 为其方差. 问在水平 $\alpha=0.05$ 下能否认为 $\sigma\leqslant 0.04\%$？

8. 某种导线要求其电阻的标准差不得超过 0.005(Ω)，今在生产的一批该种导线中取 9 根，测得 $s=0.007(\Omega)$. 设总体服从正态分布，问这批导线是否合格($\alpha=0.05$)？

9. 从两台机器所生产的部件中分别取容量为 $n_1=60, n_2=40$ 的样本，测得部件重量的样本方差分别为 $S_1^2=15.46, S_2^2=9.66$. 设两样本相互独立，且两总体分别服从正态分布 $N(a_1,\sigma_1^2)$ 与 $N(a_2,\sigma_2^2)$，求在检验水平 $\alpha=0.05$ 下，检验假设：

$$H_0:\sigma_1^2=\sigma_2^2, \quad H_1:\sigma_1^2\neq\sigma_2^2.$$

10. 甲、乙两台机床加工同样的产品. 从这两台机床加工的产品中随机抽取产品测得它们的直径(单位:mm)为

机床甲:20.5,19.8,19.7,20.4,20.1,20.0,19.0,19.8

机床乙:19.7,20.8,20.5,19.8,19.4,20.6,19.2

试比较甲、乙两台机床加工的产品精度有无显著差异($\alpha=0.05$)？

11. 在 10 块地上同时试种甲、乙两种作物，其产量均服从正态分布，且方差相同. 结果计算得 $\bar{x}=30.97, \bar{y}=21.79, S_x=26.7, S_y=12.1$. 问这两种品种的产量有无显著差异($\alpha=0.05$)？

12. 某厂生产的细纱支数的根方差(标准差)为 1.2，现从某日生产的一批产品中随机抽 16 缕进行支数测量，求得样本根方差为 2.1，问细纱的均匀度是否变劣($\alpha=0.05$)？

13. 某化工原料在处理前后各取 10 个样品进行分析，考虑其含脂率，计算得处理前的样本均值与样本方差分别为 $\bar{x}=0.273, S_x^2=0.025$；处理后的样本均值与样本方差分别为 $\bar{y}=0.267, S_y^2=0.0726$. 假定处理前后的含脂率都服从正态分布，且方差不变，问处理前后含脂率的平均值有无显著变化($\alpha=0.05$)？

14. 某电话站在一小时内接到用户呼叫次数按每分钟记录如下：

呼叫次数	0	1	2	3	4	5	6	≥7
频 数	8	16	17	10	6	2	1	0

试问这个分布能否看作为泊松分布($\alpha=0.05$)？

15. 在某公路上某处 50 分钟之内，记录每 15 秒路过汽车的辆数，得到数据如下：

辆数	0	1	2	3	4	≥5
频数	92	68	28	11	1	0

试问这个分布能否看作为泊松分布($\alpha=0.05$)？

16. 在数 $\pi=3.14159\cdots$ 的前 800 位小数中，数字 0,1,…,9 出现的次数如下：

数字	0	1	2	3	4	5	6	7	8	9
频数	74	92	83	79	80	73	77	75	76	91

试问这个分布能否看作为离散均匀分布($\alpha=0.05$)?

17. 检查产品质量时,每次抽取 10 个产品来检查,共抽取 100 次,记录每 10 个产品中的次品数如下:

次品数	0	1	2	3	4	5	6	…	10
频数	35	40	18	5	1	1	0	…	0

试问生产过程中出现次品的概率能否看作是不变的,即 10 个产品中的次品数是否服从二项分布($\alpha=0.05$)?

18. 为了研究慢性气管炎与吸烟量的关系,调查了 385 人,统计数字如下表所示.

人数 吸烟量 类型	a 支/日	b 支/日	c 支/日	和
患病人数	26	147	37	210
健康者	30	123	22	175
和	56	270	59	385

试问慢性气管炎与吸烟量是否有关系($\alpha=0.05$)?

19. 为调查 3 个城镇居民的收入情况,我们从三个城镇中共抽查 400 个家庭,他们的年收入情况如下:

户数 收入 城镇别	小于 5000 (元)	5000～10000 (元)	10000 (元)以上	和
Ⅰ	50	75	25	150
Ⅱ	25	50	25	100
Ⅲ	25	75	50	150
和	100	200	100	400

能否认为三城镇经济收入无显著差别($\alpha=0.05$)?

20. 抽查 3 个民族中 380 人的血型所得数据如下表:

人数 血型 民族别	O	A	B	AB	和
Ⅰ	42	26	26	8	102
Ⅱ	47	49	22	10	128
Ⅲ	50	59	26	15	150
和	139	134	74	33	380

问人的血型与他所属的民族是否有关($\alpha=0.05$)?

21. 设总体 $\xi\sim N(a,\sigma^2)$,考虑如下检验问题:

$$H_0: a=a_0,\qquad H_1: a=a_1\,(a_1\neq a_0),$$

证明:当样本容量 n 充分大时,可使犯两类错误的概率任意地小.

22. * 设总体 ξ 的密度函数为

$$f(x;\theta)=\begin{cases}\dfrac{1}{\theta}\mathrm{e}^{-x/\theta}, & x>0,\theta>0,\\ 0, & \text{其他}.\end{cases}$$

$\xi_1,\cdots,\xi_n$ 为 ξ 的样本,试分别求:

(1)　$H_0:\theta=2$,　$H_1:\theta=4$

(2)　$H_0:\theta=2$,　$H_1:\theta=1$

的最佳否定域($\alpha=0.05$).

23. * 设总体 $\xi\sim B(1,p)$,$0<p<1$,$\xi_1,\cdots,\xi_n$ 为 ξ 的样本,对于足够大的 n 分别求:

(1)　$H_0:p=\dfrac{1}{2}$,　$H_1:=\dfrac{1}{3}$;

(2)　$H_0:p=\dfrac{1}{3}$,　$H_1:=\dfrac{1}{2}$

的最佳检验($\alpha=0.05$).

24. * 设总体 $\xi\sim P(\lambda)$,$\lambda>0$,$\xi_1,\cdots,\xi_{10}$ 为 ξ 的样本,试求在检验水平 $\alpha=0.05$ 下检验问题 $H_0:\lambda=\lambda_0\triangleq 0.1$,$H_1:\lambda\triangleq\lambda_1=1$ 的最佳检验.

25. 设总体 $\xi\sim P(\lambda)$,$\lambda>0$,$\xi_1,\cdots,\xi_{10}$ 为 ξ 的样本,对假设 $H_0:\lambda=0.2$,$H_1:\lambda=0.1$ 的否定域为

$$\mathscr{X}_0=\{(x_1,\cdots,x_{10}):\sum_{i=1}^{10}x_i=0\},$$

求犯两类错误的概率.

26. * 设总体 $\xi\sim N(a,2.5^2)$,考虑假设检验问题:

$$H_0: a = 15, \quad H_1: a < 15.$$

如果要求犯第一类错误的概率为 $\alpha=0.05$，且当 $a=13$ 时犯第二类错误的概率不超过 0.1，试确定一致最佳否定域与样本容量 n.

27. * 设总体 $\xi \sim U(0,\theta)$，对检验水平 α，求假设检验问题：

$$H_0: \theta = 2, \quad H_1: \theta < 2$$

的一致最佳否定域.

28. 设产品寿命 $\xi \sim \Gamma(1,\lambda)$，抽 9 个产品进行（$n$，无，时）试验，截尾时间 $\tau_0 =$ 800 小时，到 800 小时，有 6 个产品失效，6 个产品失效时间分别为 120，600，650，700，750，780（小时）。

(1) 求 λ 与 $\dfrac{1}{\lambda}$ 的极大似然估计值；

(2) 求 λ 的置信度为 0.95 的置信区间；

(3) 问 λ 是否为 0.001（$\alpha=0.01$）？

29. 设产品的寿命 $\xi \sim \Gamma(1,\lambda)$，现抽 9 个产品进行（$n$，有，数）试验，截尾数定为 10，产品失效时间分别为 120，250，350，400，530，550，600，650，700，750。

(1) 求 $\dfrac{1}{\lambda}$ 的有效估计和 $\dfrac{1}{\lambda}$ 的信息量 $I(\lambda)$；

(2) 求平均寿命 $\dfrac{1}{\lambda}$ 的置信度为 0.95 的置信区间；

(3) 问 λ 是否小于 0.001（$\alpha=0.01$）？

第四章　方差分析与正交试验设计

本章介绍方差分析与正交试验设计. 在实际当中常常要通过试验来了解各种因素对产品的性能、产量等的影响，这些性能、产量等统称为试验指标，而称影响试验指标的条件、原因等为因素或因子，称因素所处的不同状态为水平. 各因素对试验指标的影响一般是不同的，就是一个因素的不同的水平对试验指标的影响往往也是不同的. 方差分析就是通过对试验数据进行分析，检验方差相同各正态总体的均值是否相等，以判断各因素对试验指标的影响是否显著. 方差分析按影响试验指标的因素的个数分有单因素方差分析、双因素方差分析和多因素方差分析，我们这里只介绍单因素方差分析和双因素方差分析.

正交试验设计是研究如何合理、有效地安排多因素的试验，以确定各因素对试验指标影响的大小，找出最佳的配方或最佳的工艺条件.

§4.1　单因素方差分析

单因素方差分析是固定其他因素只考虑某一因素 A 对试验指标的影响. 为此将因素 A 以外的条件保持不变，取因素 A 的 r 个水平 $A_1,A_2,\cdots,A_r$，对水平 A_i 重复做 n_i 次试验，可得试验指标的 n_i 个数据 $y_{i1},y_{i2},\cdots,y_{in_i}$，$i=1,2,\cdots,r$. 如果我们用 η_i 表示在水平 A_i 的情况试验指标的数值，用 $\eta_{i1},\eta_{i2},\cdots,\eta_{in_i}$ 表示以 η_i 为总体的样本，则 $y_{i1},y_{i2},\cdots,y_{in_i}$ 就是样本 $\eta_{i1},\eta_{i2},\cdots,\eta_{in_i}$ 的观察值，$i=1,2,\cdots,r$，于是我们得单因素多水平重复试验的结果：

水平号	试验指标观察值
1	$y_{11}\quad y_{12}\quad\cdots\quad y_{1n_1}$
2	$y_{21}\quad y_{22}\quad\cdots\quad y_{2n_2}$
$\vdots$	$\vdots\quad\vdots\quad\quad\vdots$
r	$y_{r1}\quad y_{r2}\quad\cdots\quad y_{rn_r}$

其中 y_{ij} 是 η_{ij} 的观察值，表示在水平 A_i 情况下第 j 次试验的试验指标值，$j=1,2,\cdots,n_i$，$i=1,2,\cdots,r$.

4.1.1　数学模型

假定上述的 r 个总体 $\eta_1,\cdots,\eta_r$ 是相互独立的随机变量，$\eta_i\sim N(a_i,\sigma^2)$，$i=1,$

$2,\cdots,r$,其中 σ^2 未知,诸 a_i 也未知,并假定在各水平下每次试验是独立进行的,所以诸 η_{ij} 是相互独立的. 又因 $\eta_{i1},\eta_{i2},\cdots,\eta_{in_i}$ 是 η_i 的样本,所以 $\eta_{i1},\eta_{i2},\cdots,\eta_{in_i}$ 还是同分布的.

由假设知,$\eta_{ij}\sim N(a_i,\sigma^2)$,$j=1,2,\cdots,n_i$,$i=1,2,\cdots,r$. 记

$$e_{ij}=\eta_{ij}-a_i,\quad n=\sum_{i=1}^{r}n_i,$$

$$a=\frac{1}{n}\sum_{i=1}^{r}n_ia_i,\quad \mu_i=a_i-a,\tag{4.1.1}$$

则

$$\begin{aligned}&\eta_{ij}=a_i+e_{ij}=a+\mu_i+e_{ij},\\&j=1,2,\cdots,n_i,\quad i=1,2,\cdots,r,\end{aligned}\tag{4.1.2}$$

其中诸 e_{ij} 独立同分布,且 $e_{ij}\sim N(0,\sigma^2)$. 称 μ_i 为第 i 个水平 A_i 对试验指标的效应值. 它反映水平 A_i 对试验指标纯作用的大小. 易见

$$\sum_{i=1}^{r}n_i\mu_i=0.\tag{4.1.3}$$

我们称

$$\begin{cases}\eta_{ij}=a+\mu_i+e_{ij},\quad j=1,2,\cdots,n_i,\quad i=1,\cdots,r,\\ e_{ij}\sim N(0,\sigma^2),\text{且诸 }e_{ij}\text{ 相互独立},\\ \displaystyle\sum_{i=1}^{r}n_i\mu_i=0.\end{cases}\tag{4.1.4}$$

为单因素方差分析的数学模型. 它是一种线性模型.

4.1.2 方差分析

对模型(4.1.4),方差分析的任务是解决如下问题:

(i) 检验假设 $H_0:a_1=a_2=\cdots=a_r$(或 $\mu_1=\mu_2=\cdots=\mu_r=0$).

(ii) 求出 μ_i,a_i,σ^2 的点估计与 a_i,σ^2 的区间估计.

一、平方和的分解与检验

为解决上述两个问题,记

$$\bar{\eta}_i=\frac{1}{n_i}\sum_{j=1}^{n_i}\eta_{ij},\quad S_i^2=\frac{1}{n_i}\sum_{j=1}^{n_i}(\eta_{ij}-\bar{\eta}_i)^2,i=1,2,\cdots,r,$$

$$\bar{\eta}=\frac{1}{n}\sum_{i=1}^{r}\sum_{j=1}^{n_i}\eta_{ij},\quad Q=\sum_{i=1}^{r}\sum_{j=1}^{n_i}(\eta_{ij}-\bar{\eta})^2,$$

$$Q_A=\sum_{i=1}^{r}n_i(\bar{\eta}_i-\bar{\eta})^2,\quad Q_e=\sum_{i=1}^{r}\sum_{j=1}^{n_i}(\eta_{ij}-\bar{\eta}_i)^2.\tag{4.1.5}$$

称 Q,Q_A,Q_e 分别为总偏差平方和、组间偏差平方和与组内偏差平方和. 因为

$$Q=\sum_{i=1}^{r}\sum_{j=1}^{n_i}\eta_{ij}^2-n\overline{\eta}^2,\quad Q_A=\sum_{i=1}^{r}n_i\overline{\eta}_i^2-n\overline{\eta}^2,\quad Q_e=\sum_{i=1}^{r}n_iS_i^2,$$

且

$$E(\overline{\eta}^2)=E\Big[\frac{1}{n}\sum_{i=1}^{r}\sum_{j=1}^{n_i}\eta_{ij}\Big]^2=\frac{1}{n^2}\sum_{i=1}^{r}\sum_{k=1}^{r}\sum_{j=1}^{n_i}\sum_{t=1}^{n_k}E(\eta_{ij}\eta_{kt})$$

$$=\frac{\sigma^2}{n}+\frac{1}{n^2}\sum_{i=1}^{r}\sum_{k=1}^{r}n_ia_in_ka_k=\frac{\sigma^2}{n}+a^2,\tag{4.1.6}$$

又因为 $\sum_{i=1}^{r}n_i(a_i-a)^2=\sum_{i=1}^{r}n_ia_i^2-na^2$，所以

$$E(Q)=\sum_{i=1}^{r}\sum_{j=1}^{n_i}E(\eta_{ij}^2)-nE(\overline{\eta}^2)$$

$$=\sum_{i=1}^{r}\sum_{j=1}^{n_i}(\sigma^2+a_i^2)-n\Big(\frac{\sigma^2}{n}+a^2\Big)$$

$$=(n-1)\sigma^2+\sum_{i=1}^{r}n_i(a_i-a)^2,\tag{4.1.7}$$

$$E(Q_A)=\sum_{i=1}^{r}n_iE(\overline{\eta}_i^2)-n\Big(\frac{\sigma^2}{n}+a^2\Big)$$

$$=\sum_{i=1}^{r}n_i\Big(\frac{\sigma^2}{n_i}+a_i^2\Big)-\sigma^2-na^2$$

$$=(r-1)\sigma^2+\sum_{i=1}^{r}n_i(a_i-a)^2,\tag{4.1.8}$$

$$E(Q_e)=\sum_{i=1}^{r}E(n_iS_i^2)=\sum_{i=1}^{r}E\Big(\frac{n_iS_i^2}{\sigma^2}\Big)\sigma^2$$

$$=\sum_{i=1}^{r}(n_i-1)\sigma^2=(n-r)\sigma^2.\tag{4.1.9}$$

由推论 1.3.2 知

$$\frac{Q_e}{\sigma^2}=\sum_{i=1}^{r}\frac{n_iS_i^2}{\sigma^2}\sim\chi^2\Big[\sum_{i=1}^{r}(n_i-1)\Big]$$

$$=\chi^2(n-r),\tag{4.1.10}$$

又因

$$Q=\sum_{i=1}^{r}\sum_{j=1}^{n_i}(\eta_{ij}-\overline{\eta})^2=\sum_{i=1}^{r}[\eta_{ij}-\overline{\eta}_i+\overline{\eta}_i-\overline{\eta}]^2$$

$$=\sum_{i=1}^{r}\sum_{j=1}^{n_i}(\eta_{ij}-\overline{\eta}_i)^2+\sum_{i=1}^{r}\sum_{j=1}^{n_i}(\eta_i-\overline{\eta})^2$$

$$+2\sum_{i=1}^{r}\sum_{j=1}^{n_i}(\eta_{ij}-\overline{\eta})(\eta_i-\overline{\eta}), \tag{4.1.11}$$

而

$$\begin{aligned}\sum_{i=1}^{r}\sum_{j=1}^{n_i}(\eta_{ij}-\overline{\eta})(\eta_i-\overline{\eta}) &= \sum_{i=1}^{r}(\overline{\eta}_i-\overline{\eta})\sum_{j=1}^{n_i}(\eta_{ij}-\overline{\eta}_i) \\ &= \sum_{i=1}^{r}(\overline{\eta}_i-\overline{\eta})\Big[\sum_{j=1}^{n_i}\eta_{ij}-n_i\overline{\eta}_i\Big]=0,\end{aligned}$$

所以

$$Q=Q_e+Q_A, \tag{4.1.12}$$

称上式为**总偏差平方和分解式**. 也称 Q_e 为**误差平方和**,称 Q_A 为**因子平方和**. 当 $a_1=a_2=\cdots=a_r$ 时,因诸 η_{ij} 独立同分布且 $\eta_{ij}\sim N(a_i,\sigma^2)$,所以由推论 1.3.2 知

$$\frac{Q}{\sigma^2}\sim\chi^2(n-1),\quad \frac{Q_A}{\sigma^2}\sim\chi^2(r-1), \tag{4.1.13}$$

$$F\equiv\frac{Q_A/\sigma^2(r-1)}{Q_e/\sigma^2(n-r)}=\frac{(n-r)Q_A}{(r-1)Q_e}\sim F(r-1,n-r). \tag{4.1.14}$$

由于总偏差平方和是由各水平之间的差异(可用$\frac{1}{r-1}Q_A$ 来衡量)和随机误差(可用$\frac{1}{n-r}Q_e$ 来衡量)引起的,如果$\frac{(n-r)Q_A}{(r-1)Q_e}$较大,说明水平之间差异的影响胜过随机误差的影响,这时,我们应拒绝 H_0,否则,我们不应拒绝 H_0,所以 H_0 的拒绝域为

$$\mathscr{X}_0=\left\{\frac{(n-r)Q_A}{(r-1)Q_e}>C\right\},$$

其中 C 由显著性水平 α 确定,当 α 给定后,由 $\alpha=P\{F>C\mid H_0 \text{ 成立}\}$,得

$$1-\alpha=P\{F\leqslant C\mid H_0 \text{ 成立}\},$$

查表得 $C=F_{1-\alpha}(r-1,n-r)$. 故 H_0 拒绝域为

$$\mathscr{X}_0=\left\{\frac{(n-r)Q_A}{(r-1)Q_e}>F_{1-\alpha}(r-1,n-r)\right\}. \tag{4.1.15}$$

如

$$\frac{(n-r)Q_A}{(r-1)Q_e}>F_{1-\alpha}(r-1,n-r).$$

则拒绝 H_0,认为因素 A 对试验指标的影响是显著的,并找出最佳水平;否则,则接受 H_0,即认为 $a_1=a_2=\cdots=a_r$,说明因素 A 状态的改变,对试验指标影响不大,即因素 A 对试验指标影响不显著. 由上述步骤可得如下的单因素方差分析表.

表 4.1.1　单因素方差分析表

方差来源	平方和	自由度	样本方差	F 值
组间(因素 A)	Q_A	$r-1$	$\frac{Q_A}{r-1}$	$\frac{Q_A/(r-1)}{Q_e/(n-r)}$
组内(误差)	Q_e	$n-r$	$Q_e/(n-r)$	
总　和	Q	$n-1$		

例 4.1.1　灯丝的配料方案的优选.

某灯泡厂用四种不同配料方案制成的灯丝,生产了四批灯泡. 在每批灯泡中随机抽取若干灯泡测得其使用寿命(单位:小时)数据如表 4.1.2.

表 4.1.2

使用寿命 / 灯泡类别 / 灯丝类别	1	2	3	4	5	6	7	8
甲	1600	1610	1650	1680	1700	1720	1800	
乙	1580	1640	1640	1700	1750			
丙	1460	1550	1600	1640	1660	1740	1820	1820
丁	1510	1520	1530	1570	1600	1680		

试问这四种灯丝生产的灯泡使用寿命有无显著差异($\alpha=0.05$)?

解　记 $\eta_1,\eta_2,\eta_3,\eta_4$ 分别为这 4 种灯泡的使用寿命,即 4 个总体. $\eta_{i1},\cdots,\eta_{in_i}$ 为 η_i 的样本,视 $\eta_i\sim N(a_i,\sigma^2)$, $i=1,2,3,4$. 我们的问题就归结为判断原假设 H_0: $a_1=a_2=a_3=a_4$ 是否成立. 因为

$$Q=\sum_{i=1}^{r}\sum_{j=1}^{n_i}\eta_{ij}^2-\frac{1}{n}\Big(\sum_{i=1}^{r}\sum_{j=1}^{n_i}\eta_{ij}\Big)^2,$$

$$Q_A=\sum_{i=1}^{r}\frac{1}{n_i}\Big(\sum_{j=1}^{n_i}\eta_{ij}\Big)^2-\frac{1}{n}\Big(\sum_{i=1}^{r}\sum_{j=1}^{n_i}\eta_{ij}\Big)^2,$$

$$Q_e=Q-Q_A=\sum_{i=1}^{r}\sum_{j=1}^{n_i}\eta_{ij}^2-\sum_{i=1}^{r}\frac{1}{n_i}\Big(\sum_{j=1}^{n_i}\eta_{ij}\Big)^2.$$

记

$$R=\sum_{i=1}^{r}\sum_{j=1}^{n_i}\eta_{ij}^2,\ G=\sum_{i=1}^{r}\sum_{j=1}^{n_i}\eta_{ij},\ \eta_{i\cdot}=\sum_{j=1}^{n_i}\eta_{ij},\tag{4.1.16}$$

$$P=\sum_{i=1}^{r}\frac{1}{n_i}(\eta_{i\cdot})^2,\tag{4.1.17}$$

则

$$Q = R - \frac{G^2}{n}, Q_A = P - \frac{G^2}{n}, \tag{4.1.18}$$

$$Q_e = R - P. \tag{4.1.19}$$

通过计算可得表 4.1.3(计算时所有数据都减 1600).

表 4.1.3 方差分析计算表

水平	n_i	$\eta_{i\cdot}^2$	$\eta_{i\cdot}^2/n_i$	G	P
甲(A_1)	7	560	44800	970	80549.17
乙(A_2)	5	310	19220		
丙(A_3)	8	290	10512.5		
丁(A_4)	6	−190	6016.67		

由表 4.1.3 得 $G^2/n=36188.46$,又因 $R=231900$,从而,由单因素方差分析表可得下表($n=26, r=4, n_1=7, n_2=5, n_3=8, n_4=6$).

方差来源	平方和	自由度	样本方差	F 值	显著性
因素	44560.7	3	14786.9	2.15	
误差	151351.3	22	6879.6		
总和	195712	25			

对给定的 $\alpha=0.05$,查表得 $F_{0.95}(3.22)=3.05$,因为 $F=2.15<F_{0.95}(3.22)$,所以在置信水平 0.95 下接受 H_0,即这 4 种配料方案生产的灯丝所生产的灯泡寿命之间没有显著差异,也即配料方案对灯泡的寿命没有显著的影响.

二、未知参数的估计

显然 $\hat{a}_i \triangleq \overline{\eta}_i$ 是 a_i 的无偏估计量,$i=1,2,\cdots,r$. 由式(4.1.10)知

$$\hat{\sigma}^2 \triangleq \frac{Q_e}{n-r} = \frac{1}{n-r}\sum_{i=1}^{r}\sum_{j=1}^{n_i}(\eta_{ij}-\overline{\eta}_i)^2$$

是 σ^2 的无偏估计量. 又因

$$E(\overline{\eta}) = E\left(\frac{1}{n}\sum_{i=1}^{r}\sum_{j=1}^{n_i}\eta_{ij}\right) = \frac{1}{n}\sum_{i=1}^{r}n_i a_i = a,$$

所以 $\hat{a} \triangleq \overline{\eta}$ 是 a 的无偏估计量. 从而 $\hat{\mu}_i \triangleq \overline{\eta}_i - \overline{\eta}$ 是 μ_i 的无偏估计量,$i=1,2,\cdots,r$.

因为

$$\frac{\overline{\eta}_i - a_i}{\sigma/\sqrt{n_i}} \sim N(0,1), \quad \frac{Q_e}{\sigma^2} \sim \chi^2(n-r)$$

且 $\bar{\eta}_i$ 与 S_i^2 独立,所以

$$\frac{\bar{\eta}_i - a_i}{\sigma/\sqrt{n}} \quad 与 \quad \frac{Q_e}{\sigma^2} = \sum_{i=1}^{r} \frac{n_i S_i^2}{\sigma^2}$$

独立,从而

$$T \triangleq \frac{\bar{\eta}_i - a_i}{\sigma/\sqrt{n_i}} \Big/ \sqrt{\frac{Q_e}{\sigma^2}/(n-r)} \sim t(n-r),$$

即

$$T = \frac{\sqrt{n_i(n-r)}(\bar{\eta}_i - a_i)}{\sqrt{Q_e}} \sim t(n-r),$$

类似于(2.4.4)的推导,a_i 的置信水平为 $1-\alpha$ 的置信区间为

$$\left(\bar{\eta}_i \pm t_{1-\alpha/2}(n-r)\sqrt{\frac{Q_e}{n_i(n-r)}}\right), i = 1,2,\cdots,r. \tag{4.1.20}$$

因为$\frac{Q_e}{\sigma^2}\sim\chi^2(n-r)$,类似于式(2.4.6)的推导,$\sigma^2$ 的置信水为 $1-\alpha$ 的置信区间为

$$\left(\frac{Q_e}{\chi^2_{1-\alpha/2}(n-r)}, \frac{Q_e}{\chi^2_{\alpha/2}(n-r)}\right). \tag{4.1.21}$$

§4.2* 双因素方差分析

4.2.1 数学模型

设有两个因素 A,B 影响试验指标. 为了考察两因素 A,B 对试验指标的影响是否显著,选定 A 因素的 r 个水平 $A_1,A_2,\cdots,A_r$,B 因素的 s 个水平 $B_1,B_2,\cdots,B_s$,将 $r\times s$ 个不同水平组合的每个水平组合 $A_i\times B_j$,重复进行 l 次试验(当考虑交互作用时,$l\geqslant 2$,否则,$l\geqslant 1$),每次试验结果的数据用 η_{ijk} 表示,$k=1,2,\cdots,l$. 设 η_{ij1},$\eta_{ij2},\cdots,\eta_{ijl}$ 是总体 η_{ij} 的样本,且这 $r\times s$ 个总体相互独立,进一步假设

$$\eta_{ij} \sim N(a_{ij},\sigma^2), \quad i = 1,\cdots,r, \quad j = 1,\cdots,s,$$

则

$$\begin{aligned} \eta_{ijk} &= a_{ij} + e_{ijk}, \quad i = 1,\cdots,r, \\ j &= 1,\cdots,s, \quad k = 1,\cdots,l, \end{aligned} \tag{4.2.1}$$

其中 $a_{ij}=E(\eta_{ij})$,诸 e_{ijk} 独立同分布,且 $e_{ijk}\sim N(0,\sigma^2)$.

对于(4.2.1),记

$$\begin{cases}\bar{a}=\dfrac{1}{rs}\sum_{i=1}^{r}\sum_{j=1}^{s}a_{ij},\\ \bar{a}_{i\cdot}=\dfrac{1}{s}\sum_{j=1}^{s}a_{ij},\quad \alpha_i=\bar{a}_{i\cdot}-\bar{a},\quad i=1,\cdots,r,\\ \bar{a}_{\cdot j}=\dfrac{1}{r}\sum_{j=1}^{r}a_{ij},\quad \beta_j=\bar{a}_{\cdot j}-\bar{a},\quad j=1,\cdots,s.\end{cases}\tag{4.2.2}$$

称 $\bar{a}$ 为总平均值,称 α_i 为因素 A 取水平 A_i 对试验指标的效应,称 β_j 为因素 B 取水平 B_j 对试验指标的效应.易见

$$\sum_{i=1}^{r}\alpha_i=\sum_{j=1}^{s}\beta_j=0,\tag{4.2.3}$$

$$\begin{aligned}a_{ij}&=\bar{a}+(\bar{a}_{i\cdot}-\bar{a})+(\bar{a}_{\cdot j}-\bar{a})+(a_{ij}-\bar{a}_{i\cdot}-\bar{a}_{\cdot j}+\bar{a})\\&=\bar{a}+\alpha_i+\beta_j+\gamma_{ij},\end{aligned}\tag{4.2.4}$$

其中

$$\begin{aligned}\gamma_{ij}&=a_{ij}-\bar{a}_{i\cdot}-\bar{a}_{\cdot j}+\bar{a}=(a_{ij}-\bar{a})-(\bar{a}_{i\cdot}-\bar{a})-(\bar{a}_{\cdot j}-\bar{a})\\&=(a_{ij}-\bar{a})-\alpha_i-\beta_j,\end{aligned}\tag{4.2.5}$$

其中$(a_{ij}-\bar{a})$表示水平组合 $A_i\times B_j$ 对试验指标的**总效应**,减去 A_i 的效应 α_i 与 B_j 的效应 β_j 所得的 γ_{ij} 称为 A_i 与 B_j 对试验指标的**交互效应**.易见

$$\sum_{i=1}^{r}\gamma_{ij}=\sum_{j=1}^{s}\gamma_{ij}=0.\tag{4.2.6}$$

于是式(4.2.1)可改写为

$$\begin{aligned}&\eta_{ijk}=\bar{a}+\alpha_i+\beta_j+\gamma_{ij}+e_{ijk},i=1,\cdots r,\\&j=1,\cdots,s,k=1,\cdots,l,\end{aligned}\tag{4.2.7}$$

从而得

$$\begin{cases}\eta_{ijk}=\bar{a}+\alpha_i+\beta_j+\gamma_{ij}+e_{ijk},\\ \quad i=1,\cdots r,\quad j=1,\cdots,s,\quad k=1,\cdots,l,\\ \text{诸 } e_{ijk} \text{ 独立同分布,且 } e_{ijk}\sim N(0,\sigma^2),\\ \sum_{i=1}^{r}\alpha_i=\sum_{j=1}^{s}\beta_i=\sum_{i=1}^{r}\gamma_{ij}=\sum_{j=1}^{s}\gamma_{ij}=0,\end{cases}\tag{4.2.8}$$

我们称(4.2.8)为有交互效应的双因素方差分析数学模型.

4.2.2 方差分析

对数学模型(4.2.8)可类似于单因素情形提出方差分析的估计问题和检验问题两项任务.关于估计问题与单因素情形类似,这里不再讨论,这里只讨论后一问题,即讨论如下的假设检验问题:

$$H_{01}:\alpha_1=\alpha_2=\cdots=\alpha_r=0,$$

$$H_{10}:\beta_1=\beta_2=\cdots=\beta_s=0,$$
$$H_{00}:\gamma_{ij}=0,i=1,\cdots,r,j=1,\cdots,s,$$

对数学模型(4.2.8),记

$$\begin{cases}\overline{\eta}=\dfrac{1}{rsl}\sum_{i=1}^{r}\sum_{j=1}^{s}\sum_{k=1}^{l}\eta_{ijk},\\ \overline{\eta}_{ij\cdot}=\dfrac{1}{l}\sum_{k=1}^{l}\eta_{ijk},\quad i=1,\cdots,r,j=1,\cdots,s,\\ \overline{\eta}_{i\cdot\cdot}=\dfrac{1}{sl}\sum_{j=1}^{s}\sum_{k=1}^{l}\eta_{ijk},\quad i=1,\cdots,r,\\ \overline{\eta}_{\cdot j\cdot}=\dfrac{1}{rl}\sum_{i=1}^{r}\sum_{k=1}^{l}\eta_{ijk},\quad j=1,\cdots,s,\end{cases}\tag{4.2.9}$$

则有

$$\begin{aligned}Q&\triangleq\sum_{i=1}^{r}\sum_{j=1}^{s}\sum_{k=1}^{l}(\eta_{ijk}-\overline{\eta})^2\\&=\sum_{i=1}^{r}\sum_{j=1}^{s}\sum_{k=1}^{l}[(\eta_{ijk}-\overline{\eta}_{ij\cdot})+(\overline{\eta}_{i\cdot\cdot}-\overline{\eta})+(\overline{\eta}_{\cdot j\cdot}-\overline{\eta})\\&\quad+(\overline{\eta}_{ij\cdot}-\overline{\eta}_{i\cdot\cdot}-\overline{\eta}_{\cdot j\cdot}+\overline{\eta})]^2\\&=\sum_{i=1}^{r}\sum_{j=1}^{s}\sum_{k=1}^{l}(\eta_{ijk}-\overline{\eta}_{ij\cdot})^2+\sum_{i=1}^{r}\sum_{j=1}^{s}\sum_{k=1}^{l}(\overline{\eta}_{i\cdot\cdot}-\overline{\eta})^2\\&\quad+\sum_{i=1}^{r}\sum_{j=1}^{s}\sum_{k=1}^{l}(\overline{\eta}_{\cdot j\cdot}-\overline{\eta})^2+\sum_{i=1}^{r}\sum_{j=1}^{s}\sum_{k=1}^{l}(\overline{\eta}_{ij\cdot}-\overline{\eta}_{i\cdot\cdot}-\overline{\eta}_{\cdot j\cdot}+\overline{\eta})^2.\end{aligned}$$

因为其中任两圆括号乘积的和都是零. 记

$$\begin{cases}Q_e=\sum_{i=1}^{r}\sum_{j=1}^{s}\sum_{k=1}^{l}(\eta_{ijk}-\overline{\eta}_{ij\cdot})^2,\\ Q_A=\sum_{i=1}^{r}\sum_{j=1}^{s}\sum_{k=1}^{l}(\overline{\eta}_{i\cdot\cdot}-\overline{\eta})^2=sl\sum_{i=1}^{r}(\overline{\eta}_{i\cdot\cdot}-\overline{\eta})^2,\\ Q_B=\sum_{i=1}^{r}\sum_{j=1}^{s}\sum_{k=1}^{l}(\overline{\eta}_{\cdot j\cdot}-\overline{\eta})^2=rl\sum_{j=1}^{s}(\overline{\eta}_{\cdot j\cdot}-\overline{\eta})^2,\\ Q_{A\times B}=\sum_{i=1}^{r}\sum_{j=1}^{s}\sum_{k=1}^{l}(\overline{\eta}_{ij\cdot}-\overline{\eta}_{i\cdot\cdot}-\overline{\eta}_{\cdot j\cdot}+\overline{\eta})^2\\ \qquad\quad=l\sum_{i=1}^{r}\sum_{j=1}^{s}(\overline{\eta}_{ij\cdot}-\overline{\eta}_{i\cdot\cdot}-\overline{\eta}_{\cdot j\cdot}+\overline{\eta})^2.\end{cases}\tag{4.2.10}$$

于是得

$$Q=Q_A+Q_B+Q_{A\times B}+Q_e,\tag{4.2.11}$$

称上式为**总偏差平方和分解式**. 称 Q_e 为**误差平方和**,称 Q_A,Q_B 分别为因素 A,B

的效应平方和，称 $Q_{A\times B}$ 为 A,B 交互效应平方和.

因为 $\eta_{ijk}\sim N(a_{ij},\sigma^2)$，$\bar{\eta}_{ij\cdot}\sim N\left(a_{ij},\frac{\sigma^2}{l}\right)$，所以 $\eta_{ijk}-\bar{\eta}_{ij\cdot}\sim N\left(0,\frac{l-1}{l}\sigma^2\right)$，从而

$$\begin{aligned}E(Q_e)&=\sum_{i=1}^{r}\sum_{j=1}^{s}\sum_{k=1}^{l}E(\eta_{ijk}-\bar{\eta}_{ij\cdot})^2=rsl\cdot\frac{l-1}{l}\sigma^2\\&=rs(l-1)\sigma^2,\end{aligned}\tag{4.2.12}$$

记 $\begin{cases}\bar{e}=\dfrac{1}{rsl}\displaystyle\sum_{i=1}^{r}\sum_{j=1}^{s}\sum_{k=1}^{l}e_{ijk},\\ \bar{e}_{ij\cdot}=\dfrac{1}{l}\displaystyle\sum_{k=1}^{l}e_{ijk},\\ \bar{e}_{i\cdot\cdot}=\dfrac{1}{sl}\displaystyle\sum_{j=1}^{s}\sum_{k=1}^{l}e_{ijk},\\ \bar{e}_{\cdot j\cdot}=\dfrac{1}{rl}\displaystyle\sum_{i=1}^{r}\sum_{k=1}^{l}e_{ijk},\end{cases}$ 则 $\begin{cases}\bar{e}\sim N\left(0,\dfrac{\sigma^2}{rsl}\right),\\ \bar{e}_{ij\cdot}\sim N\left(0,\dfrac{\sigma^2}{l}\right),\\ \bar{e}_{i\cdot\cdot}\sim N\left(0,\dfrac{\sigma^2}{sl}\right),\\ \bar{e}_{\cdot j\cdot}\sim N\left(0,\dfrac{\sigma^2}{rl}\right),\end{cases}$

且

$$\begin{aligned}\bar{\eta}_{i\cdot\cdot}-\bar{\eta}&=(\bar{a}+\alpha_i+\bar{e}_{i\cdot\cdot})-(\bar{a}+\bar{e})\\&=\alpha_i+(\bar{e}_{i\cdot\cdot}-\bar{e})\sim N\left(\alpha_i,\frac{(r-1)\sigma^2}{rsl}\right),\\ \bar{\eta}_{\cdot j\cdot}-\bar{\eta}&=(\bar{a}+\beta_i+\bar{e}_{\cdot j\cdot})-(\bar{a}+\bar{e})\\&=\beta_i+(\bar{e}_{\cdot j\cdot}-\bar{e})\sim N\left(\beta_j,\frac{(s-1)\sigma^2}{rsl}\right),\\ \bar{\eta}_{ij\cdot}-\bar{\eta}_{i\cdot\cdot}-\bar{\eta}_{\cdot j\cdot}+\bar{\eta}&=(a_{ij}+\bar{e}_{ij\cdot})-(\bar{a}+\alpha_i+\bar{e}_{i\cdot\cdot})\\&\quad-(\bar{a}+\beta_j+\bar{e}_{\cdot j\cdot})+(\bar{a}+\bar{e})\\&=\gamma_{ij}+(\bar{e}_{ij\cdot}-\bar{e}_{i\cdot\cdot})-(\bar{e}_{\cdot j\cdot}-\bar{e}).\end{aligned}$$

而

$$\bar{e}_{ij\cdot}-\bar{e}_{i\cdot\cdot}\sim N\left(0,\frac{s-1}{s}\cdot\frac{\sigma^2}{l}\right),$$

$$\bar{e}_{\cdot j\cdot}-\bar{e}\sim N\left(0,\frac{(s-1)\sigma^2}{rsl}\right),$$

故

$$\bar{\eta}_{ij\cdot}-\bar{\eta}_{i\cdot\cdot}-\bar{\eta}_{\cdot j\cdot}+\bar{\eta}\sim N\left(\gamma_{ij},\frac{(r-1)(s-1)\sigma^2}{rsl}\right).$$

从而

$$E(Q_A)=E\left[sl\sum_{i=1}^{r}(\bar{\eta}_{i\cdot\cdot}-\bar{\eta})^2\right]=sl\sum_{i=1}^{r}\left[\alpha_i^2+\frac{(r-1)\sigma^2}{rsl}\right]$$

$$= sl\sum_{i=1}^{r}\alpha_i^2 + (r-1)\sigma^2, \tag{4.2.13}$$

$$E(Q_B) = E\left[sl\sum_{j=1}^{s}(\overline{\eta}_{\cdot j\cdot} - \overline{\eta})^2\right] = rl\sum_{j=1}^{s}\left[\beta_i^2 + \frac{(s-1)\sigma^2}{rsl}\right]$$

$$= rl\sum_{j=1}^{s}\beta_i^2 + (s-1)\sigma^2, \tag{4.2.14}$$

$$E(Q_{A\times B}) = E\left[l\sum_{i=1}^{r}\sum_{j=1}^{s}(\overline{\eta}_{ij\cdot} - \overline{\eta}_{i\cdot\cdot} - \overline{\eta}_{\cdot j\cdot} + \overline{\eta})^2\right]$$

$$= l\sum_{i=1}^{r}\sum_{j=1}^{s}\left[\gamma_{ij}^2 + \frac{(r-1)(s-1)\sigma^2}{rsl}\right]$$

$$= l\sum_{i=1}^{r}\sum_{j=1}^{s}\gamma_{ij}^2 + (r-1)(s-1)\sigma^2. \tag{4.2.15}$$

因为诸 η_{ijk} 相互独立,且

$$\frac{1}{\sigma^2}\sum_{k=1}^{l}(\eta_{ijk} - \overline{\eta}_{ij\cdot})^2 \sim \chi^2(l-1),$$

所以

$$\frac{1}{\sigma^2}Q_e \sim \chi^2\left[\sum_{i=1}^{r}\sum_{j=1}^{s}(l-1)\right] = \chi^2[rs(l-1)]. \tag{4.2.16}$$

可以证明,当 H_{01} 成立时

$$\frac{Q_A/(r-1)\sigma^2}{Q_e/\sigma^2 rs(l-1)} = \frac{Q_A/(r-1)}{Q_e/rs(l-1)} \sim F(r-1, rs(l-1)). \tag{4.2.17}$$

当 H_{10} 成立时

$$\frac{Q_B/(s-1)\sigma^2}{Q_e/\sigma^2 rs(l-1)} = \frac{Q_B/(s-1)}{Q_e/rs(l-1)} \sim F(s-1, rs(l-1)). \tag{4.2.18}$$

当 H_{00} 成立时

$$\frac{Q_{A\times B}/\sigma^2(s-1)\times(r-1)}{Q_e/\sigma^2 sr(l-1)} = \frac{Q_{A\times B}/(r-1)(s-1)}{Q_E/rs(l-1)}$$

$$\sim F((r-1)(s-1), rs(l-1)). \tag{4.2.19}$$

由上三式,可得 H_{01}, H_{10}, H_{00} 的类似于(4.1.15)的拒绝域.

通过计算,可得表 4.2.1.

表 4.2.1 双因素方差分析表

方差来源	平方和	自由度	样本方差	F 值
因素 A	Q_A	$r-1$	$Q_A/(r-1)$	$\frac{Q_A/(r-1)}{Q_e/rs(l-1)}$
因素 B	Q_A	$s-1$	$Q_B/(s-1)$	$\frac{Q_B/(s-1)}{Q_e/rs(l-1)}$

续表

方差来源	平方和	自由度	样本方差	F值
$A\times B$	$Q_{A\times B}$	$(r-1)(s-1)$	$Q_{A\times B}/(r-1)(s-1)$	$\dfrac{Q_{A\times B}/(r-1)(s-1)}{Q_e/rs(l-1)}$
误　差	Q_e	$rs(l-1)$	$Q_e/rs(l-1)$	
总　和	Q	$rsl-1$		

例 4.2.1　在某橡胶配方中,考虑了 3 种不同的促进剂(A),4 种不同份量的氧化锌(B),同样的配方各重复一次,测得 300%定伸强力如表 4.2.2.

表 4.2.2

定强 \ B A	B_1	B_2	B_3	B_4
A_1	31,33	34,36	35,36	39,38
A_2	33,34	36,37	37,39	38,41
A_3	35,37	37,38	39,40	42,44

问:氧化锌、促进剂以及它们的交互作用对定伸强力有无显著影响?

解　因为

$$\begin{cases} Q = R - \dfrac{G^2}{n},\text{其中 } R = \displaystyle\sum_{i=1}^{r}\sum_{j=1}^{s}\sum_{k=1}^{l}\eta_{ijk}^2, G = \sum_{i=1}^{r}\sum_{j=1}^{s}\sum_{k=1}^{l}\eta_{ijk}, \\ Q_A = sl\displaystyle\sum_{i=1}^{r}\bar{\eta}_{i\cdot\cdot}^2 - \dfrac{G^2}{n} = \sum_{i=1}^{r}\dfrac{1}{sl}\Big(\sum_{j=1}^{s}\sum_{k=1}^{l}\eta_{ijk}\Big)^2 - \dfrac{G^2}{n}, \\ Q_B = \displaystyle\sum_{j=1}^{s}\dfrac{1}{rl}\Big(\sum_{i=1}^{r}\sum_{k=1}^{l}\eta_{ijk}\Big)^2 - \dfrac{G^2}{n}, \\ Q_{A\times B} = l\displaystyle\sum_{i=1}^{r}\sum_{j=1}^{s}(\bar{\eta}_{ij\cdot} - \bar{\eta})^2 - Q_A - Q_B, \\ Q_e = Q - l\displaystyle\sum_{i=1}^{r}\sum_{j=1}^{s}(\bar{\eta}_{ij\cdot} - \bar{\eta})^2. \end{cases} \tag{4.2.20}$$

在利用(4.2.20)计算各平方和之前,为了计算方便,将所有数据同减 37,这不影响诸平方和的值(见表 4.2.3).由(4.2.20)和表 4.2.1 可得双因素方差分析表(见表 4.2.4).

表 4.2.3

定强 B / A	B_1	B_2	B_3	B_4
A_1	−6,−4	−3,−1	−2,−1	2,1
A_2	−4,−3	−1,0	0,2	1,4
A_3	−2,0	0,1	2,3	5,7

由表 4.2.1 得如下双因素方差分析表. 对 $\alpha=0.01$ 查表得

$$F_{0.99}(2,12)=6.9, F_{0.99}(3,12)=5.95,$$

对 $\alpha=0.05$ 查表得　$F_{0.95}(6,12)=3.0$,"＊"表示显著,"＊＊"表示特别显著.

由表 4.2.4 知,促进剂(A)与氧化锌(B)对定伸强力的影响都很显著(即否定 H_{01} 与 H_{10}),而它们的交互作用($A\times B$)对定伸强力影响不显著(即不否定 H_{00}),可以认为 A,B 两因素没有交互作用. 所以可将该项与误差项合并,相应的自由度也合并,以提高精度. 于是表 4.2.4 变为表 4.2.5.

表 4.2.4

方差来源	平方和	自由度	样本方差	F 值	显著性
A	56.6	$r-1=2$	28.3	19.4	＊＊
B	132.2	$s-1=3$	44.1	30.2	＊＊
$A\times B$	4.7	$(r-1)(s-1)=6$	0.8	0.55	
误差	17.5	$rs(l-1)=12$	1.46		
总和	211.0	$rsl-1=23$			

表 4.2.5

方差来源	平方和	自由度	方差	F 值	显著性
A	56.6	2	28.3	22.8	＊＊
B	132.1	3	44.0	35.4	＊＊
误差	22.2	18	1.24		
总和	211	23			

§4.3 正交试验设计

4.3.1 正交表

一、试验为什么要设计？

在生产和科学研究中，经常要做许多试验，试验是要花费人力、物力与时间的. 如果试验之前不对试验进行合理地设计，不仅会造成浪费，而且即使试验次数进行得较多，结果却不一定会令人满意，因此，如何合理地安排一定数量的试验，就可获得足够的信息，这是个值得研究的问题. 试验设计是数理统计的一个重要的分支，它的主要内容是讨论如何合理地安排试验以及对试验后的数据如何进行分析等.

正交试验设计就是用正交表安排试验方案和进行结果分析. 它适用于多因素、多指标、具有随机误差的试验. 通过对正交试验结果的分析，可以确定各因素及其交互作用对试验指标影响的主次关系，找出对试验指标的最优工艺条件或最佳搭配方案.

二、正交表

正交表是正交拉丁方的推广. 它是根据组合理论，按照一定的规律构造成的矩形表格. 正交表实际上是满足一些条件的矩阵. 一般记成 $L_n(r_1\times r_2\times\cdots\times r_m)$，其中 L 表示正交表，n 表示正交表的行数，即试验次数，m 表示正交表的列数，即试验至多可以安排的因子数，r_j 表示第 j 个因子的水平数. 如果 $r_1=r_2=\cdots=r_m=r$，则简记 $L_n(r_r\times r_2\times\cdots\times r_m)$ 为 $L_n(r^m)$. 例如 $L_9(3^4)$ 表示 4 因子每因子 3 水平共需做 9 个试验的正交表. $L_8(4\times 2^4)$ 表示 5 因子有一个因子为 4 水平其余 4 因子均 2 水平共需做 8 个试验的正交表（见表 4.3.1 与表 4.3.2）.

表 4.3.1 $L_9(3^4)$

试验号 \ 列号	1	2	3	4
1	1	1	1	1
2	1	2	2	2
3	1	3	3	3
4	2	1	2	3
5	2	2	3	1
6	2	3	1	2
7	3	1	3	2
8	3	2	1	3
9	3	3	2	1

表 4.3.2　$L_8(4\times2^4)$

试验号＼列号	1	2	3	4	5
1	1	1	1	1	1
2	1	2	2	2	2
3	2	1	1	2	2
4	2	2	2	1	1
5	3	1	2	1	2
6	3	2	1	2	1
7	4	1	2	2	1
8	4	2	1	1	2

定义 4.3.1　称矩阵 $H=[h_{ij}]_{n\times m}$ 是一个 $L_n(r_1\times r_2\times\cdots\times r_m)$ 型正交表，如果它满足下列 3 个条件：

(i)　对任意 $j\in\{1,2,\cdots,m\}$，$h_{ij}\in\{1,2,\cdots,r_j\}$，$i=1,2,\cdots,n$.

(ii)　在任一列中，每个水平的重复次数相等，即对任意 $j\in\{1,2,\cdots,m\}$，h_{ij} 出现的次数都等于 $\dfrac{n}{r_j}$，$i=1,2,\cdots,n$.

(iii)　任意两列中，同行数字(水平)构成的数对包含着所有可能的数对，且每个数对重复次数相等，即对任意 $j_1,j_2\in\{1,2,\cdots,m\}$，且 $j_1\neq j_2$，则 (h_{ij_1},h_{ij_2}) 出现的次数都等于 $\dfrac{n}{r_{j_1}r_{j_2}}$，$i=1,2,\cdots,n$.

例如，在正交表 $L_9(3^4)$ 中，$r_1=r_2=r_3=r_4=3$，$h_{12}=1\in\{1,2,3\}$，h_{12} 在第二列中出现的次数均为 $3=\dfrac{9}{3}$，且每个 h_{i2} 在第二列中出现的次数均为 3. $(h_{82},h_{84})=(2,3)$ 在由第二列与第四列组成的 9×2 阶矩阵中出现的次数为

$$\frac{n}{r_2\cdot r_4}=\frac{9}{3\times3}=1.$$

称(ii)与(iii)为正交表的正交性.

由上定义知，对正交表进行行置换或列置换后，正交表的正交性不变. 用正交表安排试验的原则为

(i)　每个因子占用一个列号，一个列号上只能放置一个因子. 正交表的列数不能少于因子的个数.

(ii)　因子的水平个数要同因子所在列号的水平数相一致，即 r 个水平的因子应放在有 r 个水平的列号上. 列号水平数 r 对应于因子水平个数.

(iii) 如果要考察两因子之间的交互作用,则在正交表上要选用列号反映这个交互作用.将交互作用当成因子那样,要用列号(至少一个列号)来安置.如何安置交互作用要查所选用的正交表的交互作用表.

在多因素(因子)试验中,如果因素 A 对试验指标的影响与因素 B 所取水平有关系,就称这两个因素 A 和 B 有交互作用,并用 $A\times B$ 表示.

例 4.3.1 某农科所对四块大豆试验田用不同方式施肥,获得大豆的平均亩产量如下表(单位:kg):

亩产量 \ 磷肥 P \ 氮肥 N	$P_1=0$	$P_2=2$
$N_1=0$	200	225
$N_2=3$	215	280

从表中看出只施 2kg 磷肥的效果使亩产量增加 25kg,只施 3kg 氮肥的效果使亩产量增加 15kg,而施 3kg 氮肥的同时又施 2kg 磷肥的效果使亩产量增加 80kg.因此 2kg 磷肥 P 与 3kg 氮肥 N 的交互作用效果是 $80-25-15=40$(kg).

一般试验设计书后或数理统计书后都有正交表和交互作用表.例如,正交表 $L_8(2^7)$ 两列之间的交互作用表为表 4.3.3.

表 4.3.3

列号 \ 列号	1	2	3	4	5	6	7
	(1)	3	2	5	4	7	7
		(2)	1	6	7	4	5
			(3)	7	6	5	4
				(4)	1	2	3
					(5)	3	2
						(6)	1
							(7)

所以 $L_8(2^7)$ 的表头设计可为

列号	1	2	3	4	5	6	7
因子	A	B	$A\times B$	C	$A\times C$	$B\times C$	$A\times B\times C$

即如果考察三因子 A,B,C 以及它们之间的交互作用 $A\times B,A\times C,B\times C,A\times B\times C$ 且每因子选两水平的试验，可选用正交表 $L_8(2^7)$，且表头设计可如上. 一般高阶交互作用(如 $A\times B\times C$)很少考虑.

4.3.2　正交表的分析

对实际问题，首先确定试验中影响试验指标的因子(因素)的个数，以及各因子的水平数，再根据专业知识或经验，初步分析各因子间的交互作用，确定哪些交互作用必须考虑，哪些交互作用可以忽略. 然后再根据人力、物力、时间等确定试验的次数，最后选用合适的正交表安排试验. 如果没有低阶正交表可用，应选较高阶的.

试验后的数据如何分析呢？一般有两种分析方法，一是直观分析，另一是方差分析. 直观分析简单直观，在正交表上就可以进行分析. 方差分析比较精细，但是有一定的计算量.

(1)　正交表的直观分析

我们通过例子来说明.

例 4.3.2　在试验用不发芽的大麦制造啤酒的过程中，选了 4 个因子，每个因子取 3 个水平. 考察试验指标为：粉状粒，粉状粒越高越好. 因子水平表为表 4.3.4.

表 4.3.4

水平＼因子	底水 A	浸氨时间 B	920 浓度 C	氨水浓度 D
1	140	180	2.5	0.25
2	136	215	3.0	0.26
3	138	250	3.5	0.27

这项试验 4 个因子全取 3 个水平，应选 L_9,L_{18},L_{27} 等正交表. 由于试验工作量所限，L_{18} 以上做不了，又考虑这四因子间交互作用不显著，暂不考虑. 所以选用正交表 $L_9(3^4)$ 来安排试验. 对因子 A 的 3 个水平进行了随机化，见上面的因子水平表. 用表 $L_9(3^4)$ 安排 9 次试验，测得粉状粒数据如下面的无芽酶试验计算表.

表 4.3.5 中，k_{ij} 表示第 j 列中对应水平 i 的试验指标数据之和，$i=1,2,3$. 例如，A 列，$k_{11}=45.5+33.0+32.5=111.0$；$D$ 列，$k_{14}=45.5+32.0+28.0=105.5$. $\bar{k}_{ij}=\dfrac{k_{ij}}{3}$，$i=1,2,3$，$R_j=\max(\bar{k}_{1j},\bar{k}_{2j},\bar{k}_{3j})-\min(\bar{k}_{1j},\bar{k}_{2j},\bar{k}_{3j})$，$R_j$ 越大表明该因子对试验指标作用越大，也越重要. 当试验指标越大越好时，在每个因子中，$\max(\bar{k}_{1j},\bar{k}_{2j},\bar{k}_{3j})$ 相应的水平为最佳水平. 当试验指标越小越好时，在每个因子中，$\min(\bar{k}_{1j},\bar{k}_{2j},\bar{k}_{3j})$ 相应的水平为最佳水平. 由表4.3.5得如下结论：

表 4.3.5 无芽酶试验计算表

试验号＼列号	A 1	B 2	C 3	D 4	粉状粒(%) y_i
1	1	1	1	1	45.5
2	1	2	2	2	33.0
3	1	3	3	3	32.5
4	2	1	2	3	36.5
5	2	2	3	1	32.0
6	2	3	1	2	14.5
7	3	1	3	2	40.5
8	3	2	1	3	33.0
9	3	3	2	1	28.0
k_{1j}	111.0	122.5	93.0	105.5	
k_{2j}	83.0	98.0	97.5	88.0	$\sum y_i = 295.5$
k_{3j}	101.5	75.0	105.0	102.0	
$\bar{k}_{1j}$	37.0	40.8	31.0	35.2	
$\bar{k}_{2j}$	27.7	32.7	32.5	29.3	
$\bar{k}_{3j}$	33.8	25.0	35.0	34.0	
R_j	9.3	15.8	4	5.9	

(i) 由极差 R_j 的大小知各因子重要性顺序为：$B \to A \to D \to C$.

(ii) 因为本例为试验指标越高越好，由 $\max(\bar{k}_{1j}, \bar{k}_{2j}, \bar{k}_{3j})$ 相应的各因子的水平，得最优工艺条件，即最优搭配方案为 $A_1B_1C_3D_1$.

因为最佳水平都在试验范围的边界点上，所以应扩大试验范围，寻求更好的工艺条件.

(2) 正交表的方差分析

上面我们介绍了正交表的直观分析，其优点是简单直观，计算量小. 但是直观分析法不能给出误差大小的估计，因此就不知道分析的精度，即不知道要到怎样的程度，一个因素才可以称为不考虑的次要因素. 对正交试验结果进行方差分析的基本方法与 4.1，4.2 两节中方差分析类似，也是要求出各因素、各交互作用以及误差的平方和与 F 值，以确定各因素，各交互作用对试验指标的影响是否显著.

我们仍通过例子来说明正交表的方差分析方法.

例 4.3.3　某橡胶配方考虑因子水平表如表4.3.6.

表 4.3.6

水平＼因子	促进剂总量(A)	炭墨品种(B)	硫磺分量(C)
1	1.5	天津耐高磨	2.5
2	2.5	天津耐高磨与长春硬炭黑并用	2.0

试验指标:弯曲次数(越多越好).

考虑到三因子间的交互效应,选用正交表 $L_8(2^7)$,查相应的交互作用表得表头设计为

列号	1	2	3	4	5	6	7
因子	A	B	$A\times B$	C	$A\times C$	$B\times C$	

试验结果及初步计算见下面的橡胶配方试验计算表:

表 4.3.7　橡胶配方试验计算表

试验号＼列号	A 1	B 2	$A\times B$ 3	C 4	$A\times C$ 5	$B\times C$ 6	7	弯曲(万次) y_i
1	1	1	1	1	1	1		1.5
2	1	1	1	2	2	2		2.0
3	1	2	2	1	1	2		2.0
4	1	2	2	2	2	1		1.5
5	2	1	2	1	2	1		2.0
6	2	1	2	2	1	2		3.0
7	2	2	1	1	2	2		2.5
8	2	2	1	2	1	1		2.0
k_{1j}	7	8.5	8	8	8.5	7		$\sum y_i=16.5$
k_{2j}	9.5	8	8.5	8.5	8	9.5		
$k_{1j}-k_{2j}$	−2.5	0.5	−0.5	−0.5	0.5	−2.5		

由表 4.3.7 知,因子 A 与交互作用 $B\times C$ 是重要的,$B,C,A\times B,A\times C$ 是次要的. A 取水平 A_2,因为 $B\times C$ 是重要的,如何取 B,C 的最优水平呢? 可把 B,C 的不同水平组合的试验结果进行比较,看哪一组合结果好.

	B_1	B_2
C_1	$\frac{1.5+2.0}{2}=1.75$	$\frac{2.0+2.5}{2}=2.25$
C_2	$\frac{2.0+3.0}{2}=2.5$	$\frac{1.5+2.0}{2}=1.75$

比较 4 个数值,2.5 最大,故 B 取 B_1,C 取 C_2,于是得最优工艺条件为 $A_2B_1C_2$.

现用方差分析对此例进行分析(这时要求表头设计至少有一个空列). 总的偏差平方和为

$$Q = Q_A + Q_B + Q_C + Q_{A\times B} + Q_{A\times C} + Q_{B\times C} + Q_e.$$

Q 按下式计算:

$$Q = \sum_{i=1}^{n} y_i^2 - \frac{1}{n}\Big(\sum_{i=1}^{n} y_i\Big)^2,$$

Q_A,Q_B,Q_C 按下式计算$\left(因\ n_i = \frac{n}{r_j}, \bar{y} = \frac{1}{n}\sum_{i=1}^{r_j} k_{ij}\right)$:

$$Q_j = \sum_{i=1}^{r_j} n_i\,\bar{y}_i^2 - n\bar{y}^2 = \frac{r_j}{n}\sum_{i=1}^{r_j} k_{ij}^2 - \frac{1}{n}\Big(\sum_{i=1}^{r_j} k_{ij}\Big)^2.$$

当 $\gamma_j=2$ 时,

$$Q_j = \frac{2}{n}(k_{1j}^2 + k_{2j}^2) - \frac{1}{n}(k_{1j}+k_{2j})^2 = \frac{1}{n}(k_{1j}-k_{2j})^2,$$

$Q_{A\times B},Q_{A\times C},Q_{B\times C}$亦按上式计算,这是因 $A\times B,A\times C,B\times C$ 也像 A,B,C 一样只占一列. 如果它们占两列,则它们分别为相应两列的平方和之和.

记 G=所有数据和,则

$$Q = \sum_{i=1}^{8} y_i^2 - \frac{G^2}{8} = 35.75 - 34.03125 = 1.71875,$$

$$Q_A = \frac{(k_{11}-k_{21})^2}{n} = \frac{(-2.5)^2}{8} = 0.78125 = Q_{B\times C},$$

$$Q_B = \frac{(k_{12}-k_{22})^2}{n} = \frac{0.5^2}{8} = 0.03125 = Q_C = Q_{A\times B} = Q_{A\times C},$$

$$Q_e = Q - Q_A - Q_B - Q_C - Q_{A\times B} - Q_{A\times C} - Q_{B\times C} = 0.03125,$$

Q 的自由度为总试验次数减 1,即 8−1=7. Q_A,Q_B,Q_C 的自由度均为水平数减 1,即都为 1,$Q_{A\times B},Q_{A\times C},Q_{B\times C}$的自由度亦为所在列水平数减 1,也都为 1. Q_e 的自由度为 Q 的自由度减去其余自由度,也为 1.

对给定显著性水平 $\alpha=0.25$,查表得 $F_{0.75}(1,1)=5.83$. 像前两节方差分析那样,将上述结果列成方差分析表(见表 4.3.8),其中对应于因素 A 的F 值为

$$F = \frac{Q_A/(r_A-1)}{Q_e/1} = 25,$$

其余类推.

表 4.3.8　方差分析表

方差来源	平方和	自由度	方差	F 值	显著性
A	$Q_A=0.78125$	1	$Q_A/1=0.78125$	25	*
B	$Q_B=0.03125$	1	$Q_B/1=0.03125$	1	
C	$Q_C=0.03125$	1	$Q_C/1=0.03125$	1	
$A\times B$	$Q_{A\times B}=0.03125$	1	$Q_{A\times B}/1=0.03125$	1	
$A\times C$	$Q_{A\times C}=0.03125$	1	$Q_{A\times C}/1=0.03125$	1	
$B\times C$	$Q_{B\times C}=0.78125$	1	$Q_{B\times C}/1=0.78125$	25	*
误差	$Q_e=0.03125$	1	$Q_e/1=0.03125$		
总和	$Q=1.71875$	7			

由上表知，除 A、$B\times C$ 显著影响试验指标外，其他影响都不显著. 为了提高精度，可把 $Q_{A\times B}$，$Q_{A\times C}$ 合并到 Q_e 中去，并对 $\alpha=0.05$ 查表得 $F_{0.95}(1,3)=10.13$. 于是上方差分析表变为表 4.3.9.

表 4.3.9

方差来源	平方和	自由度	方差	F 值	显著性
A	0.78125	1	0.78125	25	*
B	0.03125	1	0.03125	1	
C	0.03125	1	0.03125	1	
$B\times C$	0.78125	1	0.78125	25	*
误　差	0.09375	3	0.03125		
总　和	1.71875	7			

习　题　四

1. 一个年级有 3 个小班，他们进行了一次数学考试，现从 3 个小班中分别随机地抽 12，15，13 个学生记录其成绩如下：

I：73，66，89，60，82，45，43，93，83，36，73，77；

II：88，77，78，31，48，78，91，62，51，76，85，96，74，80，56；

III：68，41，79，59，56，68，91，53，71，79，71，15，87.

设各班成绩服从正态分布且方差相等. 试在显著性水平 $\alpha=0.05$ 下，检验各班的平均分数有无显著差异.

2. 下面记录了三位操作工分别在四台不同的机器上操作三天的日产量：

机器	操作工		
	甲(B_1)	乙(B_2)	丙(B_3)
M_1	15,15,17	19,19,16	16,18,21
M_2	17,17,17	15,15,15	19,22,22
M_3	15,17,16	18,17,16	18,18,18
M_4	18,20,22	15,16,17	17,17,17

设每个工人在每台机器上的日产量都服正态分布且方差相同. 试检验($\alpha=0.05$):

(1) 操作工之间的差异是否显著?

(2) 机器之间的差异是否显著?

(3) 交互影响是否显著?

3. 试就如下正交试验结果进行直观分析与方差分析.

$L_{16}(4^3\times2^6)$(粉状粒 x_i 越大越好)

试验号	A 1	B 2	C 3	D 9	粉状粒 x_i $x_i'=x_i-38$
1	1	1	1	1	21
2	1	2	2	2	10
3	1	3	3	2	−4
4	1	4	4	1	−18
5	2	1	2	2	1
6	2	2	1	1	10
7	2	3	4	1	−15
8	2	4	3	2	−9
9	3	1	3	1	−2
10	3	2	4	2	17
11	3	3	1	2	18
12	3	4	2	1	1
13	4	1	4	2	−20
14	4	2	3	1	−3
15	4	3	2	1	−4
16	4	4	1	2	8

第五章　线性回归模型

一切事物都在运动，一切事物的运动都受到其周围其他事物的影响和制约. 因此，一切运动着的事物都是相互联系和相互制约的. 从而，描述事物和事物运动的变量之间是相互联系、相互制约的. 变量之间的关系，一般可分为两类，一类叫做确定性关系，也叫做函数关系. 例如圆面积 S 与半径 r 之间有关系 $S=\pi r^2$，矩形周长 L 与两条边 a 和 b 有关系 $L=2a+2b$，欧姆定律指出电压 V、电流 I 和电阻 R 有关系 $V=IR$ 等等. 这一类关系的特征是：一个变量随着其他变量的确定而确定. 另一类关系叫相关关系，这一类关系的特征是：变量之间的关系很难用一种精确的方法表示出来. 例如，人的身高与体重之间有一定的关系，但是由身高不能精确计算体重，由体重也不能精确求得身高，又如人的年龄与血压之间的关系，农业上的施肥量与单位产量之间的关系等等. 不过需要指出的是：确定性关系与相关关系之间没有一道不可逾越的鸿沟. 一方面由于存在测量误差等原因，确定性关系在实际问题中往往通过相关关系表现出来；另一方面，当对事物内部规律了解得更加深刻时，相关关系可能会转化为确定性关系.

回归分析就是处理变量之间相关关系的一种数学方法，它是最常用的数理统计方法，解决预测、控制、生产工艺优化等问题. 它在工农业生产和科学研究各个领域中均有广泛应用.

回归分析一般分为线性回归分析与非线性回归分析. 本章着重介绍线性回归分析，它是两类回归分析中较简单的一类，也是应用得最多的一类.

§5.1　线性模型

我们知道，一个作等速直线运动的质点，其运动位置 g 与时间 x 之间有关系 $g=\beta_0+\beta_1 x$，其中 β_0 为质点在 $x=0$ 时的初始位置，β_1 是运动速度. 如果 β_0，β_1 均未知且 g 可被观察，则只要在两个不同的时刻观察质点的位置 g 就可以求出 β_0 与 β_1 的值，从而就求出 g 与 x 之间的确定性关系. 但是，由于种种原因，质点的位置不能被精确地观察，总带有随机的测量误差，就是说不能观察到真正 g，而是观察到 $y=g+\varepsilon$，其中 ε 是随机变量，是测量误差. 于是我们有

$$y=\beta_0+\beta_1 x+\varepsilon, \tag{5.1.1}$$

其中 x 是非随机可精确观察的，ε 是均值为零的随机变量，是不可精确观察的.

又如施量 x 与亩产量 y 之间的关系是相关关系. 这里 x 不是随机变量，y 是随

机变量. 显然条件数学期望 $E(y|x)$是 x 的函数,记为 $f_1(x)$. 称 $f_1(x)$为 y 对 x 的回归函数,而称 $y=f_1(x)$为 y 对 x 的回归方程.

再如人的身高 x 与腿长 y 之间的关系也是相关关系. 这里 x 和 y 都是随机变量. 如果考虑身高为某个特定值(仍用 x 表示)x 的一群人的腿长 y 的条件数学期 $E(y|x)$,易见 $E(y|x)$是 x 的函数,记这个函数 $f_2(x)$,也称 $f_2(x)$为 y 对 x 的回归函数,称 $y=f_2(x)$为 y 对 x 的回归方程.

上述的回归函数 $f_1(x)$与 $f_2(x)$通常是不知道的. 为寻求 y 与 x 之间的关系,首先要根据问题的物理意义、以往的经验和散点图(见例 5.1.1 中的图 5-1)假定回归函数具有某种形式,然后再设法估计出回归函数中的未知参数. 关于回归函数的形式,通常可分为线性的和非线性的两类. 由于线性回归分析在理论上已比较完善,在实际问题中也是普遍的. 所以在很多情况下,均假设或首先假设回归函数是线性的. 然后再通过试验数据估计出其中未知参数. 需要指出的是散点图是初步确定回归函数是否为线性的一个有效的方法.

例 5.1.1　测 16名成年女子的身高与腿长所得数据如下(单位:cm):

身高	143	145	146	147	149	150	153	154	155	156	157	158	159	160	162	164
腿长	88	85	88	91	92	93	93	95	96	98	97	96	98	99	100	102

为了研究这些数据之间的规律,我们以身高 x 作为横坐标,以腿长 y 为纵坐标,将这些数据点(x_i,y_i)在平面直角坐标系上标出,如图 5-1 所示. 称这个图为散点图.

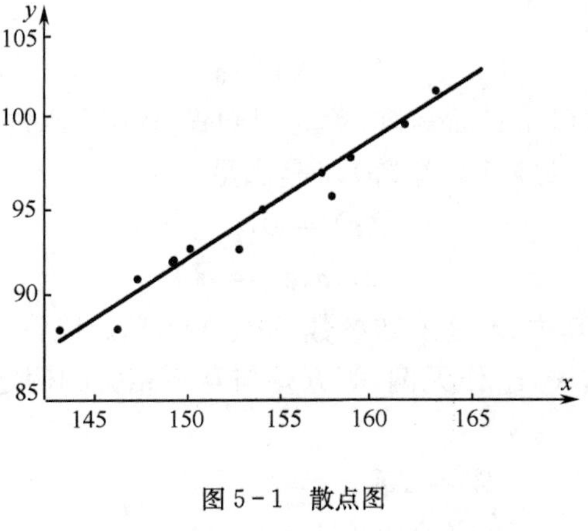

图 5-1　散点图

由图 5-1 看到,数据点大致落在一条直线附近,这说明变量 x 与 y 之间的关系大致可看做是直线关系. 不过这些点又不都在一条直线上,这表明 x 和 y 之间的关系不是确定性关系,实际上腿长 y 除了与身高 x 有一定关系外还受到许多其他因素的影响. 因此 y 与 x 之间可假定有如下结构式 $y=\beta_0+\beta_1x+\varepsilon$,其中 β_0,β_1

是两个未知参数，ε 为其他随机因素对 y 的影响.

一般地，影响 y 的因素往往不止一个，假设有 $x_1, x_2, \cdots, x_k$，k 个因素，因此，通常可考虑如下的线性关系式：

$$y = \beta_0 + \beta_1 x_1 + \beta_2 x_2 + \cdots + \beta_k x_k + \varepsilon, \tag{5.1.2}$$

其中 y 为可观察的随机变量，称为因变量，$x_1, \cdots, x_k$ 为非随机的可精确观察的变量称为自变量或因子，$\beta_0, \cdots, \beta_k$ 为 $k+1$ 个未知参数，ε 是随机变量，一般假设 $E(\varepsilon)=0, D(\varepsilon)=\sigma^2, \sigma^2>0$. 为了估计未知参数 $\beta_0, \cdots, \beta_k$ 及 σ^2，我们对 y 与 $x_1, \cdots, x_k$ 同时作 n 次独立观察（试验）得 n 组观察值 $(y_t, x_{t1}, \cdots, x_{tk})$，$t=1,2,\cdots,n (n>k+1)$，它们满足关系式：

$$y_t = \beta_0 + \beta_1 x_{t1} + \cdots + \beta_k x_{tk} + \varepsilon_t, t = 1, \cdots, n, \tag{5.1.3}$$

其中 $\varepsilon_1, \cdots, \varepsilon_n$ 互不相关且均是与 ε 同分布的随机变量. 为了用矩阵来表示上式，令

$$\boldsymbol{Y} = \begin{bmatrix} y_1 \\ \vdots \\ y_n \end{bmatrix}, \boldsymbol{X} = \begin{bmatrix} 1 & x_{11} & x_{12} & \cdots & x_{1k} \\ 1 & x_{21} & x_{22} & \cdots & x_{2k} \\ \vdots & \vdots & \vdots & & \vdots \\ 1 & x_{n1} & x_{n2} & \cdots & x_{nk} \end{bmatrix},$$

$$\boldsymbol{\beta} = \begin{bmatrix} \beta_0 \\ \beta_1 \\ \vdots \\ \beta_k \end{bmatrix}, \boldsymbol{\varepsilon} = \begin{bmatrix} \varepsilon_1 \\ \varepsilon_2 \\ \vdots \\ \varepsilon_n \end{bmatrix},$$

于是式(5.1.3)变为

$$\boldsymbol{Y} = \boldsymbol{X\beta} + \boldsymbol{\varepsilon}, \tag{5.1.4}$$

其中 $\boldsymbol{X}$ 为已知的 $n\times(k+1)$ 阶矩阵，称为回归设计矩阵或资料矩阵，$\boldsymbol{\beta}$ 为 $k+1$ 维未知的列向量（即 $(k+1)\times 1$ 阶矩阵），$\boldsymbol{\varepsilon}$ 是满足

$$\begin{cases} E(\boldsymbol{\varepsilon}) = 0, \\ \mathrm{Cov}(\boldsymbol{\varepsilon}, \boldsymbol{\varepsilon}) = \sigma^2 I_n \end{cases} \tag{5.1.5}$$

的 n 维随机列向量，其中 σ^2 是未知参数，$D(\varepsilon_t)=\sigma^2, t=1,\cdots,n$，$\boldsymbol{I}_n$ 为 n 阶单位矩阵，即对随机误差 $\varepsilon_1, \cdots, \varepsilon_n$ 作无偏、等方差与互不相关的假定. $\boldsymbol{Y}$ 是 n 维观察列向量. 一般称

$$\begin{cases} \boldsymbol{Y} = \boldsymbol{X\beta} + \boldsymbol{\varepsilon}, \\ E(\boldsymbol{\varepsilon}) = 0, \mathrm{Cov}(\boldsymbol{\varepsilon}, \boldsymbol{\varepsilon}) = \sigma^2 \boldsymbol{I}_n \end{cases} \tag{5.1.6}$$

为高斯-马尔柯夫线性模型，并简记为 $(\boldsymbol{Y}, \boldsymbol{X\beta}, \sigma^2 \boldsymbol{I}_n)$.

对线性模型 $(\boldsymbol{Y}, \boldsymbol{X\beta}, \sigma^2 \boldsymbol{I}_n)$ 所要考虑的问题主要是：

1. 估计 $\boldsymbol{\beta}$ 与 σ^2，从而建立 y 与 $x_1, \cdots, x_k$ 之间的关系式；

2. 对线性模型假设与 $\boldsymbol{\beta}$ 的某种假设进行检验；

3. 对 y 进行预测与对自变量进行控制.

本章总假定 $n>k+1$.

§5.2 最小二乘法估计

这一节我们讨论线性模型 $(\boldsymbol{Y},\boldsymbol{X\beta},\sigma^2\boldsymbol{I}_n)$ 中未知参数 $\beta_0,\cdots,\beta_k$ 和 σ^2 的点估计，所用的方法叫做最小二乘法.

5.2.1 $\boldsymbol{\beta}$ 的最小二乘法估计

设

$$Q=\boldsymbol{\varepsilon}'\boldsymbol{\varepsilon}=(\boldsymbol{Y}-\boldsymbol{X\beta})'(\boldsymbol{Y}-\boldsymbol{X\beta}), \tag{5.2.1}$$

即

$$Q=\sum_{t=1}^{n}\varepsilon_t^2=\sum_{t=1}^{n}\left[y_t-\sum_{i=0}^{k}\beta_i x_{ti}\right]^2, \tag{5.2.2}$$

其中 $x_{t0}\equiv1$. 称 Q 为误差平方和，Q 反映了 y 与 $\sum\limits_{i=0}^{k}\beta_i x_i$（这里 $x_0\equiv1$）之间在 n 次观察中总的误差程度，Q 越小越好，由(5.2.1)知 Q 是未知参数向量 $\boldsymbol{\beta}$ 的非负二次函数，因此，我们可取使得 Q 达到最小值时 $\boldsymbol{\beta}$ 的值 $\hat{\boldsymbol{\beta}}$ 作为 $\boldsymbol{\beta}$ 的点估计. 这种寻找使 Q 达到最小值时 $\boldsymbol{\beta}$ 的值 $\hat{\boldsymbol{\beta}}$ 作为 $\boldsymbol{\beta}$ 的点估计的方法称为最小二乘法. 称 $\hat{\boldsymbol{\beta}}$ 为 $\boldsymbol{\beta}$ 的最小二乘法估计量. $\hat{\boldsymbol{\beta}}$ 满足如下关系式：

$$(\boldsymbol{Y}-\boldsymbol{X}\hat{\boldsymbol{\beta}})'(\boldsymbol{Y}-\boldsymbol{X}\hat{\boldsymbol{\beta}})=\min_{\boldsymbol{\beta}}\{(\boldsymbol{Y}-\boldsymbol{X\beta})'(\boldsymbol{Y}-\boldsymbol{X\beta})\}, \tag{5.2.3}$$

即

$$\sum_{t=1}^{n}\left[y_t-\sum_{i=0}^{k}\hat{\beta}_i x_{ti}\right]^2=\min_{(\beta_0,\cdots,\beta_k)}\left\{\sum_{t=0}^{n}[y_t-\sum_{i=0}^{k}\beta_i x_{ti}]^2\right\}. \tag{5.2.4}$$

记

$$\boldsymbol{e}=\boldsymbol{y}-\boldsymbol{X}\hat{\boldsymbol{\beta}},\quad Q_e=\boldsymbol{e}'\boldsymbol{e}=(\boldsymbol{Y}-\boldsymbol{X}\hat{\boldsymbol{\beta}})'(Y-\boldsymbol{X}\hat{\boldsymbol{\beta}}) \tag{5.2.5}$$

与

$$\hat{\boldsymbol{Y}}=\boldsymbol{X}\hat{\boldsymbol{\beta}}, \tag{5.2.6}$$

称 $\boldsymbol{e}$ 为剩余向量，称 Q_e 为剩余平方和，称 $\hat{\boldsymbol{Y}}$ 为估计向量. 显然有

$$Q_e=\min_{\boldsymbol{\beta}}\{Q\}.$$

为了求 $\hat{\boldsymbol{\beta}}$，我们对 Q 关于 $\boldsymbol{\beta}$ 求导数，并令其为零，即

$$\frac{\mathrm{d}Q}{\mathrm{d}\boldsymbol{\beta}}=0, \tag{5.2.7}$$

称上式为正规方程. 因为

$$Q=(\boldsymbol{Y}-\boldsymbol{X\beta})'(\boldsymbol{Y}-\boldsymbol{X\beta})$$

$$
\begin{aligned}
&= \boldsymbol{Y}'\boldsymbol{Y} - \boldsymbol{\beta}'\boldsymbol{X}'\boldsymbol{Y} - \boldsymbol{Y}'\boldsymbol{X}\boldsymbol{\beta} + \boldsymbol{\beta}'\boldsymbol{X}'\boldsymbol{X}\boldsymbol{\beta}\\
&= \boldsymbol{Y}'\boldsymbol{Y} - 2\boldsymbol{\beta}'\boldsymbol{X}'\boldsymbol{Y} + \boldsymbol{\beta}'\boldsymbol{X}'\boldsymbol{X}\boldsymbol{\beta},
\end{aligned}
$$

又因

$$
\frac{\mathrm{d}}{\mathrm{d}\boldsymbol{\beta}}(\boldsymbol{\beta}'\boldsymbol{X}'\boldsymbol{Y}) = \boldsymbol{X}'\boldsymbol{Y}, \tag{5.2.8}
$$

记

$$
\boldsymbol{L} = \boldsymbol{X}'\boldsymbol{X} = [l_{ij}],
$$

则

$$
\boldsymbol{L}' = \boldsymbol{L},
$$

所以

$$
\begin{aligned}
\frac{\partial}{\partial\beta_i}(\boldsymbol{\beta}'\boldsymbol{X}'\boldsymbol{X}\boldsymbol{\beta}) &= \frac{\partial}{\partial\beta_i}\Big(\sum_{i=0}^{k}\sum_{j=0}^{k} l_{ij}\beta_i\beta_j\Big)\\
&= 2l_{ii}\beta_i + 2\sum_{j\neq i} l_{ij}\beta_j = 2\sum_{j=0}^{k} l_{ij}\beta_j\\
&= 2(l_{i0}, l_{i1}, \cdots, l_{ik})\boldsymbol{\beta} = 2\boldsymbol{L}_i\boldsymbol{\beta},
\end{aligned} \tag{5.2.9}
$$

其中

$$
\boldsymbol{L}_i = (l_{i0}, l_{i1}, \cdots, l_{ik}).
$$

又因

$$
\frac{\mathrm{d}}{\mathrm{d}\boldsymbol{\beta}}(\boldsymbol{\beta}'\boldsymbol{X}'\boldsymbol{X}\boldsymbol{\beta}) = \left(\frac{\partial}{\partial\beta_0}(\boldsymbol{\beta}'\boldsymbol{X}'\boldsymbol{X}\boldsymbol{\beta}), \cdots, \frac{\partial}{\partial\beta_k}(\boldsymbol{\beta}'\boldsymbol{X}'\boldsymbol{X}\boldsymbol{\beta})\right), \tag{5.2.10}
$$

所以

$$
\frac{\mathrm{d}}{\mathrm{d}\boldsymbol{\beta}}(\boldsymbol{\beta}'\boldsymbol{X}'\boldsymbol{X}\boldsymbol{\beta}) = 2\boldsymbol{L}\boldsymbol{\beta} = 2\boldsymbol{X}'\boldsymbol{X}\boldsymbol{\beta}. \tag{5.2.11}
$$

由式(5.2.7),(5.2.8)与式(5.2.11)得正规方程:

$$
\boldsymbol{X}'\boldsymbol{X}\boldsymbol{\beta} = \boldsymbol{X}'\boldsymbol{Y}. \tag{5.2.12}
$$

如果$|\boldsymbol{L}| = |\boldsymbol{X}'\boldsymbol{X}| \neq 0$(如果无特别说明,下面均假设$|\boldsymbol{X}'\boldsymbol{X}| \neq 0$),上正规方程有唯一解,记其解为$\hat{\boldsymbol{\beta}}$,于是解得

$$
\hat{\boldsymbol{\beta}} = (\boldsymbol{X}'\boldsymbol{X})^{-1}\boldsymbol{X}'\boldsymbol{Y} = \boldsymbol{L}^{-1}\boldsymbol{X}'\boldsymbol{Y}. \tag{5.2.13}
$$

一般称$\boldsymbol{L}$为系数矩阵,称$\boldsymbol{C} \triangleq \boldsymbol{L}^{-1}$为相关矩阵,称$\boldsymbol{X}'\boldsymbol{Y}$为常数项矩阵. 现在来证明式(5.2.13)给出的$\hat{\boldsymbol{\beta}}$为$\boldsymbol{\beta}$的最小二乘法估计量,即证明$\hat{\boldsymbol{\beta}}$满足式(5.2.3). 对任意$\boldsymbol{\beta}$

$$
\begin{aligned}
Q &= (\boldsymbol{Y} - \boldsymbol{X}\boldsymbol{\beta})'(\boldsymbol{Y} - \boldsymbol{X}\boldsymbol{\beta})\\
&= [(\boldsymbol{Y} - \boldsymbol{X}\hat{\boldsymbol{\beta}}) + (\boldsymbol{X}\hat{\boldsymbol{\beta}} - \boldsymbol{X}\boldsymbol{\beta})]'[(\boldsymbol{Y} - \boldsymbol{X}\hat{\boldsymbol{\beta}}) + (\boldsymbol{X}\hat{\boldsymbol{\beta}} - \boldsymbol{X}\boldsymbol{\beta})]\\
&= (\boldsymbol{Y} - \boldsymbol{X}\hat{\boldsymbol{\beta}})'(\boldsymbol{Y} - \boldsymbol{X}\hat{\boldsymbol{\beta}}) + (\boldsymbol{X}\hat{\boldsymbol{\beta}} - \boldsymbol{X}\boldsymbol{\beta})'(\boldsymbol{X}\hat{\boldsymbol{\beta}} - \boldsymbol{X}\boldsymbol{\beta})\\
&\geqslant (\boldsymbol{Y} - \boldsymbol{X}\hat{\boldsymbol{\beta}})'(\boldsymbol{Y} - \boldsymbol{X}\hat{\boldsymbol{\beta}}),
\end{aligned}
$$

因为其中

$$(\boldsymbol{X}\hat{\boldsymbol{\beta}}-\boldsymbol{X}\boldsymbol{\beta})'(\boldsymbol{Y}-\boldsymbol{X}\hat{\boldsymbol{\beta}})=(\hat{\boldsymbol{\beta}}-\boldsymbol{\beta})'\boldsymbol{X}'(\boldsymbol{Y}-\boldsymbol{X}\hat{\boldsymbol{\beta}})$$
$$=(\hat{\boldsymbol{\beta}}-\boldsymbol{\beta})'(\boldsymbol{X}'\boldsymbol{Y}-\boldsymbol{X}'\boldsymbol{X}\hat{\boldsymbol{\beta}})=0,$$
$$(\boldsymbol{Y}-\boldsymbol{X}\hat{\boldsymbol{\beta}})'(\boldsymbol{X}\hat{\boldsymbol{\beta}}-\boldsymbol{X}\boldsymbol{\beta})=[(\boldsymbol{X}\hat{\boldsymbol{\beta}}-\boldsymbol{X}\boldsymbol{\beta})'(\boldsymbol{Y}-\boldsymbol{X}\hat{\boldsymbol{\beta}})]'=0,$$

且

$$(\boldsymbol{X}\hat{\boldsymbol{\beta}}-\boldsymbol{X}\boldsymbol{\beta})'(\boldsymbol{X}\hat{\boldsymbol{\beta}}-\boldsymbol{X}\boldsymbol{\beta})\geqslant 0.$$

证毕

一般称

$$\hat{y}=\hat{\beta}_0+\hat{\beta}_1x_1+\cdots+\hat{\beta}_kx_k \tag{5.2.14}$$

为经验线性回归方程. 称 $\hat{\beta}_0,\hat{\beta}_1,\cdots,\hat{\beta}_k$ 为回归系数. 当由实际获得自变量 x_1, $x_2,\cdots,x_k$ 的值 $x_{t_01},\cdots,x_{t_0k}$ 时,由式(5.2.14)可求得因变量相应的值:

$$\hat{y}_{t_0}=\hat{\beta}_0+\hat{\beta}_1x_{t_01}+\cdots+\hat{\beta}_kx_{t_0k}, \tag{5.2.15}$$

称由式(5.2.15)求得的值 $\hat{y}_{t_0}$ 为回归值,实际是 $E(y)$ 的预测值.

5.2.2 最小二乘法估计量的性质

在式(5.1.5)的假设下,我们现在来讨论由式(5.2.13)给出的 $\hat{\boldsymbol{\beta}}$ 的性质.

性质 1 $\hat{\boldsymbol{\beta}}$ 是 $\boldsymbol{\beta}$ 的线性无偏估计量,且 $\mathrm{Cov}(\hat{\boldsymbol{\beta}},\hat{\boldsymbol{\beta}})=\sigma^2\boldsymbol{L}^{-1}$.

证明 由 $\hat{\boldsymbol{\beta}}=\boldsymbol{L}^{-1}\boldsymbol{X}'\boldsymbol{Y}$ 知,$\hat{\boldsymbol{\beta}}$ 为样本 $\boldsymbol{Y}$ 的线性函数,又因

$$E(\hat{\boldsymbol{\beta}})=\boldsymbol{L}^{-1}\boldsymbol{X}'E(\boldsymbol{Y})=\boldsymbol{L}^{-1}\boldsymbol{X}'\boldsymbol{X}\boldsymbol{\beta}=\boldsymbol{\beta}$$

且

$$\begin{aligned}\mathrm{Cov}(\hat{\boldsymbol{\beta}},\hat{\boldsymbol{\beta}})&=E\{[\boldsymbol{L}^{-1}\boldsymbol{X}'\boldsymbol{Y}-E(\hat{\boldsymbol{\beta}})][\boldsymbol{L}^{-1}\boldsymbol{X}'\boldsymbol{Y}-E(\hat{\boldsymbol{\beta}})]'\}\\&=\boldsymbol{L}^{-1}\boldsymbol{X}'E\{[\boldsymbol{Y}-\boldsymbol{X}\boldsymbol{\beta}][\boldsymbol{Y}-\boldsymbol{X}\boldsymbol{\beta}]'\}(\boldsymbol{L}^{-1}\boldsymbol{X}')'\\&=\boldsymbol{L}^{-1}\boldsymbol{X}'E(\boldsymbol{\varepsilon}\boldsymbol{\varepsilon}')\boldsymbol{X}\boldsymbol{L}^{-1}\\&=\boldsymbol{L}^{-1}\boldsymbol{X}'\sigma^2I_n\boldsymbol{X}\boldsymbol{L}^{-1}=\sigma^2\boldsymbol{L}^{-1},\end{aligned} \tag{5.2.16}$$

记 $C=[c_{ij}]$,则有

$$\mathrm{Cov}(\hat{\beta}_i,\hat{\beta}_j)=\sigma^2c_{ij},D(\hat{\beta}_i)=\sigma^2c_{ii},i,j=0,1,\cdots,k. \tag{5.2.17}$$

性质 2 (i) $E(\boldsymbol{e})=0$,即 $E(e_t)=0,t=1,\cdots,n$.

(ii) $\mathrm{Cov}(\hat{\boldsymbol{\beta}},\boldsymbol{e})=0$,即 $\mathrm{Cov}(\hat{\beta}_i,e_t)=0,i=0,1,\cdots,k,t=1,\cdots,n$.

证明
$$\begin{aligned}\mathrm{E}(\boldsymbol{e})&=E(\boldsymbol{Y}-\boldsymbol{X}\hat{\boldsymbol{\beta}})\\&=E(\boldsymbol{Y})-\boldsymbol{X}E(\hat{\boldsymbol{\beta}})=\boldsymbol{X}\boldsymbol{\beta}-\boldsymbol{X}\boldsymbol{\beta}=0,\end{aligned}$$
$$\begin{aligned}\mathrm{Cov}(\hat{\boldsymbol{\beta}},\boldsymbol{e})&=\mathrm{Cov}(\hat{\boldsymbol{\beta}},\boldsymbol{Y}-\boldsymbol{X}\hat{\boldsymbol{\beta}})=\mathrm{Cov}(\hat{\boldsymbol{\beta}},\boldsymbol{Y})-\mathrm{Cov}(\hat{\boldsymbol{\beta}},\boldsymbol{X}\hat{\boldsymbol{\beta}})\\&=\boldsymbol{L}^{-1}\boldsymbol{X}'\mathrm{Cov}(\boldsymbol{Y},\boldsymbol{Y})-\mathrm{Cov}(\hat{\boldsymbol{\beta}},\hat{\boldsymbol{\beta}})\boldsymbol{X}'\\&=\boldsymbol{L}^{-1}\boldsymbol{X}'\sigma^2I_n-\sigma^2\boldsymbol{L}^{-1}\boldsymbol{X}'=0.\end{aligned}$$

性质 3 (i) $\mathrm{Cov}(\boldsymbol{Y},\boldsymbol{Y})=\mathrm{Cov}(\hat{\boldsymbol{Y}},\hat{\boldsymbol{Y}})+\mathrm{Cov}(\boldsymbol{e},\boldsymbol{e})$.

(ii) $\boldsymbol{Y}'\boldsymbol{Y}=\hat{\boldsymbol{Y}}'\hat{\boldsymbol{Y}}+\boldsymbol{e}'\boldsymbol{e}$. (5.2.18)

证明 因为 $\boldsymbol{e}=\boldsymbol{Y}-\boldsymbol{X}\hat{\boldsymbol{\beta}}$,由性质 2 得

$$\mathrm{Cov}(\boldsymbol{Y},\boldsymbol{Y})=\mathrm{Cov}(\boldsymbol{X}\hat{\boldsymbol{\beta}}+\boldsymbol{e},\boldsymbol{X}\hat{\boldsymbol{\beta}}+\boldsymbol{e})$$

$$=\mathrm{Cov}(\boldsymbol{X}\hat{\boldsymbol{\beta}},\boldsymbol{X}\hat{\boldsymbol{\beta}})+\mathrm{Cov}(\boldsymbol{e},\boldsymbol{e})$$
$$=\mathrm{Cov}(\hat{\boldsymbol{Y}},\hat{\boldsymbol{Y}})+\mathrm{Cov}(\boldsymbol{e},\boldsymbol{e}).$$

因为

$$\hat{Y}'\boldsymbol{e}=(\boldsymbol{X}\hat{\boldsymbol{\beta}})'\boldsymbol{e}=\hat{\boldsymbol{\beta}}'\boldsymbol{X}'(\boldsymbol{Y}-\boldsymbol{X}\hat{\boldsymbol{\beta}})$$
$$=\hat{\boldsymbol{\beta}}(\boldsymbol{X}'\boldsymbol{Y}-\boldsymbol{X}'\boldsymbol{X}\hat{\boldsymbol{\beta}})=0,$$

所以

$$\boldsymbol{Y}'\boldsymbol{Y}=(\hat{\boldsymbol{Y}}+\boldsymbol{e})'(\hat{\boldsymbol{Y}}+\boldsymbol{e})$$
$$=\hat{\boldsymbol{Y}}'\hat{\boldsymbol{Y}}+\boldsymbol{e}'\boldsymbol{e}+\boldsymbol{e}'\hat{\boldsymbol{Y}}+\hat{\boldsymbol{Y}}'\boldsymbol{e}$$
$$=\hat{\boldsymbol{Y}}'\hat{\boldsymbol{Y}}+\boldsymbol{e}'\boldsymbol{e}.$$

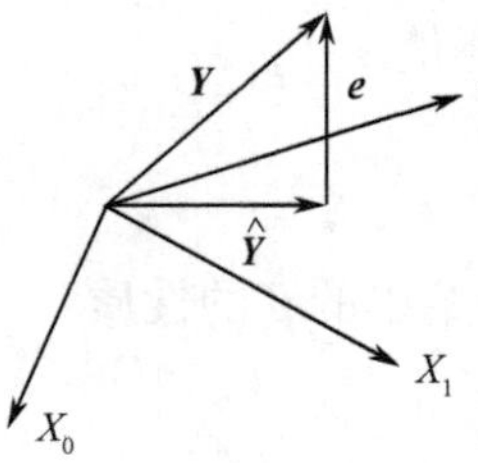

图 5-2

我们称$\sqrt{\boldsymbol{Y}'\boldsymbol{Y}}$，$\sqrt{\hat{\boldsymbol{Y}}'\hat{\boldsymbol{Y}}}$，$\sqrt{\boldsymbol{e}'\boldsymbol{e}}$分别为“观察向量”长度，“估计向量”长度、“剩余向量”长度. 由式(5.2.18)知它们满足勾股定理，即 $\hat{\boldsymbol{Y}}$，$\boldsymbol{e}$ 分别为一直角三角形的两直角边，$\boldsymbol{Y}$ 为其斜边，$\boldsymbol{e}\perp\hat{\boldsymbol{Y}}$.

因为 $\boldsymbol{X}'\boldsymbol{e}=\boldsymbol{X}'\boldsymbol{Y}-\boldsymbol{X}'\boldsymbol{X}\hat{\boldsymbol{\beta}}=0$，所以 $\boldsymbol{X}$ 的每个列向量 $\boldsymbol{X}_i=(x_{1i},\cdots,x_{ni})'(i=0,1,\cdots,k)$都与 $\boldsymbol{e}$ 垂直，即$\boldsymbol{X}_i'\boldsymbol{e}=0$，而 $\hat{\boldsymbol{Y}}=\boldsymbol{X}\hat{\boldsymbol{\beta}}$ 是属于由 $X_0,\cdots,X_k$ 所张成的空间，所以 $\hat{\boldsymbol{Y}}$ 就是 $\boldsymbol{Y}$ 在这个空间上的垂直投影(见图 5-2).

性质 4　$E(\boldsymbol{e}'\boldsymbol{e})=\sigma^2(n-k-1)$.

证明　记

$$\boldsymbol{A}=\boldsymbol{I}_n-\boldsymbol{X}\boldsymbol{L}^{-1}\boldsymbol{X}',\tag{5.2.19}$$

则

$$\boldsymbol{A}'=\boldsymbol{A},\boldsymbol{A}^2=\boldsymbol{A},$$
$$\boldsymbol{e}=\boldsymbol{Y}-\boldsymbol{X}\hat{\boldsymbol{\beta}}=\boldsymbol{A}\boldsymbol{Y},$$
$$Q_e=\boldsymbol{e}'\boldsymbol{e}=\boldsymbol{Y}'\boldsymbol{A}\boldsymbol{Y}.$$

由于

$$\boldsymbol{X}'\boldsymbol{A}=\boldsymbol{X}'-\boldsymbol{X}'\boldsymbol{X}L^{-1}\boldsymbol{X}'=0,\boldsymbol{A}\boldsymbol{X}=0,\boldsymbol{X}'\boldsymbol{A}\boldsymbol{X}=0,$$

从而

$$\boldsymbol{\varepsilon}'\boldsymbol{A}\boldsymbol{\varepsilon}=(\boldsymbol{Y}-\boldsymbol{X}\boldsymbol{\beta})'\boldsymbol{A}(\boldsymbol{Y}-\boldsymbol{X}\boldsymbol{\beta})=\boldsymbol{Y}'\boldsymbol{A}\boldsymbol{Y}=Q_e.\tag{5.2.20}$$

设 $\boldsymbol{A}=[a_{ij}]_{n\times n}$，则

$$E(Q_e)=E(\varepsilon'\boldsymbol{A}\varepsilon)=\sum_{i=1}^{n}\sum_{j=1}^{k}a_{ij}E(\varepsilon_i\varepsilon_j)=\sigma^2\sum_{i=1}^{n}a_{ii}$$
$$=\sigma^2 t_r(\boldsymbol{A})=\sigma^2[t_r(\boldsymbol{I}_n)-t_r(\boldsymbol{X}\boldsymbol{L}^{-1}\boldsymbol{X}')]$$
$$=\sigma^2[n-t_r(\boldsymbol{L}^{-1}\boldsymbol{X}'\boldsymbol{X})]=\sigma^2(n-k-1).\tag{5.2.21}$$

记 $\hat{\sigma}_e^2=\dfrac{Q_e}{n-k-1}$，则 $\hat{\sigma}_e^2$ 为 σ^2 的无偏估计量，即 $E(\hat{\sigma}_e^2)=\sigma^2$.

性质 5 $\hat{\boldsymbol{\beta}}$ 为 $\boldsymbol{\beta}$ 的最优线性无偏估计量. 这里"最优"意思是协方差矩阵最小.

证明 由性质 1 知, $E(\hat{\boldsymbol{\beta}})=\boldsymbol{\beta}$ 且 $\hat{\boldsymbol{\beta}}=\boldsymbol{L}^{-1}\boldsymbol{X}'\boldsymbol{Y}$ 是 $\boldsymbol{Y}$ 的线性函数. 设 $\boldsymbol{T}\triangleq\boldsymbol{P}'\boldsymbol{Y}$ 为 $\boldsymbol{\beta}$ 的任一线性无偏估计量, 则 $E(T)=\boldsymbol{P}'\boldsymbol{X}\boldsymbol{\beta}=\boldsymbol{\beta}$, 所以 $\boldsymbol{P}'\boldsymbol{X}=I_{k+1}$, 从而

$$\mathrm{Cov}(\boldsymbol{T},\boldsymbol{T}) = P'\mathrm{Cov}(\boldsymbol{Y},\boldsymbol{Y})P = \sigma^2\boldsymbol{P}'\boldsymbol{P}.$$

因为 $\mathrm{Cov}(\hat{\boldsymbol{\beta}},\hat{\boldsymbol{\beta}})=\boldsymbol{\sigma}^2\boldsymbol{L}^{-1}$, 记 $\boldsymbol{D}=\boldsymbol{P}'\boldsymbol{P}-\boldsymbol{L}^{-1}$, 则

$$(\boldsymbol{P}'-\boldsymbol{L}^{-1}\boldsymbol{X}')(\boldsymbol{P}'-L^{-1}\boldsymbol{X}')' = \boldsymbol{P}'\boldsymbol{P}-\boldsymbol{L}^{-1},$$
$$-\boldsymbol{L}^{-1}+\boldsymbol{L}^{-1} = \boldsymbol{P}'\boldsymbol{P}-\boldsymbol{L}^{-1} = \boldsymbol{D}.$$

此示 $\boldsymbol{D}$ 为对角线元素非负的非负定矩阵. 再由 $\boldsymbol{P}$ 的任意性知 $\hat{\boldsymbol{\beta}}=\boldsymbol{L}^{-1}\boldsymbol{X}'\boldsymbol{Y}$ 为 $\boldsymbol{\beta}$ 的最优线性无偏估计量. 通常称此性质为高斯-马尔柯夫(Gauss - Markoff)定理.

性质 6 设 $\varepsilon\sim N_n(0,\sigma^2 I_n)$, 则

(i) $\hat{\boldsymbol{\beta}}\sim N_{k+1}(\boldsymbol{\beta},\sigma^2\boldsymbol{L}^{-1})$, $e\sim N_n(0,\sigma^2\boldsymbol{A})$, 其中 $\boldsymbol{A}=\boldsymbol{I}_n-\boldsymbol{X}\boldsymbol{L}^{-1}\boldsymbol{X}'$;

(ii) $\hat{\boldsymbol{\beta}}$ 与 Q_e 相互独立, $\hat{\boldsymbol{\beta}}$ 与 $\boldsymbol{e}$ 相互独立;

(iii) $\dfrac{Q_e}{\sigma^2}\sim\chi^2(n-k-1)$.

证明 记 $\boldsymbol{B}=\boldsymbol{L}^{-1}\boldsymbol{X}'$, 则 $\hat{\boldsymbol{\beta}}=\boldsymbol{B}\boldsymbol{Y}$, $\boldsymbol{e}=\boldsymbol{A}\boldsymbol{Y}$, 由于 $\boldsymbol{A}$ 为投影矩阵(对称幂等矩阵), 且 $Q_e=\boldsymbol{e}'\boldsymbol{e}=\boldsymbol{Y}'\boldsymbol{A}\boldsymbol{Y}$.

(i) 因为 $\boldsymbol{Y}\sim N_n(\boldsymbol{X}\boldsymbol{\beta},\sigma^2\boldsymbol{I}_n)$, 由引理 1.2.3知

$$\hat{\boldsymbol{\beta}} \sim N_{k+1}(\boldsymbol{B}\boldsymbol{X}\boldsymbol{\beta},\boldsymbol{B}\sigma^2\boldsymbol{I}_n\boldsymbol{B}') = N_{k+1}(\boldsymbol{\beta},\sigma^2\boldsymbol{L}^{-1}),$$
$$\boldsymbol{e} \sim N_n(\boldsymbol{A}\boldsymbol{X}\boldsymbol{\beta},\boldsymbol{A}\sigma^2\boldsymbol{I}_n\boldsymbol{A}') = N_n(0,\sigma^2\boldsymbol{A}).$$

(ii) 因为 $\boldsymbol{B}\boldsymbol{A}=\boldsymbol{L}^{-1}\boldsymbol{X}'(I_n-\boldsymbol{X}\boldsymbol{L}^{-1}\boldsymbol{X}')=0$ 且 $\boldsymbol{Y}\sim N_n(\boldsymbol{X}\boldsymbol{\beta},\sigma^2\boldsymbol{I}_n)$, 由定理 1.2.3 知 $\hat{\boldsymbol{\beta}}=\boldsymbol{B}\boldsymbol{Y}$ 与 $\boldsymbol{Q}_e=\boldsymbol{Y}'\boldsymbol{A}\boldsymbol{Y}$ 相互独立, 由性质 2 知 $\hat{\boldsymbol{\beta}}$ 与 $\boldsymbol{e}$ 不相关, 由引理 1.2.4知 $\hat{\boldsymbol{\beta}}$ 与 $\boldsymbol{e}$ 相互独立.

(iii) 因为 $\boldsymbol{\varepsilon}\sim N_n(0,\sigma^2\boldsymbol{I}_n)$, 由推论 1.2.4 知

$$\frac{Q_e}{\sigma^2} = \frac{\boldsymbol{\varepsilon}'\boldsymbol{A}\boldsymbol{\varepsilon}}{\sigma^2} \sim \chi^2[t_r(\boldsymbol{A})] = \chi^2(n-k-1).$$

性质 7 设 $\varepsilon_1,\cdots,\varepsilon_n$ 为总体 $\boldsymbol{\varepsilon}\sim N(0,\sigma^2)$ 的样本, 则 $\hat{\boldsymbol{\beta}}$ 是 $\boldsymbol{\beta}$ 的极大似然估计量.

证明 因为 $y_1,y_2,\cdots,y_n$ 相互独立, 且 $y_t\sim N(\sum\limits_{i=0}^{k}\beta_i x_{ti},\sigma^2)$, $t=1,2,\cdots,n$, 于是 $\boldsymbol{\beta}$ 与 σ^2 的似然函数为

$$L(\boldsymbol{\beta},\sigma^2) = \left(\frac{1}{\sqrt{2\pi\sigma}}\right)^n \exp\left\{-\frac{1}{2\sigma^2}[\boldsymbol{Y}-\boldsymbol{X}\boldsymbol{\beta}]'[\boldsymbol{Y}-\boldsymbol{X}\boldsymbol{\beta}]\right\},$$

所以

$$\ln L(\boldsymbol{\beta},\sigma^2) = -\frac{n}{2}[\ln(2\pi)+\ln\sigma^2]\left\{-\frac{1}{2\sigma^2}(\boldsymbol{Y}-\boldsymbol{X}\boldsymbol{\beta})'(\boldsymbol{Y}-\boldsymbol{X}\boldsymbol{\beta})\right\}.$$

当 $|\boldsymbol{X}'\boldsymbol{X}|\neq 0$ 时,

$$\begin{cases}\dfrac{\partial}{\partial \boldsymbol{\beta}}[\ln L(\boldsymbol{\beta},\sigma^2)]=\dfrac{1}{\sigma^2}[\boldsymbol{X}'\boldsymbol{Y}-\boldsymbol{X}'\boldsymbol{X}\boldsymbol{\beta}]\\ \qquad\qquad =\dfrac{\boldsymbol{X}'\boldsymbol{X}}{\sigma^2}[(\boldsymbol{X}'\boldsymbol{X})^{-1}\boldsymbol{X}'\boldsymbol{Y}-\boldsymbol{\beta}]=0,\\ \dfrac{\partial}{\partial \sigma^2}[\ln(\boldsymbol{\beta},\sigma^2)]=-\dfrac{n}{2\sigma^2}+\dfrac{1}{2\sigma^4}(\boldsymbol{Y}-\boldsymbol{X\beta})'(\boldsymbol{Y}-\boldsymbol{X\beta})\\ \qquad\qquad =\dfrac{n}{2\sigma^4}\left[\dfrac{1}{n}(\boldsymbol{Y}-\boldsymbol{X\beta})'(\boldsymbol{Y}-\boldsymbol{X\beta})-\sigma^2\right]=0.\end{cases} \tag{5.2.22}$$

记上方程组关于 $\boldsymbol{\beta}$ 与 σ^2 的解分别为 $\hat{\boldsymbol{\beta}}$ 与 $\hat{\sigma}^2$,解上方程组得

$$\begin{cases}\hat{\boldsymbol{\beta}}=(\boldsymbol{X}'\boldsymbol{X})^{-1}X'\boldsymbol{Y}=\boldsymbol{L}^{-1}\boldsymbol{X}'\boldsymbol{Y},\\ \hat{\sigma}^2=\dfrac{1}{n}(\boldsymbol{Y}-\boldsymbol{X}\hat{\boldsymbol{\beta}})'(Y-\boldsymbol{X}\hat{\boldsymbol{\beta}})=\dfrac{\boldsymbol{e}'\boldsymbol{e}}{n}=\dfrac{Q_e}{n}.\end{cases} \tag{5.2.23}$$

由上式知 $\boldsymbol{\beta}$ 的最小二乘法估计量,在条件 $\boldsymbol{\varepsilon}\sim N_n(0,\sigma^2 I_n)$ 下,也是 $\boldsymbol{\beta}$ 的极大似然法估计量. 由推论 2.2.1 与性质 1 和式(5.2.22)知 $\hat{\boldsymbol{\beta}}=(\boldsymbol{X}'\boldsymbol{X})^{-1}\boldsymbol{X}'\boldsymbol{Y}$ 还是 $\boldsymbol{\beta}$ 的有效估计量且 $\hat{\beta}$ 的(协)方差为 $\sigma^2(\boldsymbol{XX})^{-1}$. 此与式(5.2.16)一致. 因为

$$E\left(\frac{Q_e}{n}\right)=\frac{n-k-1}{n}E\left(\frac{Q_e}{n-k-1}\right)=\frac{n-k-1}{n}\sigma^2,$$

所以 $\hat{\sigma}^2=\dfrac{Q_e}{n}$ 是 σ^2 的渐近无偏估计量. 显然有

$$\hat{\sigma}^2=\frac{Q_e}{n}=\frac{n-k-1}{n}\hat{\sigma}_e^2. \tag{5.2.24}$$

性质 8　设 $\boldsymbol{\varepsilon}\sim N_n(0,\sigma^2 I_n)$,并记

$$S_{总}=\sum_{t=1}^{n}(y_t-\overline{y})^2,\ \overline{y}=\frac{1}{n}\sum_{t=1}^{n}y_t, \tag{5.2.25}$$

$$U_R=\sum_{t=1}^{n}(\hat{Y}_t-\overline{y})^2. \tag{5.2.26}$$

则

(i)
$$S_{总}=U_R+Q_e, \tag{5.2.27}$$

即

$$\sum_{t=1}^{n}(y_t-\overline{y})^2=\sum_{t=1}^{n}(\hat{Y}_t-\overline{y})^2+\sum_{t=1}^{n}(y_t-\hat{Y}_t)^2.$$

(ii)　Q_e 与 U_R 相互独立. 且当 $\beta_1=\beta_2=\cdots=\beta_k=0$ 时,$\dfrac{U_R}{\sigma^2}\sim\chi^2(k)$.

我们称 $S_{总}$ 为总离差平方和,称 U_R 为回归平方和,Q_e 就是式(5.2.5)中的剩余平方和,也称为残差平方和.

证明　(i)　因为

$$S_{总}=\sum_{t=1}^{n}(y_t-\overline{y})^2$$
$$=\sum_{t=1}^{n}(y_t-\hat{Y}_t+\hat{y}_t-\overline{y})^2$$
$$=\sum_{t=1}^{n}(\hat{Y}_t-\overline{y})^2+\sum_{t=1}^{n}(y_t-\hat{Y}_t)^2+2\sum_{t=1}^{n}(y_t-\hat{Y}_t)(\hat{Y}_t-\overline{y}).$$

所以只需证明

$$\sum_{t=1}^{n}(y_t-\hat{Y}_t)(\hat{Y}_t-\overline{y})=0.$$

因为

$$\hat{\boldsymbol{Y}}'\hat{\boldsymbol{Y}}=\hat{\boldsymbol{\beta}}'\boldsymbol{X}'\boldsymbol{X}\hat{\boldsymbol{\beta}}=\boldsymbol{Y}'\boldsymbol{X}\boldsymbol{L}^{-1}\boldsymbol{X}'\boldsymbol{X}\boldsymbol{L}^{-1}\boldsymbol{X}'\boldsymbol{Y}=\boldsymbol{Y}'\boldsymbol{X}\boldsymbol{L}^{-1}\boldsymbol{X}'\boldsymbol{Y}=\boldsymbol{Y}'\hat{\boldsymbol{Y}},$$

所以

$$(\boldsymbol{Y}-\hat{\boldsymbol{Y}})'\hat{\boldsymbol{Y}}=0,$$

即

$$\sum_{t=1}^{n}(y_t-\hat{y}_t)\hat{y}_t=0.$$

对 $Q=\sum_{t=1}^{n}[y_t-\sum_{i=0}^{k}\beta_i x_{ti}]^2$ 关于 β_0 求导数得关于 $\hat{\beta}_i$ 的正规方程(注意 $x_{t0}\equiv 1$)

$$\sum_{t=1}^{n}(y_t-\sum_{i=0}^{k}\hat{\beta}_i x_{ti})=0,$$

即

$$\sum_{t=1}^{n}(y_t-\hat{y}_t)=0. \tag{5.2.28}$$

所以有 $\sum_{t=1}^{n}(y_t-\hat{y}_t)(\hat{y}_t-\overline{y})=\sum_{t=1}^{n}(y_t-\hat{y}_t)\hat{y}_t-\sum_{t=1}^{n}(y_t-\hat{y}_t)\overline{y}=0$. 于是(i)得证.

(ii) 由式(5.2.28)得 $\overline{y}=\overline{\hat{y}}$,从而

$$U_R=\sum_{t=1}^{n}(\hat{y}_t-\overline{y})^2=\sum_{t=1}^{n}(\hat{y}_t-\overline{\hat{y}})^2=\hat{\boldsymbol{Y}}'\boldsymbol{D}\hat{\boldsymbol{Y}},$$

其中 $\boldsymbol{D}=\left[\delta_{ij}-\frac{1}{n}\right]_{n\times n}$,故

$$U_R=\hat{\boldsymbol{\beta}}\boldsymbol{X}'\boldsymbol{D}\boldsymbol{X}\hat{\boldsymbol{\beta}}=\boldsymbol{Y}'\boldsymbol{X}\boldsymbol{L}^{-1}\boldsymbol{X}'\boldsymbol{D}\boldsymbol{X}\boldsymbol{L}^{-1}\boldsymbol{X}'\boldsymbol{Y}$$

又因 $Q_e=\boldsymbol{Y}'\boldsymbol{A}\boldsymbol{Y}$,$\boldsymbol{A}=\boldsymbol{I}_n-\boldsymbol{X}\boldsymbol{L}^{-1}\boldsymbol{X}'$,$\boldsymbol{X}\boldsymbol{L}^{-1}\boldsymbol{X}'\boldsymbol{D}\boldsymbol{X}\boldsymbol{L}^{-1}\boldsymbol{X}'\boldsymbol{A}=0$,$\boldsymbol{Y}\sim N_n(\boldsymbol{X}\boldsymbol{\beta},\sigma^2\boldsymbol{I}_n)$,由定理 1.2.4 知 Q_e 与 U_R 相互独立.

因为当 $\beta_1=\beta_2=\cdots=\beta_k=0$ 时,$y_1,\cdots,y_n$ 独立同服从正态分布 $N(\beta_0,\sigma^2)$,记 $\theta=(\beta_0,\cdots,\beta_0)'$,则由定理 1.3.1 知(因为 $y_t=\beta_0+\varepsilon_t\sim N(\beta_0,\sigma^2)$)

$$\begin{aligned}\frac{S_{总}}{\sigma^2}&=\frac{1}{\sigma^2}\sum_{t=1}^{n}(y_t-\overline{y})^2\\&=\frac{1}{\sigma^2}\sum_{t=1}^{n}[(y_t-\beta_0)-(\overline{y}-\beta_0)]^2\\&=\frac{1}{\sigma^2}(\boldsymbol{Y}-\theta)'\boldsymbol{D}(Y-\theta)\\&=\frac{1}{\sigma^2}\boldsymbol{\varepsilon}'\boldsymbol{D\varepsilon}\sim\chi^2(t_r(\boldsymbol{D}))=\chi^2(n-1).\end{aligned}$$

由性质 6 知,$\frac{Q_e}{\sigma^2}\sim\chi^2(n-k-1)$,且 $\frac{U_R}{\sigma^2}=\frac{1}{\sigma^2}(S_{总}-Q_e)$ 与 $\frac{Q_e}{\sigma^2}$ 相互独立,再由定理 1.2.5得

$$\frac{U_R}{\sigma^2}\sim\chi^2[n-1-(n-k-1)]=\chi^2(k).$$

或因

$$S_{总}=Q_e+U_R,\quad \frac{U_R}{\sigma^2}=\frac{\boldsymbol{\varepsilon}'(\boldsymbol{D}-\boldsymbol{A})\boldsymbol{\varepsilon}}{\sigma^2},\quad \boldsymbol{D}-\boldsymbol{A}\geqslant\boldsymbol{0},$$

且

$$(\boldsymbol{D}-\boldsymbol{A})'=\boldsymbol{D}-\boldsymbol{A},(\boldsymbol{D}-\boldsymbol{A})^2=\boldsymbol{D}-\boldsymbol{AD}-\boldsymbol{DA}+\boldsymbol{A}.$$

为证明 $(\boldsymbol{D}-\boldsymbol{A})^2=\boldsymbol{D}-\boldsymbol{A}$,我们只需证明:$\boldsymbol{AD}=\boldsymbol{DA}=\boldsymbol{A}$. 对任意 n 维列向量 $\boldsymbol{\alpha}$,如果 $\boldsymbol{D\alpha}=0$,则有

$$0\leqslant\boldsymbol{\alpha}'(\boldsymbol{D}-\boldsymbol{A})\boldsymbol{\alpha}=-\boldsymbol{\alpha}'\boldsymbol{A\alpha}$$

因为 $\boldsymbol{A}\geqslant0$(即 $\boldsymbol{\alpha}'\boldsymbol{A\alpha}\geqslant0$),所以 $\boldsymbol{\alpha}'\boldsymbol{A\alpha}=0$,从而 $\boldsymbol{A\alpha}=\boldsymbol{0}$.

因为,$\boldsymbol{D}(\boldsymbol{I}_n-\boldsymbol{D})\boldsymbol{\alpha}=0$,所以 $\boldsymbol{A}(\boldsymbol{I}_n-\boldsymbol{D})\boldsymbol{\alpha}=0$,即 $\boldsymbol{A\alpha}=\boldsymbol{AD\alpha}$,故 $\boldsymbol{AD}=\boldsymbol{A}$. 从而亦有 $\boldsymbol{DA}=\boldsymbol{A}$,于是我们证明得 $\boldsymbol{D}-\boldsymbol{A}$ 是对称幂等矩阵,由推论 1.2.4 知

$$\frac{U_R}{\sigma^2}=\frac{\boldsymbol{\varepsilon}'(D-A)\boldsymbol{\varepsilon}}{\sigma^2}\sim\chi^2(k),$$

由性质 8 知,在 $\boldsymbol{\varepsilon}\sim N_n(0,\sigma^2\boldsymbol{I}_n)$ 假设下,当 $\beta_1=\beta_2=\cdots=\beta_k=0$ 时,有

$$F\triangleq\frac{U_R/k}{Q_e/(n-k-1)}\sim F(k,n-k-1).\tag{5.2.29}$$

性质 9 设 $\boldsymbol{\varepsilon}\sim N_n(0,\sigma^2\boldsymbol{I}_n)$,记 $\boldsymbol{U}=\hat{\boldsymbol{Y}}'\hat{\boldsymbol{Y}}$. 则 $\boldsymbol{U}$ 与 Q_e 独立,且当 $\boldsymbol{\beta}=0$ 时,有

$$\frac{\boldsymbol{U}}{\sigma^2}\sim\chi^2(k+1).\tag{5.2.30}$$

证明 因为 $\boldsymbol{U}=\hat{\boldsymbol{Y}}'\hat{\boldsymbol{Y}}=\boldsymbol{Y}'\boldsymbol{XL}^{-1}\boldsymbol{X}'\boldsymbol{Y}$,而 $\boldsymbol{XL}^{-1}\boldsymbol{X}'$ 为对称幂等矩阵,且 $\boldsymbol{XL}^{-1}\boldsymbol{X}'\boldsymbol{A}=0$,由定理 1.2.4 知,$\boldsymbol{U}$ 与 $Q_e=\boldsymbol{Y}'\boldsymbol{AY}$ 独立. 因为当 $\boldsymbol{\beta}=0$ 时,$Y=\boldsymbol{\varepsilon}$,所以

$$\frac{\boldsymbol{U}}{\sigma^2}=\frac{\boldsymbol{\varepsilon X}'\boldsymbol{L}^{-1}\boldsymbol{X}'\boldsymbol{\varepsilon}}{\sigma^2}\sim\chi^2(k+1),$$

从而有

$$\frac{U/(k+1)}{Q_e/(n-k-1)} \sim F(k+1, n-k-1). \tag{5.2.31}$$

5.2.3 例子

现在我们来看几个例子.

例 5.2.1 求例5.1.1中线性模型的回归方程和残差平方和以及回归平方和.

解 我们先来推导一元线性回归模型的一般公式. 设(y_t, x_t), $t=1,2,\cdots,n$ 为结构式:

$$y = \beta_0 + \beta_1 x + \varepsilon, \quad E(\varepsilon) = 0, \quad D(\varepsilon) = \sigma^2$$

的观察值. 记

$$\boldsymbol{Y} = (y_1, y_2, \cdots, y_n)', \quad \boldsymbol{X} = \begin{bmatrix} 1 & \cdots & 1 \\ x_1 & \cdots & x_n \end{bmatrix}',$$

$$\boldsymbol{\beta} = (\boldsymbol{\beta}_0, \boldsymbol{\beta}_1)', \quad \boldsymbol{\varepsilon} = (\varepsilon_1, \cdots, \varepsilon_n)',$$

$$\overline{x} = \frac{1}{n}\sum_{t=1}^{n} x_t, \overline{y} = \frac{1}{n}\sum_{t=1}^{n} y_t,$$

$$L_{xy} = \sum_{t=1}^{n}(x_t - \overline{x})(y_t - \overline{y}),$$

$$L_{xx} = \sum_{t=1}^{n}(x_t - \overline{x})^2,$$

$$L_{yy} = \sum_{t=1}^{n}(y_t - \overline{y})^2.$$

则

$$\boldsymbol{X}'\boldsymbol{X} = \begin{bmatrix} n & n\overline{x} \\ n\overline{x} & \sum_{t=1}^{n} x_t^2 \end{bmatrix},$$

从而

$$\boldsymbol{L}^{-1} = (\boldsymbol{X}'\boldsymbol{X})^{-1} = \frac{1}{nL_{xx}} \begin{bmatrix} \sum_{t=1}^{n} x_t^2 & -n\overline{x} \\ -n\overline{x} & n \end{bmatrix},$$

即

$$\boldsymbol{L}^{-1} = \begin{bmatrix} \sum_{t=1}^{n} x_t^2/(nL_{xx}) & -\frac{\overline{x}}{L_{xx}} \\ -\frac{\overline{x}}{L_{xx}} & \frac{1}{L_{xx}} \end{bmatrix}.$$

因为

$$L_{xy}=\sum_{t=1}^{n}x_ty_t-n\overline{x}\,\overline{y},$$

所以

$$\hat{\boldsymbol{\beta}}=\boldsymbol{L}^{-1}\boldsymbol{X}'\boldsymbol{Y}=\begin{bmatrix}\sum_{t=1}^{n}x_t^2/(nL_{xx}) & -\dfrac{\overline{x}}{L_{xx}}\\ -\dfrac{\overline{x}}{L_{xx}} & \dfrac{1}{L_{xx}}\end{bmatrix}\begin{bmatrix}n\overline{y}\\ \sum_{t=1}^{n}x_ty_t\end{bmatrix}$$

$$=\begin{bmatrix}\overline{y}-\overline{x}L_{xy}/L_{xx}\\ L_{xy}/L_{xx}\end{bmatrix}, \tag{5.2.32}$$

于是得

$$\hat{\beta}_1=L_{xy}/L_{xx},\quad \hat{\beta}_0=\overline{y}-\overline{x}\frac{L_{xy}}{L_{xx}}=\overline{y}-\overline{x}\hat{\beta}_1, \tag{5.2.33}$$

$$\hat{y}=\overline{y}+\hat{\beta}_1(x-\overline{x})=\hat{\beta}_0+\hat{\beta}_1x, \tag{5.2.34}$$

$$U_R=\sum_{t=1}^{n}(\hat{y}_t-\overline{y})^2=\sum_{t=1}^{n}[\overline{y}+\hat{\beta}_1(x_t-\overline{x})-\overline{y}]^2$$

$$=\hat{\beta}_1^2L_{xx}=\frac{L_{xy}^2}{L_{xx}}=\hat{\beta}_1L_{xy}, \tag{5.2.35}$$

$$Q_e=L_{yy}-U_R=L_{yy}-\hat{\beta}_1^2L_{xx}$$

$$=L_{yy}-\frac{L_{xy}^2}{L_{xx}}=L_{yy}(1-r^2). \tag{5.2.36}$$

其中 $r=\dfrac{L_{xy}}{\sqrt{L_{xx}L_{yy}}}$称为相关系数. 因为 $Q_e\geqslant 0$,所以 $|r|\leqslant 1$. r 是衡量 y 与 x 之间线性程度的一种度量. $|r|$越接近 1,y 与 x 之间线性关系越显著,$|r|$为何值时 y 与 x 之间线性关系才显著,可查书后相关系数临界值表.

由例 5.1.1 数据得

$$\overline{x}=153.625,\quad \overline{y}=94.4375,$$
$$L_{xx}=609.75,\quad L_{xy}=438.625,$$
$$L_{yy}=339.9375,\quad \hat{\beta}_1=\frac{L_{xy}}{L_{xx}}=0.719,$$
$$\hat{\beta}_0=\overline{y}-\overline{x}\hat{\beta}_1=-16.07.$$

所求回归方程为

$$\hat{y}=-16.07+0.719x,$$
$$U_R=\hat{\beta}_1^2L_{xx}=315.217,$$
$$Q_e=L_{yy}-U_R=24.7205.$$

例 5.2.2　在平炉炼钢中,由于矿石与炉气的氧化作用,铁水的含炭量在不断降低，一炉钢在冶炼初期总的去碳量 y 与所加的两种矿石量 x_1,x_2 及溶化时间 x_3 有关，经实测某号平炉的 49 组数据如表 5.2.1 所列，由经验知 y 与 x_1,x_2,x_3 之间有下述数据结构式

$$y_t=\beta_0+\beta_1x_{t1}+\beta_2x_{t2}+\beta_3x_{t3}+\varepsilon_t,$$
$$t=1,2,\cdots,49.$$

试由给出的数据求出 $\beta_0,\beta_1,\beta_2,\beta_3$ 的最小二乘估计，写出回归方程，并求出 σ^2 的无偏估计.

解 为了使系数矩阵降阶，先对数据作中心化处理. 求出 $\overline{y},\overline{x}_i,i=1,2,\cdots,k$. 考虑中心化模型

表 5.2.1

编号	x_1（槽）	x_2（槽）	x_3（5 分钟）	y（吨）	编号	x_1（槽）	x_2（槽）	x_3（5 分钟）	y（吨）
1	2	18	50	4.3302	26	9	6	39	2.7066
2	7	9	40	3.6485	27	12	5	51	5.6314
3	5	14	46	4.4830	28	6	13	41	5.8152
4	12	3	43	5.5468	29	12	7	47	5.1302
5	1	20	64	5.4970	30	0	24	61	5.3910
6	3	12	40	3.1125	31	5	12	37	4.4533
7	3	17	64	5.1182	32	4	15	49	4.6569
8	6	5	39	3.8759	33	0	20	45	4.5212
9	7	8	37	4.6700	34	6	16	42	4.8650
10	0	23	55	4.9536	35	4	17	48	5.3566
11	3	16	60	5.0060	36	10	4	48	4.6098
12	0	18	49	5.2701	37	4	14	36	2.3815
13	8	4	50	5.3772	38	5	13	36	3.8746
14	6	14	51	5.4849	39	9	8	51	4.5919
15	0	21	51	4.5960	40	6	13	54	5.1588
16	3	14	51	5.6645	41	5	8	100	5.4373
17	7	12	56	6.0795	42	5	11	44	3.9960
18	16	0	48	3.2194	43	8	6	63	4.3970
19	6	16	45	5.8076	44	2	13	55	4.0622
20	0	15	52	4.7306	45	7	8	50	2.2905
21	9	0	40	4.6805	46	4	10	45	4.7115
22	4	6	32	3.1272	47	10	5	40	4.5310
23	0	17	47	2.6104	48	3	17	64	5.3637
24	9	0	44	3.7174	49	4	15	72	6.0771
25	2	16	39	3.8946					

$$y_t-\overline{y}=u_0+\beta_1(x_{t1}-\overline{x}_1)+\cdots+\beta_k(x_{tk}-\overline{x}_k)+\varepsilon_t,t=1,\cdots,n,$$

其中 $\overline{y}=\frac{1}{n}\sum_{t=1}^{n}y_t, \overline{x}_i=\frac{1}{n}\sum_{t=1}^{n}x_{ti}$,在本例中,$k=3,n=49$. 易见

$$\beta_0=\overline{y}+u_0-\beta_1\overline{x}_1-\beta_2\overline{x}_2-\beta_3\overline{x}_3.$$

并记

$$\mathbf{Y}_n=(y_1-\overline{y},\cdots,y_n-\overline{y})',$$

$$l_{uv}=\sum_{t=1}^{n}(x_{tu}-\overline{x}_u)(x_{tv}-\overline{x}_v),u,v=1,\cdots,k,$$

$$l_{uy}=\sum_{t=1}^{n}(x_{tu}-\overline{x}_u)(y_t-\overline{y}),u=1,2,\cdots,k,$$

$$l_{yy}=\mathbf{Y}_n'\mathbf{Y}_n=\sum_{t=1}^{n}y_t^2-n\overline{y}^2,$$

$$\boldsymbol{\beta}_{k+1}=(u_0,\beta_1,\cdots,\beta_k)',$$

$$\overline{\mathbf{X}}=\begin{bmatrix}1 & x_{11}-\overline{x}_1 & \cdots & x_{1k}-\overline{x}_k\\ \vdots & \vdots & & \vdots\\ 1 & x_{n1}-\overline{x}_1 & \cdots & x_{nk}-\overline{x}_k\end{bmatrix},$$

则

$$\overline{\mathbf{X}}'\overline{\mathbf{X}}=\begin{bmatrix}1 & 0 & \cdots & 0\\ 0 & l_{11} & \cdots & k\\ \vdots & \vdots & & \vdots\\ 0 & l_{kl} & \cdots & l_{kk}\end{bmatrix},\quad \overline{\mathbf{X}}'\mathbf{Y}_n=\begin{bmatrix}0\\ l_{1y}\\ \vdots\\ l_{ky}\end{bmatrix}.$$

由 $\overline{\mathbf{X}}'\overline{\mathbf{X}}\boldsymbol{\beta}_{k+1}=\overline{\mathbf{X}}'\mathbf{Y}_n$ 得 $\hat{u}_0=0$,从而

$$\hat{\beta}_0=\overline{y}-\hat{\beta}_1\overline{x}_1-\cdots-\hat{\beta}_k\overline{x}_k, \tag{5.2.37}$$

$$l_{i1}\hat{\beta}_1+l_{i2}\hat{\beta}_2+\cdots+l_{ik}\hat{\beta}_k=l_{iy},i=1,2,\cdots,k. \tag{5.2.38}$$

记

$$\Delta=\begin{bmatrix}l_{11} & l_{12} & \cdots & l_{1k}\\ l_{21} & l_{22} & \cdots & l_{2k}\\ \vdots & \vdots & & \vdots\\ l_{k1} & l_{k2} & \cdots & l_{kk}\end{bmatrix},$$

则

$$\begin{bmatrix}\hat{\beta}_1\\ \hat{\beta}_2\\ \vdots\\ \hat{\beta}_k\end{bmatrix}=\Delta^{-1}\begin{bmatrix}l_{1y}\\ l_{2y}\\ \vdots\\ l_{ky}\end{bmatrix}, \tag{5.2.39}$$

$$Q_e=\mathbf{Y}_n'\mathbf{Y}_n-\boldsymbol{\beta}_{k+1}'\overline{\mathbf{X}}'\mathbf{Y}_n=l_{yy}-\sum_{t=1}^{k}\hat{\beta}_il_{iy}, \tag{5.2.40}$$

$$\hat{\sigma}_e^2 = \frac{Q_e}{n-k-1} = \frac{1}{n-k-1}\left[l_{yy} - \sum_{t=1}^{k}\hat{\beta}_i l_{iy}\right]. \tag{5.2.41}$$

由本题数据($n=49, k=3$)得

$$\overline{x}_1 = \frac{1}{49}\sum_{t=1}^{49} x_{t1} = 5.286, \quad \overline{x}_2 = 11.796, \quad \overline{x}_3 = 49.204,$$

$$\overline{y} = \frac{1}{49}\sum_{t=1}^{49} y_t = 4.582,$$

$$\sum x_{t1}^2 = 2031, \quad l_{11} = \sum x_{t1}^2 - 49\overline{x}_1^2 = 662.000,$$

$$\sum x_{t2}^2 = 8572, \quad l_{22} = 1753.959,$$

$$\sum x_{t3}^2 = 124879, \quad l_{33} = 6247.959,$$

$$\sum x_{t1}x_{t2} = 2137, \quad l_{21} = l_{12} = \sum x_{t1}x_{t2} - 49\overline{x}_1\overline{x}_2 = -918.143,$$

$$\sum x_{t1}x_{t3} = 12355, \quad l_{31} = l_{13} = \sum x_{t1}x_{t3} - 49\overline{x}_1\overline{x}_3 = -388.857,$$

$$\sum x_{t2}x_{t3} = 29216, \quad l_{32} = l_{23} = \sum x_{t2}x_{t3} - 49\overline{x}_2\overline{x}_3 = 776.041,$$

$$\sum x_{t1}y_t = 1180.30, \quad l_{1y} = \sum x_{t1}y_t - 49\overline{x}_1\overline{y} = -6.433,$$

$$\sum x_{t2}y_t = 2717.51, \quad l_{2y} = 69.130,$$

$$\sum x_{t3}y_t = 11292.72, \quad l_{3y} = 245.571,$$

$$\sum y_t^2 = 1073.592, \quad l_{yy} = \sum y_t^2 - 49\overline{y}^2 = 44.905.$$

代入(5.2.37),(5.2.39)得

$$\hat{\beta}_1 = 0.1604, \hat{\beta}_2 = 0.1076, \hat{\beta}_3 = 0.0359,$$

从而

$$\hat{\mu}_0 = 0, \quad \hat{\beta}_0 = \overline{y} - \hat{\beta}_1\overline{x}_1 - \hat{\beta}_2\overline{x}_2 - \hat{\beta}_3\overline{x}_3 = 0.7014,$$

故所求回归方程为

$$\hat{y} = 0.7014 + 0.1604x_1 + 0.1076x_2 + 0.0359x_3.$$

残差平方和为

$$Q_e = 44.905 - [0.1604 \times (-6.433) + 0.1076 \times 69.13 + 0.0359 \times 245.571] = 29.684,$$

从而 σ^2 的无偏估计为

$$\hat{\sigma}_e^2 = Q_e/(n-k-1) = 0.660.$$

§5.3　检验、预测与控制

5.3.1　线性模型与回归系数的检验

现在我们来考虑如下模型的检验问题：

$$\begin{cases} \boldsymbol{Y} = \boldsymbol{X\beta} + \boldsymbol{\varepsilon}, \\ \boldsymbol{\varepsilon} \sim N_n(0, \sigma^2 \boldsymbol{I}_n). \end{cases} \tag{5.3.1}$$

在实际问题中，事先我们并不知道或者不能断定随机变量 y 与一组变量 $x_1,\cdots,x_k$ 之间确有线性关系，即 $y=\beta_0+\beta_1 x_1+\cdots+\beta_k x_k+\varepsilon$ 往往只是一种假设，因此在求出线性回归方程之后，还需对求出的线性回归方程同实际观察数据拟合效果进行检验. 可提出如下原假设

$$H_0: \beta_1 = \beta_2 = \cdots = \beta_k = 0,$$

由式(5.2.29)知，当 H_0 成立时，$F \triangleq \dfrac{U_R/k}{Q_e/(n-k-1)} \sim F(k, n-k-1)$，且由方差分析知，$F$ 应较小(即误差主要由随机误差产生的)，否则应拒绝 H_0，故 H_0 的拒绝域为 $\mathscr{X}_0=\{F>C\}$，C 由显著水平 α 确定. 当 α 给定后，由 $\alpha=P\{F>C|H_0$ 成立$\}$，即 $1-\alpha=P\{F\leqslant C|H_0$ 成立$\}$知 $C=F_{1-\alpha}(k,n-k-1)$. 如果 F 的观察值 $f>F_{1-\alpha}(k,n-k-1)$，则拒绝 H_0，认为 y 与 $x_1,x_2,\cdots,x_k$ 之间显著地有线性关系；否则就接受 H_0，认为 y 与 $x_1,x_2,\cdots,x_n$ 之间线性关系不显著.

在线性模型(5.3.1)中，虽然经检验知 y 与 $x_1,\cdots,x_k$ 之间具有显著线性关系，但是每个自变量对因变量 y 的影响作用并不都是一样重要，可能有的起重要作用，有的则可有可无，即有的自变量的系数可能较大，有的则很小，或近似为零. 因此不否定线性模型之后，还需从线性模型中剔除那些可有可无的自变量，保留那些比较重要的自变量，重新建立更为简单的线性回归方程，以便更有利于实际应用.

我们说某个自变量 x_i 对 y 的影响不显著是指原假设

$$H_{0i}: \beta_i = 0, i = 0,1,2,\cdots,k(x_0 \equiv 1) \tag{5.3.2}$$

不否定. 怎样对此原假设进行检验呢？我们知道 $\hat{\boldsymbol{\beta}} \sim N_{k+1}(\boldsymbol{\beta}, \sigma^2 \boldsymbol{L}^{-1})$，即

$$\hat{\beta}_i \sim N(\beta_i, \sigma^2 c_{ii}), i = 0,1,\cdots,k,$$

其中 $C=\boldsymbol{L}^{-1}=[c_{ij}]$，因此，当 H_{0i} 成立时，$\hat{\beta}_i/\sigma\sqrt{c_{ii}} \sim N(0,1)$. 又因 $\hat{\boldsymbol{\beta}}$ 与 Q_e 独立，所以 $\hat{\beta}_i$ 与 Q_e 独立，且 $\dfrac{Q_e}{\sigma^2} \sim \chi^2(n-k-1)$，所以当 H_{0i} 成立时

$$T_i \xlongequal{\triangle} \frac{\hat{\beta}_i}{\sigma\sqrt{c_{ii}}} \Big/ \sqrt{\frac{Q_e}{\sigma^2(n-k-1)}} \sim t(n-k-1) \tag{5.3.3}$$

或

$$F_i = \frac{\hat{\beta}_i^2}{\sigma^2 c_{ii}} \Big/ \frac{Q_e}{\sigma^2(n-k-1)} = \frac{U_i}{Q_e/(n-k-1)}$$

$$\sim F(1,n-k-1),\ i=0,1,2,\cdots,k, \tag{5.3.4}$$

其中 $U_i=\hat{\beta}_i^2/c_{ii}$，称 U_i 为 x_i 的偏回归平方和. T_i,F_i 均可作为 H_{0i} 的检验统计量，对给定显著性水平 α，易知 H_{0i} 的拒绝域为

$$\begin{aligned}\mathscr{X}_{0i}&=\{|T_i|>t_{1-\alpha/2}(n-k-1)\}\\&=\left\{\frac{|\hat{\beta}_i|/\sqrt{c_{ii}}}{\sqrt{Q_e/(n-k-1)}}>t_{1-\alpha/2}(n-k-1)\right\}\end{aligned}$$

或

$$\begin{aligned}\mathscr{X}_{0i}&=\{F_i>F_{1-\alpha}(n-k-1)\}\\&=\left\{\frac{\hat{\beta}_i^2/c_{ii}}{Q_e/(n-k-1)}>F_{1-\alpha}(1,n-k-1)\right\}.\end{aligned}$$

当检验结果说明 x_i 可有可无时，即接受 H_{0i} 时，则应从回归方程

$$\hat{y}=\hat{\beta}_0+\hat{\beta}_1x_1+\cdots+\hat{\beta}_kx_k \tag{5.3.5}$$

中剔除自变量 x_i 重新用最小二乘法估计回归系数，建立新的回归方程

$$\hat{y}^*=\hat{\beta}_0^*+\hat{\beta}_1^*x_1+\cdots+\hat{\beta}_{i-1}^*x_{i-1}+\hat{\beta}_{i+1}^*x_{i+1}+\cdots+\hat{\beta}_k^*x_k, \tag{5.3.6}$$

一般地说 $\hat{\beta}_j^*\neq\hat{\beta}_j$. 对(5.3.6)中的回归系数再逐个进行检验，剔除不显著的自变量，再重新建立 y 关于那些重要自变量的回归方程，直至保留下的自变量都显著重要为止.

这样一来建立新的回归方程的工作量是相当大的，不过，在新老回归系数之间有关系式

$$\hat{\beta}_j^*=\hat{\beta}_j-\frac{c_{ij}}{c_{ii}}\hat{\beta}_i\qquad(j\neq i), \tag{5.3.7}$$

(其中 c_{ij} 为 $\boldsymbol{C}=(\boldsymbol{X}'\boldsymbol{X})^{-1}$ 中的元素)利用此关系式可以较容易地求得新的回归系数.

需要注意的是，在剔除自变量时，考虑到自变量之间对 y 的交互作用，每次只剔除一个. 如果有几个自变量经检验都不显著，则先剔除其中 f 值或 $|t|$ 值最小的那个自变量.

例 5.3.1 已知 y 与三个自变量的观察值如下表：

x_1	−1	−1	−1	−1	1	1	1	1
x_2	−1	−1	1	1	−1	−1	1	1
x_3	−1	1	−1	1	−1	1	−1	1
y	7.6	10.3	9.2	10.2	8.4	11.1	9.8	12.6

求 y 对 x_1,x_2,x_3 的线性回归方程.

解 因为

$$\boldsymbol{X}'=\begin{bmatrix}1&1&1&1&1&1&1&1\\-1&-1&-1&-1&1&1&1&1\\-1&-1&1&1&-1&-1&1&1\\-1&1&-1&1&-1&1&-1&1\end{bmatrix},$$

所以

$$\boldsymbol{X}'\boldsymbol{X}=\begin{bmatrix}8&0&0&0\\0&8&0&0\\0&0&8&0\\0&0&0&8\end{bmatrix},$$

$$\boldsymbol{C}=(\boldsymbol{X}'\boldsymbol{X})^{-1}=\begin{bmatrix}1/8&0&0&0\\0&1/8&0&0\\0&0&1/8&0\\0&0&0&1/8\end{bmatrix},$$

$$\boldsymbol{X}'\boldsymbol{Y}=\begin{bmatrix}79.2\\4.6\\4.4\\9.2\end{bmatrix},\hat{\boldsymbol{\beta}}=\begin{bmatrix}\hat{\beta}_0\\\hat{\beta}_1\\\hat{\beta}_2\\\hat{\beta}_3\end{bmatrix}=\boldsymbol{L}^{-1}\boldsymbol{X}'\boldsymbol{Y}=\begin{bmatrix}9.9\\0.575\\0.55\\1.15\end{bmatrix},$$

故

$$\hat{y}=9.9+0.575x_1+0.55x_2+1.15x_3.$$

现在对线性模型进行检验,即检验假设 $H_0:\beta_1=\beta_2=\beta_3=0$. 因为

$$\begin{aligned}S_{总}&=\sum_{t=1}^{n}(y_t-\overline{y})^2=\sum_{t=1}^{8}(y_t-9.9)^2=\sum_{t=1}^{8}y_t^2-8\times(9.9)^2\\&=\sum_{t=1}^{8}y_t^2-784.08=801.1-784.08=17.02,\\U_R&=\sum_{t=1}^{8}\Big[9.9+\sum_{i=1}^{3}\hat{\beta}_i x_{ti}-9.9\Big]^2\\&=\sum_{t=1}^{8}(0.575x_{t1}+0.55x_{t2}+1.15x_{t3})^2\\&=15.645,\end{aligned}$$

故

$$Q_e=S_{总}-U_R=1.375,$$

从而

$$F=\frac{U_R/3}{Q_e/(8-3-1)}=15.171.$$

对显著性水平 $\alpha=0.05$ 查 F 分布表得临界值 $F_{0.95}(3,4)=6.59<15.171=F$,所以否定 H_0,即认为 β_1,β_2,β_3 不全为零.

再对回归系数进行检验($\alpha=0.05$). 由式(5.3.4)得

$$F_0=\frac{U_0}{Q_e/4}=\frac{\hat{\beta}_0^2/c_{00}}{Q_e/4}=2280.96,$$

$$F_1=\frac{\hat{\beta}_1^2/c_{11}}{Q_e/4}=7.695,$$

$$F_2=\frac{\hat{\beta}_2^2/c_{22}}{Q_e/4}=7.04,$$

$$F_3=\frac{\hat{\beta}_3^2/c_{33}}{Q_e/4}=30.778.$$

查 F 分布表得临界值 $F_{0.95}(1,4)=7.71$,所以 x_1,x_2 对 y 的影响均不显著,x_3 对 y 的影响显著,但是因为 $F_2<F_1$,故剔除 x_2. 由公式(5.3.7)得

$$\hat{\beta}_0^*=\hat{\beta}_0,\hat{\beta}_1^*=\hat{\beta}_1,\hat{\beta}_3^*=\hat{\beta}_3,$$

于是得新的回归方程为

$$\hat{y}^*=9.9+0.575x_1+1.15x_3.$$

为了对新的回归系数进行检验,我们要计算新的相关矩阵. 这时新的相关矩阵为

$$\boldsymbol{C}^*=\begin{bmatrix}\frac{1}{8} & 0 & 0\\ 0 & \frac{1}{8} & 0\\ 0 & 0 & \frac{1}{8}\end{bmatrix},$$

$$S_{总}^*=S_{总}=17.02,$$

$$U_R^*=\sum_{t=1}^{8}(0.575x_{t1}+1.15x_{t3})^2$$
$$=2.9756\times4+0.3306\times4=13.2248,$$

故

$$Q_e^*=S_{总}^*-U_R^*=3.7952.$$

从而

$$F_0^*=\frac{\hat{\beta}_0^{*2}/c_{00}^*}{Q_e^*/5}=1033.99,F_1^*=\frac{\hat{\beta}_1^{*2}/c_{11}^*}{Q_e^*/5}=3.48,$$

$$F_3^*=\frac{\hat{\beta}_3^{*2}/c_{22}^*}{Q_e^*/5}=13.94,F^*=\frac{5}{2}\cdot\frac{U_R^*}{Q_e^*}=8.71.$$

对显著水平 $\alpha=0.05$ 查 F 分布表得临界值 $F_{0.95}(1,5)=6.61$,比较 F_0^*,F_1^*,F_3^* 知 x_3 对 y 影响显著,x_1 对 y 影响不显著,应剔除 x_1,类似地得新的回归方程

$$\hat{y}^{**}=9.9+1.15x_3,$$

得新的回归平方和与新的残差平方和分别为

$$U_R^{**}=10.58,\quad Q_e^{**}=6.44.$$

由此得

$$F^{**}=\frac{U_R^{**}/1}{Q_e^{**}/6}=9.857,\quad F_0^{**}=730.509, F_3^{**}=9.857,$$

查 F 分布表得 $F_{0.95}(1,6)=5.99$，与 F^{**}，F_0^{**}，F_3^{**} 比较最后得回归方程

$$\hat{y}^{**}=9.9+1.15x_3.$$

5.3.2　预测与控制

求回归方程的目的之一是解决实际当中的预测与控制问题. 所谓预测问题是指当知道自变量的值时如何求相应的因变量的值及其取值范围. 所谓控制问题，就是预测的反向问题，即要求因变量 y 在某个范围内取值，问 $x_1,\cdots,x_k$ 应控制在什么范围之内？

一、预测

(a)　点预测

当我们求出回归方程

$$\hat{y}=\hat{\beta}_0+\hat{\beta}_1x_1+\cdots+\hat{\beta}_kx_k$$

并经过检验之后，对于给定自变量的值 $x_1^*,\cdots,x_k^*$，我们自然会用 $\hat{y}^*=\hat{\beta}_0+\hat{\beta}_1x_1^*+\cdots+\hat{\beta}_kx_k^*$ 来预测 $y^*=\beta_0+\beta_1x_1^*+\cdots+\beta_kx_k^*+\varepsilon$. 称 $\hat{y}^*$ 为 y^* 的点预测. 因为$E(\hat{y}^*-y^*)=0$，所以，$\hat{y}^*$ 实际上是 $E(y^*)$的无偏估计量.

(b)　区间预测

对于正态线性模型，由于 $\hat{\boldsymbol{\beta}}\sim N_{k+1}(\boldsymbol{\beta},\sigma^2\boldsymbol{C})$，其中 $\boldsymbol{C}=\boldsymbol{L}^{-1}=[c_{ij}]$，记 $\boldsymbol{G}=(1, x_1,\cdots,x_k)$，则由引理 1.2.3 有

$$\begin{aligned}\hat{y}&=\boldsymbol{G}\hat{\boldsymbol{\beta}}\sim N_1(\boldsymbol{G}\hat{\boldsymbol{\beta}},\boldsymbol{G}\sigma^2\boldsymbol{C}\boldsymbol{G}')\\&=N\Big(\sum_{i=0}^{k}\beta_ix_i,\quad \sigma^2\sum_{i=0}^{k}\sum_{j=0}^{k}c_{ij}x_ix_j\Big),\quad x_0\equiv 1.\end{aligned}$$

当 $\boldsymbol{G}$ 为已知时，我们求 y 的预测区间. 由性质 6 知，Q_e 与 $\hat{\boldsymbol{\beta}}$ 相互独立，从而 Q_e 与 $\hat{y}=\boldsymbol{G}\hat{\boldsymbol{\beta}}$独立. 又因 $y,y_1,\cdots,y_n$ 相互独立，所以 y 与 $\hat{y}=\boldsymbol{G}\hat{\boldsymbol{\beta}}$ 独立，y 与 $Q_e=\boldsymbol{Y}'\boldsymbol{A}\boldsymbol{Y}$ 也独立，其中 $\boldsymbol{A}=\boldsymbol{I}_n-\boldsymbol{X}\boldsymbol{L}^{-1}\boldsymbol{X}'$. 从而 $y-\hat{y}$ 与 Q_e 独立，且

$$y-\hat{y}\sim N(0,\sigma^2(1+\boldsymbol{G}\boldsymbol{C}\boldsymbol{G}')),$$

从而通常$|y-\hat{y}|\leqslant K$，即 y 的置信区间为$(\hat{y}\pm K)$，K 由置信度 $1-\alpha$ 确定，当 $1-\alpha$ 给定后，因为

$$\frac{Q_e}{\sigma^2}\sim\chi^2(n-k-1),$$

所以

$$T \triangleq \frac{y-\hat{y}}{\sigma\sqrt{1+\sum\limits_{i=0}^{k}\sum\limits_{j=0}^{k}c_{ij}x_ix_j}}\Bigg/\sqrt{\frac{Q_e}{\sigma^2(n-k-1)}}$$

$$=\frac{y-\hat{y}}{\hat{\sigma}_e\sqrt{1+\sum\limits_{i=0}^{k}\sum\limits_{j=0}^{k}c_{ij}x_ix_j}}\sim t(n-k-1), \tag{5.3.8}$$

其中 $\hat{\sigma}_e=\sqrt{\dfrac{Q_e}{n-k-1}}$，由式(2.4.1)得

$$1-\alpha=P\{\hat{y}-K<y<\hat{y}+K\}=P\{|y-\hat{y}|<K\}$$

$$=P\left\{|T|<\frac{K}{\hat{\sigma}_e\sqrt{1+\sum\sum c_{ij}x_ix_j}}\right\}. \tag{5.3.9}$$

查表得 $t_{1-\alpha/2}(n-k-1)$，使 $1-\alpha=P\{|T|<t_{1-\alpha/2}(n-k-1)\}$，所以

$$K=\hat{\sigma}_e\sqrt{1+\sum\sum c_{ij}x_ix_j}\,t_{1-\alpha/2}(n-k-1),$$

故 y 的 $1-\alpha$ 的预测区间(置信区间)为

$$(\hat{y}_1,\hat{y}_2), \tag{5.3.10}$$

其中

$$\begin{cases}\hat{y}_1=\hat{y}-\hat{\sigma}_e t_{1-\alpha/2}(n-k-1)\sqrt{1+GCG'},\\ \hat{y}_2=\hat{y}+\hat{\sigma}_e t_{1-\alpha/2}(n-k-1)\sqrt{1+GCG'}.\end{cases} \tag{5.3.11}$$

当 $k=1$ 时，由例 5.2.1

$$\boldsymbol{GCG'}=(1,x)\boldsymbol{L}^{-1}\begin{bmatrix}1\\x\end{bmatrix}$$

$$=\frac{\sum x_t^2}{nL_{xx}}+\frac{x^2-2x\bar{x}}{L_{xx}}=\frac{1}{n}+\frac{(x-\bar{x})^2}{L_{xx}},$$

所以

$$\begin{cases}\hat{y}_1=\bar{y}+\hat{\beta}_1(x-\bar{x})-\hat{\sigma}_e t_{1-\alpha/2}(n-2)\sqrt{1+\dfrac{1}{n}+\dfrac{(x-x)^2}{L_{xx}}},\\ \hat{y}_2=\bar{y}+\hat{\beta}_1(x-\bar{x})+\hat{\sigma}_e t_{1-\alpha/2}(n-2)\sqrt{1+\dfrac{1}{n}+\dfrac{(x-x)^2}{L_{xx}}}.\end{cases} \tag{5.3.12}$$

例 5.3.2(续例 5.2.1)　设 $x=x_0=170$，求相应的 y_0(即 $E(y)$)的预测值和预测区间($\alpha=0.05$).

解　因为 $\hat{y}=-16.07+0.719x$，且

$$\frac{U_R}{Q_e/(n-2)}=\frac{315.217\times 14}{24.7205}=178.517>F_{0.95}(1,14)=4.6,$$

所以 y 与 x 之间线性关系显著，故可用上回归方程进行预测. 当 $x=x_0$ 时，y_0 的预测值为

$$\hat{y}_0=-16.07+0.719x_0=106.16.$$

又因

$$\hat{\sigma}_e=\sqrt{\frac{Q_e}{n-2}}=1.329,\quad t_{0.975}(14)=2.1448,\quad \overline{x}=153.623,$$

$$L_{xx}=609.75,\sqrt{1+\frac{1}{n}+(x_0-\overline{x})^2/L_{xx}}=1.2257,$$

所以

$$\begin{aligned}\hat{y}_2&=-16.07+0.719\times170+1.329\\&\quad\times2.1448\times1.2257=109.654,\\\hat{y}_1&=-16.07+0.719\times170-1.329\\&\quad\times2.1448\times1.2257=102.666,\end{aligned}$$

于是得 y 的 0.95 的预测区间为(102.666,109.654).

二、控制

控制问题是预测问题的反向问题，两者之间的关系非常密切，但是控制问题比预测问题困难得多. 下面我们仅对一元线性模型：

$$y=\beta_0+\beta_1x+\varepsilon,\quad \varepsilon\sim N(0,\sigma^2)$$

讨论其控制问题. 设对一组观察值(y_t,x_t)，$t=1,2,\cdots,n$，运用最小二乘法，并经检验最终得回归方程

$$\hat{y}=\hat{\beta}_0+\hat{\beta}_1x. \tag{5.3.13}$$

(a)　反预测

此为当实际观察值 $y=y_0$ 时，要求 x 的相应值 x_0. 这时自然取 x_0 的估计为

$$\hat{x}_0=\frac{y_0-\hat{\beta}_0}{\hat{\beta}_1}, \tag{5.3.14}$$

但是，一般地

$$E(\hat{x}_0)=E\left(\frac{y_0-\hat{\beta}_0}{\hat{\beta}_1}\right)\neq\frac{E(y_0-\hat{\beta}_0)}{E(\hat{\beta}_1)}=x_0,$$

即 $\hat{x}_0$ 一般不是 x_0 的无偏估计. 但是，可以构造 x_0 的一个置信区间. 因为

$$y_0-\hat{y}_0\sim N\left(0,\sigma^2\left[1+\frac{1}{n}+\frac{(x_0-\overline{x})^2}{L_{xx}}\right]\right),$$

其中

$$y_0=\beta_0+\beta_1x_0+\varepsilon,\quad \hat{y}_0=\hat{\beta}_0+\hat{\beta}_1x_0,$$

所以

$$\frac{(y_0-\hat{y}_0)^2}{\sigma^2\left[1+\frac{1}{n}+(x_0-\overline{x})^2/L_{xx}\right]}\sim\chi^2(1).$$

记

$$v_0=\frac{1}{n}+\frac{(x_0-\overline{x})^2}{L_{xx}},$$

因为$\frac{Q_e}{\sigma^2}\sim\chi^2(n-2)$，且$\frac{Q_e}{\sigma^2}$与$(y_0-\hat{y}_0)^2$独立，故

$$\frac{(n-2)(y_0-\hat{y}_0)^2}{Q_e(1+v_0)}=\frac{(y_0-\hat{y}_0)^2}{\hat{\sigma}_e^2(1+v_0)}\sim F(1,n-2),$$

其中

$$\hat{\sigma}_e^2=Q_e/(n-2),$$

从而，对给定的显著性水平 α，有 $F_{1-\alpha}(1,n-2)$，使得

$$P\left\{\frac{(y_0-\hat{y}_0)^2}{\hat{\sigma}_e^2(1+v_0)}>F_{1-\alpha}(1,n-2)\right\}=\alpha,$$

即以概率 $1-\alpha$，

$$[y_0-\overline{y}-\hat{\beta}_1(x_0-\overline{x})]^2\leqslant\hat{\sigma}_e^2(1+v_0)F_{1-\alpha}(1,n-2). \tag{5.3.15}$$

令 $d=x_0-\overline{x}$，将上式右边移到左边再令其为 0 得方程

$$d^2\left[\hat{\beta}_1^2-\frac{\hat{\sigma}_e^2F_{1-\alpha}(1,n-2)}{L_{xx}}\right]-2\hat{\beta}_1(y_0-\overline{y})d$$
$$+\left[(y_0-\overline{y})^2-\hat{\sigma}_e^2F_{1-\alpha}(1,n-2)\left(1+\frac{1}{n}\right)\right]=0. \tag{5.3.16}$$

上方程关于 d 有两个实根 d_1,d_2（设 $d_1<d_2$），这是因为 y 与 x 有线性关系，即 $\beta_1\neq 0$，也即

$$\frac{\hat{\beta}_1^2L_{xx}}{\hat{\sigma}_e^2}=\frac{U_R}{\hat{\sigma}_e^2}>F_{1-\alpha}(1,n-2),$$

故

$$\hat{\beta}_1^2>\hat{\sigma}_e^2F_{1-\alpha}(1,n-2)/L_{xx},$$

从而(5.3.16)的判别式为

$$4\hat{\beta}_1^2(y_0-\overline{y})^2-4[\hat{\beta}_1^2-\hat{\sigma}_e^2F_{1-\alpha}(1,n-2)/L_{xx}]$$
$$\cdot\left[(y_0-\overline{y})^2-\hat{\sigma}_e^2F_{1-\alpha}(1,n-2)\left(1+\frac{1}{n}\right)\right]$$
$$=4\hat{\beta}_1^2\hat{\sigma}_e^2F_{1-\alpha}(1,n-2)\left(1+\frac{1}{n}\right)$$
$$+4\hat{\sigma}_e^2F_{1-\alpha}(1,n-2)(y_0-\overline{y})^2/L_{xx}$$
$$-\frac{4\hat{\sigma}_e^4F_{1-\alpha}^2(1,n-2)\left(1+\frac{1}{n}\right)}{L_{xx}}$$

$$>\frac{4\hat{\sigma}_e^2F_{1-\alpha}(1,n-2)(y_0-\overline{y})^2}{L_{xx}}>0,$$

于是，$d_1\leqslant d=(x_0-\overline{x})\leqslant d_2\Leftrightarrow$式(5.3.15)成立. 所以，$x_0$ 的 $1-\alpha$ 置信区间为 $(d_1+\overline{x},d_2+\overline{x})$.

(b)　控制

现在我们来讨论当要求 y 在某一固定范围(y_1,y_2)内时，应该如何控制自变量 x 的取值范围. 由于控制问题很复杂，我们这里也只对一元线性回归模型进行讨论. 由式(5.3.12)知，y 的 $1-\alpha$(置信)预测区间为

$$(\hat{y}-\delta(x),\hat{y}+\delta(x)),$$

其中

$$\delta(x)=\hat{\sigma}_e t_{1-\alpha/2}(n-2)\sqrt{1+\frac{1}{n}+(x-\overline{x})^2/L_{xx}},$$
$$\hat{y}=\hat{\beta}_0+\hat{\beta}_1x,$$

即

$$P\{\hat{y}-\delta(x)<y<\hat{y}+\delta(x)\}=1-\alpha,$$

为使 $P\{y_1\leqslant y\leqslant y_2\}=1-\alpha$，只需满足：

$$y_1\leqslant\hat{y}-\delta(x),\hat{y}+\delta(x)\leqslant y_2,[y_2-y_1\geqslant 2\delta(x)].$$

一般取

$$\begin{cases}y_1=\hat{y}-\delta(x),\\ y_2=\hat{y}+\delta(x),\end{cases}\tag{5.3.17}$$

如果由这两个方程能分别解出 x 得 x_1,x_2，则(x_1,x_2)就是 x 的 $1-\alpha$ 的控制区间(控制域). 但是由于 $\delta(x)$很复杂，要由上两方程解出 x 的两个解 x_1 与 x_2 是很困难的. 不过，当 n 很大且 x 与 $\overline{x}$ 接近时，有

$$\delta(x)\approx\hat{\sigma}_e u_{1-\alpha/2}.$$

于是(5.3.17)近似为

$$\begin{cases}y_1=\hat{\beta}_0+\hat{\beta}_1x-\hat{\sigma}_e u_{1-\alpha/2},\\ y_2=\hat{\beta}_0+\hat{\beta}_1x+\hat{\sigma}_e u_{1-\alpha/2},\end{cases}\tag{5.3.18}$$

解之，得

$$x_1=\frac{1}{\hat{\beta}_1}(y_1+\hat{\sigma}_e u_{1-\alpha/2}-\hat{\beta}_0),$$
$$x_2=\frac{1}{\hat{\beta}_1}(y_2-\hat{\sigma}_e u_{1-\alpha/2}-\hat{\beta}_0).\tag{5.3.19}$$

于是，当 $\hat{\beta}_1>0$ 时，x 的 $1-\alpha$ 的控制区间为(x_1,x_2). 当 $\hat{\beta}_1<0$ 时，x 的 $1-\alpha$ 的控制区间为(x_2,x_1).

例 5.3.3 (续例 5.2.1)　在例 5.2.1 中，

(1)　当 $y_0=110$ 时,求相应的自变量 x_0 的 0.95 的置信区间;

(2)　当 $y\in(85,95)$ 时,求 x 的 0.95 的控制区间.

解　(1)因为 $1-\alpha=0.95$,由例 5.2.1 与例 5.3.2 知

$$\hat{y}=-16.07+0.719x,\quad \overline{x}=153.625,$$

$$\hat{\sigma}_e^2=1.7658,\quad \overline{y}=94.4375,$$

$$L_{xx}=609.75,\quad 1+\frac{1}{n}=1+\frac{1}{16}=1.0625,$$

$$F_{0.95}(1,14)=1.7613,$$

$$U_R=315.217,\quad \hat{\sigma}_e=1.3288,\quad u_{1-\alpha/2}=u_{0.975}=1.96,$$

$$t_{0.975}(14)=2.1448,$$

于是方程(5.3.16)为

$$0.5119d^2-22.3789d+238.8869=0,$$

解之得

$$d_1=18.5212,\quad d_2=25.1954,$$

所以 x_0 的 0.95 的置信区间为

$$(d_1+\overline{x},d_2+\overline{x})=(172.1469,178.8204).$$

(2)因为

$$y_1=85,\quad y_2=95,\quad \delta(x)\approx\hat{\sigma}_e u_{0.975}=2.6,$$

$$x_1=\frac{1}{\hat{\beta}_1}(y_1-\hat{\beta}_0+2.6)=144.186,$$

$$x_2=\frac{1}{\hat{\beta}_1}(y_2-\hat{\beta}_0-2.6)=150.862,$$

于是相应于 $y\in(85,95)$ 的 x 的 0.95 控制区间为(144.186,150.862).

注意:当给定 y 的范围 (y_1,y_2) 求 x 的控制区间 (x_1,x_2) 时,y_1,y_2 的值都不能越出 y 的现有的观察值范围之外,例如,在例 5.3.3 中,y_1 不能小于 85,y_2 不能不大 102,否则,求得的 (x_1,x_2) 将不一定符合要求.

§5.4　带有线性约束的线性回归模型

在实际当中,我们常常要考虑带有线性约束的线性回归模型

$$\begin{cases}\boldsymbol{Y}=\boldsymbol{X\beta}+\boldsymbol{\varepsilon},\\ \boldsymbol{H\beta}=\boldsymbol{d},\\ E(\boldsymbol{\varepsilon})=0,\mathrm{Cov}(\boldsymbol{\varepsilon},\boldsymbol{\varepsilon})=\sigma^2\boldsymbol{I}_n,\end{cases}\tag{5.4.1}$$

其中 $\boldsymbol{X}$ 是秩为 $k+1$ 的 $n\times(k+1)$ 矩阵,$\boldsymbol{H}$ 是 $q\times(k+1)$ 矩阵,$\boldsymbol{d}$ 是 q 维列向量.

5.4.1　拉格朗日乘子法

我们用拉格朗日乘子法来求 $\boldsymbol{\beta}$ 的最小二乘法估计量. 记

$$Q=(\boldsymbol{Y}-\boldsymbol{X\beta})'(\boldsymbol{Y}-\boldsymbol{X\beta})+(\boldsymbol{H\beta}-\boldsymbol{d})'\boldsymbol{\lambda}, \tag{5.4.2}$$

其中 $\boldsymbol{\lambda}$ 为待定的 q 维列向量,现在利用条件极值理论,求使 Q 达最小的 $\hat{\boldsymbol{\beta}}_H$ 与 $\hat{\boldsymbol{\lambda}}_H$. 为此,令

$$\frac{\partial Q}{\partial \boldsymbol{\beta}}=0, \qquad \frac{\partial Q}{\partial \boldsymbol{\lambda}}=0,$$

得

$$\begin{cases}-2\boldsymbol{X}'\boldsymbol{Y}+2\boldsymbol{X}'\boldsymbol{X\beta}+\boldsymbol{H}'\boldsymbol{\lambda}=0,\\ \boldsymbol{H\beta}-\boldsymbol{d}=0,\end{cases} \tag{5.4.3}$$

记 $\boldsymbol{\beta},\boldsymbol{\lambda}$ 的解分别为 $\hat{\boldsymbol{\beta}}_H$ 与 $\hat{\boldsymbol{\lambda}}_H$,则得

$$\begin{aligned}\hat{\boldsymbol{\beta}}_H&=(\boldsymbol{X}'\boldsymbol{X})^{-1}\boldsymbol{X}'\boldsymbol{Y}-\frac{1}{2}(\boldsymbol{X}'\boldsymbol{X})^{-1}\boldsymbol{H}'\hat{\boldsymbol{\lambda}}_H\\ &=\hat{\boldsymbol{\beta}}-\frac{1}{2}(\boldsymbol{X}'\boldsymbol{X})^{-1}\boldsymbol{H}'\hat{\boldsymbol{\lambda}}_H,\end{aligned} \tag{5.4.3$'$}$$

$$\boldsymbol{d}=\boldsymbol{H}\hat{\boldsymbol{\beta}}_H=\boldsymbol{H}\hat{\boldsymbol{\beta}}-\frac{1}{2}\boldsymbol{H}(\boldsymbol{X}'\boldsymbol{X})^{-1}\boldsymbol{H}'\hat{\boldsymbol{\lambda}}_H,$$

其中

$$\hat{\boldsymbol{\beta}}=(\boldsymbol{X}'\boldsymbol{X})^{-1}\boldsymbol{X}'\boldsymbol{Y},$$

从而

$$\hat{\boldsymbol{\lambda}}_H=-2[\boldsymbol{H}(\boldsymbol{X}'\boldsymbol{X})^{-1}\boldsymbol{H}']^{-1}(\boldsymbol{d}-\boldsymbol{H}\hat{\boldsymbol{\beta}}), \tag{5.4.4}$$

$$\hat{\boldsymbol{\beta}}_H=\hat{\boldsymbol{\beta}}+(\boldsymbol{X}'\boldsymbol{X})^{-1}\boldsymbol{H}'[\boldsymbol{H}(\boldsymbol{X}'\boldsymbol{X})^{-1}\boldsymbol{H}']^{-1}(\boldsymbol{d}-\boldsymbol{H}\hat{\boldsymbol{\beta}}), \tag{5.4.5}$$

现在来证明 $\hat{\boldsymbol{\beta}}_H$ 是 $\boldsymbol{H\beta}=d$ 下使 $\boldsymbol{\varepsilon}'\boldsymbol{\varepsilon}$ 达最小的 $\boldsymbol{\beta}$ 的最小二乘法估计量.

因为 $\boldsymbol{H}\hat{\boldsymbol{\beta}}_H=\boldsymbol{d},\hat{\boldsymbol{\beta}}=(\boldsymbol{X}'\boldsymbol{X})^{-1}\boldsymbol{X}'\boldsymbol{Y}$,所以对满足式(5.4.1)的任意 $\boldsymbol{\beta}$ 有

$$\begin{aligned}\boldsymbol{\varepsilon}'\boldsymbol{\varepsilon}&=(\boldsymbol{Y}-\boldsymbol{X\beta})'(\boldsymbol{Y}-\boldsymbol{X\beta})=(\boldsymbol{Y}-\boldsymbol{X}\hat{\boldsymbol{\beta}}+\boldsymbol{X}\hat{\boldsymbol{\beta}}-\boldsymbol{X\beta})'\\ &\quad\times(\boldsymbol{Y}-\boldsymbol{X}\hat{\boldsymbol{\beta}}+\boldsymbol{X}\hat{\boldsymbol{\beta}}-\boldsymbol{X\beta})=(\boldsymbol{Y}-\boldsymbol{X}\hat{\boldsymbol{\beta}})'(\boldsymbol{Y}-\boldsymbol{X}\hat{\boldsymbol{\beta}})\\ &\quad+(\hat{\boldsymbol{\beta}}-\boldsymbol{\beta})'\boldsymbol{X}'\boldsymbol{X}(\hat{\boldsymbol{\beta}}-\boldsymbol{\beta})=(\boldsymbol{Y}-\boldsymbol{X}\hat{\boldsymbol{\beta}})'(\boldsymbol{Y}-\boldsymbol{X}\hat{\boldsymbol{\beta}})\\ &\quad+(\hat{\boldsymbol{\beta}}-\hat{\boldsymbol{\beta}}_H+\hat{\boldsymbol{\beta}}_H-\boldsymbol{\beta})'\boldsymbol{X}'\boldsymbol{X}(\hat{\boldsymbol{\beta}}-\hat{\boldsymbol{\beta}}_H+\hat{\boldsymbol{\beta}}_H-\boldsymbol{\beta})\\ &=(\boldsymbol{Y}-\boldsymbol{X}\hat{\boldsymbol{\beta}})'(\boldsymbol{Y}-\boldsymbol{X}\hat{\boldsymbol{\beta}})+(\hat{\boldsymbol{\beta}}-\hat{\boldsymbol{\beta}}_H)'\boldsymbol{X}'\boldsymbol{X}(\hat{\boldsymbol{\beta}}-\hat{\boldsymbol{\beta}}_H)\\ &\quad+(\hat{\boldsymbol{\beta}}_H-\boldsymbol{\beta})'\boldsymbol{X}'\boldsymbol{X}(\hat{\boldsymbol{\beta}}-\hat{\boldsymbol{\beta}}_H)+(\hat{\boldsymbol{\beta}}-\hat{\boldsymbol{\beta}}_H)'\boldsymbol{X}'\boldsymbol{X}(\hat{\boldsymbol{\beta}}_H-\boldsymbol{\beta})\\ &\quad+(\hat{\boldsymbol{\beta}}_H-\boldsymbol{\beta})'\boldsymbol{X}'\boldsymbol{X}(\hat{\boldsymbol{\beta}}_H-\boldsymbol{\beta}),\end{aligned}$$

由式(5.4.3)$'$知

$$2(\hat{\boldsymbol{\beta}}-\hat{\boldsymbol{\beta}}_H)'\boldsymbol{X}'\boldsymbol{X}(\hat{\boldsymbol{\beta}}_H-\boldsymbol{\beta})=\hat{\boldsymbol{\lambda}}'_H\boldsymbol{H}(\hat{\boldsymbol{\beta}}_H-\boldsymbol{\beta})=\boldsymbol{\lambda}'_H(\boldsymbol{d}-\boldsymbol{d})=0,$$

所以

$$\begin{aligned}\boldsymbol{\varepsilon}'\boldsymbol{\varepsilon}&=(\boldsymbol{Y}-\boldsymbol{X}\hat{\boldsymbol{\beta}})(\boldsymbol{Y}-\boldsymbol{X}\hat{\boldsymbol{\beta}})+(\hat{\boldsymbol{\beta}}-\hat{\boldsymbol{\beta}}_H)'\boldsymbol{X}'\boldsymbol{X}(\hat{\boldsymbol{\beta}}-\hat{\boldsymbol{\beta}}_H)\\ &\quad+(\hat{\boldsymbol{\beta}}_H-\boldsymbol{\beta})'\boldsymbol{X}'\boldsymbol{X}(\hat{\boldsymbol{\beta}}_H-\boldsymbol{\beta}),\end{aligned}$$

从而当 $\boldsymbol{\beta}=\hat{\boldsymbol{\beta}}_H$ 时,$\boldsymbol{\varepsilon}'\boldsymbol{\varepsilon}=(\boldsymbol{Y}-\boldsymbol{X}\boldsymbol{\beta})'(\boldsymbol{Y}-\boldsymbol{X}\boldsymbol{\beta})$达到最小,即

$$\begin{aligned}(\boldsymbol{Y}-\boldsymbol{X}\hat{\boldsymbol{\beta}}_H)'(\boldsymbol{Y}-\boldsymbol{X}\hat{\boldsymbol{\beta}}_H) &= (\boldsymbol{Y}-\boldsymbol{X}\hat{\boldsymbol{\beta}})'(\boldsymbol{Y}-\boldsymbol{X}\hat{\boldsymbol{\beta}}) \\ &\quad +((\hat{\boldsymbol{\beta}}-\hat{\boldsymbol{\beta}}_H)'\boldsymbol{X}'\boldsymbol{X}(\hat{\boldsymbol{\beta}}-\hat{\boldsymbol{\beta}}_H)),\end{aligned} \tag{5.4.6}$$

于是我们得带性线约束 $\boldsymbol{H}\boldsymbol{\beta}=\boldsymbol{d}$ 的线性回归方程

$$\hat{y}_H=\hat{\boldsymbol{\beta}}_{0H}+\hat{\boldsymbol{\beta}}_{1H}x_1+\cdots+\hat{\boldsymbol{\beta}}_{kH}x_k. \tag{5.4.7}$$

5.4.2 $\hat{\boldsymbol{\beta}}_H$ 的性质

现在我们在假设 $\boldsymbol{\varepsilon}\sim N_n(0,\sigma^2\boldsymbol{I}_n)$下讨论 $\hat{\boldsymbol{\beta}}_H$ 的性质.

(i) $\hat{\boldsymbol{\beta}}_H\sim N_{k+1}(\boldsymbol{\beta},\sigma^2\boldsymbol{P})$,其中

$$\boldsymbol{P}=(X'X)^{-1}\{I_{k+1}-H'[H(X'X)^{-1}H']^{-1}H(X'X)^{-1}\}.$$

证明 因为 $\hat{\boldsymbol{\beta}}_H$ 是$\hat{\boldsymbol{\beta}}$ 的线性函数,而 $\hat{\boldsymbol{\beta}}$ 是 Y 的线性函数,所以 $\hat{\boldsymbol{\beta}}_H$ 服从正态分布. 又因

$$\begin{aligned}E(\hat{\boldsymbol{\beta}}_H) &= E(\hat{\boldsymbol{\beta}})+(\boldsymbol{X}'\boldsymbol{X})^{-1}\boldsymbol{H}'[\boldsymbol{H}(\boldsymbol{X}'\boldsymbol{X})^{-1}\boldsymbol{H}']^{-1}\cdot[\boldsymbol{d}-\boldsymbol{H}E(\hat{\boldsymbol{\beta}})]=\boldsymbol{\beta}, \\ \mathrm{Cov}(\hat{\boldsymbol{\beta}}_H,\hat{\boldsymbol{\beta}}_H) &= \{\boldsymbol{I}_{k+1}-(\boldsymbol{X}'\boldsymbol{X})^{-1}\boldsymbol{H}' \\ &\quad\cdot[\boldsymbol{H}(\boldsymbol{X}'\boldsymbol{X})^{-1}\boldsymbol{H}']^{-1}\boldsymbol{H}\}\sigma^2(\boldsymbol{X}'\boldsymbol{X})^{-1} \\ &\quad\cdot\{\boldsymbol{I}_{k+1}-\boldsymbol{H}'[\boldsymbol{H}(\boldsymbol{X}'\boldsymbol{X})^{-1}\boldsymbol{H}']^{-1}\boldsymbol{H}(\boldsymbol{X}'\boldsymbol{X})^{-1}\}=\sigma^2\boldsymbol{P},\end{aligned}$$

所以

$$\hat{\boldsymbol{\beta}}_H\sim N_{k+1}(\boldsymbol{\beta},\sigma^2\boldsymbol{P}).$$

(ii) 令 $\hat{Y}_H=\boldsymbol{X}\hat{\boldsymbol{\beta}}_H,\boldsymbol{e}_H=\boldsymbol{Y}-\hat{\boldsymbol{Y}}_H$,则

(a) $\boldsymbol{e}_H$ 与 $\hat{\boldsymbol{\beta}}_H$ 独立.

(b) $\boldsymbol{e}_H\sim N_n(0,\sigma^2(\boldsymbol{I}_n-\boldsymbol{X}\boldsymbol{P}\boldsymbol{X}'))$.

证明 (a) 因为

$$\begin{aligned}\hat{\boldsymbol{\beta}}_H &=\{(\boldsymbol{X}'\boldsymbol{X})^{-1}\boldsymbol{X}'-(\boldsymbol{X}'\boldsymbol{X})^{-1}\boldsymbol{H}'[\boldsymbol{H}(\boldsymbol{X}'\boldsymbol{X})^{-1}\boldsymbol{H}']^{-1} \\ &\quad\cdot\boldsymbol{H}(\boldsymbol{X}'\boldsymbol{X})^{-1}\boldsymbol{X}'\}\boldsymbol{Y}+\boldsymbol{P}_1, \\ \boldsymbol{e}_H &=\{\boldsymbol{I}_n-\boldsymbol{X}(\boldsymbol{X}'\boldsymbol{X})^{-1}\boldsymbol{X}'+\boldsymbol{X}(\boldsymbol{X}'\boldsymbol{X})^{-1}\boldsymbol{H}' \\ &\quad\cdot[\boldsymbol{H}(\boldsymbol{X}'\boldsymbol{X})'^{-1}\boldsymbol{H}']^{-1}\boldsymbol{H}(\boldsymbol{X}'\boldsymbol{X})^{-1}\boldsymbol{X}'\}\boldsymbol{Y}-\boldsymbol{X}\boldsymbol{P}_1,\end{aligned}$$

其中 $\boldsymbol{P}_1=(\boldsymbol{X}'\boldsymbol{X})^{-1}\boldsymbol{H}'[\boldsymbol{H}(\boldsymbol{X}'\boldsymbol{X})^{-1}\boldsymbol{H}']^{-1}\boldsymbol{d}$ 为常数向量,又因 $\hat{\boldsymbol{\beta}}_H$ 服从正态分布,$\boldsymbol{e}_H$ 是 $\boldsymbol{Y}$ 的线性函数,所以 $\boldsymbol{e}_H$ 也服从正态分布,所以为证明 $\hat{\boldsymbol{\beta}}_H$ 与 $\boldsymbol{e}_H$ 独立,只需证 $\hat{\boldsymbol{\beta}}_H$ 中的第一项与 $\boldsymbol{e}_H$ 中的第一项独立,再考虑到正态分布,只需证明

$$\{(\boldsymbol{X}'\boldsymbol{X})^{-1}\boldsymbol{X}'-(\boldsymbol{X}'\boldsymbol{X})^{-1}\boldsymbol{H}'[\boldsymbol{H}(\boldsymbol{X}'\boldsymbol{X})^{-1}\boldsymbol{H}']^{-1}\boldsymbol{H}(\boldsymbol{X}\boldsymbol{X})'^{-1}\boldsymbol{X}'\}$$

与

$$\{\boldsymbol{I}_n-\boldsymbol{X}(\boldsymbol{X}'\boldsymbol{X})^{-1}\boldsymbol{X}'+\boldsymbol{X}(\boldsymbol{X}'\boldsymbol{X})^{-1}\boldsymbol{H}'[\boldsymbol{H}(\boldsymbol{X}'\boldsymbol{X})^{-1}\boldsymbol{H}']^{-1}\boldsymbol{H}(\boldsymbol{X}'\boldsymbol{X})^{-1}\boldsymbol{X}'\}'$$

乘积为 0,而这是显然的,所以 $\hat{\boldsymbol{\beta}}_H$ 与 $\boldsymbol{e}_H$ 独立.

(b)　因为 $E(\boldsymbol{e}_H)=E(\boldsymbol{Y})-E(\boldsymbol{X}\hat{\boldsymbol{\beta}}_H)=\boldsymbol{X\beta}-\boldsymbol{X\beta}=0$. 又因 $\boldsymbol{e}_H$ 与 $\hat{\boldsymbol{Y}}_H=\boldsymbol{X}\hat{\boldsymbol{\beta}}_H$ 独立，且 $\boldsymbol{Y}=\boldsymbol{e}_H+\hat{\boldsymbol{Y}}_H$，所以

$$\mathrm{Cov}(\boldsymbol{Y},\boldsymbol{Y})=\mathrm{Cov}(\boldsymbol{e}_H,\boldsymbol{e}_H)+\mathrm{Cov}(\hat{\boldsymbol{Y}}_H,\hat{\boldsymbol{Y}}_H),$$

从而

$$\begin{aligned}\mathrm{Cov}(\boldsymbol{e}_H,\boldsymbol{e}_H)&=\mathrm{Cov}(\boldsymbol{Y},\boldsymbol{Y})-\mathrm{Cov}(\hat{\boldsymbol{Y}}_H,\hat{\boldsymbol{Y}}_H)\\&=\sigma^2\boldsymbol{I}_n-\boldsymbol{X}\sigma^2\boldsymbol{PX}'=\sigma^2(\boldsymbol{I}_n-\boldsymbol{XPX}'),\end{aligned}$$

所以

$$\boldsymbol{e}_H\sim N_n(0,\sigma^2(\boldsymbol{I}_n-\boldsymbol{XPX}')).$$

(iii)　记 $Q_{e_H}=(\boldsymbol{Y}-\hat{\boldsymbol{Y}}_H)'(\boldsymbol{Y}-\hat{\boldsymbol{Y}}_H)$，$Q_e=(\boldsymbol{Y}-\hat{\boldsymbol{Y}})'(\boldsymbol{Y}-\hat{\boldsymbol{Y}})$，则

$$(Q_{e_H}-Q_e)/\sigma^2\sim\chi^2(q).$$

证明　由式(5.4.6)得

$$\begin{aligned}(\boldsymbol{Y}-\hat{\boldsymbol{Y}}_H)'(\boldsymbol{Y}-\hat{\boldsymbol{Y}}_H)&=(\boldsymbol{Y}-\hat{\boldsymbol{Y}})'(\boldsymbol{Y}-\hat{\boldsymbol{Y}})\\&\quad+(\hat{\boldsymbol{Y}}-\hat{\boldsymbol{Y}}_H)'(\hat{\boldsymbol{Y}}-\hat{\boldsymbol{Y}}_H),\end{aligned}\tag{5.4.8}$$

即

$$\begin{aligned}Q_{e_H}-Q_e&=(\hat{\boldsymbol{\beta}}-\hat{\boldsymbol{\beta}}_H)'\boldsymbol{X}'\boldsymbol{X}(\hat{\boldsymbol{\beta}}-\hat{\boldsymbol{\beta}}_H)\quad(\text{由}(5.4.5))\\&=(\boldsymbol{H}\hat{\boldsymbol{\beta}}-\boldsymbol{d})'[\boldsymbol{H}(\boldsymbol{X}'\boldsymbol{X})^{-1}\boldsymbol{H}']^{-1}(\boldsymbol{H}\hat{\boldsymbol{\beta}}-\boldsymbol{d}).\end{aligned}\tag{5.4.9}$$

因为 $\boldsymbol{H}\hat{\boldsymbol{\beta}}-\boldsymbol{d}$ 是 $\boldsymbol{Y}$ 的线性函数，又 $E(\boldsymbol{H}\hat{\boldsymbol{\beta}}-\boldsymbol{d})=\boldsymbol{H\beta}-\boldsymbol{d}=0$，且

$$\mathrm{Var}(\boldsymbol{H}\hat{\boldsymbol{\beta}}-\boldsymbol{d})=\boldsymbol{H}\mathrm{Var}(\hat{\boldsymbol{\beta}})\boldsymbol{H}'=\sigma^2\boldsymbol{H}(\boldsymbol{X}'\boldsymbol{X})^{-1}\boldsymbol{H}',$$

所以

$$\boldsymbol{H}\hat{\boldsymbol{\beta}}-\boldsymbol{d}\sim N_q(0,\sigma^2\boldsymbol{H}(\boldsymbol{X}'\boldsymbol{X})^{-1}\boldsymbol{H}').$$

由定理 1.2.6 知

$$\sigma^{-2}(\boldsymbol{H}\hat{\boldsymbol{\beta}}-\boldsymbol{d})'[\boldsymbol{H}(\boldsymbol{X}'\boldsymbol{X})^{-1}\boldsymbol{H}']^{-1}(\boldsymbol{H}\hat{\boldsymbol{\beta}}-\boldsymbol{d})\sim\chi^2(q),$$

即

$$(Q_{e_H}-Q_e)/\sigma^2\sim\chi^2(q).$$

证毕

5.4.3　对假设 $H_0:\boldsymbol{H\beta}=\boldsymbol{d}$ 的检验

对模型

$$\boldsymbol{Y}=\boldsymbol{X\beta}+\boldsymbol{\varepsilon},\quad\boldsymbol{\varepsilon}\sim N_n(0,\sigma^2\boldsymbol{I}_n),\tag{5.4.10}$$

一般可提出如下的原假设

$$H_0:\boldsymbol{H\beta}=\boldsymbol{d},\tag{5.4.11}$$

其中 $\boldsymbol{H},\boldsymbol{d}$ 如式(5.4.1)所设，即 $\boldsymbol{H}$ 是 $q\times(k+1)$ 阶矩阵，$\boldsymbol{d}$ 是 q 维列向量.

由 $\hat{\boldsymbol{\beta}}$ 的性质 6 知，Q_e 与 $\hat{\boldsymbol{\beta}}$ 独立，再由式(5.4.9)知，Q_e 与 $Q_{e_H}-Q_e$ 独立，又因 $\dfrac{Q_e}{\sigma^2}\sim\chi^2(n-k-1)$，所以当原假设 H_0 成立时

$$F \xlongequal{\triangle} \frac{(Q_{e_H}-Q_e)/q}{Q_e/(n-k-1)}$$
$$=\frac{(n-k-1)}{q}\frac{(\boldsymbol{H}\hat{\boldsymbol{\beta}}-\boldsymbol{d})'[\boldsymbol{H}(\boldsymbol{X}'\boldsymbol{X})^{-1}\boldsymbol{H}']^{-1}(\boldsymbol{H}\hat{\boldsymbol{\beta}}-\boldsymbol{d})}{Q_e}$$
$$\sim F(q,n-k-1), \tag{5.4.12}$$

从而 F 可作为 H_0 的检验统计量. H_0 的拒绝域为

$$\mathscr{H}_0=\{F>F_{1-\alpha}(1,n-k-1)\}.$$

特别,当 $\boldsymbol{d}=0$ 时,F 可表为

$$F=\frac{n-k-1}{q}\cdot\frac{\boldsymbol{Y}'(\boldsymbol{P_X}-\boldsymbol{P_H})\boldsymbol{Y}}{\boldsymbol{Y}'(\boldsymbol{I}_n-\boldsymbol{P_X})\boldsymbol{Y}}, \tag{5.4.13}$$

其中

$$\begin{cases}\boldsymbol{P_X}=\boldsymbol{X}(\boldsymbol{X}'\boldsymbol{X})^{-1}\boldsymbol{X}'\\ \boldsymbol{P_H}=\boldsymbol{P_X}-\boldsymbol{X}(\boldsymbol{X}'\boldsymbol{X})^{-1}\boldsymbol{H}'[\boldsymbol{H}(\boldsymbol{X}'\boldsymbol{X})^{-1}\boldsymbol{H}']^{-1}\boldsymbol{H}(\boldsymbol{X}'\boldsymbol{H})^{-1}\boldsymbol{X}'.\end{cases} \tag{5.4.14}$$

证明 在式(5.4.5)中令 $\boldsymbol{d}=0$,即得

$$\hat{\boldsymbol{Y}}_{\boldsymbol{H}}=\boldsymbol{X}\hat{\boldsymbol{\beta}}_{\boldsymbol{H}}=\boldsymbol{P_H}\boldsymbol{Y},$$

所以

$$Q_{e_H}=\boldsymbol{Y}'(\boldsymbol{I}_n-P_{\boldsymbol{H}})\boldsymbol{Y},$$

又因

$$Q_e=\boldsymbol{Y}'[\boldsymbol{I}_n-\boldsymbol{X}(\boldsymbol{X}'\boldsymbol{X})^{-1}\boldsymbol{X}']\boldsymbol{Y}=\boldsymbol{Y}'(\boldsymbol{I}_n-\boldsymbol{P_X})\boldsymbol{Y},$$

由式(5.4.12)得

$$F=\frac{n-k-1}{q}\cdot\frac{\boldsymbol{Y}'(\boldsymbol{P_X}-\boldsymbol{P_H})\boldsymbol{Y}}{\boldsymbol{Y}'(\boldsymbol{I}_n-\boldsymbol{P_X})\boldsymbol{Y}}.$$ 证毕

易证 $\boldsymbol{P_X},\boldsymbol{P_H}$ 均为投影矩阵.

不难看出 5.3 节中线性模型检验假设问题: $H_0:\beta_1=\beta_2=\cdots=\beta_k=0$,即为 $H_0:\boldsymbol{H\beta}=0$,其中

$$H=\begin{bmatrix}0&1&0&0&\cdots&0\\0&0&1&0&\cdots&0\\ \vdots&\vdots&\vdots&\vdots&&\vdots\\0&0&\cdots&\cdots&\cdots&1\end{bmatrix}$$

为 $k\times(k+1)$阶矩阵.

回归系数检验假设问题:

$$H_{0i}:\beta_i=0,\qquad i=0,1,\cdots,k,$$

即为 $H_{0i}:\boldsymbol{H\beta}=0$,其中 $\boldsymbol{H}=(0,\cdots,0,1,0,\cdots,0)$,即 $\boldsymbol{H}$ 为 $k+1$ 维行向量,除了第 $i+1$个元素为 1 外,其余均为 0.

例 5.4.1　设

$$\begin{cases} y_1 = \beta_1 + \varepsilon_1, \\ y_2 = 2\beta_1 - \beta_2 + \varepsilon_2, \quad \boldsymbol{\varepsilon} \sim N_3(0, \sigma^2 \boldsymbol{I}_3), \\ y_3 = \beta_1 + 2\beta_2 + \varepsilon_3, \end{cases}$$

试导出关于假设 $H_0: \beta_1 = 2\beta_2$ 的 F 检验统计量.

解　因为

$$\begin{bmatrix} y_1 \\ y_2 \\ y_3 \end{bmatrix} = \begin{bmatrix} 1 & 0 \\ 2 & -1 \\ 1 & 2 \end{bmatrix} \begin{bmatrix} \beta_1 \\ \beta_3 \end{bmatrix} + \begin{bmatrix} \varepsilon_1 \\ \varepsilon_2 \\ \varepsilon_3 \end{bmatrix}, \quad H_0: (1, -2) \begin{bmatrix} \beta_1 \\ \beta_2 \end{bmatrix} = 0,$$

所以

$$\boldsymbol{X}'\boldsymbol{X} = \begin{bmatrix} 6 & 0 \\ 0 & 5 \end{bmatrix}, \quad (\boldsymbol{X}'\boldsymbol{X})^{-1} = \boldsymbol{C} = \begin{bmatrix} \frac{1}{6} & 0 \\ 0 & \frac{1}{5} \end{bmatrix},$$

由 $\hat{\boldsymbol{\beta}} = (\boldsymbol{X}'\boldsymbol{X})^{-1}\boldsymbol{X}'\boldsymbol{Y}$，得

$$\begin{bmatrix} \hat{\beta}_1 \\ \hat{\beta}_2 \end{bmatrix} = \begin{bmatrix} \frac{1}{6} & 0 \\ 0 & \frac{1}{5} \end{bmatrix} \begin{bmatrix} y_1 + 2y_2 + y_3 \\ -y_2 + y_3 \end{bmatrix} = \begin{bmatrix} \frac{1}{6}(y_1 + 2y_2 + y_3) \\ \frac{1}{5}(y_3 - y_2) \end{bmatrix},$$

由式(5.2.30)

$$\begin{aligned} Q_e &= \boldsymbol{Y}'\boldsymbol{Y} - \boldsymbol{U} = y_1^2 + y_2^2 + y_3^2 - \hat{\boldsymbol{\beta}}'\boldsymbol{X}'\boldsymbol{X}\hat{\boldsymbol{\beta}} \\ &= y_1^2 + y_2^2 + y_3^2 - 6\hat{\beta}_1^2 - 5\hat{\beta}_2^2, \end{aligned}$$

又因

$$\boldsymbol{H}\hat{\boldsymbol{\beta}} = (1, -2)\hat{\boldsymbol{\beta}} = \hat{\beta}_1 - 2\hat{\beta}_2, n = 3, k + 1 = 2, q = 1,$$

$$\boldsymbol{H}(\boldsymbol{X}'\boldsymbol{X})^{-1}\boldsymbol{H}' = (1, -2)(\boldsymbol{X}'\boldsymbol{X})^{-1} \begin{bmatrix} 1 \\ -2 \end{bmatrix} = \frac{1}{6} + \frac{4}{5} = \frac{29}{30},$$

再由式(5.4.12)，从而

$$\begin{aligned} F &= \frac{(\boldsymbol{H}\hat{\boldsymbol{\beta}})'[\boldsymbol{H}(\boldsymbol{X}'\boldsymbol{X})^{-1}\boldsymbol{H}']^{-1}(\boldsymbol{H}\hat{\boldsymbol{\beta}})}{Q_e} \\ &= \frac{30}{29} \cdot \frac{(\hat{\beta}_1 - 2\hat{\beta}_2)^2}{(y_1^2 + y_2^2 + y_3^2 - 6\hat{\beta}_1^2 - 5\hat{\beta}_2^2)}. \end{aligned}$$

例 5.4.2（对比检验）　设 $x_1, x_2, \cdots, x_{n_1}$ 为总体 $\xi \sim N(a_1, \sigma^2)$ 的样本，$y_1, \cdots, y_{n_2}$ 是总体 $\eta \sim N(a_2, \sigma^2)$ 的样本，且两样本独立，试导出假设 $H_0: a_1 = a_2$ 的 F 检验统计量.

解　设 $H = (1, -1)$，原假设 H_0 可表为 $H_0: \boldsymbol{H\beta} = 0$，其中 $\boldsymbol{\beta}' = (a_1, a_2)$，线性模型可写成

$$\begin{bmatrix} x_1 \\ \vdots \\ x_{n_1} \\ y_1 \\ \vdots \\ y_{n_2} \end{bmatrix} = \begin{bmatrix} 1 & 0 \\ \vdots & \vdots \\ 1 & 0 \\ 0 & 1 \\ \vdots & \vdots \\ 0 & 1 \end{bmatrix} \begin{bmatrix} a_1 \\ a_2 \end{bmatrix} + \begin{bmatrix} \varepsilon_1 \\ \vdots \\ \varepsilon_{n_1} \\ \varepsilon_{n_1+1} \\ \vdots \\ \varepsilon_{n_1+n_2} \end{bmatrix},$$

或

$$\boldsymbol{Y} = \boldsymbol{X\beta} + \boldsymbol{\varepsilon},$$

其中

$$Y = \begin{bmatrix} x_1 \\ \vdots \\ x_{n_1} \\ y_1 \\ \vdots \\ y_{n_2} \end{bmatrix},$$

$$\boldsymbol{\varepsilon} \sim N_{n_1+n_2}(0, \sigma^2 \boldsymbol{I}_{n_1+n_2}).$$

故

$$\boldsymbol{X}'\boldsymbol{X} = \begin{bmatrix} n_1 & 0 \\ 0 & n_2 \end{bmatrix}, \quad (\boldsymbol{X}'\boldsymbol{X})^{-1} = \begin{bmatrix} \dfrac{1}{n_1} & 0 \\ 0 & \dfrac{1}{n_2} \end{bmatrix}, \quad \boldsymbol{X}'\boldsymbol{Y} = \begin{bmatrix} \sum\limits_{i=1}^{n_1} x_i \\ \sum\limits_{j=1}^{n_2} y_j \end{bmatrix},$$

$$\hat{\boldsymbol{\beta}} = \begin{bmatrix} \hat{a}_1 \\ \hat{a}_2 \end{bmatrix} = \begin{bmatrix} \dfrac{1}{n_1} & 0 \\ 0 & \dfrac{1}{n_2} \end{bmatrix} \begin{bmatrix} \sum\limits_{i=1}^{n_1} x_i \\ \sum\limits_{j=1}^{n_2} y_j \end{bmatrix} = \begin{bmatrix} \bar{x} \\ \bar{y} \end{bmatrix},$$

$$\boldsymbol{H}\hat{\boldsymbol{\beta}} = (1, -1)\begin{bmatrix} \bar{x} \\ \bar{y} \end{bmatrix} = \bar{x} - \bar{y},$$

$$\boldsymbol{H}(\boldsymbol{X}'\boldsymbol{X})^{-1}\boldsymbol{H}' = \left(\frac{1}{n_1}, -\frac{1}{n_2}\right)\boldsymbol{H}' = \frac{1}{n_1} + \frac{1}{n_2} = \frac{n_1 + n_2}{n_1 n_2}.$$

当 H_0 成立时

$$(\boldsymbol{H}\hat{\boldsymbol{\beta}})'[\boldsymbol{H}(\boldsymbol{X}')^{-1}\boldsymbol{H}']^{-1}(\boldsymbol{H}\hat{\boldsymbol{\beta}})=\frac{n_1n_2}{n_1+n_2}(\overline{x}-\overline{y})^2.$$

由式(5.2.30)

$$\begin{aligned}Q_e&=\boldsymbol{Y}'\boldsymbol{Y}-\hat{\boldsymbol{\beta}}'\boldsymbol{X}'\boldsymbol{X}\hat{\boldsymbol{\beta}}=\sum_{i=1}^{n_1}x_i^2+\sum_{j=1}^{n_2}y_j^2-n_1\overline{x}^2-n_2\overline{y}^2\\&=n_1S_1^2+n_2S_2^2,\end{aligned}$$

其中

$$S_1^2=\frac{1}{n_1}\sum_{i=1}^{n_1}(x_i-\overline{x})^2,\quad S_2^2=\frac{1}{n_2}\sum_{j=1}^{n_2}(y_j-\overline{y})^2.$$

又因

$$n-k-1=n_1+n_2-2,q=1,$$

由式(5.4.12)得

$$\begin{aligned}F&=\frac{(n_1+n_2-2)n_1n_2(\overline{x}-\overline{y})^2}{(n_1+n_2)(n_1S_1^2+n_2S_2^2)}\\&=\frac{(\overline{x}-\overline{y})^2}{\hat{\sigma}_e^2\left(\dfrac{1}{n_1}+\dfrac{1}{n_2}\right)}\sim F(1,n-2)\\&=F(1,n_1+n_2-2),\end{aligned}\tag{5.4.15}$$

其中

$$n=n_1+n_2,\hat{\sigma}_e^2=\frac{Q_e}{n-2}=\frac{n_1S_1^2+n_2S_2^2}{n_1+n_2-2}.$$

习　题　五

1. 某医院用光电比色计检验尿汞时,得尿汞含量(mg/l)与消光系数读数的结果如下:

尿汞含量　x_i	2	4	6	8	10
消光系数　y_1	64	138	205	285	360

已知 y_i 与 x_i 之间有关系式:$y_i=\beta_0+\beta_1x_i+\varepsilon_i$,且诸 $\varepsilon_i\sim N(0,\sigma^2)$,并相互独立,求 β_0,β_1 的最小二乘估计.

2. 在维尼纶醛化试验中,固定其他因素,考虑醛浓度与反应时间对醛化度的关系试验数据如下:

醛化度 反应时间 / 甲醛浓度	3	5	7	12	20	30
32.10	17.8	22.9	25.9	29.9	32.9	35.4
33.00	18.2	22.9	25.1	28.6	31.2	34.1
27.60	16.8	20.0	23.6	28.0	30.0	33.1

记醛化度为 y,反应时间为 x_1,甲醛浓度为 x_2,由经验知道,y 与 x_2 成正比,而与 x_1 成反比,并有 $E(y)=b_0+b_1\dfrac{1}{x_1}+b_2x_2$. 求 b_0,b_1,b_2 的最小二乘估计值.

3. 设 $y_i=\beta_0+\beta_1x_i+\beta_2(3x_i^2-2)+\varepsilon_i,i=1,2,3,x_1=-1,x_2=0,x_3=1,\varepsilon_1,\varepsilon_2,\varepsilon_3$ 相互独立,且均服从分布$N(0,\sigma^2)$.

(1) 写出设计矩阵 $\mathbf{X}$;(2) 求 β_0,β_1,β_2 的最小二乘估计;(3) 证明:当 $\beta_2=0$ 时,β_0 与 β_1 的最小二乘估计量不变.

4. 设 $y_i=\theta+\varepsilon_i,i=1,\cdots,m,$

$y_{m+i}=\theta+\varphi+\varepsilon_{m+i},i=1,\cdots,m,$

$y_{2m+i}=\theta-2\varphi+\varepsilon_{2m+i},i=1,\cdots,n,$

诸 ε_i 相互独立,且均服从分布 $N(0,\sigma^2)$,求 θ,φ 的最小二乘估计,并证明:当 $m=2n$ 时,$\hat{\theta}$ 与 $\hat{\varphi}$ 互不相关.

5. 衡量被估计的回归与观测值 y_i 拟合有多好的一个有用的量是复相关系数 R. 它用下式定义

$$R=\sum_{i=1}^{n}(y_i-\bar{y})(\hat{y}_i-\bar{\hat{y}})\Big/\left[\sum_{i=1}^{n}(y_i-\bar{y})^2\sum_{i=1}^{n}(\hat{y}_i-\bar{\hat{y}})^2\right]^{\frac{1}{2}},$$

当 R 越大时,拟合得就越好. 试证明

$$R^2=\frac{\sum(\hat{y}_i-\bar{y})^2}{\sum(y_i-\bar{y})^2},\quad 即 R=\sqrt{\frac{U_R}{S_{总}}}.$$

6. 今有四个物体,按下面方法称得如下数据:

x_1	x_2	x_3	x_4	y
1	1	1	1	20.2
1	−1	1	−1	8.0
1	1	−1	−1	9.2
1	−1	−1	1	1.4

其中 1 表示该物体放在天平左边,−1 表示放在天平的右边,y 是使天平达到平衡

时,在右边所加砝码的重量,试估计这四个物体的重量 $\beta_i, i=1,2,3,4$.

7. 设有一张试验计划如下:

试验号	x_1	x_2	x_3	…	x_p	试验结果 y
1	x_1	x_2	x_3	…	x_p	y_1
2	$-x_1$	x_2	x_3	…	x_p	y_2
3	0	$-2x_2$	x_3	…	x_p	y_3
4	0	0	$-3x_3$	…	x_p	y_4
⋮	⋮	⋮	⋮		⋮	⋮
$p+1$	0	0	0	…	$-px_p$	y_{p+1}

且 y 与 $x_1, x_2, \cdots, x_p$ 之间有关系式

$$y_1 = \beta_0 + \beta_1 x_1 + \cdots + \beta_p x_p + \varepsilon_1,$$

$$y_i = \beta_0 - (i-1)\beta_{i-1} x_{i-1} + \beta_i x_i + \cdots + \beta_p x_p + \varepsilon_i, i = 2, \cdots, p+1,$$

又设 $E(\varepsilon_i)=0, D(\varepsilon_i)=\sigma^2$,且诸 ε_i 相互独立,试求 β_i 的最小二乘估计.

8. 今有 10 组观察数据由下表给出:

x	0.5	−0.8	0.9	−2.8	6.5	2.3	1.6	5.1	−1.9	−1.5
y	−0.3	−1.2	1.1	−3.5	4.6	1.8	0.5	3.8	−2.8	0.5

应用线性模型 $y_1=\beta_0+\beta_1 x_i+\varepsilon_i, i=1,2,\cdots,10$. 假定诸 ε_i 相互独立,且均服从分布 $N(0,\sigma^2)$.

(1) 求 β_0, β_1 的最小二乘估计.

(2) 计算剩余方差 $\hat{\sigma}_e^2$.

(3) 在显著性水平 $\alpha=0.05$ 下检验假设 $H_0: \beta_1=0$.

(4) 求 y 的置信水平为 0.95 的预测区间.

9. 设测得周期为 2π 的函数 $y=f(x)$ 的数据如下:

x_i	15	30	45	60	75	90	105	120
y_i	1.31	1.84	2.33	2.41	2.24	2.39	2.12	2.38
x_i	135	150	165	180	195	210	225	240
y_i	2.48	3.44	3.51	3.33	2.89	2.01	0.02	−0.24
x_i	255	270	285	300	315	330	345	360
y_i	−1.23	−1.98	−2.30	−2.21	−1.57	−1.03	−0.01	−0.62

假定 $f(x)=\beta_0+\beta_1\cos x+\beta_2\sin x+\beta_3\cos 2x+\beta_4\sin 2x+\varepsilon$. 求 $\hat{\beta}, \hat{\sigma}^2, S_{总}, Q_e$ 与 U_R.

10. 下表列出在不同重量下弹簧的长度：

重量 x(g)	5	10	15	20	25	30
长度 y(cm)	7.24	8.12	8.95	9.9	10.9	11.8

(1) 试将这 6 对观察值点在坐标纸上，确定长度关于重量的回归能否认为是线性的.

(2) 求出回归方程. (3) 试在 $x=16$ 时，求出 y 的 0.95 的预测区间.

11. 设 $y_i=\beta_0+\beta_1 x_i+\varepsilon_i\,(i=1,2,\cdots,n)$，其中诸 ε_i 相互独立，且均服从分布$N(0,\sigma^2)$.

(1) 导出假设 $H_0:\beta_0=0$ 的 F 检验统计量.

(2) 如果 $\bar{x}=0$，导出假设 $H_0:\beta_0=\beta_1$ 的 F 检验统计量.

12. 设 $y_1=\theta_1+\theta_2+\varepsilon_1, y_2=2\theta_2+\varepsilon_2, y_3=-\theta_1+\theta_2+\varepsilon_3$，且诸 ε_i 相互独立，同服从 $N(0,\sigma^2)$. 试导出假设 $H_0:\theta_1=2\theta_2$ 的 F 检验统计量.

13. 设 $\boldsymbol{Y}=\boldsymbol{\beta}+\boldsymbol{\varepsilon}, \boldsymbol{\beta}'=(\beta_1,\beta_2,\beta_3,\beta_4), \boldsymbol{\varepsilon}\sim N_4(0,\sigma^2\boldsymbol{I}_4)$ 及 $\beta_1+\beta_2+\beta_3+\beta_4=0$. 证明对假设 $H_0:\beta_1=\beta_3$ 的 F 检验统计量为

$$2(y_1-y_3)^2/(y_1+y_2+y_3+y_4)^2.$$

14. 设 $\boldsymbol{Y}=\boldsymbol{X\beta}+\boldsymbol{\varepsilon}, E(\boldsymbol{\varepsilon})=0, \mathrm{Var}(\boldsymbol{\varepsilon})=\sigma^2\boldsymbol{M}$，$\boldsymbol{M}$ 为已知的正定矩阵，$\boldsymbol{X}$ 为 $m\times k$ 阶矩阵. 试证 $\tilde{\boldsymbol{\beta}}=(\boldsymbol{X}'\boldsymbol{M}^{-1}\boldsymbol{X})^{-1}\boldsymbol{X}'/\boldsymbol{M}^{-1}\boldsymbol{Y}$ 使$(\boldsymbol{Y}-\boldsymbol{X\beta})'\boldsymbol{M}^{-1}(\boldsymbol{Y}-\boldsymbol{X\beta})$达到极小. 称 $\tilde{\boldsymbol{\beta}}$ 为 $\boldsymbol{\beta}$ 的加权最小二乘估计(提示：令 $z=\boldsymbol{K}^{-1}\boldsymbol{Y}, \boldsymbol{X}^*=\boldsymbol{K}^{-1}\boldsymbol{X}$，其中 $\boldsymbol{M}=\boldsymbol{KK}'$).

15. 将下列函数线性化：

(1) 双曲函数 $\dfrac{1}{y}=a+\dfrac{b}{x}$；

(2) 指数函数 $y=ae^{bx}\,(a>0)$；

(3) 幂函数 $y=ax^b\,(a>0)$；

(4) 对数曲线 $y=a+b\ln x$；

(5) S 型曲线 $y=\dfrac{1}{a+b\mathrm{e}^{-x}}$.

16. 设 x 为一可控变量，y 是一个正态随机变量，今对不同的 x 值，对 y 进行观察，得 12 对数据，并根据这些数据对计算得

$$\bar{x}=7.492,\quad \bar{y}=49.658,\quad L_{xx}=6.056,$$
$$L_{xy}=164.454,\quad L_{yy}=5653.249.$$

(1) 求回归方程 $\hat{y}=\hat{\beta}_0+\hat{\beta}_1 x$；

(2) 检验 y 与 x 线性关系是否显著($\alpha=0.05$)；

(3) 当 $x=20$ 时，求 y 的置信度为 0.95 的预测区间；

(4) 当 $y\in(30,80)$时，求 x 的置信度为 0.95 的控制区间.

17. 在一元线性回归模型

$$\begin{cases} y=\beta_0+\beta_1 x+\varepsilon, \\ \varepsilon\sim N(0,\sigma^2) \end{cases}$$

中证明：

(1) $\hat{\beta}_1$ 与 $\bar{y}$ 独立；

(2) β_1 的置信度为 $1-\alpha$ 的置信区间为$(\hat{\beta}_1\pm t_{1-\alpha/2}(n-2)\hat{\sigma}_e/\sqrt{L_{xx}})$；

(3) β_0 的置信度 $1-\alpha$ 的置信区间为$\left(\hat{\beta}_0\pm t_{1-\alpha/2}(n-2)\hat{\sigma}_e\sqrt{\frac{1}{nL_{xx}}\sum_{i=1}^{n}x_i^2}\right)$，

其中 $\hat{\alpha}_e=\sqrt{\frac{Q_e}{n-2}}\sigma$.

附录一　定理 2.6.2 的证明

充分性　对任意实数 t,当 $t\leqslant 0$ 时 $P\{T_1<t\}=0$.

当 $t>0$ 时,因为 $\{T_1<t\}=\{N(t)\geqslant 1\}$,所以,由泊松过程定义,得

$$P\{T_1<t\}=\{N(t)\geqslant 1\}=1-P\{N(t)=0\}=1-\mathrm{e}^{-\lambda t}.$$

即 $T_1\sim\Gamma(1,\lambda)$. 又当 $t>0,n>1$ 时,

$$\begin{aligned}&P\{T_n<t|T_i=s_i,1\leqslant i\leqslant n-1\}\\&=P\Big\{N(\sum_{i=1}^{n-1}s_i+t)-N(\sum_{i=1}^{n-1}s_i)\geqslant 1\,|\,N(\sum_{i=1}^{n-1}s_i)=n-1\Big\}\\&=P\Big\{N(\sum_{i=1}^{n-1}s_i+t)-N(\sum_{i=1}^{n-1}s_i)\geqslant 1\Big\}\\&=1-P\Big\{N(\sum_{i=1}^{n-1}s_i+t)-N(\sum_{i=1}^{n-1}s_i)=0\Big\}=1-\mathrm{e}^{-\lambda t}.\end{aligned}$$

当 $t\leqslant 0$ 时,$P\{T_n<t|T_i=s_i,1\leqslant i\leqslant n-1\}=0$,所以 T_n 在 $T_i=s_i,1\leqslant i\leqslant n-1$ 下的分布函数为

$$P\{T_n<t|T_i=s_i,1\leqslant i\leqslant n-1\}=\begin{cases}0, & t\leqslant 0,\\1-\mathrm{e}^{-\lambda t}, & t>0.\end{cases}$$

T_n 与 $T_1,T_2,\cdots,T_{n-1}$ 相互独立,且 $T_n\sim\Gamma(1,\lambda)$,再由 n 的任意性,充分性得证.

必要性　设 $\{T_n,n\geqslant 1\}$ 为独立同分布随机序列,且 $T_n\sim\Gamma(1,\lambda)$,现证 $\{N(t),t\geqslant 0\}$ 为泊松过程. 因为 $\{N(t)\geqslant k\}=\{\tau_k\leqslant t\}$,$\tau_k=\sum_{i=1}^{k}T_i\sim\Gamma(k,\lambda)$,且 $\Gamma(k+1)=k!$,故

$$\begin{aligned}P\{N(t)=k\}&=P\{N(t)\geqslant k\}-P\{N(t)\geqslant k+1\}\\&=P\{\tau_k\leqslant t\}-P\{\tau_{k+1}<t\}=\int_0^t\frac{\lambda^k x^{k-1}}{\Gamma(k)}\mathrm{d}x-\int_0^t\frac{\lambda^{k+1}x^k\mathrm{e}^{-\lambda x}}{\Gamma(k+1)}\mathrm{d}x.\end{aligned}$$

又因为

$$\begin{aligned}\int_0^t\frac{\lambda^{k+1}x^k\mathrm{e}^{-\lambda x}}{\Gamma(k+1)}\mathrm{d}x&=-\int_0^t\frac{\lambda^k x^k}{\Gamma(k+1)}\mathrm{d}x^{-\lambda x}\\&=\Big(-\frac{\lambda^k x^k}{\Gamma(k+1)}\mathrm{e}^{-\lambda x}\Big)\Big|_0^t+\int_0^t\frac{k\lambda^k}{\Gamma(k+1)}x^{k-1}\mathrm{e}^{-\lambda x}\mathrm{d}x\\&=-\frac{t^k\lambda^k}{k!}\mathrm{e}^{-\lambda x}+\int_0^t\frac{\lambda^k x^{k-1}}{\Gamma(k)}\mathrm{e}^{-\lambda x}\mathrm{d}t.\end{aligned}$$

所以

$$P\{N(t)=k\}=\frac{(\lambda t)^k}{k!}\mathrm{e}^{-\lambda t},k=0,1,2,\cdots,t\geqslant k_1\geqslant 0. \tag{1.1}$$

现来证明：对任意正整 $n(n\geqslant 2)$ 和整数 $k_n\geqslant k_{n-1}\geqslant\cdots\geqslant k_1\geqslant 0$，有

$$\begin{aligned}&P\{N(t_1)=k_1,N(t_2)=k_2,\cdots,N(t_n)=k_n\}(t_i>t_{i-1},i=2,3,\cdots,n)\\&=\mathrm{e}^{-\lambda t_1}\frac{(\lambda t_1)^{k_1}}{k_1!}\prod_{i=2}^{n}\mathrm{e}^{-\lambda(t_i-t_{i-1})}\frac{[\lambda(t_i-t_{i-1})]^{k_i-k_{i-1}}}{(k_i-k_{i-1})!},\end{aligned} \tag{1.2}$$

由式(1.1)知，当 $n=1$ 时式(1.2)成立。假设 $n=m-1$ 时式(1.2)成立，往证 $n=m$ 时式(1.2)也成立. 设 $f(x)$ 为 τ_{k_1} 的密度函数，由全概率公式

$$\begin{aligned}&P\{N(t_1)=k_1,N(t_2)=k_2,\cdots,N(t_m)=k_m\}\\&=P\{\tau_{k_1}\leqslant t_1,\tau_{k_1+1}>t_1,\tau_{k_2}\leqslant t_2,\tau_{k_2+1}>t_2,\cdots,\tau_{k_m}\leqslant t_m,\tau_{k_m+1}>t_m\}\\&=\int_0^{t_1}f(x)P\{T_{k_1+1}>t_1-x,T_{k_{1+1}}+\cdots+T_{k_2}\leqslant t_2-x,\\&\quad\{T_{k_1+1}+\cdots+T_{k_2+1}>t_2-x,\cdots,\\&\quad T_{k_1+1}+\cdots+T_{k_m}\leqslant t_m-x,T_{k_1+1}+\cdots+T_{k_m+1}>t_m-x\mid\tau_{k_1}=x\}\mathrm{d}x\\&=\int_0^{t_1}f(x)\Big[\int_{t_1-x}^{t_2-x}\lambda\mathrm{e}^{-\lambda y}P\{T_{k_1+2}+\cdots+T_{k_2}\leqslant t_2-x-y,T_{k_1+2}+\cdots+T_{k_2+1}\\&\quad>t_2-x-y,\cdots,T_{k_1+2}+\cdots+T_{k_m}\leqslant t_m-x-y,T_{k_1+2}+\cdots+T_{k_m+1}\\&\quad>t_m-x-y\mid\tau_{k_1}=x,T_{k_1+1}=y\}\mathrm{d}y\Big]\mathrm{d}x\end{aligned}$$

(由独立性，条件概率变为无条件概率)

$$\begin{aligned}&=\int_o^{t_1}f(x)\Big[\int_{t_1-x}^{t_2-x}\lambda\mathrm{e}^{-\lambda y}P\{T_{k_1+2}+\cdots+T_{k_2}\leqslant t_2-x-y,T_{k_1+2}+\cdots+T_{k_2+1}\\&\quad>t_2-x-y,\cdots,T_{k_1+2}+\cdots+T_{k_m}\leqslant t_m-x-y,T_{k_1+2}+\cdots+T_{k_m+1}\\&\quad>t_m-x-y\}\mathrm{d}y\Big]\mathrm{d}x\end{aligned}$$

(由诸 T_i 独立同分布)

$$\begin{aligned}&=\int_0^{t_1}f(x)\Big[\int_{t_1-x}^{t_2-x}\lambda\mathrm{e}^{-\lambda y}P\{\tau_{k_2-k_1-1}\leqslant t_2-x-y,T_{k_2-k_1}>t_2-x-y,\cdots,\\&\quad\tau_{k_m+k_1-1}\leqslant t_m-x-y,\tau_{k_m-k_1}>t_m-x-y\}\mathrm{d}y\Big]\mathrm{d}x\\&=\int_0^{t_1}f(x)\Big[\int_{t_1-x}^{t_2-x}\lambda\mathrm{e}^{-\lambda y}P\{N(t_2-x-y)=k_2-k_1-1,\cdots,\\&\quad N(t_m-x-y)=k_m-k_1-1\}\mathrm{d}y\Big]\mathrm{d}x\end{aligned}$$

(由归纳假设)

$$=\int_0^{t_1}f(x)\Big[\int_{t_1-x}^{t_2-x}\lambda\mathrm{e}^{-\lambda y}\cdot\frac{[\lambda(t_2-x-y)]^{k_2-k_1-1}}{(k_2-k_1-1)!}\mathrm{e}^{-\lambda(t_2-x-y)}R(t_i)\mathrm{d}y\Big]\mathrm{d}x$$

$$=\int_0^{t_1}\frac{\lambda^{k_1}x^{k_1-1}}{\Gamma(k_1)}\mathrm{e}^{-\lambda x}\left[\int_{t_1-x}^{t_2-x}\lambda\mathrm{e}^{-\lambda y}\frac{[\lambda(t_2-x-y)^{k_2-k_1-1}]^{k_2-k_1-1}}{(k_2-k_1-1)!}\mathrm{e}^{-\lambda(t_2-x-y)}R(t_i)\mathrm{d}y\right]\mathrm{d}x$$

$$\left(\text{其中 } R(t_i)=\prod_{i=3}^{m}\mathrm{e}^{-\lambda(t_i-t_{i-1})}\frac{[\lambda(t_i-t_{i-1}-1)]^{k_i-k_i-1}}{(k_i-k_{i-1})!}\right)$$

$$=\int_0^{t_i}\lambda^{k_1}x^{k_1-1}\left[\int_{t_1-x}^{t_2-x}\frac{(t_2-x-y)^{k_2-k_1-1}}{(k_2-k_1-1)!}\right]\mathrm{d}y\cdot R(t_i)\mathrm{e}^{-\lambda t_2}/\Gamma(k_1)\mathrm{d}x$$

(令 $t_2-x-y=\zeta$)

$$=\int_0^{t_1}x^{k_1-1}\left[\int_0^{t_2-t_1}\zeta^{k_2-k_1-1}/(k_2-k_1-1)!\mathrm{d}\zeta\right]\mathrm{d}x\cdot\lambda^{k_2}\mathrm{e}^{-\lambda t_2}R(t_i)/\Gamma(k_1)$$

$$=t_1^{k_1}\left[\frac{(t_2-t_1)^{k_2-k_1}}{(k_2-k_1)!}\right]\lambda^{k_2}\mathrm{e}^{-\lambda t_2}R(t_i)/k_1!$$

$$=\mathrm{e}^{-\lambda t_1}\frac{(\lambda t_1)^{k_1}}{k_1!}\prod_{i=2}^{m}\frac{[\lambda(t_i-t_i-1)^{k_i-k_{i-1}}]}{(k_i-k_i-1)!}\mathrm{e}^{-\lambda(t_i-t_{i-1})}.$$

此示，当 $n=m$ 时，式(1.2)也成立. 由数学归纳法. 式(1.2)得证.

由式(1.1)知，对任意 $t\geqslant 0$ 有

$$P\{N(t)=n\}=\mathrm{e}^{-\lambda t}\frac{(\lambda t)^n}{n!},n=0,1,2,\cdots$$

所以，

$$P\{N(0)=0\}=1-P\{N(0)>0\}=1-\sum_{n=1}^{\infty}\left[\mathrm{e}^{-\lambda t}\frac{(\lambda t)^n}{n!}\right]\bigg|_{t=0}=1-0=1.$$

从而得 $N(0)=0$.

对任意 $s,t\geqslant 0$ 与非负整数 n，由式(1.2)和全概率公式，有

$$\begin{aligned}P\{N(s+t)-N(s)=n\}&=\sum_{k=0}^{\infty}P\{N(s+t)-N(s)=n,N(s)=k\}\\&=\sum_{k=0}^{\infty}P\{N(s+t)=n+k,N(s)=k\}\\&=\sum_{k=0}^{\infty}\mathrm{e}^{-\lambda t}\frac{(\lambda t)^n}{n!}\cdot\mathrm{e}^{-\lambda t}\frac{(\lambda x)^k}{k!}=\mathrm{e}^{-\lambda t}\frac{(\lambda t)^n}{n!},n=0,1,2,\cdots\end{aligned}$$

对任意 n 个数 $t_n>t_{n-1}>\cdots>t_1>t_0=0$ 和非负整数 $k_n,k_{n-1},k_{n-2},\cdots,k_1$，由式(1.2)，有

$$\begin{aligned}&P\{N(t_1)-N(t_0)=k_1,N(t_2)-N(t_1)=k_2,\cdots,N(t_n)-N(t_{n-1})=k_n\}\\&\quad=P\left\{N(t_1)=k_1,N(t_2)=k_1+k_2,\cdots,N(t_n)=\sum_{i=1}^{n}k_i\right\}\\&\quad=\prod_{i=2}^{n}\mathrm{e}^{-\lambda(t_i-t_{i-1})}\frac{[\lambda(t_i-t_{i-1})]^{k_i}}{k_i!}\frac{(\lambda t_i)^{k_1}}{k_1!}\\&\quad=\prod_{i=1}^{n}P\{N(t_i)-N(t_{i-1})=k_i\}.\end{aligned}$$

即 $\{N(t),t\geqslant 0\}$ 的增量具有独立. 从而必要性得证.

附录二　定理 2.6.4 的证明

充分性　设$\{N(n),t\geqslant 0\}$为伯努利过程，对任意正整数 k，由定义 2.6.2 有

$$
\begin{aligned}
P\{J_1=k\}&=\{N(k-1)=0,N(k)=1\}\\
&=P\{N(k)-N(k-1)=1,N(k-1)=0\}\\
&=P\{N(k)-N(k-1)=1\}P\{N(k-1)=0\}\\
&=C_1^1p^1q^{1-1}\cdot C_{k-1}^0p^0q^{k-1}=pq^{k-1},k=1,2,3,\cdots
\end{aligned}
$$

即 $J_1\sim \mathrm{Geo}(p)$.

又当 $n>1$ 时，对任意正整数 $k_1,k_2,\cdots,k_{n-1},k$，有

$$
\begin{aligned}
&P\{J_n=k|J_i=k_i,1\leqslant i\leqslant n-1\}\\
&=P\left\{N(\sum_{i=1}^{n-1}k_i+k)-N(\sum_{i=1}^{n-1}k_i+k-1)=1,N(\sum_{i=1}^{n-1}k_i+k-1)-N(\sum_{i=1}^{n-1}k_i)=0\right\}\\
&=P\left\{N(\sum_{i=1}^{n-1}k_i+k)-N(\sum_{i=1}^{n-1}k_i+k-1)=1\right\}P\left\{N(\sum_{i=1}^{n-1}k_i+k-1)-N(\sum_{i=1}^{n-1}k_i)=0\right\}\\
&=C_1^1pq^{1-1}\cdot C_{k-1}^0p^0q^{k-1}=pq^{k-1},k=1,2,3,\cdots
\end{aligned}
$$

表示 J_n 与 $J_1,J_2,\cdots J_{n-1}$ 相互独立，且 $J_n\sim\mathrm{Geo}(p)$，再由 n 的任意性，从而充分性得证.

必要性　由于$\{J_i,i\geqslant 1\}$为独立同分布随机序列，且 $J_n\sim\mathrm{Geo}(p)$，则对于整数 $N_{i+1}>n_i\geqslant 0$ 与 $n_{i+1}\geqslant k_{i+1}\geqslant k_i\geqslant 0,i=1,2,\cdots,m-1$，有

$$
\begin{aligned}
&P\{N(n_1)=k_1,N(n_2)=k_2,\cdots,N(n_m)=k_m\}\\
&=C_{n_1}^{k_1}p^{k_1}q^{n_1-k_1}\prod_{i=2}^{m}C_{n_i-n_{i-1}}^{k_i-k_{i-1}}p^{k_i-k_{i-1}}q^{n_i-n_{i-1}-(k_i-k_{i-1})}, \qquad (2.1)
\end{aligned}
$$

实际上，当 $m=1$ 时，因为$\{N(n_1)\geqslant k_1\}=P\{\tau_{k_1}\leqslant n_1\}$，即在 n_1 个单位时间内发生的事件数大于等于 k_1 等价于第 k_1 个事件发生的时刻 τ_{k_1} 小于等于 n_1，又因为 $\tau_{k_1}=\sum_{i=1}^{k_1}J_i$，所以，

$$
\begin{aligned}
P\{N(n_1)=k_1\}&=P\{N(n_1)\geqslant k_1\}-P\{N(n_1)\geqslant k_1+1\}\\
&=P\{\tau_{k_1}\leqslant n_1\}-P\{\tau_{k_1+1}\leqslant n_1\}\text{(由定理 2.6.3 中的和分布)}\\
&=\sum_{j=k_1}^{n_1}C_{j-1}^{k_1-1}p^{k_1}q^{j-k_1}-\sum_{j=k_1+1}^{n_1}C_{j-1}^{k_1}p^{k_1+1}q^{j-k_1-1}\text{(因为 }p=1-q)\\
&=\sum_{j=k_1}^{n_1}C_{j-1}^{k_1-1}p^{k_1}q^{j-k_1}-\sum_{j=k_1+1}^{n_1}C_{j-1}^{k_1}p^{k_1+1}q^{j-k_1-1}+\sum_{j=k_1+1}^{n_1}C_{j-1}^{k_1}p^{k_1}q^{j-k_1}
\end{aligned}
$$

$$(\text{因为 } C_{n_1'-1}^{k_j'-1}+C_{n_1'-1}^{k_j'}=C_{n_1'}^{k_j'})$$

$$=p^{k_1}C_{n_1-1}^{n_1-k_1}q^{n_1-k_1}-p^{k_1}\sum_{i=1}^{n_1-k_1-1}C_{k_1-1+i}^{k_1}q^i+\sum_{j=k_1+1}^{n_1}C_{j-1}^{k_1}p^{k_1}q^{j-k_1}$$

$$=p^{k_1}C_{n_1-1}^{n_1-k_1}q^{n_1-k}+C_{n_1-1}^{k_1}p^{k_1}q^{n_1-k_1}=(C_{n_1-1}^{n_1-k}+C_{n_1-1}^{k_1})p^{k_1}q^{n_1-k_1}$$

$$=C_{n_1}^{k_1}p^{k_1}q^{n_1-k_1},k_1=0,1,2,\cdots,n,$$

假设 $m=t-1$ 时结论成立,由全概率公式(注意:下面 j 的取值下限是 $n-i+1$,上限是 $n-i-(k-k-1)$)

$$P\{N(n_1)=k_1,N(N_2)=k_2,\cdots,N(n_t)=k_t\}$$

$$=P\{\tau_{k_1}\leqslant n_1,\tau_{k_1+1}>n_1,\tau_{k_2}\leqslant n_2,\tau_{k_2+1}>n_2,\cdots,\tau_{k_t}\leqslant n_t,\tau_{k_t+1}>n_t\}$$

$$=\sum_{i=k_1}^{n_1}P\{J_{k_1+1}>n_1-i,J_{k_1+1}+\cdots+J_{k_2}\leqslant n_2-i,J_{k_1+1}+\cdots+J_{k_2+1}>n_2-i,\cdots$$
$$J_{k_1+1}+\cdots+>J_{k_t}\geqslant n_t-i,J_{k_1+1}+\cdots+J_{k_t+1}>n_t-i\}P\{\tau_{k_1}=i\}$$

$$(\text{令 } R=n_2-i-(k_2-k_1-1))$$

$$=\sum_{i=k_1}^{m_1}\sum_{j=n_1-i+1}^{R}P\{J_{k_1+2}+\cdots+J_{k_2}\leqslant n_2-i-j,J_{k_1+2}+\cdots+J_{k_2+1}\geqslant n_2-i-j,\cdots,$$
$$J_{k_1+2}+\cdots+>J_{k_t}\leqslant n_t-i-j,J_{k_1+2}+\cdots+J_{k_t+1}>n_t-i-j\}P\{J_{k_1+1}=j\}$$
$$\cdot P\{\tau_{k_1}=i\}$$

$$=\sum_{i=k_1}^{n_1}\sum_{j=n_1-i+1}^{R}P\{\tau_{k_2-k_1-1}\leqslant n_2-i-j,\tau_{k_2-k_1}>n_2-i-j,\cdots,\tau_{k_t-k_1-1}$$
$$\leqslant n_t-i-j,\tau_{k_t-k_1}>n_t-i-j\}\cdot P\{\tau_{k_1}=i\}p\{J_{k_1+1}=j\}$$

$$=\sum_{i=k_1}^{m_1}\sum_{j=n_1-i+1}^{R}P\{N(n_2-i-j)=k_2-k_1-1,\cdots,N(n_t-i-j)=k_t-k_1-1\}$$
$$\cdot P\{\tau_{k_1}=i\}P\{J_{k_1+1}=j\}(\text{由归纳假设})$$

$$=\sum_{i=k_1}^{n_1}\sum_{j=n_1-i+1}^{R}C_{n_2-i-j}^{k_2-k_1-1}p^{k_2-k_1-1}q^{n_2-i-j-k_2+k_1+1}\prod_{r=3}^{t}C_{n_r-n_{r-1}}^{k_r-k_{r-1}}p^{k_r-k_{r-1}}q^{n_r-n_{r-1}-(k_r-k_{r-1})}$$
$$\cdot C_{i-1}^{k_1-1}p^{k_1}q^{i-k_1}\cdot pq^{j-1}$$

$$=\prod_{r=3}^{t}C_{n_r-n_{r-1}}^{k_r-k_{r-1}}p^{k_r-k_{r-1}}q^{n_r-n_{r-1}-(k_r-k_{r-1})}\sum_{i=k_1}^{n_1}\sum_{j=n_1-i+1}^{n_2-i-(k_2-k_1-1)}C_{n_2-i-j}^{k_2-k_1-1}C_{i-1}^{k_1-1}p^{k_2}q^{n_2-k_2}.$$

令 $j-n_1+i-1=m$,则

$$\sum_{j=n_1-i+1}^{n_2-i-(k_2-k_1-1)}C_{n_2-i-j}^{k_2-k_1}=\sum_{m=0}^{(n_2-n_1)-(k_2-k_1)}C_{n_2-n_1-1-m}^{n_2-n_1-(k_2-k_1)-m}$$

$$(\text{由公式}\sum_{j=0}^{k}C_{n-j}^{k-j}=C_{n+1}^{k}\text{ [24]})$$

上式 $= C_{n_2-n_1}^{n_2-n_1-(k_2-k_1)} = C_{n_2-n_1}^{k_2-k_1}$.

由公式 $\sum_{j=0}^{k} C_{n+j}^{n} = C_{n+1+k}^{k}$[24]，令 $i = k_1 = m$，

所以，

$$\sum_{i=k_1}^{n_1} C_{i-j}^{k_1-1} = \sum_{m=0}^{n_1-k_1} C_{k_1-1+m}^{k_1-1} = C_{n_1}^{k_1}.$$

$$P\{N(n_1)=k_1, N(n_2)=k_2, \cdots, N(n_t)=k_t\}$$

$$= C_{n_1}^{k_1} p^{k_1} q^{n-k_1} \prod_{r=2}^{t} C_{n_r-n_{r-1}}^{k_r-k_{r-1}} p^{k_r-k_{r-1}} q^{(n_r-n_{r-1})-(k_r-k_{r-1})}.$$

这表示，当 $m=t$ 时，式(2.1)也成立. 由数学归纳法，式(2.1)得证.

现在来证 $\{N(n), n\geqslant 0\}$ 是伯努利过程. 对任意非负整数 n 和 $k(n\geqslant k)$，由定义 2.6.2 有

$$P\{N(n)=k\}=C_n^k p^k q^{n-k}, k=0,1,\cdots,n.$$

所以，$P\{N(0)>0\}=\sum_{k=1}^{\infty} P\{N(0)=k\}=0$，从而

$$P\{N(0)>0\}=0, P\{N(0)=0\}=1，即 N(0)=0.$$

又因对任意非负整 m, n 和 $k(n\geqslant k)$，由全概率公式和式(2.1)，得

$$\begin{aligned} P\{N(m+n)-N(m)=k\} &= \sum_{i=0}^{m} P\{N(m+n)=k+i, N(m)=i\} \\ &= \sum_{i=0}^{m} C_m^i p^i q^{m-1} \cdot C_{m+n-m}^{ki-j} q^{n-k} \\ &= C_n^k p^k q^{n-k}, k=0,1,\cdots,n. \end{aligned}$$

又对 m 个整数：$n_m>n_{m-1}>\cdots>n_1>n_0=0$ 和满足 $\sum_{i=1}^{l} k_i \leqslant n_l (l=1,2,\cdots,m)$ 的非负数 $k_1, k_2, \cdots, k_m$，由式(2.1)，得

$$P\{N(n_1-N(n_0)=k_1, N(n_2)-N(n_1)=k_2, \cdots, N(n_m)-N(n_{m-1})=k_m)\}$$

$$= P\left\{N(n_1)=k_1, N(n_2)=k_1+k_2, \cdots, N(n_m)=\sum_{i=2}^{m} k_i\right\}$$

$$= C_{n_1}^{k} p^{k_1} q^{n_1-k_1} \prod_{i=2}^{m} C_{n_i-n_{i-1}}^{k_i} p^{k_i} q^{n_i-n_{i-1}-k_i}$$

$$= \prod_{i=2}^{m} P\{N(n_i)-N(n_{i-1})=k_i\}.$$

这表示，$\{N(n), n\geqslant 0\}$ 的增量具有独立性，由定义 2.6.2，必要性得证.

附录三　常用数理统计表

表 1　标准正态分布表

$$\Phi(u)=\frac{1}{\sqrt{2\pi}}\int_{-\infty}^{u}e^{-\frac{x^2}{2}}dx\quad(u\geqslant 0)$$

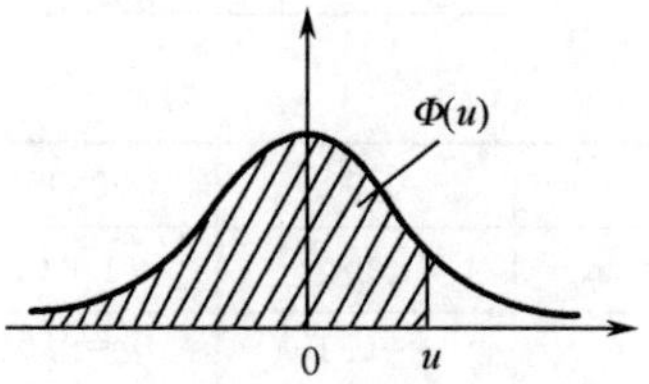

u	0.00	0.01	0.02	0.03	0.04	0.05	0.06	0.07	0.08	0.09
0.0	0.500	0.5040	0.5080	0.5120	0.5160	0.5199	0.5239	0.5279	0.5319	0.5359
0.1	0.5398	0.5438	0.5478	0.5517	0.5557	0.5596	0.5636	0.5675	0.5714	0.5753
0.2	0.5793	0.5832	0.5871	0.5910	0.5948	0.5987	0.6026	0.6064	0.6103	0.6141
0.3	0.6179	0.6217	0.6255	0.6293	0.6331	0.6368	0.6406	0.6443	0.6480	0.651
0.4	0.6554	0.6591	0.6628	0.6664	0.6700	0.6736	0.6772	0.6808	0.6844	0.6879
0.5	0.6915	0.6950	0.6985	0.7019	0.7054	0.7088	0.7123	0.7157	0.7190	0.7224
0.6	0.7257	0.7291	0.7324	0.7357	0.7389	0.7422	0.7454	0.7486	0.7517	0.7549
0.7	0.7580	0.7611	0.7642	0.7673	0.7703	0.7734	0.7764	0.7794	0.7823	0.7852
0.8	0.7881	0.7910	0.7939	0.7967	0.7995	0.8023	0.8051	0.8078	0.8106	0.8133
0.9	0.8159	0.8186	0.8212	0.8238	0.8264	0.8289	0.8315	0.8340	0.8365	0.8389
1.0	0.8413	0.8438	0.8461	0.8485	0.8508	0.8531	0.8554	0.8577	0.8599	0.8621
1.1	0.8643	0.8665	0.8686	0.8708	0.8729	0.8749	0.8770	0.8790	0.8810	0.883
1.2	0.8849	0.8869	0.8888	0.8907	0.8925	0.8944	0.8962	0.8980	0.8997	0.90147
1.3	0.90320	0.90490	0.90658	0.90824	0.90988	0.91149	0.91309	0.91466	0.91621	0.91774
1.4	0.91924	0.92073	0.92220	0.92364	0.92507	0.92647	0.92785	0.92922	0.93056	0.93189
1.5	0.93319	0.93448	0.93574	0.93699	0.93822	0.93943	0.94062	0.94179	0.94295	0.94408
1.6	0.94520	0.94630	0.94738	0.94845	0.94950	0.95053	0.95154	0.95254	0.95352	0.95449
1.7	0.95543	0.95637	0.95728	0.95818	0.95907	0.95994	0.96080	0.96164	0.96246	0.96327
1.8	0.96407	0.96485	0.96562	0.96638	0.96712	0.96784	0.96856	0.96926	0.96995	0.97062
1.9	0.97128	0.97193	0.97257	0.97320	0.97381	0.97441	0.97500	0.97558	0.97615	0.97670
2.0	0.97725	0.97778	0.97831	0.97882	0.97932	0.97982	0.98030	0.98077	0.98124	0.98169
2.1	0.98214	0.98257	0.98300	0.98341	0.98382	0.98422	0.98461	0.98500	0.98537	0.98574
2.2	0.98610	0.98645	0.98679	0.98713	0.98745	0.98778	0.98809	0.98840	0.98870	0.98899
2.3	0.98928	0.98956	0.98983	$0.9^{2}0097$	$0.9^{2}0358$	$0.9^{2}0613$	$0.9^{2}0863$	$0.9^{2}1106$	$0.9^{2}1344$	$0.9^{2}1576$
2.4	$0.9^{2}1802$	$0.9^{2}2024$	$0.9^{2}2240$	$0.9^{2}2451$	$0.9^{2}2656$	$0.9^{2}2857$	$0.9^{2}3053$	$0.9^{2}3244$	$0.9^{2}3431$	$0.9^{2}3613$
2.5	$0.9^{2}3790$	$0.9^{2}3963$	$0.9^{2}4132$	$0.9^{2}4297$	$0.9^{2}4457$	$0.9^{2}4614$	$0.9^{2}4766$	$0.9^{2}4915$	$0.9^{2}5060$	$0.9^{2}5201$
2.6	$0.9^{2}5339$	$0.9^{2}5473$	$0.9^{2}5604$	$0.9^{2}5731$	$0.9^{2}5855$	$0.9^{2}5975$	$0.9^{2}6093$	$0.9^{2}6207$	$0.9^{2}6319$	$0.9^{2}6427$
2.7	$0.9^{2}6533$	$0.9^{2}6636$	$0.9^{2}6736$	$0.9^{2}6833$	$0.9^{2}6928$	$0.9^{2}7020$	$0.9^{2}7110$	$0.9^{2}7197$	$0.9^{2}7232$	$0.9^{2}7362$
2.8	$0.9^{2}7445$	$0.9^{2}7523$	$0.9^{2}7599$	$0.9^{2}7673$	$0.9^{2}7744$	$0.9^{2}7814$	$0.9^{2}7882$	$0.9^{2}7948$	$0.9^{2}8012$	$0.9^{2}8074$
2.9	$0.9^{2}8134$	$0.9^{2}8193$	$0.9^{2}8250$	$0.9^{2}8305$	$0.9^{2}8359$	$0.9^{2}8411$	$0.9^{2}8462$	$0.9^{2}8511$	$0.9^{2}8559$	$0.9^{2}8605$
3.0	$0.9^{2}8650$	$0.9^{2}8694$	$0.9^{2}8736$	$0.9^{2}8777$	$0.9^{2}8817$	$0.9^{2}8856$	$0.9^{2}8893$	$0.9^{2}8930$	$0.9^{2}8965$	$0.9^{2}8999$

表 2　正态分布常用分位数表

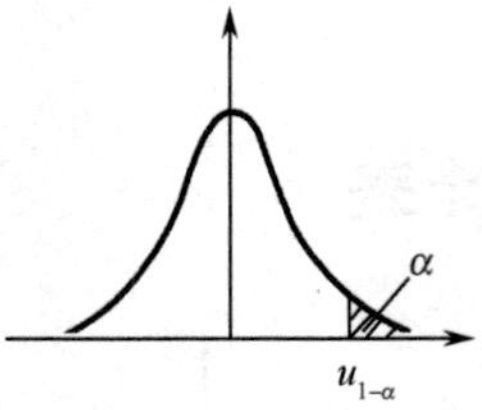

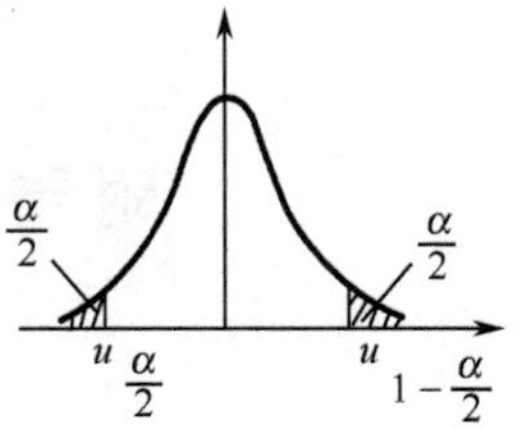

p	0.90	0.95	0.975	0.99	0.995	0.999
u_p	1.282	1.645	1.960	2.326	2.576	3.090
注	$\alpha=0.10$ 单侧分位数 $u_{1-\alpha}$	$\alpha=0.05$ 单侧分位数 $u_{1-\alpha}$	$\alpha=0.05$ 双侧分位数 $u_{1-\frac{\alpha}{2}}$	$\alpha=0.01$ 单侧分位数 $u_{1-\alpha}$	$\alpha=0.001$ 双侧分位数 $u_{1-\frac{\alpha}{2}}$	$\alpha=0.001$ 单侧分位数 $u_{1-\alpha}$

表 3　t 分布分位数表

$$p\{t\leqslant t_p(n)\}=p$$

n \ p	0.75	0.90	0.95	0.975	0.99	0.995
1	1.0000	3.0777	6.3138	12.7062	31.8207	63.6574
2	0.8165	1.8856	2.9200	4.3027	6.9646	9.9248
3	0.7649	1.6377	2.3534	3.1824	4.5407	5.8409
4	0.7407	1.5332	2.1318	2.7764	3.7469	4.6041
5	0.7267	1.4759	2.0150	2.5706	3.3649	4.0322
6	0.7176	1.4398	1.9432	2.4469	3.1427	3.7074
7	0.7111	1.4149	1.8946	2.3646	2.9980	3.4995
8	0.7064	1.3968	1.8595	2.3060	2.8965	3.3554
9	0.7027	1.3830	1.8331	2.2622	2.8214	3.2498
10	0.6998	1.3722	1.8125	2.2281	2.7638	3.1693
11	0.6974	1.3634	1.7959	2.2010	2.7181	3.1058
12	0.6955	1.3562	1.7823	2.1788	2.6810	3.0545
13	0.6938	1.3502	1.7709	2.1604	2.6503	3.0123
14	0.6924	1.3450	1.7613	2.1448	2.6245	2.9768
15	0.6912	1.3406	1.7531	3.1315	2.6025	2.9467
16	0.6901	1.3368	1.7459	2.1199	2.55835	2.9208
17	0.6892	1.3334	1.7396	2.1098	2.5669	2.8982
18	0.6884	1.3304	1.7341	2.1009	2.5524	2.8784
19	0.6876	1.3277	1.7291	2.0930	2.5395	2.8609
20	0.6870	1.3253	1.7247	2.0860	2.5280	2.8453
21	0.6864	1.3232	1.7207	2.0796	2.5177	2.8314
22	0.6858	1.3212	1.7171	2.0739	2.5083	2.8188
23	0.6853	1.3195	1.7139	2.0687	2.4999	2.8073
24	0.6848	1.3178	1.7109	2.0639	2.4922	2.7969
25	0.6844	1.3163	1.7081	2.0595	2.4851	2.7874

续表

n \ p	0.75	0.90	0.95	0.975	0.99	0.995
26	0.6840	1.3150	1.7056	2.0555	2.4786	2.7787
27	0.6837	1.3137	1.7033	2.0518	2.4727	2.7707
28	0.6834	1.3125	1.7011	2.0484	2.4671	2.7633
29	0.6830	1.3114	1.6991	2.0452	2.4620	2.7564
30	0.6828	1.3104	1.6973	2.0423	2.4573	2.7500
31	0.6825	1.3095	1.6955	2.0395	2.4528	2.7440
32	0.6822	1.3086	1.6939	2.0369	2.4487	2.7385
33	0.6820	1.3077	1.6924	2.0345	2.4448	2.7333
34	0.6818	1.3070	1.6909	2.0322	2.4411	2.7284
35	0.6816	1.3062	1.6896	2.0301	2.4377	2.7238
36	0.6814	1.3055	1.6883	2.0281	2.4345	2.7195
37	0.6812	1.3049	1.6871	2.0262	2.4314	2.7154
38	0.6810	1.3042	1.6860	2.0244	2.4286	2.7116
39	0.6808	1.3036	1.6849	2.0227	2.4258	2.7079
40	0.6807	1.3031	1.6839	2.0211	2.4233	2.7045
41	0.6805	1.3025	1.6829	2.0195	2.4208	2.7012
42	0.6804	1.3020	1.6820	2.0181	2.4185	2.6981
43	0.6802	1.3016	1.6811	2.0167	2.4163	2.6951
44	0.6801	1.3011	1.6802	2.0154	2.4141	2.6923
45	0.6800	1.3006	1.6794	2.0141	2.4121	2.6896

表 4 χ^2 分布分位数表

$$P\{\chi^2 \leqslant \chi_p^2(n)\} = p$$

n \ p	0.005	0.01	0.025	0.05	0.10	0.25
1	—	—	0.001	0.004	0.016	0.102
2	0.010	0.020	0.051	0.103	0.211	0.575
3	0.072	0.115	0.216	0.352	0.584	1.213
4	0.207	0.297	0.484	0.711	1.064	1.923
5	0.412	0.554	0.831	1.145	1.610	2.675
6	0.676	0.872	1.237	1.635	2.204	3.455
7	0.989	1.239	1.690	2.167	2.833	4.255
8	1.344	1.646	2.180	2.733	3.499	5.071
9	1.735	2.088	2.700	3.325	4.168	5.899
10	2.156	2.558	3.247	3.940	4.865	6.737
11	2.603	3.053	3.816	4.575	5.578	7.584
12	3.074	3.571	4.404	5.226	6.304	8.438
13	3.565	4.107	5.009	5.892	7.042	9.299
14	4.075	4.660	5.629	6.571	7.790	10.165
15	4.601	5.229	6.262	7.261	8.547	11.037
16	5.142	5.812	6.908	7.962	9.312	11.912
17	5.697	6.408	7.564	8.672	10.085	12.792

续表

n \ p	0.005	0.01	0.025	0.05	0.10	0.25
18	6.265	7.015	8.231	9.390	10.865	13.675
19	6.844	7.633	8.907	10.117	11.651	14.562
20	7.434	8.260	9.591	10.851	12.443	15.452
21	8.034	8.897	10.283	11.591	13.240	16.344
22	8.643	9.542	10.982	12.338	14.042	17.240
23	9.260	10.196	11.689	13.091	14.848	18.137
24	9.886	10.856	12.401	13.848	15.659	19.037
25	10.520	11.524	13.120	14.611	16.473	19.939
26	11.160	12.198	13.844	15.379	17.292	20.843
27	11.808	12.879	14.573	16.151	18.114	21.749
28	12.461	13.565	15.308	16.928	18.939	22.657
29	13.121	14.257	16.047	17.708	19.768	23.567
30	13.787	14.954	16.791	18.498	20.599	24.478
31	14.458	15.655	17.539	19.281	21.434	25.390
32	15.134	16.362	18.291	20.072	22.271	26.304
33	15.815	17.074	19.047	20.867	23.110	27.219
34	16.501	17.789	19.806	21.664	23.952	28.136
35	17.192	18.509	20.569	22.465	24.797	29.054
36	17.887	19.233	21.336	23.269	25.643	29.973
37	18.586	19.960	22.106	24.075	26.492	30.893
38	19.289	20.691	22.878	24.884	27.343	31.815
39	19.996	21.426	23.654	25.695	28.196	32.737
40	20.707	22.164	24.433	26.509	29.051	33.660
41	21.421	22.906	25.215	27.326	29.907	34.585
42	22.138	23.650	25.999	28.144	30.765	35.510
43	22.859	24.398	26.785	28.965	31.625	36.436
44	23.584	25.148	27.575	29.787	32.487	37.363
45	24.311	25.901	28.366	30.612	33.350	38.291

n \ p	0.75	0.90	0.95	0.975	0.99	0.995
1	1.323	2.706	3.841	5.024	6.635	7.879
2	2.773	4.605	5.991	7.378	9.210	10.597
3	4.108	6.251	7.815	9.348	11.345	12.838
4	4.385	7.779	9.448	11.143	13.277	14.860
5	6.626	9.236	11.071	12.833	15.086	16.750
6	7.841	10.645	12.592	14.449	16.812	18.548
7	9.037	12.017	14.067	16.013	18.475	20.278
8	10.219	13.362	15.507	17.535	20.090	21.955
9	11.389	14.684	16.919	19.023	21.666	23.589

续表

n \ p	0.75	0.90	0.95	0.975	0.99	0.995
10	12.549	15.987	18.307	20.483	23.209	25.188
11	13.701	17.275	19.675	21.920	24.725	26.757
12	14.845	18.549	21.026	23.337	26.217	28.299
13	15.984	19.812	22.362	24.736	27.688	29.819
14	17.117	21.064	23.685	26.119	29.141	31.319
15	18.245	22.307	24.996	27.488	30.578	32.801
16	19.369	23.542	26.296	28.845	32.00	34.267
17	20.489	24.769	27.587	30.191	33.409	35.718
18	21.605	25.989	28.869	31.526	34.805	37.156
19	22.718	27.204	30.144	32.852	36.191	38.532
20	23.828	28.412	31.410	34.170	37.566	39.997
21	24.935	29.615	32.671	35.479	38.932	41.401
22	26.039	30.813	33.924	36.718	40.289	42.796
23	27.141	32.007	35.172	38.076	41.638	44.181
24	28.241	33.196	36.415	39.364	42.980	45.559
25	29.339	34.382	37.652	40.646	44.314	46.928
26	30.435	35.563	38.885	41.923	45.642	48.290
27	31.528	36.741	40.113	43.194	46.963	49.645
28	32.620	37.916	41.337	44.461	48.278	50.993
29	33.711	39.087	42.557	45.722	49.588	52.336
30	34.800	40.256	43.773	46.979	50.892	53.672
31	35.887	41.422	44.985	48.232	52.191	55.003
32	36.973	42.585	46.194	49.480	53.486	56.328
33	38.058	43.745	47.400	50.725	54.776	57.648
34	39.141	44.903	48.602	51.966	56.061	58.964
35	40.223	46.059	49.802	53.203	57.342	60.275
36	41.304	47.212	50.998	54.437	58.619	61.581
37	42.383	48.363	52.192	55.668	59.892	62.883
38	43.462	49.513	53.384	56.896	61.162	64.181
39	44.539	50.660	54.572	58.120	62.428	65.476
40	45.616	51.805	55.758	59.342	63.691	66.766
41	46.692	52.949	56.942	60.561	64.950	68.053
42	47.766	54.090	58.124	61.777	66.206	69.336
43	48.840	55.230	59.304	62.990	67.459	70.616
44	49.913	56.369	60.481	64.201	68.710	71.893
45	50.985	57.505	61.656	65.410	69.957	73.166

表 5　F 分布分位数表　$P\{F \leq F_\alpha(f_1, f_2)\} = \alpha$

$F_{0.90}(f_1, f_2)$

f_2 \ f_1	1	2	3	4	5	6	7	8	9	10	15	20	30	50	100	200	500	∞	f_1 / f_2
1	39.9	49.5	53.6	55.8	57.2	58.2	58.9	59.4	59.9	60.2	61.2	61.7	62.3	62.7	63.0	63.2	63.3	63.3	1
2	8.53	9.00	9.16	9.24	9.29	9.33	9.35	9.37	9.38	9.39	9.42	9.44	9.46	9.47	9.48	9.49	9.49	9.49	2
3	5.54	5.46	5.39	5.34	5.31	5.28	5.27	5.25	5.24	5.23	5.20	5.18	5.17	5.15	5.14	5.14	5.14	5.13	3
4	4.54	4.32	4.19	4.11	4.05	4.01	3.98	3.95	3.94	3.92	3.87	3.84	3.82	3.80	3.78	3.77	3.76	3.76	4
5	4.06	3.78	3.62	3.52	3.45	3.40	3.37	3.34	3.32	3.30	3.24	3.21	3.17	3.15	3.13	3.12	3.11	3.10	5
6	3.78	3.46	3.29	3.18	3.11	3.05	3.10	2.98	2.96	2.91	2.87	2.84	2.80	2.77	2.75	2.73	2.73	2.72	6
7	3.59	3.26	3.07	2.96	2.88	2.83	2.78	2.75	2.72	2.70	2.63	2.59	2.56	2.52	2.50	2.48	2.48	2.47	7
8	3.46	3.11	2.92	2.81	2.73	2.67	2.62	2.59	2.56	2.51	2.46	2.42	2.38	2.35	2.32	2.31	2.30	2.29	8
9	3.36	3.01	2.81	2.69	2.61	2.55	2.51	2.47	2.44	2.42	2.34	2.30	2.25	2.22	2.19	2.17	2.17	2.16	9
10	3.28	2.92	2.73	2.61	2.52	2.46	2.41	2.38	2.35	2.32	2.24	2.20	2.16	2.12	2.09	2.07	2.06	2.06	10
11	3.23	2.86	2.66	2.54	2.45	2.39	2.34	2.30	2.27	2.25	2.17	2.12	2.08	2.04	2.00	1.99	1.98	1.97	11
12	3.18	2.81	2.61	2.48	2.39	2.33	2.28	2.24	2.21	2.19	2.10	2.06	2.01	1.97	1.94	1.92	1.91	1.90	12
13	3.14	2.76	2.56	2.43	2.35	2.28	2.23	2.20	2.16	2.14	2.05	2.10	1.96	1.92	1.88	1.86	1.85	1.85	13
14	3.10	2.73	2.52	2.39	2.31	2.24	2.19	2.15	2.12	2.10	2.01	1.96	1.91	1.86	1.83	1.82	1.80	1.80	14
15	3.07	2.70	2.49	2.36	2.27	2.21	2.16	2.12	2.09	2.06	1.97	1.92	1.87	1.83	1.79	1.77	1.76	1.76	15
16	3.05	2.67	2.46	2.33	2.24	2.18	2.13	2.09	2.06	2.03	1.94	1.89	1.84	1.79	1.76	1.74	1.73	1.72	16
17	3.03	2.64	2.44	2.31	2.22	2.15	2.10	2.06	2.03	2.00	1.91	1.86	1.81	1.76	1.73	1.71	1.69	1.69	17
18	3.01	2.62	2.42	2.29	2.20	2.13	2.08	2.04	2.00	1.98	1.89	1.84	1.78	1.74	1.70	1.68	1.67	1.66	18
19	2.99	2.61	2.40	2.27	2.18	2.11	2.06	2.02	1.98	1.96	1.86	1.81	1.76	1.71	1.67	1.65	1.64	1.63	19
20	2.97	2.59	2.38	2.25	2.16	2.09	2.04	2.00	1.96	1.94	1.84	1.79	1.74	1.69	1.65	1.63	1.62	1.61	20
22	2.95	2.56	2.35	2.22	2.13	2.06	2.01	1.97	1.93	1.90	1.81	1.76	1.70	1.65	1.61	1.59	1.58	1.57	22
24	2.93	2.54	2.33	2.19	2.10	2.04	1.98	1.94	1.91	1.88	1.78	1.73	1.67	1.62	1.58	1.56	1.54	1.53	24
26	2.91	2.52	2.31	2.17	2.08	2.01	1.96	1.92	1.88	1.86	1.76	1.71	1.65	1.59	1.55	1.53	1.51	1.50	26
28	2.89	2.50	2.29	2.16	2.06	2.00	1.94	1.90	1.87	1.84	1.74	1.69	1.63	1.57	1.53	1.50	1.49	1.48	28

续表

f_2 \ f_1	1	2	3	4	5	6	7	8	9	10	15	20	30	50	100	200	500	∞	f_1 / f_2
30	2.88	2.49	2.28	2.14	2.05	1.98	1.93	1.88	1.85	1.82	1.72	1.67	1.61	1.55	1.51	1.48	1.47	1.46	30
40	2.84	2.44	2.23	2.09	2.00	1.93	1.87	1.83	1.79	1.76	1.66	1.61	1.54	1.48	1.43	1.41	1.39	1.38	40
50	2.81	2.41	2.20	2.06	1.97	1.90	1.84	1.80	1.76	1.73	1.63	1.57	1.50	1.44	1.39	1.36	1.34	1.33	50
60	2.79	2.39	2.18	2.04	1.95	1.87	1.82	1.77	1.74	1.71	1.60	1.54	1.48	1.41	1.36	1.33	1.31	1.29	60
80	2.77	2.37	2.15	2.02	1.92	1.85	1.79	1.75	1.71	1.68	1.57	1.51	1.44	1.38	1.32	1.28	1.26	1.24	80
100	2.76	2.36	2.14	2.00	1.91	1.83	1.78	1.73	1.70	1.66	1.56	1.49	1.42	1.35	1.29	1.26	1.23	1.21	100
200	2.73	2.33	2.11	1.97	1.88	1.80	1.75	1.70	1.66	1.63	1.52	1.46	1.38	1.31	1.24	1.20	1.17	1.14	200
500	2.72	2.31	2.10	1.96	1.86	1.79	1.73	1.68	1.64	1.61	1.50	1.44	1.36	1.28	1.21	1.16	1.12	1.09	500
∞	2.71	2.30	2.08	1.94	1.85	1.77	1.72	1.67	1.63	1.60	1.49	1.42	1.34	1.26	1.18	1.13	1.08	1.00	∞

$F_{0.95}(f_1, f_2)$

f_2 \ f_1	1	2	3	4	5	6	7	8	9	10	12	14	16	18	20	f_1 / f_2
1	16.1	20.0	21.6	22.5	23.0	23.4	23.7	23.9	24.1	24.2	24.4	24.5	24.6	24.7	24.8	1
2	18.5	19.0	19.2	19.2	19.3	19.3	19.4	19.4	19.4	19.4	19.4	19.4	19.4	19.4	19.4	2
3	10.1	9.55	9.23	9.12	9.01	8.94	8.89	8.85	8.81	8.79	8.74	8.71	8.69	8.67	8.66	3
4	7.71	6.94	6.59	6.39	6.26	6.16	6.09	6.04	6.00	5.96	5.91	5.87	5.84	5.82	5.80	4
5	6.61	5.79	5.41	5.19	5.05	4.95	4.88	4.82	4.77	4.74	4.68	4.64	4.60	4.58	4.56	5
6	5.99	5.14	4.76	4.53	4.39	4.28	4.21	4.15	4.10	4.06	4.00	3.96	3.92	3.90	3.87	6
7	5.59	4.47	4.35	4.12	3.97	3.87	3.79	3.73	3.68	3.64	3.57	3.53	3.49	3.47	3.44	7
8	5.32	4.46	4.07	3.84	3.69	3.58	3.50	3.44	3.39	3.35	3.28	3.24	3.20	3.17	3.15	8
9	5.12	4.26	3.86	3.63	3.48	3.37	3.29	3.23	3.18	3.14	3.07	3.03	2.99	2.96	2.94	9
10	4.96	4.10	3.71	3.48	3.33	3.22	3.14	3.07	3.02	2.98	2.91	2.86	2.83	2.80	2.77	10
11	4.84	3.98	3.59	3.36	3.20	3.09	3.01	2.95	2.90	2.85	2.79	2.74	2.70	2.67	2.65	11

续表

f_2 \ f_1	1	2	3	4	5	6	7	8	9	10	12	14	16	18	20	f_1 / f_2
12	4.75	3.89	3.49	3.26	3.11	3.00	2.91	2.85	2.80	2.75	2.69	2.64	2.60	2.57	2.54	12
13	4.67	3.81	3.41	3.18	3.03	2.92	2.83	2.77	2.71	2.67	2.60	2.55	2.51	2.48	2.46	13
14	4.60	3.74	3.34	3.11	2.96	2.85	2.76	2.70	2.65	2.60	2.53	2.48	2.44	2.41	2.39	14
15	4.54	3.68	3.29	3.06	2.90	2.79	2.71	2.64	2.59	2.54	2.48	2.42	2.38	2.35	2.33	15
16	4.49	3.63	3.24	3.01	2.85	2.74	2.66	2.59	2.54	2.49	2.42	2.37	2.33	2.30	2.28	16
17	4.45	3.59	3.20	2.96	2.81	2.70	2.61	2.55	2.49	2.45	2.38	2.33	2.29	2.26	2.23	17
18	4.41	3.54	3.16	2.93	2.77	2.66	2.58	2.51	2.46	2.41	2.34	2.29	2.25	2.22	2.19	18
19	4.38	3.52	3.13	2.90	2.74	2.63	2.54	2.48	2.42	2.38	2.31	2.26	2.21	2.18	2.16	19
20	4.35	3.49	3.10	2.87	2.71	2.60	2.51	2.45	2.39	2.35	2.28	2.22	2.18	2.15	2.12	20
21	4.32	3.47	3.07	2.84	2.68	2.57	2.49	2.42	2.37	2.32	2.25	2.20	2.16	2.12	2.10	21
22	4.30	3.44	3.05	2.82	2.66	2.55	2.46	2.40	2.34	2.30	2.23	2.17	2.13	2.10	2.07	22
23	4.28	3.42	3.03	2.80	2.64	2.53	2.44	2.37	2.32	2.27	2.20	2.15	2.11	2.07	2.05	23
24	4.26	3.40	3.01	2.78	2.62	2.51	2.42	2.36	2.30	2.25	2.18	2.13	2.09	2.05	2.03	24
25	4.24	3.39	2.99	2.76	2.60	2.49	2.40	2.34	2.28	2.24	2.16	2.11	2.07	2.04	2.01	25
26	4.23	3.37	2.98	2.74	2.59	2.47	2.39	2.32	2.27	2.22	2.15	2.09	2.05	2.02	1.99	26
27	4.21	3.35	2.96	2.73	2.57	2.46	2.37	2.31	2.25	2.20	2.13	2.08	2.04	2.00	1.97	27
28	4.20	3.34	2.95	2.71	2.56	2.45	2.36	2.29	2.24	2.19	2.12	2.06	2.02	1.99	1.96	28
29	4.18	3.33	2.93	2.70	2.55	2.43	2.35	2.28	2.22	2.18	2.10	2.05	2.01	1.97	1.94	29
30	4.17	3.32	2.92	2.69	2.53	2.42	2.33	2.27	2.21	2.16	2.09	2.04	1.99	1.96	1.93	30
32	4.15	3.29	2.90	2.67	2.51	2.40	2.31	2.24	2.19	2.14	2.07	2.01	1.97	1.94	1.91	32
34	4.13	3.28	2.88	2.65	2.49	2.38	2.29	2.23	2.17	2.12	2.05	1.99	1.95	1.92	1.89	34
36	4.11	3.26	2.87	2.60	2.48	2.36	2.28	2.21	2.15	2.11	2.03	1.98	1.93	1.90	1.87	36
38	4.10	3.24	2.85	2.62	2.46	2.35	2.26	2.19	2.14	2.09	2.02	1.96	1.92	1.88	1.85	38
40	4.08	3.23	2.84	2.61	2.45	2.34	2.25	2.18	2.12	2.08	2.00	1.95	1.90	1.87	1.84	40

续表

f_2 \ f_1	1	2	3	4	5	6	7	8	9	10	12	14	16	18	20
42	4.07	3.22	2.83	2.59	2.44	2.32	2.24	2.17	2.11	2.06	1.99	1.93	1.89	1.86	1.83
44	4.06	3.21	2.82	2.58	2.43	2.31	2.23	2.16	2.10	2.05	1.98	1.92	1.88	1.84	1.81
46	4.05	3.20	2.81	2.57	2.42	2.30	2.22	2.15	2.09	2.04	1.97	1.91	1.87	1.83	1.80
48	4.04	3.19	2.80	2.57	2.41	2.29	2.21	2.14	2.08	2.03	1.96	1.90	1.86	1.82	1.79
50	4.03	3.18	2.79	2.56	2.40	2.29	2.20	2.13	2.07	2.03	1.95	1.89	1.85	1.81	1.78
60	4.00	3.15	2.76	2.53	2.37	2.25	2.17	2.10	2.04	1.99	1.92	1.86	1.82	1.78	1.75
80	3.96	3.11	2.72	2.49	2.33	2.21	2.13	2.06	2.00	1.95	1.88	1.82	1.77	1.73	1.70
100	3.94	3.09	2.70	2.46	2.31	2.19	2.10	2.03	1.97	1.93	1.85	1.79	1.75	1.71	1.68
125	3.92	3.07	2.68	2.44	2.29	2.17	2.08	2.01	1.96	1.91	1.83	1.77	1.72	1.69	1.65
150	3.90	3.06	2.66	2.43	2.27	2.16	2.07	2.00	1.94	1.89	1.82	1.76	1.71	1.67	1.64
200	3.89	3.04	2.65	2.42	2.26	2.14	2.06	1.98	1.93	1.88	1.80	1.74	1.69	1.66	1.62
300	3.87	3.03	2.63	2.40	2.24	2.13	2.04	1.97	1.91	1.86	1.78	1.72	1.68	1.64	1.61
500	3.86	3.01	2.62	2.39	2.23	2.12	2.03	1.96	1.90	1.85	1.77	1.71	1.66	1.62	1.59
1000	3.85	3.00	2.61	2.38	2.22	2.11	2.02	1.95	1.89	1.84	1.76	1.70	1.65	1.61	1.58
∞	3.84	3.00	2.26	2.37	2.21	2.10	2.01	1.94	1.88	1.83	1.75	1.69	1.64	1.60	1.57

f_2 \ f_1	22	24	26	28	30	35	40	45	50	60	80	100	200	500	∞
1	24.9	24.9	24.9	25.0	25.0	25.1	25.1	25.1	25.2	25.2	25.2	25.3	25.4	25.4	25.4
2	19.5	19.5	19.5	19.5	19.5	19.5	19.5	19.5	19.5	19.5	19.5	19.5	19.5	19.5	19.5
3	8.65	8.64	8.63	8.62	8.62	8.60	8.59	8.59	8.58	8.57	8.56	8.55	8.54	8.53	8.53
4	5.79	5.77	5.70	5.75	5.75	5.73	5.72	5.71	5.70	5.69	5.67	5.66	5.65	5.64	5.62
5	4.54	4.53	4.52	4.50	4.50	4.48	4.46	4.45	4.44	4.43	4.41	4.41	4.39	4.37	4.37

续表

f_2 \ f_1	22	24	26	28	30	35	40	45	50	60	80	100	200	500	∞	f_1 / f_2
6	3.86	3.84	3.83	3.82	3.81	3.79	3.77	3.76	3.75	3.74	3.72	3.71	3.69	3.68	3.67	6
7	3.43	3.41	3.40	3.39	3.38	3.36	3.34	3.33	3.32	3.30	3.29	3.27	3.25	3.24	3.23	7
8	3.13	3.12	3.10	3.09	3.08	3.06	3.04	3.03	3.02	3.01	2.99	2.97	2.95	2.94	2.93	8
9	2.92	2.90	2.89	2.87	2.86	2.84	2.83	2.81	2.80	2.79	2.77	2.76	2.73	2.72	2.71	9
10	2.75	2.74	2.72	2.71	2.70	2.68	2.66	2.65	2.64	2.62	2.60	2.59	2.56	2.55	2.54	10
11	2.63	2.61	2.59	2.58	2.57	2.55	2.53	2.52	2.51	2.49	2.47	2.46	2.43	2.42	2.40	11
12	2.52	2.51	2.49	2.48	2.47	2.44	2.43	2.41	2.40	2.38	2.36	2.35	2.32	2.31	2.30	12
13	2.44	2.42	2.41	2.39	2.38	2.36	2.34	2.33	2.31	2.30	2.27	2.26	2.23	2.22	2.21	13
14	2.37	2.35	2.33	2.32	2.31	2.28	2.27	2.25	2.24	2.22	2.20	2.19	2.16	2.14	2.13	14
15	2.31	2.29	2.27	2.26	2.25	2.22	2.20	2.19	2.18	2.16	2.14	2.12	2.10	2.08	2.07	15
16	2.25	2.24	2.22	2.21	2.19	2.17	2.15	2.14	2.12	2.11	2.08	2.07	2.04	2.02	2.01	16
17	2.21	2.19	2.17	2.16	2.15	2.12	2.10	2.09	2.08	2.06	2.03	2.02	1.99	1.97	1.96	17
18	2.17	2.15	2.13	2.11	2.11	2.08	2.06	2.05	2.04	2.02	1.99	1.98	1.95	1.93	1.92	18
19	2.13	2.11	2.10	2.08	2.07	2.05	2.03	2.01	2.00	1.98	1.96	1.94	1.91	1.89	1.88	19
20	2.10	2.08	2.07	2.05	2.04	2.01	1.99	1.98	1.97	1.95	1.92	1.91	1.88	1.86	1.84	20
21	2.07	2.05	2.04	2.02	2.01	1.98	1.96	1.95	1.94	1.92	1.89	1.88	1.84	1.82	1.81	21
22	2.05	2.03	2.01	2.00	1.98	1.96	1.94	1.92	1.91	1.89	1.86	1.85	1.82	1.80	1.78	22
23	2.02	2.00	1.99	1.97	1.96	1.93	1.91	1.90	1.88	1.86	1.84	1.82	1.79	1.77	1.76	23
24	2.00	1.98	1.97	1.95	1.94	1.91	1.89	1.88	1.86	1.84	1.82	1.80	1.77	1.75	1.73	24
25	1.98	1.96	1.95	1.93	1.92	1.89	1.87	1.86	1.84	1.82	1.80	1.78	1.75	1.73	1.71	25
26	1.97	1.95	1.93	1.91	1.90	1.87	1.85	1.84	1.82	1.80	1.78	1.76	1.73	1.71	1.69	26
27	1.95	1.93	1.91	1.90	1.88	1.86	1.84	1.82	1.81	1.79	1.76	1.74	1.71	1.69	1.67	27
28	1.93	1.91	1.90	1.88	1.87	1.84	1.82	1.80	1.79	1.77	1.74	1.73	1.69	1.67	1.65	28
29	1.92	1.90	1.88	1.87	1.85	1.83	1.81	1.79	1.77	1.75	1.73	1.71	1.67	1.65	1.64	29
30	1.91	1.89	1.87	1.85	1.84	1.81	1.79	1.77	1.76	1.74	1.71	1.70	1.66	1.64	1.62	30

续表

f_2 \ f_1	22	24	26	28	30	35	40	45	50	60	80	100	200	500	∞	f_1 / f_2
32	1.88	1.86	1.85	1.83	1.82	1.79	1.77	1.75	1.74	1.71	1.69	1.67	1.63	1.61	1.59	32
34	1.86	1.84	1.82	1.80	1.80	1.77	1.75	1.73	1.71	1.69	1.66	1.65	1.61	1.59	1.57	34
36	1.85	1.82	1.81	1.79	1.78	1.75	1.73	1.71	1.69	1.67	1.64	1.62	1.59	1.56	1.55	36
38	1.83	1.81	1.79	1.77	1.76	1.73	1.71	1.69	1.68	1.65	1.62	1.61	1.57	1.54	1.53	38
40	1.81	1.79	1.77	1.76	1.74	1.72	1.69	1.67	1.66	1.64	1.61	1.59	1.55	1.53	1.51	40
42	1.80	1.78	1.76	1.74	1.73	1.70	1.68	1.66	1.65	1.62	1.59	1.57	1.53	1.51	1.49	42
44	1.79	1.77	1.75	1.73	1.72	1.69	1.67	1.65	1.63	1.61	1.58	1.56	1.52	1.49	1.48	44
46	1.78	1.76	1.74	1.72	1.71	1.68	1.65	1.64	1.62	1.60	1.57	1.55	1.51	1.48	1.46	46
48	1.77	1.75	1.73	1.71	1.70	1.68	1.65	1.64	1.62	1.60	1.57	1.55	1.51	1.48	1.46	48
50	1.76	1.74	1.72	1.70	1.69	1.66	1.63	1.61	1.60	1.58	1.54	1.52	1.48	1.46	1.44	50
60	1.72	1.70	1.68	1.66	1.65	1.62	1.59	1.57	1.56	1.53	1.50	1.48	1.44	1.41	1.39	60
80	1.68	1.65	1.63	1.62	1.60	1.57	1.54	1.52	1.51	1.48	1.45	1.43	1.38	1.35	1.32	80
100	1.65	1.63	1.61	1.59	1.57	1.54	1.52	1.49	1.48	1.45	1.41	1.39	1.34	1.31	1.28	100
125	1.63	1.60	1.58	1.57	1.55	1.52	1.49	1.47	1.45	1.42	1.39	1.36	1.31	1.27	1.25	125
150	1.61	1.59	1.57	1.55	1.53	1.50	1.48	1.45	1.44	1.41	1.37	1.34	1.29	1.25	1.22	150
200	1.60	1.57	1.55	1.53	1.52	1.48	1.46	1.43	1.41	1.39	1.35	1.32	1.26	1.22	1.19	200
300	1.58	1.55	1.53	1.51	1.50	1.46	1.43	1.41	1.39	1.36	1.32	1.30	1.23	1.19	1.15	300
500	1.56	1.54	1.52	1.50	1.48	1.45	1.42	1.40	1.38	1.34	1.30	1.28	1.21	1.16	1.11	500
1000	1.55	1.53	1.51	1.49	1.47	1.44	1.41	1.38	1.36	1.33	1.29	1.26	1.19	1.13	1.08	1000
∞	1.54	1.52	1.50	1.48	1.46	1.42	1.39	1.37	1.35	1.32	1.27	1.24	1.17	1.11	1.00	∞

$F_{0.975}(f_1, f_2)$

f_2	f_1																		
	1	2	3	4	5	6	7	8	9	10	12	15	20	24	30	40	60	120	∞
1	647.8	799.5	864.2	899.6	921.8	937.1	948.2	956.7	963.3	968.6	976.7	984.9	993.1	997.2	1001	1006	1010	1014	1018
2	38.51	39.00	39.17	39.25	39.30	39.33	39.36	39.37	39.39	39.40	39.41	39.43	39.45	39.46	39.46	39.47	39.48	39.49	39.50
3	17.44	16.04	15.44	15.10	14.88	14.73	14.62	14.54	14.47	14.42	14.34	14.25	14.17	14.12	14.08	14.04	13.99	13.95	13.90
4	12.22	10.65	9.98	9.60	9.36	9.20	9.07	8.98	8.90	8.84	8.75	8.66	8.56	8.51	8.46	8.41	8.36	8.31	8.26
5	10.01	8.43	7.76	7.39	7.15	6.98	6.85	6.76	6.68	6.62	6.52	6.43	6.33	6.28	6.23	6.18	6.12	6.07	6.02
6	8.81	7.26	6.60	6.23	5.99	5.82	5.70	5.60	5.52	5.46	5.37	5.27	5.17	5.12	5.07	5.01	4.96	4.90	4.85
7	8.07	6.54	5.89	5.52	5.29	5.12	4.99	4.90	4.82	4.76	4.67	4.57	4.47	4.42	4.36	4.31	4.25	4.20	4.14
8	7.57	6.06	5.42	5.05	4.82	4.65	4.53	4.43	4.36	4.30	4.20	4.10	4.00	3.95	3.89	3.84	3.78	3.73	3.67
9	7.21	5.71	5.08	4.72	4.48	4.32	4.20	4.10	4.03	3.96	3.87	3.77	3.67	3.61	3.56	3.51	3.45	3.39	3.33
10	6.94	5.46	4.83	4.47	4.24	4.07	3.95	3.85	3.78	3.72	3.62	3.52	3.42	3.37	3.31	3.26	3.20	3.14	3.08
11	6.72	5.26	4.63	4.28	4.04	3.88	3.76	3.66	3.59	3.53	3.43	3.33	3.23	3.17	3.12	3.06	3.00	2.94	2.88
12	6.55	5.10	4.47	4.12	3.89	3.73	3.61	3.51	3.44	3.37	3.28	3.18	3.07	3.02	2.96	2.91	2.85	2.79	2.72
13	6.41	4.97	4.35	4.00	3.77	3.60	3.48	3.39	3.31	3.25	3.15	3.05	2.95	2.89	2.84	2.78	2.72	2.66	2.60
14	6.30	4.86	4.24	3.89	3.66	3.50	3.38	3.29	3.21	3.15	3.05	2.95	2.84	2.79	2.73	2.67	2.61	2.55	2.49
15	6.20	4.77	4.15	3.80	3.58	3.41	3.29	3.20	3.12	3.06	2.96	2.86	2.76	2.70	2.64	2.59	2.52	2.46	2.40
16	6.12	4.69	4.08	3.73	3.50	3.34	3.22	3.12	3.05	2.99	2.89	2.79	2.68	2.63	2.57	2.51	2.45	2.38	2.32
17	6.04	4.62	4.01	3.66	3.44	3.28	3.16	3.06	2.98	2.92	2.82	2.72	2.62	2.56	2.50	2.44	2.38	2.32	2.25
18	5.98	4.56	3.95	3.61	3.38	3.22	3.10	3.01	2.93	2.87	2.77	2.67	2.56	2.50	2.44	2.38	2.32	2.26	2.19
19	5.92	4.51	3.90	3.56	3.33	3.17	3.05	2.96	2.88	2.82	2.72	2.62	2.51	2.45	2.39	2.33	2.27	2.20	2.13
20	5.87	4.46	3.86	3.51	3.29	3.13	3.01	2.91	2.84	2.77	2.68	2.57	2.46	2.41	2.35	2.29	2.22	2.16	2.09
21	5.83	4.42	3.82	3.48	3.25	3.09	2.97	2.87	2.80	2.73	2.64	2.53	2.42	2.37	2.31	2.25	2.18	2.11	2.04
22	5.79	4.38	3.78	3.44	3.22	3.05	2.93	2.84	2.76	2.70	2.60	2.50	2.39	2.33	2.27	2.21	2.14	2.08	2.00
23	5.75	4.35	3.75	3.41	3.18	3.02	2.90	2.81	2.73	2.67	2.57	2.47	2.36	2.30	2.24	2.18	2.11	2.04	1.97
24	5.72	4.32	3.72	3.38	3.15	2.99	2.87	2.78	2.70	2.64	2.54	2.44	2.33	2.27	2.21	2.15	2.08	2.01	1.94
25	5.69	4.29	3.69	3.35	3.13	2.97	2.85	2.75	2.68	2.61	2.51	2.41	2.30	2.24	2.18	2.12	2.05	1.98	1.91
26	5.66	4.27	3.67	3.33	3.10	2.94	2.82	2.73	2.65	2.59	2.49	2.39	2.28	2.22	2.16	2.09	2.03	1.95	1.88
27	5.63	4.24	3.65	3.31	3.08	2.92	2.80	2.71	2.63	2.57	2.47	2.36	2.25	2.19	2.13	2.07	2.00	1.93	1.85
28	5.61	4.22	3.63	3.29	3.06	2.90	2.78	2.69	2.61	2.55	2.45	2.34	2.23	2.17	2.11	2.05	1.98	1.91	1.83
29	5.59	4.20	3.61	3.27	3.04	2.88	2.76	2.67	2.59	2.53	2.43	2.32	2.21	2.15	2.09	2.03	1.96	1.89	1.81
30	5.57	4.18	3.59	3.25	3.03	2.87	2.75	2.65	2.57	2.51	2.41	2.31	2.20	2.14	2.07	2.01	1.94	1.87	1.79
40	5.42	4.05	3.46	3.13	2.90	2.74	2.62	2.53	2.45	2.39	2.29	2.18	2.07	2.01	1.94	1.88	1.80	1.72	1.64
60	5.29	3.93	3.34	3.01	2.79	2.63	2.51	2.41	2.33	2.27	2.17	2.06	1.94	1.88	1.82	1.74	1.67	1.58	1.48
120	5.15	3.80	3.23	2.89	2.67	2.52	2.39	2.30	2.22	2.16	2.05	1.94	1.82	1.76	1.69	1.61	1.53	1.43	1.31
∞	5.02	3.69	3.12	2.79	2.57	2.41	2.29	2.19	2.11	2.05	1.94	1.83	1.71	1.64	1.57	1.48	1.39	1.27	1.00

表 6　科尔莫戈罗夫分布的分位数表　$p\{D_n \leqslant D_{n,p}\}=p$

n	p					n	p				
	0.80	0.90	0.95	0.98	0.99		0.80	0.90	0.95	0.98	0.99
1	0.90000	0.95000	0.97500	0.99000	0.99500	31	0.18732	0.21412	0.23788	0.26596	0.28530
2	0.68377	0.77639	0.84189	0.90000	0.92969	32	0.18445	0.21085	0.23424	0.26189	0.28094
3	0.56481	0.63604	0.70760	0.78456	0.82900	33	0.18171	0.20771	0.23076	0.25801	0.27677
4	0.49265	0.56522	0.62394	0.68887	0.78424	34	0.17909	0.20472	0.22743	0.25429	0.27279
5	0.44698	0.50945	0.56328	0.62718	0.66853	35	0.17659	0.20185	0.22425	0.25073	0.26897
6	0.41037	0.46799	0.51926	0.57741	0.61661	36	0.17418	0.19910	0.22119	0.24732	0.26532
7	0.38148	0.43607	0.48342	0.53844	0.57581	37	0.17188	0.19646	0.20826	0.24404	0.26180
8	0.35831	0.40962	0.45427	0.50654	0.54179	38	0.16966	0.19392	0.21544	0.24089	0.25843
9	0.33910	0.38746	0.43001	0.47960	0.51332	39	0.16753	0.19148	0.21273	0.23786	0.25518
10	0.32260	0.36866	0.40925	0.45662	0.48896	40	0.16547	0.18913	0.21012	0.23494	0.25025
11	0.30829	0.35242	0.39122	0.43670	0.46770	41	0.16349	0.18687	0.20760	0.23213	0.24904
12	0.29577	0.33815	0.37543	0.41918	0.44905	42	0.16158	0.18468	0.20517	0.22941	0.24613
13	0.28470	0.32549	0.36143	0.40362	0.48247	43	0.15796	0.18053	0.20056	0.22426	0.24060
14	0.27481	0.31417	0.34890	0.88970	0.41762	44	0.15796	0.18053	0.20056	0.22426	0.24060
15	0.26588	0.30397	0.33760	0.37713	0.40420	45	0.15623	0.17856	0.19837	0.22181	0.23798
16	0.25778	0.29472	0.32733	0.36571	0.39201	46	0.15457	0.17665	0.19625	0.21944	0.23544
17	0.25039	0.28627	0.31796	0.35528	0.38086	47	0.15295	0.17481	0.19420	0.21715	0.23298
18	0.24360	0.27851	0.30936	0.34569	0.37062	48	0.15139	0.17302	0.19221	0.21493	0.23059
19	0.23735	0.27136	0.30143	0.33685	0.36117	49	0.14987	0.17128	0.19028	0.21277	0.22828
20	0.23156	0.26473	0.29408	0.32866	0.35041	50	0.14840	0.16959	0.18841	0.21068	0.22604
21	0.22617	0.25858	0.28724	0.32104	0.34427	55	0.14164	0.16186	0.17981	0.20107	0.20574
22	0.22115	0.25283	0.28087	0.31394	0.33666	60	0.13573	0.15511	0.17231	0.19267	0.20673
23	0.21645	0.24746	0.27490	0.30728	0.32954	65	0.13052	0.14913	0.16567	0.18525	0.19877
24	0.21205	0.24242	0.26931	0.30104	0.32286	70	0.12586	0.14381	0.15975	0.17863	0.19167
25	0.20790	0.23768	0.26404	0.29516	0.31657	75	0.12167	0.13901	0.15442	0.17268	0.18528
26	0.20399	0.23320	0.25907	0.28962	0.31064	80	0.11787	0.13467	0.14960	0.16728	0.17949
27	0.20030	0.22898	0.25438	0.28438	0.30502	85	0.11442	0.13072	0.14520	0.16236	0.17421
28	0.19680	0.22497	0.24993	0.27942	0.29971	90	0.11125	0.12709	0.14117	0.15786	0.16938
29	0.19348	0.22117	0.24571	0.27471	0.29466	95	0.10833	0.12375	0.13746	0.15371	0.16493
30	0.19032	0.21765	0.24170	0.27023	0.28987	100	0.10563	0.12067	0.13403	0.14987	0.16081

表 7　秩和检验表 $P(T_1<T<T_2)=1-\alpha$

n_1	n_2	$\alpha=0.025$		$\alpha=0.05$		n_1	n_2	$\alpha=0.025$		$\alpha=0.05$	
		T_1	T_2	T_1	T_2			T_1	T_2	T_1	T_2
2	4			3	11	5	5	18	37	19	36
	5			3	13		6	19	41	20	40
	6	3	15	4	14		7	20	45	22	43
	7	3	17	4	16		8	21	49	23	47
	8	3	19	4	18		9	22	53	25	50
	9	3	21	4	20		10	24	56	26	54
	10	4	22	5	21	6	6	26	52	28	50
3	3			6	15		7	28	56	30	54
	4	6	18	7	17		8	29	61	32	58
	5	6	21	7	20		9	31	65	33	63
	6	7	23	8	22		10	33	69	35	67
	7	8	25	9	24	7	7	37	68	39	66
	8	8	28	9	27		8	39	73	43	76
	9	9	30	10	29		9	41	78	43	76
	10	9	33	11	31		10	43	83	46	80
	4	11	25	12	24	8	8	49	87	52	84
	5	12	28	13	27		9	51	93	54	90
	6	12	32	14	30		10	54	98	57	95
	7	13	35	15	33	9	9	63	108	66	105
	8	14	38	16	36		10	66	114	69	111
	9	15	41	17	39	10	10	79	131	83	127
	10	16	44	18	42						

表 8　游程总数检验表

$R_{1,\alpha}$表示满足$P(R\leqslant R_1)\leqslant\alpha$的$R_1$中之最大整数

$R_{2,\alpha}$表示满足$P(R\geqslant R_2)\leqslant\alpha$的$R_2$中之最小整数

$R_{1,0.025}$

n_2 \ n_1	2	3	4	5	6	7	8	9	10	11	12	13	14	15	16	17	18	19	20
2																			
3																			
4																			
5			2	2															
6		2	2	3	3														
7		2	2	3	3	3													
8		2	3	3	3	4	4												
9		2	3	3	4	4	5	5											
10		2	3	3	4	5	5	5	6										
11		2	3	4	4	5	5	6	6	7									
12	2	2	3	4	4	5	6	6	7	7	7								
13	2	2	3	4	5	5	6	6	7	7	8	8							
14	2	2	3	4	5	5	6	7	7	8	8	9	9						
15	2	3	3	4	5	6	6	7	7	8	8	9	9	10					
16	2	3	4	4	5	6	6	7	8	8	9	9	10	10	11				
17	2	3	4	4	5	6	7	7	8	9	9	10	10	11	11	11			
18	2	3	4	5	5	6	7	8	8	9	9	10	10	11	11	12	12		
19	2	3	4	5	6	6	7	8	8	9		10	10	11	11	12	12	13	13
20	2	3	4	5	6	6	7	8	9	9	10	10	11	12	12	13	13	13	14

$R_{2,0.025}$

n_2 \ n_1	2	3	4	5	6	7	8	9	10	11	12	13	14	15	16	17	18	19	20
2																			
3																			
4																			
5			9	10															
6			9	10	11														
7				11	12	13													
8				11	12	13	14												
9					13	14	14	15											
10					13	14	15	16	16										
11					13	14	15	16	17	17									
12					13	14	16	16	17	18	19								
13						15	16	17	18	19	19	20							
14						15	16	17	18	19	20	20	21						
15						15	16	18	18	19	20	21	22	22					
16							17	18	19	20	21	21	22	23	23				
17							17	18	19	20	21	22	23	23	24	25			
18							17	18	19	20	21	22	23	24	25	25	26		
19							17	18	20	21	22	23	23	24	25	26	26	27	
20							17	18	20	21	22	23	24	25	26	26	27	27	28

续表

$R_{1,0.05}$

n_2 \ n_1	2	3	4	5	6	7	8	9	10	11	12	13	14	15	16	17	18	19	20
2																			
3																			
4			2																
5		2	2	3															
6		2	3	3	3														
7		2	3	3	4	4													
8	2	2	3	3	4	4	5												
9	2	2	3	4	4	5	5	6											
10	2	3	3	4	5	5	6	6	6										
11	2	3	3	4	5	5	6	6	7	7									
12	2	3	4	4	5	6	6	7	7	8	8								
13	2	3	4	4	5	6	6	7	8	8	9	9							
14	2	3	4	5	5	6	7	7	8	8	9	9	10						
15	2	3	4	5	6	6	7	8	8	9	9	10	10	11					
16	2	3	4	5	6	6	7	8	8	9	10	10	11	11	11				
17	2	3	4	5	6	7	7	8	9	9	10	10	11	11	12	12			
18	2	3	4	5	6	7	8	8	9	10	10	11	11	12	12	13	13		
19	2	3	4	5	6	7	8	8	9	10	10	11	12	12	13	13	14	14	
20	2	3	4	5	6	7	8	9	9	10	11	11	12	12	13	13	14	14	15

$R_{2,0.05}$

n_2 \ n_1	2	3	4	5	6	7	8	9	10	11	12	13	14	15	16	17	18	19	20
2																			
3																			
4		7	8																
5			9	9															
6			9	10	11														
7			9	10	11	12													
8				11	12	13	13												
9				11	12	13	14	14											
10				11	12	13	14	15	16										
11					13	14	15	15	16	17									
12					13	14	15	16	17	17	18								
13					13	14	15	16	17	18	18	19							
14					13	14	16	17	17	18	19	20	20						
15						15	16	17	18	19	19	20	21	21					
16						15	17	17	18	19	20	21	21	22	23				
17						15	16	17	18	19	20	21	22	22	23	24			
18						15	16	18	19	20	21	21	22	23	24	24	25		
19						15	16	18	19	20	21	22	23	23	24	25	25	26	
20						15	17	18	19	20	21	22	23	24	25	25	26	27	27

表 9　相关系数临界值 r_a 表

$$P(|r|>r_a)=a$$

$n-2$ \ a	0.10	0.05	0.02	0.01	0.001
1	0.98769	0.99692	0.999507	0.999877	0.9999988
2	0.90000	0.95000	0.98000	0.999000	0.99900
3	0.8054	0.8783	0.93433	0.95873	0.99116
4	0.7293	0.8114	0.8822	0.91720	0.97406
5	0.6694	0.7545	0.8329	0.8745	0.95075
6	0.6215	0.7067	0.7887	0.8343	0.92493
7	0.5822	0.6664	0.7498	0.7977	0.8982
8	0.5494	0.6319	0.7155	0.7646	0.8721
9	0.5214	0.6021	0.6851	0.7348	0.8471
10	0.4973	0.5760	0.6581	0.7079	0.8233
11	0.4762	0.5529	0.6339	0.6835	0.8010
12	0.4575	0.5324	0.6120	0.6614	0.7800
13	0.4409	0.5139	0.5923	0.6411	0.7603
14	0.4259	0.4973	0.5742	0.6226	0.7420
15	0.4124	0.4821	0.5577	0.6055	0.7246
16	0.4000	0.4683	0.5425	0.5897	0.7084
17	0.3887	0.4555	0.5285	0.5751	0.6932
18	0.3783	0.4438	0.5155	0.5614	0.6787
19	0.3687	0.4329	0.5034	0.5487	0.6652
20	0.3598	0.4227	0.4921	0.5368	0.6524
25	0.3233	0.3809	0.4451	0.4869	0.5974
30	0.2960	0.3494	0.4093	0.4487	0.5541
35	0.2746	0.3246	0.3810	0.4182	0.5189
40	0.2573	0.3044	0.3578	0.4032	0.4896
45	0.2428	0.2875	0.3384	0.3721	0.4648
50	0.2306	0.2732	0.3218	0.3541	0.4433
60	0.2108	0.2500	0.2948	0.3248	0.4078
70	0.1954	0.2139	0.2737	0.3017	0.3799
80	0.1829	0.2172	0.2565	0.2830	0.3568
90	0.1726	0.2050	0.2422	0.2673	0.3375
100	0.1638	0.1946	0.2331	0.2540	0.3211

表 10　正 交 表

$L_4(2^3)$

试验号	列　号		
	1	2	3
1	1	1	1
2	1	2	2
3	2	1	2
4	2	2	1

注:任意二列间的交互作用出现于另一列.

$L_8(2^3)$

试验号	列号						
	1	2	3	4	5	6	7
1	1	1	1	1	1	1	1
2	1	1	1	2	2	2	2
3	1	2	2	1	1	2	2
4	1	2	2	2	2	1	1
5	2	1	2	1	2	1	2
6	2	1	2	2	1	2	1
7	2	2	1	1	2	2	1
8	2	2	1	2	1	1	2

$L_8(2^7)$(二列间的交互作用表)

试验号	列号						
	1	2	3	4	5	6	7
	(1)	3	2	5	4	7	6
		(2)	1	6	7	4	5
			(3)	7	6	5	4
				(4)	1	2	3
					(5)	3	2
						(6)	1

$L_{12}(2^{11})$

试验号	列号										
	1	2	3	4	5	6	7	8	9	10	11
1	1	1	1	1	1	1	1	1	1	1	1
2	1	1	1	1	1	2	2	2	2	2	2
3	1	1	2	2	2	1	1	1	2	2	2
4	1	2	1	2	2	1	2	2	1	1	2
5	1	2	2	1	2	2	1	2	1	2	1
6	1	2	2	2	1	2	2	1	2	1	1
7	2	1	2	2	1	1	2	2	1	2	1
8	2	1	2	1	2	2	2	1	1	1	2
9	2	1	1	2	2	2	1	2	2	1	1
10	2	2	2	1	1	1	1	2	2	1	2
11	2	2	1	2	1	2	1	1	1	2	2
12	2	2	1	1	2	1	2	1	2	2	1

$L_{16}(2^{15})$

试验号	列号														
	1	2	3	4	5	6	7	8	9	10	11	12	13	14	15
1	1	1	1	1	1	1	1	1	1	1	1	1	1	1	1
2	1	1	1	1	1	1	1	2	2	2	2	2	2	2	2
3	1	1	1	2	2	2	2	1	1	1	1	2	2	2	2
4	1	1	1	2	2	2	2	2	2	2	2	1	1	1	1
5	1	2	2	1	1	2	2	1	1	2	2	1	1	2	2
6	1	2	2	1	1	2	2	2	2	1	1	2	2	1	1
7	1	2	2	2	2	1	1	1	1	2	2	2	2	1	1
8	1	2	2	2	2	1	1	2	2	1	1	1	1	2	2
9	2	1	2	1	2	1	2	1	2	1	2	1	2	1	2
10	2	1	2	1	2	1	2	2	1	2	1	2	1	2	1
11	2	1	2	2	1	2	1	1	2	1	2	2	1	2	1
12	2	1	2	2	1	2	1	2	1	2	1	1	2	1	2
13	2	2	1	1	2	2	1	1	2	2	1	1	2	2	1
14	2	2	1	1	2	2	1	2	1	1	2	2	1	1	2
15	2	2	1	2	1	1	2	1	2	2	1	2	1	1	2
16	2	2	1	2	1	1	2	2	1	1	2	1	2	2	1

$L_{16}(2^{15})$(二列间的交互作用表)

列号	列号														
	1	2	3	4	5	6	7	8	9	10	11	12	13	14	15
	(1)	3	2	4	4	7	6	9	8	11	10	13	12	15	14
		(2)	1	6	7	4	5	10	11	8	9	14	15	12	13
			(3)	7	6	5	4	11	10	9	8	15	14	13	12
				(4)	1	2	3	12	13	14	15	8	9	10	11
					(5)	3	2	13	12	15	14	9	8	11	10
						(6)	1	14	15	12	13	10	11	8	9
							(7)	15	14	13	12	11	10	9	8
								(8)	1	2	3	4	5	6	7
									(9)	3	2	5	4	7	6
										(10)	1	6	7	4	5
											(11)	7	6	5	4
												(12)	1	2	3
													(13)	3	2
														(14)	1
															(15)

$L_9(3^4)$

试验号	列号			
	1	2	3	4
1	1	1	1	1
2	1	2	2	2
3	1	3	3	3
4	2	1	2	3
5	2	2	3	1
6	2	3	1	2
7	3	1	3	2
8	3	2	1	3
9	3	3	2	1

注:任意二列间的交互作用出现于另外二列.

附录四　常见随机变量分布表

名称	密度函数	数学期望	方差	特征函数
退化分布	$f(x)=\delta(x-c)$，c 为常数	c	0	e^{jct}
0-1 分布 （伯努利分布）	$f(x)=p\delta(x-1)+q\delta(x)$，$0<p<1$，$q=1-p$	p	pq	$q+pe^{jt}$
二项分布	$f(x)=\sum_{k=0}^{n}C_n^k p^k q^{n-k}\delta(x-k)$，$0<p<1$，$p+q=1$	np	npq	$(q+pe^{jt})^n$
超几何分布	$f(x)=\sum_{k=0}^{\min(M,n)}\frac{C_M^k C_{N-M}^{n-k}}{C_N^n}\delta(x-k)$ $M\leqslant N$，$n\leqslant N$，M,N,n 均为正整数	$\frac{nM}{N}$	$\frac{nM}{N}\left(1-\frac{M}{N}\right)\cdot\left(\frac{N-n}{N-1}\right)$	$\sum_{k=0}^{n}\frac{C_M^k C_{N-M}^{n-k}}{C_N^n}e^{jtk}$
泊松分布	$f(x)=\sum_{k=0}^{\infty}e^{-\lambda}\frac{\lambda^k}{k!}\delta(x-k)$，$\lambda$ 为正常数	λ	λ	$e^{\lambda(e^{jt}-1)}$
几何分布	$f(x)=\sum_{k=r}^{\infty}pq^{k-1}\delta(x-k)$，$0<p<1$，$p+q=1$	$\frac{1}{p}$	$\frac{q}{p^2}$	$pe^{jt}(1-qe^{jt})^{-1}$
帕斯卡分布 （负二项分布）	$f(x)=\sum_{k=r}^{\infty}C_{k-1}^{r-1}p^r q^{k-r}\delta(x-k)$ $0<p<1$，$p+q=1$，r 为正整数	$\frac{r}{p}$	$\frac{rq}{p^2}$	$\left(\frac{pe^{jt}}{1-qe^{jt}}\right)^r$

续表

名称	密度函数	数学期望	方差	特征函数
均匀分布 $U(a,b)$	$f(x)=\begin{cases}\dfrac{1}{b-a}, x\in[a,b]\\ 0, x\notin[a,b]\end{cases}$	$\dfrac{a+b}{2}$	$\dfrac{(b-a)^2}{12}$	$\dfrac{e^{jtb}-e^{jta}}{jt[b-a]}$
正态分布（高斯分布）$N(a,\sigma^2)$	$f(x)=\dfrac{1}{\sqrt{2\pi}\sigma}e^{-(x-a)^2/(2\sigma^2)}, x\in\mathbf{R}$ a,σ 均为常数，且 $\sigma>0$	a	σ^2	$\exp\left\{jat-\dfrac{1}{2}\sigma^2t^2\right\}$
指数分布 $\Gamma(1,\lambda)$	$f(x)=\begin{cases}\lambda e^{-\lambda x}, & x>0,\\ 0, & x\leqslant 0,\end{cases}$ λ 为正整数	$\dfrac{1}{\lambda}$	$\dfrac{1}{\lambda^2}$	$\left(1-\dfrac{it}{\lambda}\right)^{-1}$
Γ 分布 $\Gamma(a,\lambda)$	$f(x)=\begin{cases}x^{a-1}\lambda^a e^{-\lambda x}/\Gamma(a), & x>0,\\ 0, & x\leqslant 0,\end{cases}$ $\lambda>0, a>0$	$\dfrac{a}{\lambda}$	$\dfrac{a}{\lambda^2}$	$\left(1-\dfrac{it}{\lambda}\right)^{-a}$
χ^2 分布 $x^2(n)$	$f(x)=\begin{cases}x^{n/2}e^{-\frac{x}{2}}/2^{n/2}\Gamma\left(\dfrac{n}{2}\right), & x>0,\\ 0, & x\leqslant 0,\end{cases}$ n 为正整数	n	$2n$	$(1-2jt)^{-\frac{n}{2}}$
柯西分布 $C(\mu,\lambda)$	$f(x)=\dfrac{1}{\pi}\cdot\dfrac{1}{\lambda^2+(x-\mu)^2}$ $x\in\mathbf{R}, \mu, \lambda$ 为常数，且 $\lambda>0$	不存在	不存在	$e^{j\mu t-\lambda\|t\|}$

续表

名称	密度函数	数学期望	方差	特征函数
t 分布 $t(n)$	$f(x)=\dfrac{\Gamma\left(\frac{n+1}{2}\right)\left(1+\frac{x^2}{n}\right)^{-(n+1)/2}}{\sqrt{n\pi}\Gamma\left(\frac{n}{2}\right)},\quad x\in\mathbf{R}$	$0\ (n>1)$	$\dfrac{n}{n-2}\ (n>2)$	
F 分布 $F(m,n)$ m,n 为正整数	$f(x)=\begin{cases}\dfrac{\Gamma\left(\frac{m+n}{2}\right)m^{m/2}n^{n/2}x^{m/2-1}}{\Gamma\left(\frac{m}{2}\right)\Gamma\left(\frac{n}{2}\right)(mx+n)^{\left(\frac{m+n}{2}\right)}}, & x>0\\ 0, & x\leqslant 0\end{cases}$	$\dfrac{n}{n-2}$ $(n>2)$	$\dfrac{2n^2(m+n-2)}{m(n-2)^2(n-4)}$, $(n>4)$	
韦布尔分布	$f(x)=\begin{cases}\dfrac{\alpha}{x_0}(x-r)^{\alpha-1}\mathrm{e}^{-\frac{x-r}{x_0}}, & x>r,\\ 0, & x\leqslant r.\end{cases}$ α,x_0,r 均为,$\alpha>0,x_0>0,r\in\mathbf{R}$	$\dfrac{1}{x_0^{a}}\Gamma\left(\dfrac{1}{a}+1\right)+r$	$\dfrac{2}{x_0^{a}}\left[\Gamma\left(\dfrac{2}{a}+1\right)-\Gamma^2\left(\dfrac{1}{a}+1\right)\right]$	
贝塔分布 $B(\alpha,\beta)$	$f(x)=\begin{cases}\dfrac{\Gamma(\alpha+\beta)}{\Gamma(\alpha)\Gamma(\beta)}x^{\alpha-1}(1-x)^{\beta-1}, & 0<x<1,\alpha>0,\beta>0\\ 0, & \text{其他}\end{cases}$	$\dfrac{\alpha}{\alpha+\beta}$	$\dfrac{\alpha\beta}{(\alpha+\beta)^2(\alpha+\beta+1)}$	$\dfrac{\Gamma(\alpha+\beta)}{\Gamma(\alpha)}\sum\limits_{k=0}^{\infty}\dfrac{\Gamma(\alpha+\beta)(\mathrm{j}t)^k}{\Gamma(\alpha+\beta+k)\Gamma(k+1)}$
对数正态分布	$f(x)=\begin{cases}\dfrac{1}{\sigma x\sqrt{2\pi}}\mathrm{e}^{-(\ln x-a)^2/(2\sigma^2)}, & x>0,\\ 0, & x\leqslant 0,\sigma>0\end{cases}$ α,σ 为常数,	$\mathrm{e}^{a+\frac{\sigma^2}{2}}$	$(\mathrm{e}^{\sigma^2}-1)\mathrm{e}^{2a+\sigma^2}$	

答　　案

习　题　一

1. $n=442$；　2. $(-0.33,0.33)$；　3. (1) $n\geqslant 40$,(2)$n\geqslant 255$,(3)$n\geqslant 1537$.

4. (1) 0.13,(2) 0.579,(3) 0.292;5. (1) $e^{-7.2}$,(2) $(1-e^{-4.5})^6$.

6. $P\{M=m\}=(1-q^m)^n-(1-q^{m-1})^n, m=0,1,2,\cdots, P\{K=k\}=q^{n(k-1)}-q^{nk}, k=0,1,2,\cdots$.

7. $N\left(\lambda,\frac{\lambda}{n}\right)$；8. 0.673；9. $N\left(a,\frac{\sigma^2}{n}\right)$；10. $N\left(a_k,\frac{a_{2k}-a_k^2}{n}\right)$.

11. $(2n-2)\sigma^2$；14. $E(S^2)=\sigma^2-\frac{\sigma^2}{n}, D(S^2)=\frac{\sigma^4}{n}-\frac{2\sigma^2}{n^2}$.

15. (1)17,(2) $\begin{bmatrix}12 & 15\\15 & 20\end{bmatrix}$.

16. $\frac{\pi}{\sqrt{3}}$.　17. $N_2\left(\begin{pmatrix}5\\1\end{pmatrix},\begin{bmatrix}10 & 0\\0 & 3\end{bmatrix}\right)$.　18. $\rho=-\frac{1}{2}$.　20. 2π.

22. $\theta'=(2.1), \sum=\begin{bmatrix}8/7 & 2/7\\2/7 & 4/7\end{bmatrix}$.

26. $f_{\xi_{(1)}}(x)=n\left(\theta+\frac{1}{2}-x\right)^{n-1}, \theta-\frac{1}{2}\leqslant x\leqslant+\frac{1}{2}$,

$f_{\xi_{(n)}}(x)=n\left(x-\theta+\frac{1}{2}\right)^{n-1}, \theta-\frac{1}{2}<x<\theta+\frac{1}{2}$,

$f_{\xi_{(1)}\xi_{(n)}}(x,y)=n(n-1)(y-x)^{n-2}$,

$\theta-\frac{1}{2}\leqslant x<y\leqslant\theta+\frac{1}{2}$.

33. (1)0.01,(2)0.9932,(3)0.9,(4)0.95.

34. (1)$a=\frac{1}{n\sigma^2}, b=\frac{1}{m\sigma^2}$,(2) $c=\sqrt{\frac{m}{n}}$, (3)$d=\frac{m}{n}$.

习　题　二

1. $\hat{a}=74.002, \hat{\sigma}^2=6\times 10^{-6}, S^{*2}=6.857\times 10^{-6}$.

2. (1) $\hat{\theta}=3\bar{\xi}$, (2)$\hat{\theta}=\frac{2\bar{\xi}-1}{1-\bar{\xi}}$, (3)$\hat{\theta}_1=\bar{\xi}-S, \hat{\theta}_2=S$,(4)$\hat{N}=2\bar{\xi}-1$, (5) $\hat{\theta}$

$= \dfrac{\bar{\xi}^2}{(1-\bar{\xi})^2}$, (6) $\hat{\theta} = 2/\bar{\xi}$.

3. $a = -0.525$.

4. (1) $\hat{\theta} = n/\left(\sum_{i=1}^{n} \ln\xi_i - n\ln c\right)$, (2) $\hat{\theta} = n^2/\left(\sum_{i=1}^{n} \ln\xi_i\right)^2$,

(3) $\hat{\theta} = \xi_{(n)}$, (4) $\hat{\theta} = \bar{\xi}/N$, (5) $\hat{\theta} = \sqrt{\dfrac{1}{4}\bar{\xi}^2 + \dfrac{1}{n}\sum_{i=1}^{n}\xi_i^2} - \dfrac{\bar{\xi}}{2}$, (6) $\hat{\theta} = \xi_{(1)}$,

(7) $\hat{\theta} = 2/\bar{\xi}$, (8) $\hat{\theta} = \dfrac{2-\bar{\xi}}{4}$.

5. (1) $\hat{\theta} = \xi_{(1)}$, (2) $\hat{\theta} = \dfrac{1}{2}\xi_{(n)}$.

6. $\hat{\theta} = \begin{cases} \xi_{\left(\frac{n+1}{2}\right)}, & n \text{ 为奇数时}, \\ \dfrac{1}{2}\left[\xi_{\left(\frac{n}{2}\right)} + \xi_{\left(\frac{n}{2}+1\right)}\right], & n \text{ 为偶数时}. \end{cases}$

7. $\hat{\theta} = \dfrac{1}{2}(\xi_{(1)} + \xi_{(n)})$. 不一定.

8. (1) $\hat{\beta} = 1/(\bar{\xi} - t_0)$, (2) $\hat{t}_0 = \xi_{(1)}$.

9. $\hat{\theta}_1 = \xi_{(1)}$, $\hat{\theta}_2 = \bar{\xi} - \xi_{(1)}$； 10. (1) $k = \sqrt{\dfrac{2n(n-1)}{\pi}}$, (2) $k = 2(n-1)$.

12. (1) $D(\hat{a}_1) = 0.38$, (2) $D(\hat{a}_2) = 0.346$, (3) $D(\hat{a}_3) = 0.389$, $\hat{a}_2$.

13. $c_1 = \dfrac{\sigma_2^2 - \rho\sigma_1\sigma_2}{\sigma_1^2 + \sigma_1^2 - 2\rho\sigma_1\sigma_2}$, $c_2 = \dfrac{\sigma_1^2 - 9\sigma_1\sigma_2}{\sigma_1^2 + \sigma_2^2 - 29\sigma_1\sigma_2}$.

14. (1) $\hat{a} = \bar{\xi} - \bar{\eta}$, (2) $n_1 = \left[\dfrac{n}{3}\right]$. 15. $\dfrac{1}{2}(\xi_{(1)} + \xi_{(n)})$.

16. $\dfrac{4}{3}\xi_{(3)}$； 17. $c_1 = \dfrac{1}{3}$, $c_2 = \dfrac{2}{3}$.

18. $(\hat{\lambda^2}) = \dfrac{1}{n}\sum_{i=1}^{n}\xi_i^2 - \bar{\xi}$, $(\hat{e^{\lambda}}) = 2^{\xi_1}$.

19. (1) $\hat{p} = \begin{cases} 1, & \xi_1 = 1, \\ 0, & \xi_1 = 2, 3, \cdots, \end{cases}$ (2) $\widehat{\left(\dfrac{1}{p}\right)} = \bar{\xi}$. 21. $\hat{\theta} = \bar{\xi}$.

22. (1) $-\dfrac{1}{n}\sum_{i=1}^{n}\ln\xi_i$, (2) $-\dfrac{1}{n}\sum_{i=1}^{n}\ln\xi_i$.

23. $(-0.082, 1.242)$, $(0.766, 3.54)$.

24. $\hat{a} = 2$, $\hat{\sigma}^2 = 5.778$, $(0.607, 3.393)$, $(3.073, 15.639)$.

25. $\dfrac{\alpha + n + 1}{\dfrac{1}{\beta} + n\bar{\xi}}$.

26. $\frac{39}{25}a^2,\frac{13}{6}a^2,\frac{5}{6}a^2,\hat{a}_1$.

27. $R(\theta,d_1)=\begin{cases}0, & \theta=0,\\ \frac{1}{2}, & \theta=1,\\ 0, & \theta=2,\end{cases}\quad R(\theta,d_2)=\begin{cases}1,\theta=0,2,\\ 0,\theta=1,\end{cases}$

$$R(\theta,d_3)=\begin{cases}1, & \theta=0,\\ 0, & \theta=2,\\ \frac{1}{4}, & \theta=1,\end{cases}\quad d_1(\xi)=\xi,\xi=0,1,2.$$

29. $\frac{2\alpha+\sum\xi_i^2}{2\beta+2+n}$.　32. $\frac{n\bar{\xi}\tau^2}{1+n\tau^2}$.

33. (1)d_2,(2)应买,(3)571.2 且应请.

34. (1) $\frac{\alpha+m}{n\bar{\xi}+\alpha+\beta}$,(2) $\frac{\alpha+n}{n\bar{\xi}+n+\alpha+\beta}$.

35. (1)不应买,(2)0.7216,0.27091,0.0075,应买.

36. (1) $\hat{g}(\lambda)=\frac{\bar{\xi}}{2}$,是,(2) $\tilde{\lambda}_1=\frac{2n+1}{\alpha_0+n\bar{\xi}}$,(3)$\tilde{\lambda}_2=\frac{2n+1}{n\bar{\xi}}$, (4)不存在.

37. (1)$\hat{p}_1=\bar{\xi}/10,\hat{p}_2=\bar{\xi}/10$,(2)$\hat{g}(p)=\bar{\xi},I(p)=10/p(1-p)$,(3)是,

(4) $\tilde{p}=\frac{n\bar{\xi}+1}{10n+2}$.

38. $\hat{\theta}_1=N(2-\bar{\xi})=\frac{N}{n}(2n_0+n_1),\hat{\theta}_2=\frac{4N}{3n}(n_0+n_1)$.

39. (1)

$$\begin{aligned}\tilde{p}&=E(p|\xi)=yh(y|\xi)|_{y=0.2}+yh(y|\xi)_{0.9}\\&=\frac{(0.2)^{n\bar{\xi}+1}(0.8)^{Nn-n\bar{\xi}+1}+0.2\,(0.9)^{n\bar{\xi}+1}(0.1)^{Nn-n\bar{\xi}}}{(0.2)^{n\bar{\xi}}(0.8)^{Nn-n\bar{\xi}+1}+0.2\,(0.9)^{n\bar{\xi}+1}(0.1)^{Nn-n\bar{\xi}}}\\&=\frac{(0.2)^{n\bar{\xi}+1}(0.8)^{Nn-n\bar{\xi}+1}+(0.9)^{n\bar{\xi}+1}(0.1)^{Nn-n\bar{\xi}}}{(0.2)^{n\bar{\xi}-1}(0.8)^{Nn-n\bar{\xi}+1}+(0.9)^{n\bar{\xi}+1}(0.1)^{Nn-n\bar{\xi}}};\end{aligned}$$

(2) $\tilde{p}=\frac{n\bar{\xi}+1}{Nn+2}$.

40. $\tilde{\lambda}=E(\lambda|\xi_1,\xi_2,\cdots,\xi_n)=yh(y|\xi)|_{y=1}+yh(y|\xi)|_{y=0}$

$$=\frac{p_0\mathrm{e}^{-n}+(1-p_0)2^{n\bar{\xi}+1}\mathrm{e}^{-2n}}{p_0\mathrm{e}^{-n}+(1-p_0)2^{n\bar{\xi}}\mathrm{e}^{-2n}}=\frac{p_0+(1-p_0)2^{n\bar{\xi}+1}\mathrm{e}^{-n}}{p_0+(1-p_0)2^{n\bar{\xi}}\mathrm{e}^{-n}}$$

41 . $\tilde{p}=E(p|\xi_1,\xi_2,\cdots,\xi_n)=\frac{nr+1}{nr+1+n\bar{\xi}-nr+1}=\frac{nr+1}{n\bar{\xi}+2}$.

42. $\hat{\lambda}=7/4980=0.001406$(/小时).

43. $\hat{\lambda}=6/3500=0.00174$(/小时).

44. $\hat{\lambda}=\dfrac{r}{n\tau_0}=8/(7\times700)=0.001633$/小时.

45. $\dfrac{S(\tau_0)}{q}=\dfrac{nq^{n-1}}{1-q^n}+\dfrac{(n+1)q^{n-2}}{1-q^{n-1}}+\cdots+\dfrac{(n-r+1)q^{n-r}}{1-q^{n-r+1}}\cdots$.

46. $\dfrac{S(t_r)}{q}=\dfrac{nq^{n-1}}{1-q^n}+\dfrac{(n+1)q^{n-2}}{1-q^{n-1}}+\cdots+\dfrac{(n-r+1)q^{n-r}}{1-q^{n-r+1}}$.

习 题 三

1. $\alpha=0.4086,\beta=0.3662$.　2. (1)$\alpha=0.0668,\beta=0.0668$,(2)$H_0$ 不成立.

3. 工作正常.　4. 不合格.　5. 认为.　6. 不.

7. 不否定 H_0.　8. 不合格.

9. H_0 成立.　10. 无显著差异.　11. 无显著差异.　12. 显著变劣.

13. 无显著变化.　14. 能.　15. 能.　16. 能.　17. 服从二项分布.

18. 无关.　19. 不能.　20. 无关.

22. (1) $\mathscr{X}_0=\{(x_1,\cdots,x_n):n\bar{x}\geqslant\chi^2_{0.95}\ 2n\}$,(2)$\mathscr{X}_0=\{(x_1,\cdots,x_n):n\bar{x}\leqslant\chi^2_{0.05}(2n)\}$.

23. (1),(2)一般为随机化检验.

24. $$\phi(X)=\begin{cases}1, & \sum\limits_{i=1}^{10}x_i>3,\\ 0.506, & \sum\limits_{i=1}^{10}x_i=3,\\ 0, & \sum\limits_{i=1}^{10}x_i<3.\end{cases}$$

25. $\alpha=0.135,\beta=0.632$.

26. $\mathscr{X}_0=\left\{X:\dfrac{\sqrt{n}(\bar{x}-a_0)}{\sigma_0}\leqslant d\right\}$,其中 $a_0=15,\sigma_0=2.5,d=-1.645,n\geqslant15$.

27. $$\phi(X)=\begin{cases}1, & 0<x_{(n)}\leqslant\theta_0\sqrt[n]{\alpha},\\ 0, & \theta_0\sqrt[n]{\alpha}<x_{(n)}\leqslant\theta_0.\end{cases}$$

28. (1)$\hat{\lambda}=0.001,\widehat{\dfrac{1}{\lambda}}=1000$(小时),

(2)(0.00037,0.00196),

(3)$\lambda=0.001$.

29. (1)$\widehat{\frac{1}{\lambda}}=675, I(\lambda)=\frac{10}{9\lambda^2}$,

(2)(395.0834,1407.5696),

(3)当 $\alpha=0.2$ 时,$\lambda>0.001$.

习　题　四

1. 无显著差异.　2. (1)显著,(2)不显著,(3)显著.

3. $C\to A\to B\to D$, $A_3B_2C_1D_2$, C 对试验指标影响显著,如取 $\alpha=0.25$,这时 A,B 对试验指标影响也显著.

习　题　五

1. $\hat{\beta}'=(-11.3, 36.95)$.

2. $\hat{b}_0=22.8128, \hat{b}_1=-48.3623, \hat{b}_2=-0.5135$.

3. (1) $\begin{bmatrix}1 & -1 & 1\\ 1 & 0 & -2\\ 1 & 1 & 1\end{bmatrix}$, (2) $\hat{\beta}=\begin{bmatrix}\bar{y}\\ \frac{1}{2}(y_2-y_1)\\ \frac{1}{6}(y_1+y_3-2y_2)\end{bmatrix}$.

4. $\hat{\beta}=\begin{bmatrix}\hat{\theta}\\ \hat{\varphi}\end{bmatrix}=\frac{1}{m^2+13mn}\cdot\begin{bmatrix}(m+4n)\sum_{i=1}^{m}y_i+6n\sum_{i=1}^{m}y_{m+i}+3m\sum_{i=1}^{m}y_{2m+i}\\ (2n-m)\sum_{i=1}^{m}y_i+(3n+m)\sum_{i=1}^{m}y_{m+i}-5m\sum_{i=1}^{m}y_{2m+i}\end{bmatrix}$.

6. $\hat{\beta}'=(9.7, 5, 4.4, 1.1)$.

7. $\hat{\beta}_o=\bar{y}, \hat{\beta}_t=\frac{1}{t(t+1)x_t^2}\left[\sum_{i=1}^{t}x_iy_i-tx_ty_{t+1}\right], t=1,\cdots,p$.

8. (1)$\hat{\beta}_0=-0.349, \hat{\beta}_1=0.807$, (2) $\hat{\sigma}_e=0.9313$, (3)$\beta_1\neq 0$,

(4)$(-0.349+0.807x\pm 2.1476\sqrt{1.1135-0.0273x+0.0138x^2})$.

9. $\hat{\beta}_0=1.00417$, $\hat{\beta}_1=-1.30981$, $\hat{\beta}_2=2.15425$, $\hat{\beta}_3=0.844304$, $\hat{\beta}_4=0.401594$,

$\hat{\sigma}^2=0.114223, S_{总}=89.50744$, $Q_e=2.7135$, $U_R=86.766$;.

10. (1)能,(2) $\hat{y}=6.3+0.2x$,(3)(9.5±1.2813).

11. (1) $\dfrac{\hat{\beta}_0^2 n^2 S_1^2(n-2)}{Q_e\sum\limits_{t=1}^{n}x_t^2}$,

(2) $(n-2)(\hat{\beta}_1-\bar{y}^2)/\left(\dfrac{1}{n}+\dfrac{1}{\sum x_t^2}\right)Q_e$.

12. $\dfrac{1}{14}\cdot\dfrac{(y_1-4y_2-5y_3)^2}{(y_1-y_2+y_3)^2}$.

15. (1) $y'=a+bx'$, $y'=\dfrac{1}{y}$, $x'=\dfrac{1}{x}$,

(2) $y'=a'+bx$,

$y'=\ln y$, $a'=\ln a$,

(3) $y'=a'+bx'$, $y'=\ln y$, $a'=\ln a$, $x'=\ln x$,

(4) $y=a+bx'$, $x'=\ln x$,

(5) $y'=a+bx'$, $y'=\dfrac{1}{y}$, $x'=e^{-x}$.

16. (1) $\hat{y}=-153.791+27.1555x$,(2)显著,(3)(263.3527,515.2853),

(4)(7.5546,7.8228).

参考文献

[1] 梁之舜等. 概率论及数理统计. 北京:高等教育出版社,1980

[2] 复旦大学. 概率论. 北京:高等教育出版社,1979

[3] 浙江大学. 概率论与数理统计. 北京:高等教育出版社,1979

[4] 华东师范大学. 概率论与数理统计教程. 北京:高等教育出版社,1983

[5] 周概容. 概率论与数理统计. 北京:高等教育出版社,1984

[6] 华东师范大学. 概率论与数理统计习题集. 北京:人民教育出版社,1982

[7] 茆诗松等. 回归分析及其试验设计. 上海:华师大出版社,1981

[8] [美]G. A. F. 塞伯. 线性回归分析. 方开泰,等译. 北京:科学出版社,1981

[9] 张尧庭,陈汉峰. 贝叶斯统计推断. 北京:科学出版社,1991

[10] [美]A. 帕普力斯. 概率、随机变量与随机过程. 谢国瑞,等,译. 北京:高等教育出版社,1983

[11] [美]J. L. 福尔克斯. 统计思想. 魏宗舒,吕乃刚译. 上海:上海翻译出版社,1987

[12] [波兰]M. 费史. 概率论及数理统计. 王福保译. 上海:上海科技出版社,1962

[13] 侯文超. 经营管理决策分析. 北京:高等教育出版社,1987

[14] 复旦大学数学系. 泛函分析. 上海:上海科技出版社,1960

[15] 陈希孺. 数理统计引论. 北京:科学出版社,1981

[16] 张尧庭,方开泰. 多元统计分析引论. 北京:科学出版社,1982

[17] 方开泰. 实用多元统计分析. 上海:华师大出版社,1989

[18] [苏]И. M. 盖尔芳特,Г. E. 希洛夫. 广义函数. 北京:科学出版社,1984

[19] 潘仲立. 可靠性分析的理论基础. 水利电力出版社,1988

[20] [日]田口玄一. 计量管理设计手册. 缪以德译. 上海:上海翻译出版社,1988

[21] 孙荣恒. 应用概率论. 北京:科学出版社,1998

[22] 孙荣恒,李建平. 排队论基础. 北京:科学出版社,2002

[23] 孙荣恒. 概率统计拾遗. 北京:科学出版社,2012

[24] 《数学手册》编写组. 数学手册. 北京:人民教育出版社,1979

[25] 孙荣恒. 趣味随机问题. 北京:科学出版社,2004